"十四五"国家重点出版物出版规划项目·重大出版工程

中国学科及前沿领域2035发展战略丛书

学术引领系列

国家科学思想库

中国集成电路与光电芯片2035发展战略

"中国学科及前沿领域发展战略研究（2021—2035）"项目组

科学出版社

北京

内 容 简 介

当前和今后一段时期将是我国集成电路与光电芯片技术发展的重要战略机遇期和攻坚期，加强自主集成电路与光电芯片技术的研发工作，布局和突破关键技术并拥有自主知识产权，实现集成电路产业的高质量发展是我国当前的重大战略需求。《中国集成电路与光电芯片 2035 发展战略》面向 2035 年探讨了国际集成电路与光电芯片前沿发展趋势和中国从芯片大国走向芯片强国的可持续发展策略，围绕上述相关方向开展研究和探讨，并为我国在未来集成电路与光电芯片发展中实现科技与产业自立自强，在国际上发挥更加重要作用提供战略性的参考和指导意见。

本书为相关领域战略与管理专家、科技工作者、企业研发人员及高校师生提供了研究指引，为科研管理部门提供了决策参考，也是社会公众了解集成电路与光电芯片发展现状及趋势的重要读本。

图书在版编目（CIP）数据

中国集成电路与光电芯片 2035 发展战略 / “中国学科及前沿领域发展战略研究（2021—2035）”项目组编 . —北京 : 科学出版社，2023.6
（中国学科及前沿领域 2035 发展战略丛书）
ISBN 978-7-03-075183-6

Ⅰ. ①中…　Ⅱ. ①中…　Ⅲ. ①集成电路 - 电子技术 - 发展战略 - 研究 - 中国　②芯片 - 光电技术 - 发展战略 - 研究 - 中国　Ⅳ. ① TN4

中国国家版本馆 CIP 数据核字（2023）第 044719 号

丛书策划：侯俊琳　朱萍萍
责任编辑：邹　聪　王　苏 / 责任校对：韩　杨
责任印制：赵　博 / 封面设计：有道文化

科学出版社 出版
北京东黄城根北街 16 号
邮政编码：100717
http://www.sciencep.com

北京市金木堂数码科技有限公司印刷
科学出版社发行　各地新华书店经销
*
2023年6月第　一　版　开本：720×1000　1/16
2025年1月第四次印刷　印张：28 3/4
字数：450 000

定价：198.00元

（如有印装质量问题，我社负责调换）

“中国学科及前沿领域发展战略研究（2021—2035）”

联合领导小组

组　长　常　进　李静海

副组长　包信和　韩　宇

成　员　高鸿钧　张　涛　裴　钢　朱日祥　郭　雷
杨　卫　王笃金　杨永峰　王　岩　姚玉鹏
董国轩　杨俊林　徐岩英　于　晟　王岐东
刘　克　刘作仪　孙瑞娟　陈拥军

联合工作组

组　长　杨永峰　姚玉鹏

成　员　范英杰　孙　粒　刘益宏　王佳佳　马　强
马新勇　王　勇　缪　航　彭晴晴

《中国集成电路与光电芯片2035发展战略》

咨 询 组

院士专家（以姓氏拼音为序）

成会明　褚君浩　龚旗煌　郭光灿　黄　如
黄　维　江风益　李树深　刘　明　刘益春
陆建华　罗先刚　毛军发　彭练矛　王立军
吴汉明　许宁生　杨德仁　俞大鹏　张　希
郑婉华　祝宁华

技术专家（以姓氏拼音为序）

陈军宁　杜祖亮　段纯刚　耿　莉　康俊勇
黎大兵　梁华国　刘铁根　毛志刚　缪向水
钱　鹤　冉广照　单崇新　沈　波　施　毅
时龙兴　宋志棠　孙玲玲　陶绪堂　王高峰
王新强　魏少军　夏银水　徐　科　徐现刚
许小红　杨华中　杨银堂　曾晓洋　张保平
张　荣　张　卫　张新亮　赵元富

政策专家（以姓氏拼音为序）

何　杰　李建军　刘　克　潘　庆　宋朝晖

孙　玲　唐　华　张兆田

编　写　组

组　长　郝　跃

副组长　韩根全

成　员（以姓氏拼音为序）

蔡一茂　陈向飞　陈永华　程　然　初秀琴

董建绩　郭国平　黎　明　李　明　刘雷波

刘　琦　刘　胜　刘　永　马晓华　欧　欣

孙东明　王建浦　王欣然　王兴军　吴华强

项水英　肖　希　薛春来　闫连山　杨　军

杨玉超　姚丹阳　玉　虓　曾晓洋　曾　璇

张建军　张进成　张　卫　张志勇　赵巍胜

郑雪峰　朱　健　朱樟明　祝宁华　邹卫文

邹喜华

总　序

党的二十大胜利召开，吹响了以中国式现代化全面推进中华民族伟大复兴的前进号角。习近平总书记强调“教育、科技、人才是全面建设社会主义现代化国家的基础性、战略性支撑”①，明确要求到2035年要建成教育强国、科技强国、人才强国。新时代新征程对科技界提出了更高的要求。当前，世界科学技术发展日新月异，不断开辟新的认知疆域，并成为带动经济社会发展的核心变量，新一轮科技革命和产业变革正处于蓄势跃迁、快速迭代的关键阶段。开展面向2035年的中国学科及前沿领域发展战略研究，紧扣国家战略需求，研判科技发展大势，擘画战略、锚定方向，找准学科发展路径与方向，找准科技创新的主攻方向和突破口，对于实现全面建成社会主义现代化“两步走”战略目标具有重要意义。

当前，应对全球性重大挑战和转变科学研究范式是当代科学的时代特征之一。为此，各国政府不断调整和完善科技创新战略与政策，强化战略科技力量部署，支持科技前沿态势研判，加强重点领域研发投入，并积极培育战略新兴产业，从而保证国际竞争实力。

擘画战略、锚定方向是抢抓科技革命先机的必然之策。当前，新一轮科技革命蓬勃兴起，科学发展呈现相互渗透和重新会聚的趋

---

① 习近平. 高举中国特色社会主义伟大旗帜 为全面建设社会主义现代化国家而团结奋斗——在中国共产党第二十次全国代表大会上的报告. 北京：人民出版社，2022：33.

势，在科学逐渐分化与系统持续整合的反复过程中，新的学科增长点不断产生，并且衍生出一系列新兴交叉学科和前沿领域。随着知识生产的不断积累和新兴交叉学科的相继涌现，学科体系和布局也在动态调整，构建符合知识体系逻辑结构并促进知识与应用融通的协调可持续发展的学科体系尤为重要。

擘画战略、锚定方向是我国科技事业不断取得历史性成就的成功经验。科技创新一直是党和国家治国理政的核心内容。特别是党的十八大以来，以习近平同志为核心的党中央明确了我国建成世界科技强国的“三步走”路线图，实施了《国家创新驱动发展战略纲要》，持续加强原始创新，并将着力点放在解决关键核心技术背后的科学问题上。习近平总书记深刻指出：“基础研究是整个科学体系的源头。要瞄准世界科技前沿，抓住大趋势，下好‘先手棋’，打好基础、储备长远，甘于坐冷板凳，勇于做栽树人、挖井人，实现前瞻性基础研究、引领性原创成果重大突破，夯实世界科技强国建设的根基。”①

作为国家在科学技术方面最高咨询机构的中国科学院（简称中科院）和国家支持基础研究主渠道的国家自然科学基金委员会（简称自然科学基金委），在夯实学科基础、加强学科建设、引领科学研究发展方面担负着重要的责任。早在新中国成立初期，中科院学部即组织全国有关专家研究编制了《1956—1967年科学技术发展远景规划》。该规划的实施，实现了“两弹一星”研制等一系列重大突破，为新中国逐步形成科学技术研究体系奠定了基础。自然科学基金委自成立以来，通过学科发展战略研究，服务于科学基金的资助与管理，不断夯实国家知识基础，增进基础研究面向国家需求的能力。2009年，自然科学基金委和中科院联合启动了“2011—2020年中国学科发展

---

① 习近平. 努力成为世界主要科学中心和创新高地 [EB/OL]. (2021-03-15). http://www.qstheory.cn/dukan/qs/2021-03/15/c_1127209130.htm[2022-03-22].

战略研究”。2012 年，双方形成联合开展学科发展战略研究的常态化机制，持续研判科技发展态势，为我国科技创新领域的方向选择提供科学思想、路径选择和跨越的蓝图。

联合开展“中国学科及前沿领域发展战略研究（2021—2035）”，是中科院和自然科学基金委落实新时代“两步走”战略的具体实践。我们面向 2035 年国家发展目标，结合科技发展新特征，进行了系统设计，从三个方面组织研究工作：一是总论研究，对面向 2035 年的中国学科及前沿领域发展进行了概括和论述，内容包括学科的历史演进及其发展的驱动力、前沿领域的发展特征及其与社会的关联、学科与前沿领域的区别和联系、世界科学发展的整体态势，并汇总了各个学科及前沿领域的发展趋势、关键科学问题和重点方向；二是自然科学基础学科研究，主要针对科学基金资助体系中的重点学科开展战略研究，内容包括学科的科学意义与战略价值、发展规律与研究特点、发展现状与发展态势、发展思路与发展方向、资助机制与政策建议等；三是前沿领域研究，针对尚未形成学科规模、不具备明确学科属性的前沿交叉、新兴和关键核心技术领域开展战略研究，内容包括相关领域的战略价值、关键科学问题与核心技术问题、我国在相关领域的研究基础与条件、我国在相关领域的发展思路与政策建议等。

三年多来，400 多位院士、3000 多位专家，围绕总论、数学等 18 个学科和量子物质与应用等 19 个前沿领域问题，坚持突出前瞻布局、补齐发展短板、坚定创新自信、统筹分工协作的原则，开展了深入全面的战略研究工作，取得了一批重要成果，也形成了共识性结论。一是国家战略需求和技术要素成为当前学科及前沿领域发展的主要驱动力之一。有组织的科学研究及源于技术的广泛带动效应，实质化地推动了学科前沿的演进，夯实了科技发展的基础，促进了人才的培养，并衍生出更多新的学科生长点。二是学科及前沿领域的发展促进深层次交叉融通。学科及前沿领域的发展越来越呈现出多学科相互渗透的发展态势。某一类学科领域采用的研究策略和技术体系所产生的基础理论与方法论成果，可以作为共同的知识基础适用于不同学科领域的多个研究方向。三是科研范式正在经历深刻变革。解决系统性复杂问题成为当前科学发展的主要目标，导致相应的研究内容、方法和范畴等的改变，形成科学研究的多层次、多尺度、动态化的基本特征。数据驱动的科研模式有力地推动了新时代科研范式的变革。四是科学与社会的互动更加密切。发展学科及前沿领域愈加重要，与此同时，"互联网+"正在改变科学交流生态，并且重塑了科学的边界，开放获取、开放科学、公众科学等都使得越来越多的非专业人士有机会参与到科学活动中来。

"中国学科及前沿领域发展战略研究（2021—2035）"系列成果以"中国学科及前沿领域2035发展战略丛书"的形式出版，纳入"国家科学思想库-学术引领系列"陆续出版。希望本丛书的出版，能够为科技界、产业界的专家学者和技术人员提供研究指引，为科研管理部门提供决策参考，为科学基金深化改革、"十四五"发展规划实施、国家科学政策制定提供有力支撑。

在本丛书即将付梓之际，我们衷心感谢为学科及前沿领域发展战略研究付出心血的院士专家，感谢在咨询、审读和管理支撑服务方面付出辛劳的同志，感谢参与项目组织和管理工作的中科院学部的丁仲礼、秦大河、王恩哥、朱道本、陈宜瑜、傅伯杰、李树深、李婷、苏荣辉、石兵、李鹏飞、钱莹洁、薛淮、冯霞，自然科学基金委的王长锐、韩智勇、邹立尧、冯雪莲、黎明、张兆田、杨列勋、高阵雨。学科及前沿领域发展战略研究是一项长期、系统的工作，对学科及前沿领域发展趋势的研判，对关键科学问题的凝练，对发展思路及方向的把握，对战略布局的谋划等，都需要一个不断深化、积累、完善的过程。我们由衷地希望更多院士专家参与到未来的学科及前沿领域发展战略研究中来，汇聚专家智慧，不断提升凝练科学问题的能力，为推动科研范式变革，促进基础研究高质量发展，把科技的命脉牢牢掌握在自己手中，服务支撑我国高水平科技自立自强和建设世界科技强国夯实根基做出更大贡献。

"中国学科及前沿领域发展战略研究（2021—2035）"
联合领导小组
2023年3月

前　言

半导体集成电路芯片技术作为信息产业发展的基石，已经深深渗透到经济社会的各个领域，并在推动产业变革和技术进步中发挥着至关重要的作用。当前，全球半导体芯片产业进入重大的发展调整期，国际贸易的复杂趋势给半导体芯片产业的发展带来新的挑战。一方面，随着技术水平的持续提升和产业规模的不断扩大，半导体芯片产业已经成为支撑全球数字经济发展的重要支柱产业。另一方面，在摩尔定律发展规律放缓和制造成本提高的双重压力下，未来半导体芯片产业发展必将从应用需求角度出发，实现从集成度驱动向功能驱动的转变，半导体设计和制造也将迎来全新的技术革命和产业变革。

对于我国而言，信息产业作为战略性新兴产业之一，发挥着支撑数字经济发展和推动产业变革的重要作用，未来其潜力空间仍然广阔。要实现信息产业的蓬勃发展，关键在于掌握核心技术，特别是加快集成电路与光电芯片等关键技术的自主创新步伐。目前，中国集成电路从材料、设备、工艺到设计的 EDA 工具都面临一些现实难题。这些问题若不解决，将对国民经济、社会发展、国家信息安全和国防安全产生不利影响。可以肯定的是，到 2035 年甚至更长的时间里，集成电路芯片仍将是推动社会发展和人类进步的核心与关键，是推动人类从信息时代进入智能时代的不可替代的载体。没有芯片技术和产业，信息技术和产业就无从谈起，更不用说信息和智能时代了。

在此背景下，本书的出版具有重要的时代意义。本书选择集成电路与光电芯片这两个关键技术作为研究对象，提出了在材料、工艺、设备、设计等多个方面实现自主可控的技术路线和发展路径，对产业发展具有重要的指导意义，从多个角度对其发展现状和未来趋势进行深入剖析，在此基础上对实现产业自立自强提出切实可行的发展战略和对策建议，为我国信息产业的可持续发展指明方向。

本书的研究工作由国家自然科学基金委员会和中国科学院联合组织实施，涉及集成电路与光电芯片领域多位专家学者。研究过程充分借鉴了产业发展规律和世界技术发展趋势，并综合考虑了我国产业基础和技术实力，最终形成了本书的研究框架和研究成果，具有较高的科学性、针对性和实用性。

本书就上述集成电路与光电芯片发展方向、关键技术、发展现状和趋势，以及发展战略展开技术论证，并给出一些发展措施与建议。

第一章为先进 CMOS 器件与工艺，由张卫（复旦大学）、王欣然（南京大学）、黎明（北京大学）牵头撰写。

第二章为 FD-SOI 技术，由韩根全（西安电子科技大学）、欧欣（中国科学院上海微系统与信息技术研究所）、玉虓（之江实验室）牵头撰写。

第三章为半导体存储器技术，由赵巍胜（北京航空航天大学）、刘琦（复旦大学）、蔡一茂（北京大学）牵头撰写。

第四章为集成电路设计，由朱樟明（西安电子科技大学）、刘雷波（清华大学）、曾晓洋（复旦大学）牵头撰写。

第五章为集成电路设计自动化，由曾璇（复旦大学）、杨军（东南大学）、初秀琴（西安电子科技大学）牵头撰写。

第六章为跨维度异质集成，由朱健（中国电子科技集团公司第五十五研究所）、欧欣（中国科学院上海微系统与信息技术研究所）牵头撰写。

第七章为先进封装技术，由刘胜（武汉大学）牵头撰写。

第八章为人工智能理论、器件与芯片，由吴华强（清华大学）、杨玉超（北京大学）牵头撰写。

第九章为碳基芯片，由张志勇（北京大学）、孙东明（中国科学院金属研究所）牵头撰写。

第十章为（超）宽禁带半导体器件和芯片，由张进成（西安电子科技大学）、马晓华（西安电子科技大学）、郑雪峰（西安电子科技大学）牵头撰写。

第十一章为量子芯片，由郭国平（中国科技大学）、张建军（中国科学院物理研究所）、程然（浙江大学）牵头撰写。

第十二章为柔性电子芯片，由王建浦（南京工业大学）、陈永华（南京工业大学）牵头撰写。

第十三章为混合光子集成技术，由刘永（电子科技大学）、陈向飞（南京大学）牵头撰写。

第十四章为硅基光电子集成技术，由薛春来（中国科学院半导体研究所）、王兴军（北京大学）、肖希（国家信息光电子创新中心，中国信息通信科技集团有限公司）牵头撰写。

第十五章为微波光子芯片与集成，由李明（中国科学院半导体研究所）、闫连山（西南交通大学）牵头撰写。

第十六章为光电融合与集成技术，由祝宁华（中国科学院半导体研究所）牵头撰写。

第十七章为光子智能芯片技术，由邹卫文（上海交通大学）、邹喜华（西南交通大学）、董建绩（华中科技大学）、项水英（西安电子科技大学）牵头撰写。

全书绪论和总结展望与发展建议由郝跃（西安电子科技大学）和韩根全（西安电子科技大学）牵头撰写，书稿的协调工作由韩根全（西安电子科技大学）和姚丹阳（西安电子科技大学）共同完成。

我相信，本书的出版将为相关政府部门和企业单位制定发展战略提供有力参考，也必将指引和帮助广大科技工作者推进关键技术创新，服务于产业升级和产品优化，为实现我国信息产业的自主可控发展和产业竞争力提高做出应有的贡献。展望未来，随着人工智能、大数据、云计算等新技术的广泛应用，新一代信息技术产业正在加速崛起。未来的竞争重心将逐渐从硬件制造向整体解决方案和关键技术创新转变。要适应产业变革的趋势，我国集成电路产业和光电子产业必须在提高自主创新能力的同时，加快融合创新和交叉创新步伐，培育新兴领域的产业生态，实现产业升级和转型。需要说明的是，鉴于半导体芯片技术的不断发展和进步，本报告中难免会有不足甚至不当之处，诚挚恳请广大读者谅解并给予批评指正。

最后，再次对参与本书研究和撰写的专家学者表示诚挚的谢意。让我们携手共进，不断进行技术创新，促进产学研用深度融合，推动半导体集成电路芯片技术和产业持续发展。

郝　跃
《中国集成电路与光电芯片2035发展战略》编写组组长
2022年6月

摘　要

集成电路自20世纪50年代问世以来，其量产技术遵循着摩尔定律已经发展至3 nm工艺技术节点和3D集成时代，芯片集成度持续增大，芯片性能持续增强。以此为基础的电子信息技术加速创新，万物互联等信息技术全面渗透到经济社会的方方面面，以集成电路为基础的信息产业成为世界第一大产业。当前，随着集成电路晶体管特征尺寸逼近工艺和物理极限，未来半导体产业发展将进入以新结构、新机理、新材料器件为核心竞争角逐的后摩尔时代。在这个大背景下，一方面，硅集成电路将继续沿着摩尔定律按比例缩小的方向前进；另一方面，诸如感存算一体芯片、人工智能类脑芯片以及颠覆性的量子芯片等技术将成为集成电路研究的新方向，从器件到架构的前沿创新支撑着微电子技术不断发展。同时，光电芯片经过长期的技术积累也已经开始在信息产业中广泛应用，尤其是通信产业中的光通信芯片已经成为极其重要且不可或缺的部分。未来，光电芯片将面向大容量、低功耗、集成化与智能化方向发展的新需求，逐步突破多功能材料体系异质集成、光电融合集成和多维度、多参量、多功能、高效率调控及可重构等关键技术。

集成电路与光电芯片技术是信息产业的基石与强大推动力，对提升国家综合实力和保障国家安全具有极为重要的战略意义。尤其是在信息技术强国对我国普遍实行严格技术禁运和打压的国际环境下，当前和今后一段时期是我国集成电路与光电芯片技术发展的重要战略机遇期与攻坚期，加强自主集成电路与光电芯片技术的研发工作，布局突破相关关键技术并拥有自主知识产权，实现集成电路产业的自主可控发展是我国当前的重大战略需求。本书针对当下集成电路与光电芯片产业的关键技术和难题，聚焦器件工艺、存储、设计、自动化、异质集成、先进封测等核心领域，研究其发展规律和趋势，并探讨实现创新突破的方向和策略。此外，在突破现有存储计算瓶颈的新器件和新架构领域，本书将从人工智能芯片技术、碳基芯片技术、（超）宽禁带材料和芯片技术，以及量子计算器件和芯片技术等方面，分析大数据和物联网（internet of things，IoT）时代下，信息技术产业新兴方向的发展趋势和可行性技术路线。在和集成电路应用紧密结合的光电融合领域，本书将从柔性光电子、混合光电子、硅基光电子、微波光电子，以及智能光电子的芯片集成及光电融合等多个方面，分析光电技术面向新信息化场景下的前沿发展动向。

面向未来芯片应用发展多元化和专用化趋势，在后摩尔时代，集成电路芯片技术将通过器件、工艺和架构的协同优化创新，逐渐从传统的冯·诺依曼范式向高算力、高密度、低成本、低功耗、多功能集成的新型芯片方向发展。此外，由于光电子集成芯片在光域强大的调控能力和集成潜力，在未来的应用中，实现数据高速传输和处理的光电子集成芯片也将是集成电路的一个重要发展方向。本书将围绕上述集成电路与光电芯片相关方向展开研究和探讨，并为我国集成电路发展实现科技创新引领和产业自立自强提供战略性参考和发展建议。

Abstract

Since the first demonstration of the integrated circuit (IC) in the 1950s, IC mass production technology, following the well-known Moore's law, has advanced into 3 nm node and 3D integration, the chip integration level continues to increase, and the chip performance continues to improve. Relied on the highly developed transistor technology, the information technology (IT) industry evolves into the electronic era, which further accelerates the application of smart systems like the internet of things (IoT), Big Data/Clouds, etc. into almost every aspect of the world, promoting the IC-based IT applications to become the world's largest industry. Currently, as the IC transistor scaling is approaching its physical limits, the semiconductor industry has entered the "post-Moore" era which splits off its partial efforts to the exploration of new structures, new mechanisms, and new materials. On the one hand, silicon-based ICs will continue to scale down according to Moore's law. On the other hand, novel technologies such as in-memory computing chips, artificial intelligence (AI) brain-like chips, and disruptive quantum chips become the future IC research directions, and the cutting-edge innovations from devices to architectures support the continuous development of microelectronics technology. Meanwhile, optoelectronic chips have been widely used in the information industry after a long period of technological accumulation. In particular, the optical communication chip has become a very important and irreplaceable product in the communication industry. In the future, optoelectronic chips will face more challenging requirements in terms of larger capacity, lower power consumption, more complicated integration and more intelligent. Breakthroughs are necessary to realize key technologies such as multifunctional heterogeneous integration, optoelectronic integration, and multi-dimensional, multi-parameter, multi-functional, high-efficiency modulation, and reconfiguration.

The IC and optoelectronic chip technology are the cornerstones and powerful driving force of the information industry, and also play a strategic role in comprehensive national power and national security. In the current stage and the near future, China is in a critical period to develop its logic and optoelectronic IC technology, especially when the global environment is not welcoming international collaborations. Consequently, China has to gradually and strategically develop its IC industry chain including the intellectual properties of IC technologies, equipment, supply chains, packaging and testing supports, etc. To solve the key technological issues in the current IC and optoelectronic chip industry, this strategy book studies the development rules and trends in the fields including device manufacturing technology, storage technology, design and automation, heterogeneous integration, advanced packaging and testing, accompanied by the in-depth discussion on the direction and methods to achieve innovative breakthroughs in these fields. In addition, in the fields of novel devices and new architectures which outperform the existing storage and computing capabilities, this book will analyze their development trend and feasibility for the Big Data and IoT-related areas like the artificial intelligence chip technology, carbon-based chip technology, (ultra) wideband gap materials and chip technology, and quantum computing devices and chip technology, etc.

In the field of optoelectronic fusion technology, which is closely related to IC technology, the book will analyze the cutting-edge development trends in the new IT application scenarios from the aspects of flexible optoelectronics, hybrid optoelectronics, silicon-based optoelectronics, microwave photonics, as well as chip integration of smart photonic chips and fusion for optoelectronic chips.

With regard to the diversification and specialization of chip applications in the post-Moore era, the traditional IC technology will gradually migrate from the von Neumann architecture to the more advanced architectures with higher computational power and density, lower cost and power consumption, multi-functions with design optimization and device innovations. In addition, due to the strong regulatory capacity and integration potential of optoelectronic chips in the optical area, optoelectronic chips that can realize high-speed data transmission and processing will be an important development direction in future applications. The book will carry out investigations and discussions on the above-mentioned topics related to ICs and optoelectronic chips, and meanwhile, provide a strategic reference and guidance for our nation to achieve a leading technological position in the international IC industry.

目　录

绪　　论

第一节　科学意义和战略价值

自 1958 年第一个集成电路问世以来，以半导体材料为基础的集成电路芯片技术取得了突飞猛进的发展。集成电路是微电子学的主要研究对象和代表性产品，以集成电路为基础的信息产业已经成为世界第一大产业。集成电路元器件组成的功能芯片可以将外界信息按照指令需求采集、获取并进行一系列的处理和执行。根据不同的应用场景，人们可以选择不同的元器件集成组装成各种应用设备，如用于快速读存信息的固态硬盘主要由非易失性存储元器件构成，照相机的成像部分通过电荷耦合器件（charge-coupled device，CCD）或互补金属氧化物半导体（complementary metal oxide semiconductor，CMOS）来实现图像传感等。面向不同应用的半导体元器件构成的集成电路芯片在过去几十年的发展历程中完全改变了人类的生活方式。信息交互、货币流通、医疗娱乐等逐渐从 20 世纪的实体方式转变成更加虚拟和数字化的方式。由于新冠疫情的暴发，公共卫生标准升高，视频会议和线上沟通成为面对面社交的替代方案，直播和电商购物改变了单一的实体店购物模式，线上问诊和虚拟游戏逐渐分流了一大部分的面诊患者和肢体运动类游戏用户。可以说，集成电路技术的发展极大地促进了集成电路应用产业的扩大。基于集成电路的应用丰富了信息获取的多样性（听觉、视觉、触觉）、信息存储的综合性（文字、数据、图像、音频、视频）、信息处理的复杂性（大数据、云计算、人工智能）和信息传输的时效性与广域性，开创了全新全面革命的信息时代。

为了实现速度更快、能耗更低、应用更广的芯片功能，在过去的几十年里，产业界一直通过晶体管微缩化来完成这一技术目标（Intel，2022）。然而，随着集成电路特征尺寸逼近工艺和物理极限，一方面，人们依然沿用以往的技术路线，通过引入极紫外光刻等尖端技术，晶体管尺寸得以进一步按比例微缩化，同时借助三维（3D）集成等技术继续提升集成电路芯片算力；另一方面，随着大数据时代和人工智能时代的到来，人们也开始探索能够满足更高算力、更低能耗需求的新型架构和工艺技术。为满足大数据产业而产生的非冯·诺依曼架构芯片、人工智能产业催生的类脑芯片以及完全颠覆比特概念的量子超算芯片等技术成为集成电路发展的新方向。同时，光电芯片经过长期的技术积累也已经开始在信息产业中广泛应用，尤其是通信产业中的光通信芯片已经成为极其重要且不可或缺的部分。光电芯片的核心技术是利用半导体材料的光电转化能力，即半导体材料可以通过吸收光子而产生电子，也可以通过电子的湮灭而发射光子。相比纯电子芯片，以硅基光电芯片、Ⅲ-Ⅴ族半导体光电芯片及柔性光电芯片为代表的光电芯片在信息处理、光学传感和显示方面具有传输处理速度更快、更为灵敏和功耗更低等显著优点。这些核心光电芯片，配合高速驱动、读出、放大和时钟电路等，通过高精度、高可靠性的光电耦合封装技术，形成功能模块或子系统，应用在数据中心、超级计算机、汽车自动驾驶、家用机器人、电信设备等大量既提高国家硬实力，又颠覆性地改变人们生活的民用领域，并最终形成完整的产业链。为了满足信息技术向大容量、低功耗、集成化与智能化方向发展的新需求，多功能材料体系异质集成、光电融合集成和多维度/多参量/多功能/高效率调控及可重构成为光电芯片发展的主流方向。

集成电路与光电芯片技术是信息产业的基石，对提升国家综合实力和保障国家安全具有极为重要的战略意义。在信息技术强国普遍对我国实行严厉技术封锁和打压的国际环境下，实现我国集成电路与光电芯片自立自强，在关键技术方面重点突破并拥有自主知识产权，实现集成电路产业的自主可控发展是我国当前的重大战略需求。根据世界半导体贸易统计组织统计的数据，2021 年全球半导体市场规模超过 5560 亿美元，同比增长超过 26.2%，达到近十年来最大增幅。我国拥有全球最大的半导体产品消费市场，国内芯片进口额连续 6 年超过 2000 亿美元，2021 年集成电路进口额突破 4000 亿美元，同比增长 23.6%（WSTS，2021）。2014 年，工信部发布了《国家集成电路产业发展推进纲要》，对我国高端集成电路技术发展目标做了明确部署。近些年，我国集成电路产业持续稳步发展。赛迪智库集成电路研究所统计，2021 年，不包括设备材料，我国集成电路产业规模达到 9666 亿元。集成电路出口方面，由于全球产能紧缺，加上我国若干新建产线投产，2021 年我国集成电路出口额超过 1500 亿美元。但是，从技术上来讲，我国面临的形势是复杂和严峻的。我国高端半导体器件、集成电路与光电芯片的进口量仍然很大，自主研发的微电子、光电子器件和芯片核心技术积累仍显不足。在目前技术封锁的国际形势下，我国在集成电路芯片和光电芯片技术方面的滞后已经影响到我国部分产业的安全。2015 年 3 月美国商务部开始对我国采取限制出口措施，2018 年 8 月美国“2018 财年国防授权法案”禁止美国政府机构和承包商使用我国的某些技术，2019 年 5 月美国商务部将我国部分公司列入“管制实体名单”，禁止美国企业向这些公司出售相关技术和产品；之后国外集成电路芯片设计制造商、供应商、电信运营商和金融机构陆续暂停了与进入“管制实体名单”公司的业务合作。集成电路与光电芯片确实是各国高科技产业博弈的重点和焦点，也是高新技术的核心和关键。未来集成电路与光电芯片的发展将直接决定我国的经济命脉，只有掌握集成电路与光电芯片领域的一系列核心技术，迅速提升半导体相关产品的自主研发和生产能力，才能摆脱我国高端器件和芯片受制于人的局面。

第二节　产业发展规律与特点

人类社会在信息化方向的发展，经历了人工时代、机械时代，并最终进入了电子时代。集成电路的迅猛发展正是推动电子时代到来的技术动力，光电芯片也发挥着越来越重要的作用。由于上到国家安防下到民生，电子时代对信息交互的依赖越来越强，因此，一个国家集成电路产业的发达程度，直接决定了其国防实力和在国际上的经济地位。只有掌握了先进集成电路工艺的核心技术，才能在电子时代的全球大环境下立于不败之地。因此，集成电路与光电芯片产业，是需要从国家层面全局谋划，并给予资金和政策支持的战略性产业。

集成电路产业历经六十多年的发展，有以下基本特点和发展规律：一是国家战略高度性和市场性共存，是一个国家战略方针和政府意志的高度体现；二是技术和资金投入上需要有持续性；三是产业具有一定的周期波动性；四是产业明显依赖先进技术和应用的导向性。早期的集成电路芯片由于单价昂贵、产能稀缺，主要服务于国防大中型计算机。随着CMOS微缩化的推进，芯片封装密度大幅提升，电路设计技术不断更新，集成电路的应用得到大幅普及，逐渐由单一的中小型计算机扩展至各种消费类产品，再发展到当下的移动通信、IoT、人工智能、大数据等各个方面。庞大的市场需求和产业生态链使得集成电路产业成为一个具有重要战略意义的发展方向。此外，集成电路产业的生产链需要多个供应链和技术链的群体协作才能完成，在通过市场贸易实现的协作过程中，任何一种材料、一种设备、一套器件和集成技术都可能成为制约竞争者的手段，如日本的聚酰亚胺、氟化氢、光刻胶，荷兰ASML公司的极紫外曝光机、亚10 nm以下集成电路工艺技术等。因此，集成电路生产链存在着无数具有战略性特征的关键环节。

参考国外先进晶圆代工厂过去二十多年的技术节点变化，可以了解到尖端的技术应用，如智能手机、第五代移动通信（5th generation mobile networks，5G）技术、人工智能等的芯片主要采用的是 20 nm 以下的技术节点。因此，国外对于先进工艺生产和供应链中设备材料以及代工限制将极大地制约我国在这些新兴关键技术领域的发展。对于我国当下缺乏集成电路制造关键技术、材料以及设备的现状，必须凭借新型举国体制的优势，通过攻坚创新，打通集成电路技术和产业链壁垒，建立风险可控的先进集成电路芯片产业链。

集成电路与光电芯片产业的另外一个特点是技术和资金投入巨大且需要持续性投入。只有长年累月的资金和技术投入，才能保持集成电路企业在技术迭代的洪流中始终领先，并在利润最高的尖端技术领域实现长期回报。在资金投入方面，对于台积电、格罗方德这样的代工厂而言，其主要投资用于建设生产线和工艺开发，对于英特尔和三星这样的垂直整合制造（integrated design and manufacture，IDM）模式企业，除了上述成本以外，其部分投资还需要用于产品设计和开发（魏少军，2020）。

随着集成电路工艺水平的不断提高，集成电路生产线建设的投资逐年增加。2012 年，建设一条 300 mm 硅片、32 nm 技术节点、月产 35 000 片晶圆的生产线，其工艺加工设备费用为 30 亿美元，其他配套材料设施费用为 4.6 亿美元，2.2 万 m^2 厂房建设费用为 0.4 亿美元，合计 35 亿美元。2017 年，新建一条 7 nm 工艺生产线的费用达到了 54 亿美元。2022 年，新建一条 3～5 nm 工艺生产线的费用达到 200 亿～250 亿美元。在生产线建成并正常运转的基础上，为了实现市场竞争力和盈利，还必须开发技术先进同时产出率高的工艺。成套的集成电路生产线通常包括几百道工艺步骤，如果每道工艺的良率为 99%，那么经过几百道工艺后，产品良率就会下降至不足 50%，不能满足企业盈利的需求。为此，要对每道工序进行反复试验和调校，直至得到最佳工艺参数。这一过程需要投入大量人力和物力，也是工艺研发成本的主要部分。为了实现企业的长期回报，技术的持续迭代也需要持续性的研发投入，可以说，集成电路产业是需要技术和资金持续投入的行业。

此外，随着集成电路与光电芯片的封装密度提升，成本逐渐下降，加上基于 CMOS 的应用电路设计不断创新，集成电路与光电芯片的设计、制造与应用的联系更加紧密。芯片将信息获取、处理、存储和传输方面的应用高度集成，其应用范围分布广泛，并逐渐改变大众的传统生产生活方式。集成电路与光电应用芯片服务于卫星制导、新能源汽车、远程医疗、数字金融等国防民生领域，特别是2020年以来的新冠疫情期间，大数据追踪、健康码等的快速应用完全得益于集成电路技术的发展。正因为集成电路产业和市场的紧密联系，其发展受应用市场波动的影响十分明显。根据世界半导体贸易统计组织的数据分析，世界集成电路市场的增长率一直呈周期性的波动状态，表现为每10年左右的增长率呈现一个先下降后上升的波动趋势。出现这个趋势的原因，一是宏观经济的影响，如地区性或全球性的经济危机和经济衰退；二是部分电子信息系统产品的供需饱和导致企业的投入调整。我国过去20年的国内生产总值（gross domestic product，GDP）增长与电子信息制造业增长的速度和规律趋同，而且我国集成电路产业销售额的增速要大于集成电路市场的扩张速度，这说明我国集成电路产业发展和市场扩张密切相关，国产集成电路的比例逐渐增加。

第三节　发展现状与挑战

集成电路在制造方面遵循摩尔定律的预测，即在过去几十年里，一般每两年完成一次CMOS器件面积的成倍微缩。随着器件尺寸从亚微米级逐渐微缩至深亚微米级，技术和资金的投入指数倍地增加。这种数额巨大的投资导致了集成电路的技术研发越来越集中于少数企业。而少数企业的技术领先，会增加其市场占有率和盈利，形成了“投资—盈利”的循环正反馈。

全球拥有130 nm技术节点的企业有26家，28 nm技术节点的企业减少到了10家，16/14 nm技术节点的企业仅有7家。10 nm技术节点阵营中，只有三星、英特尔和台积电这三家企业可以支撑巨额的研发和工艺线建设经费。2020年，三星和英特尔已经分别量产了7 nm和5 nm技术节点产品，3 nm技术节点产品也将进入量产。三星在2020年1月宣布了首款基于极紫外光刻制程和围栅器件结构的3 nm量产工艺芯片。存储芯片作为集成电路芯片的重要部分，已经占据了全球半导体市场的接近三分之一的份额。以

Flash 为代表的传统非挥发性存储器和以铁电存储器、磁阻存储器、相变存储器（phase change random access memory，PCM）、阻变式存储器（resistive random access memory，RRAM）为代表的新型非挥发性存储器继续发展的同时，2019 年起三星、英特尔、台积电、格罗方德四大集成电路制造企业都实现了自旋电子芯片量产，未来 3～5 年产能将逐步提高，加速集成电路的存算融合。

我国集成电路产业的销售额在 2000 年以后呈现指数增加的趋势。根据世界半导体贸易统计组织的数据，2019 年我国的半导体市场规模为 1446 亿美元，占世界市场的 35%。2019 年我国拥有 12 in① 生产线 28 条（全球 121 条），8 in 生产线 35 条。

在设计产业方面，中国是全球第二大集成电路设计业聚集地，但由于所设计产品多为中低档芯片，因此中国设计业的产值在全球芯片市场的占比并不高（10% 左右）。2020 年，国内市场上，我国设计的芯片价值仅为国外设计芯片的 40%。因此，尽管我国设计的整体产值位居世界前列，但是尖端芯片设计仍然是亟待发展的领域。

相对于半导体集成电路而言，光电芯片有超高速率、超低功耗等特点。利用光信号进行数据获取、传输、计算、存储和显示的光子芯片具有非常广阔的发展空间和巨大的潜能。目前，光网络的核心传输和交换设备中，光电子器件的成本比例分别达到 70% 和 60%。100 Gbit/s 光网络设备中，光电子器件的成本比例已经超过 80%，云计算和数据中心已经包含了大量的光收发模块。谷歌公司现在是全球最大的光器件采购商。在消费电子领域，2017 年苹果公司推出的 iPhone X 搭载以垂直腔表面发射激光器（vertical-cavity surface-emitting laser，VCSEL）为光源的面部识别模组，拉开了消费光子时代的序幕。2020 年，突发的新冠疫情席卷全球，红外测温设备、投影式红外成像设备、增强现实 /5G 远程会诊系统等光学领域多项技术在抗击新冠疫情的过程中起到了重要作用，加速了光电芯片的发展。此外，硅基光电子集成技术还可以应用于硅光人工智能芯片、硅光量子集成芯片等新兴领域，展示了光电融合的巨大发展潜力。

---

① 1 in=2.54 cm。

根据法国咨询公司 Yole Développement 的数据，2015 年全球硅光芯片的市场规模不足 4000 万美元，并且拥有相关产品的公司只有思科、英特尔、意法半导体等几家。伴随社交网络、视频和游戏内容的增加，互联网流量不断增加，进一步刺激了硅光芯片、光电收发芯片在数据中心的应用快速增长。预测到 2025 年，全球硅光芯片的市场规模将增长至 15 亿美元，而光电收发芯片的市场规模将达到40亿美元。作为光通信系统核心的光电子器件与芯片，其发展关系到新一代信息技术的发展。自 2016 年以来，全球移动数据量年均增长率为 60%，但光电子器件的带宽年均增长率约为 10%。器件带宽的增长难以匹配数据量的增长，矛盾愈发凸显。因此，器件单位信息量的功耗、成本、体积必须大幅度降低，这也是近年来光电子技术面临的主要挑战。为应对未来发展趋势，需要研发大带宽、高速率的光电子器件和多材料、多功能及阵列化的集成光电子器件。另外，智能通信、无人驾驶、智慧城市等新应用场景的涌现对光电子器件的可编程、可调控、可重构提出了需求，需要发展智能化光电芯片。

光电芯片已经在扫描测距、医疗传感以及模拟电子系统等新兴领域显现出巨大的应用潜力。另外，基于硅光子的固态激光雷达就具备极强的竞争力，相比机械型的激光雷达，固态激光雷达可以通过光学相控阵实现光束扫描，而不需要任何移动部件，具备重量和功耗方面的突出优势，在低速无人机、家用和商用机器人等领域有应用优势。法国咨询公司 Yole Développement 预计固态激光雷达每年将有 26% 的增长。

总之，虽然我国拥有全球最大的半导体产品消费市场，但是我国芯片自给率不足，尤其在信息产业领域中的高端半导体器件、集成电路与光电芯片方面，自主可控的高端微电子、光电子器件和芯片资源较为匮乏。国外对我国集成电路与光电芯片产业的技术壁垒限制已经影响了我国相关新兴信息技术产业的发展，并对我国产业安全和国家安全造成了威胁。因此，只有突破和掌握集成电路与光电芯片领域的一系列核心技术，迅速提升半导体相关产品的自主研发和生产能力，才能摆脱当前我国高端器件和芯片的被动局面，从根本上保障我国的产业安全、信息安全和国家安全。

第四节　发展趋势与本书安排

集成电路工业水平和规模是一个国家综合国力的标志，也是大国战略竞争的制高点。目前我国集成电路与光电芯片产业从材料、设备、工艺到设计的电子设计自动化（electronic design automation，EDA）工具都面临诸多问题，不能完全支撑国民经济、社会发展、国家信息安全，以及国防装备的快速发展。进入后摩尔时代，虽然硅集成电路制造技术在器件特征尺寸上按比例缩小的进度变缓或终将停止，但是通过新技术的引入，集成电路算力仍将持续提升，继续推动整个信息产业的发展。集成电路相关的关键技术仍然是信息领域最核心的技术，并可能产生更多新的难题。光电芯片向着超高速、集成化与智能化方向发展，以支撑小尺寸、高速率、低功耗、集成化和智能化信息技术的发展。集成电路与光电芯片技术的发展将会带来更多的挑战，未来发展呈现如下趋势。

（1）当前集成电路技术已进入后摩尔时代，如何通过集成电路设计、新型材料和器件的颠覆性创新使芯片的算力按照摩尔定律的速度提升，是后摩尔时代的一个主要技术趋势；自旋、多铁、磁等技术将引起存储芯片的技术变革。

（2）芯片算力正从通用算力向专用算力演化，体系结构的创新正逐渐从通用的优化到专用的创新转变，通过发展满足专用应用场景下的芯片技术（如接近零功耗的电路设计、近似计算、可重构计算、模拟计算、异构计算等），实现算力的大幅提升。

（3）EDA 正面临重要变革机遇，集成电路制程进入纳米尺寸（小于 5 nm）时会产生量子效应，整个晶体管需要用量子力学（如密度泛函、离散傅里叶变换）方法来描述。EDA 的龙头企业新思科技已经提前布局了量子力学工具；同时，芯片设计方法学从传统强调设计质量但设计周期长，变革到重视敏捷性和易用性，通过半年甚至更短的时间完成一个成熟芯片的迭代，以及人工智能和EDA算法的结合，将可能大幅减少人工参与而实现自动生成。

（4）量子芯片、类脑智能芯片将引起巨大的技术变革，利用集成电路加工技术实现对量子信息的操控，进而实现具有量子信息处理功能的芯片；构造类生物神经网络的半导体器件，制造类脑神经网络结构和信息表达处理机制的芯片和系统，实现类脑感知与认知，是通往通用人工智能的一条重要可行路线，是连通信息科学、脑科学、数理科学的枢纽。

（5）跨维度异质异构集成和封装技术将实现量子芯片、类脑芯片、3D存储芯片、多核分布式存算芯片、光电芯片、微波功率芯片等与通用计算芯片的巨集成，彻底解决通用和专用芯片技术向前发展的功耗瓶颈、算力瓶颈并实现其功能拓展。

（6）面向低功耗、小尺寸、IoT/5G/6G的需求，发展光电子与微电子融合及混合集成技术；突破集成光电子的物理与材料局限的异质异构光电子集成和3D集成技术，发挥光电子与微电子技术各自的优势，提升光电芯片的性能，增强光电子－微电子集成器件的信息感知和信息处理能力。

（7）发展智能光子信号处理技术，在光域实现超宽带、超高速与智能化信号处理技术，包括可编程光子集成芯片、传输与运算相融合的处理芯片、光神经网络芯片等技术。

（8）发展全频谱阵列集成技术，满足复杂业务和通信带宽需求，频谱涵盖微波到红外乃至太赫兹的范围。

（9）发展柔性光电子技术，将光电子器件制作在柔性/可延展基板上，满足更多新型应用的需求，如柔性光显示、增强现实/虚拟现实（augmented reality/virtual reality，AR/VR）与光感知等。

在“十五”到“十三五”期间，我国通过国家高技术研究发展计划（简称863计划）、国家重点基础研究发展计划（简称973计划）、国家重点研发计划、国家重大科技专项、国家自然科学基金等科技项目在集成电路与光电子技术研究方面逐步加大了投入：一是基础研究水平突飞猛进，一批有自主知识产权的新材料、新器件、新结构成果和关键技术处于国际领先地位；二是制造工艺取得长足进步，以中芯国际、长江存储、弘芯半导体等为代表的制造企业具备了较强的芯片加工能力和研发能力；三是以华为、紫光、寒武纪、海光、龙芯等为代表的芯片设计公司开始在世界市场上掌握一定的话语权；四是通过引进和培养，建立了一支具有丰富经验和开拓创新精神的微电子与光电子研究队伍。我国集成电路与光电子技术和产业经过卧薪尝胆，从基础研究到大规模制造，从产业规模到人才规模已经初步具备了国际竞争能力。

面向 2035 年，为了解决我国集成电路芯片与光电芯片的发展痛点，需要体现国家意志和新型举国体制，持续加大集成电路芯片与光电芯片领域的科技创新投入；加强中高端芯片的产业化研发和产品化生产，持续快速提升芯片的国产化率；优化芯片产业生态，构建长效战略合作机制；不断加强国际合作，以利于我国集成电路芯片和光电芯片的不断发展。

本书的布局安排是在国家自然科学基金委员会信息科学部和中国科学院信息技术科学部组织专家多次调研和研讨后形成的，同时充分参考了国家科技领域的发展规划与发展战略。更重要的是，集成电路与光电芯片科技水平、产业规模和学科人才是一个国家综合国力的标志，也是大国战略竞争的制高点。目前中国集成电路与光电芯片产业从材料、设备、工艺到设计的 EDA 工具都面临一些现实问题。这些问题若不解决，将对国民经济、社会发展、国家信息安全和国防安全产生重要影响。可以肯定的是，到 2035 年甚至更长的时间里，集成电路芯片仍将是推动社会发展和人类进步的核心与关键，是推动人类从信息时代进入智能时代的不可替代的载体。没有芯片技术和产业，信息技术和产业就无从谈起，更不用说信息和智能时代了。

第一章

先进 CMOS 器件与工艺

第一节　科学意义与战略价值

自 1958 年以来，集成电路技术的发展一直遵循着以尺寸缩小为指导路线的摩尔定律。通过不断等比例缩小 CMOS 器件特征尺寸提升芯片性能，同时提高芯片集成度，降低生产成本，从而促进半导体的产业发展和技术进步。然而，随着晶体管尺寸逐渐接近物理极限，当前集成电路已进入以功耗微缩化为指导路线的后摩尔时代。其特征体现在两个方面：第一，随着晶体管尺寸逐渐接近物理极限，量子效应和寄生效应引起的功耗密度增加导致晶体管尺寸等比例微缩的研发难度和制造成本不断上涨，因而与摩尔定律的预期相比，集成度提升的步伐放缓；第二，传统的平面器件集成方式使互连架构庞大而复杂，严重影响了电路的速度，很大程度上抵消了器件微缩带来的性能收益，成为制约延续摩尔定律发展的重要因素。

除了延续摩尔定律的发展方向外，集成电路技术还出现了以 IoT、大数据、神经计算、可穿戴设备等为代表的超越摩尔定律的发展方向。这些新的发展方向对系统的多功能性（即实现集电子电路、传感器和执行器等于一体的多功能集成系统芯片）和数据处理的数量、速度（带宽）及能效提出了更高的要求。随着 5G 技术以及人工智能的发展，移动智能设备等电子应用产品快速增长，不同应用领域对先进半导体器件性能提出了更高的要求，全球集成电路产业正朝着新的景气周期前进。

针对这些器件与集成工艺方面的挑战，为满足日益增长的高性能、低功耗、多功能、低成本的系统化集成需求，新型 3D 集成 CMOS 器件与电路架构，以及各种新材料、新结构、新机制半导体器件研究正引起全世界范围内研究人员的广泛关注。Berkeley 于 1998 年提出了鳍式场效应晶体管（fin field-effect transistor，FinFET）的概念，并在 2011 年实现大规模商业化量产，迄今仍是集成电路中的核心器件。进入 3 nm 以下技术节点后，FinFET 已经面临短沟道效应的控制力极限，环栅结构被认为是下一代的替代性器件结构。其中水平方向堆叠环栅与垂直沟道环栅都是非常具有潜力的候选者。此外，基于新型低维材料的半导体器件因空间维度的缩减，可以有效突破传统材料的量子限制效应，亦有望在亚 3 nm 以下技术节点提供高性能、低功耗计算，延续摩尔定律。低维材料的器件与集成研究受到了全球顶级科技公司与科研机构的关注。半导体行业巨头相继在该领域投入巨资进行研发以抢占先机。

必须对下一技术节点的先进 CMOS 器件前沿技术（如堆叠纳米线 / 纳米片环栅晶体管器件、垂直集成器件、新型低维材料半导体器件等）开展更加细致的研究工作，这对我国半导体制造产业从全球半导体制造巨头中突围，维护自身经济利益和国家安全具有重要的价值和战略意义。

第二节　技术创新与挑战

一、堆叠纳米线 / 纳米片环栅晶体管器件

（一）环栅晶体管器件发展现状及形成

近 20 年，CMOS 器件领域经历了三次重要的技术革新：改善沟道材料特

性提高器件驱动电流的新型应变沟道技术（2003年）；抑制栅漏电流的新型高介电常数（high-κ）金属栅叠层技术（2007年）；提高器件驱动电流同时抑制源漏穿通电流的FinFET器件技术（2011年）。3D器件FinFET技术的引入，有效增强了器件的沟道控制能力，在提高CMOS晶体管驱动电流的同时大大降低了关态泄漏电流，极大地提升了器件性能，促进了过去10年移动智能时代的发展。

随着FinFET技术的不断迭代，在器件制备工艺方面，鳍（Fin）的高宽比从第一代技术的3∶1发展到7 nm的7∶1以及5 nm的将近10∶1；越来越细高的Fin结构使得Fin的机械稳定性变差，进而导致Fin的弯曲甚至坍塌问题。另外，在器件开关性能方面，FinFET结构也逐渐接近沟道控制能力的极限。当前主流观点认为，5 nm技术节点之后的3 nm技术节点FinFET结构将面临沟道控制极限的问题，CMOS器件将需要新的技术架构——堆叠纳米线/纳米片环栅晶体管。

环栅晶体管器件技术能够提供比三栅器件FinFET结构更好的沟道控制能力以有效降低器件泄漏电流，而堆叠沟道结构能够同时提供更大的驱动电流密度。目前国内的中芯国际实现了14 nm FinFET的量产，与国际半导体亚10 nm甚至亚5 nm的先进制造技术相比还存在较大的差距。这种情况下，针对3 nm技术节点先进CMOS器件技术——环栅晶体管开展前沿器件设计和工艺研发工作，攻克关键科学技术显得尤为关键，有助于我国在先进CMOS器件制造下一技术节点时抢夺先机，为协助国内制造企业加快缩短与国际先进水平的距离提供技术支撑和人才培养。

（二）环栅器件关键技术问题和发展方向

随着环栅器件关键技术应用于大规模集成电路制造，器件沟道/栅结构以及与之对应的器件制备与集成技术也将发生相应的变革，并带来新的技术挑战。这些挑战包括如下几个方面内容。

1. 纳米线沟道选择性刻蚀技术

环栅晶体管的沟道制备需要在Si衬底上外延生长Si/SiGe超晶格结构，然后利用Si和SiGe的选择性刻蚀技术形成堆叠多层Si的纳米线沟道。该工艺步骤的关键是对Si/SiGe高选择性的刻蚀比，刻蚀SiGe形成腔体同时保障

Si 纳米线沟道损耗少，还要避免纳米线 / 纳米片刻蚀后出现断裂 / 坍塌等。

2. 纳米线沟道外延应力和缺陷控制技术

不同于 FinFET 沟道结构，在 Si 基堆叠纳米线 / 纳米片环栅器件中，Si 的＜100＞晶面对应的电子迁移率和空穴迁移率存在较大不对称性，电子迁移率远高于空穴迁移率，这将带来 N 型与 P 型环栅器件性能不互补问题。通过简单调整器件沟道宽度来获得互补的 N/P 型器件驱动电流，在堆叠纳米线 / 纳米片环栅器件结构中将引起器件寄生电容增大而导致互补器件延迟增大。如何通过沟道应变工程解决该互补问题，是实现环栅 CMOS 器件性能提升的一大挑战。同时，硅沟道的电子迁移率和空穴迁移率对应变非常敏感，约 ±2% 的应变变化在 Si 纳米线中可导致高于 2 倍的电子迁移率和空穴迁移率变化。在基于 Si 堆叠纳米线 / 纳米片环栅器件制备中需认真评估硅沟道应力大小分布情况。

3. 源漏外延生长技术

2003 年，英特尔公司将应变硅沟道技术引入 90 nm 技术节点中。其中 N 型金属氧化物半导体场效应晶体管（N-type metal-oxide-semiconductor field effect transistor，NMOSFET）采用了高张应力的 SiN 薄膜作为接触刻蚀阻挡层（contact etch-stop layer，CESL），P 型金属氧化物半导体场效应晶体管（P-type metal-oxide-semiconductor field effect transistor，PMOSFET） 将 SiGe 应变技术应用于源漏区域进行替换。自此，在每一代的技术制程上都应用了应变硅沟道技术提升器件的性能。

在 SiGe 源漏工艺技术路线图中，一方面，Ge 组分由 18% 提升到 70% 以上，SiGe 源漏对沟道产生的压应力显著增加；另一方面，源漏区域的凹槽形貌由最初的圆形变成了更靠近沟道的 Σ 形结构，以增强 SiGe 源漏对沟道的应变。在 2011 年的 22 nm 技术制程中，3D FinFET 技术取代了传统的平面工艺，SiGe 源漏外延技术也从平面工艺转向了 3D 工艺，工艺难度大大增加。在 FinFET 之后，基于纳米线 / 纳米薄片的环栅晶体管上的 SiGe 源漏外延生长技术也面临新的挑战。

随着栅间距（pitch）的缩小，源漏区面积减小，源漏外延生长空间受限。源漏体积和接触面积减小将引起接触电阻增大，造成器件性能退化。为了增大源漏接触面积，目前主要有未合并和合并的 SiGe 源漏外延生长两种制备方案。对于未合并 SiGe 源漏外延方案，分离的 SiGe 源漏支持环绕式接触以降低电极与源漏之间的接触电阻，但外延的体积小，所产生的应变量远小于合并 SiGe 源漏外延方案。另外，较小的外延体积还导致较低的掺杂密度，从而导致源漏电阻增大。对于合并 SiGe 源漏外延方案，源漏体积较大但合并的源漏不能实现环绕式接触，在相邻源漏的交叠位置容易产生外延位错并可能延伸至源漏内部，导致源漏应力释放。这两种外延方案的选择也需要谨慎评估。

在小尺寸器件中，源漏寄生电阻在器件非本征电阻中占比较大。为了降低接触电阻，要求在源漏外延中能够进行高浓度原位掺杂或采用高 Ge 组分（50%～70%）的 SiGe 源漏外延。而 SiGe 源漏的 Ge 组分越高，其临界厚度越薄，越容易发生应力弛豫，从而与 Si 衬底产生失配位错，影响器件性能。另外，对于 5 nm 及以下技术节点，要求比接触电阻率小于 $1\times10^{-5}\ \Omega\cdot m^{-2}$。对于 PMOS，要求 SiGe：B 源漏中 B 的掺杂浓度高于 $1\times10^{20}\ cm^{-3}$。高 Ge 组分和高 B 浓度原位掺杂的 SiGe 源漏选择性外延生长是一项极具挑战性的工作。为避免 B 的严重偏析行为，后续可能的退火激活处理也同样具有挑战性。

4. 内侧墙技术

纳米线 / 纳米片环栅器件相比 FinFET 器件，沟道结构有显著变化。为避免源漏与沟道栅极接触短路导通，需要在源漏外延之前制备内侧墙。目前主流的堆叠环栅器件工艺路线均采用了牺牲层技术，即先制作包含牺牲层的叠层结构，再在后续的栅极和源漏极制作中去除牺牲层。如果采用在源漏极制作时再去除牺牲层的做法，可以看到在环栅晶体管的沟道之间，源漏和栅极是不存在侧墙的。若在源漏极制作之前，去除部分牺牲层引入侧墙技术路线，则称为内侧墙技术。

2009 年，法国原子能和替代能源委员会的 CEA-Leti 研究中心演示了内侧墙技术，结果显示该技术可以减少 30%～40% 的寄生电容，并且不会带来开关比损失。自此以后，法国原子能和替代能源委员会的 CEA-Leti 研究中心、比利时微电子研究中心、IBM 等分别在不同场合表示各自的环栅器件中采用了该项技术，由此可见内侧墙技术对于环栅器件的重要性。目前，内侧墙技术集成路线比较明确，该技术的关键在于内侧墙低介电常数介电材料的应用、腔体隧道深度的精确控制、内侧墙外侧对源漏外延的影响等。其主要的技术难点在于高选择比各向同性刻蚀技术、回刻技术、复杂条件下的选择性外延技术、原子层沉积技术等。由于需要在狭窄的垂直腔体中在横向上以高选择比刻蚀牺牲层，这一类的气相、液相刻蚀技术是目前包括 IBM、三星等在内的晶圆厂的研究热点，也是我国急需攻关的关键技术问题。

5. 寄生沟道抑制技术

由于堆叠环栅器件是由带牺牲层的叠层结构通过释放工艺制作转变而来的，因此在堆叠的环栅沟道下方，根据起始沟道结构的高度，一定会存在一定鳍高度的寄生沟道。寄生沟道面积较大，使得实际器件为上部分的环栅器件和下部分的寄生晶体管的并联，这一寄生沟道对整体器件性能有不可忽视的影响。相关模拟结果显示，在寄生鳍高度较低的情况下，由于较差的沟道控制能力，寄生沟道的关态泄漏电流会占据主导地位。提高寄生晶体管的鳍的高度，虽然会改善寄生沟道的控制能力，降低关态泄漏电流，但会使寄生沟道面积在整个器件沟道总面积的占比进一步增大，失去环栅晶体管短沟道效应抑制的主导优势。这一矛盾无法通过调整器件结构来平衡，因此必须引入寄生沟道抑制技术。

目前，这一方面的研究主要集中在传统的基于离子注入的电学隔离和新式介质层隔离技术方向。在基于离子注入的电学隔离技术方向，除了继续探索基于离子注入的穿通阻挡（punch-through stop，PTS）技术解决方案之外，目前探索的方向包括在基底外延层中预先掺杂，然后利用高选择性刻蚀精确控制寄生管源漏极高度的技术方案。基于离子注入的电学隔离这一技术方向通过精确控制源漏位置减少漏电流，但对高选择性刻蚀有非常高的要求。新式介质层隔离技术也显示出了很大的潜力，IBM 在 2019 年演示了一种新颖的隔离技术：在源漏区域，预先填埋电介质层阻断寄生沟道的源漏接触以破坏寄生晶体管的形成。这一技术方向要求在衬底外延制作时就在未来的源漏接触位置填埋好电介质，而且需要保证后续外延能够满足对沟道高质量的要求。这对在异质衬底、重掺杂衬底上应用的外延技术提出了非常高的要求，需要对相关工艺进行针对性的开发。

二、3D 垂直集成器件

从 14 nm 技术节点开始，平面集成面临的物理极限使得器件特征尺寸缩小难以为继，3D 结构的 FinFET 开始进入大规模集成电路设计与制造当中，沿垂直晶圆方向进行集成成为一种可能，也是一种需求。从发展我国集成电路科学学科角度而言，3D 垂直集成能够为纳米新材料、新计算范式与架构、新型感知 - 计算一体化系统等前沿科学探索提供更多的创新和应用空间。基于 3D 垂直集成的材料体系、计算系统、感知系统有可能孕育出真正解决目前平面集成电路架构在算力、功耗，乃至密度方面的瓶颈问题的核心技术。从全球发展状况来看，3D 垂直集成正处于成熟度曲线的二次爬坡阶段，蕴含着大量的科学发现和科学创造机遇。

2017 年以来，沿垂直方向集成的器件与电路架构快速发展。基于垂直环栅结构，将 CMOS 器件对折以后堆叠起来构建互补场效应晶体管（complementary field effect transistor，CFET）可以进一步提高静态随机存储器（static random access memory，SRAM）的密度。因此，水平堆叠环栅、垂直沟道环栅以及 CFET 将形成重要的延续摩尔定律的器件技术路线。从系统集成的发展历史来看，CMOS 器件经历了平面［二维（2D）］集成、2.5D 集成和 3D 集成三个阶段。3D 集成将不同功能模块重新分层排布后进行垂直堆叠，并使用垂直互连实现层间的数据交换，大幅缩短互连长度、提高互连密度、优化互连结构，进而系统的集成度、带宽、能效得到大幅提升。据法国原子能和替代能源委员会的 CEA-Leti 研究中心测算，在维持 14 nm 工艺节点不变的情况下，通过 3 层堆叠，可获得比肩 7 nm 工艺节点的集成度和能效。

将 3D 集成的器件技术路线和系统集成技术路线合并在一起，可以获得更加具有性能、功耗、功能和成本（power performance function cost，PPFC）优势的单片 3D 集成技术，成为后摩尔时代 CMOS 技术继续前行的重要驱动力。下面将从垂直集成器件关键技术和单片 3D 集成关键技术两个维度分别阐述 3D 垂直集成的器件与工艺前沿技术发展现状。

（一）垂直集成器件关键技术

垂直集成器件中最典型的结构为垂直沟道环栅纳米线 / 纳米片器件。垂

直沟道环栅纳米线 / 纳米片器件的优势在于物理栅长、栅间距以及接触孔大小都是可以独立于纳米线 / 纳米片沟道投影面积等比例缩小的，根据栅与源漏扩散区的相对位置关系可以分为南北构型和东西构型两种。

南北构型的垂直场效应晶体管（vertical field effect transistor，VFET）因为具有比较小的纳米线 / 纳米片间距，所以比较适用于紧凑型的 SRAM 单元设计。比利时微电子研究中心已经利用 VFET 制造出面积为 0.007 μm^2 的 SRAM 单元。东西构型的 VFET 设计具有灵活的布线空间，因此与逻辑设计更为兼容。但是仿真研究发现，由于 VFET 受制于有限的器件沟道宽度（W_{eff}），在相同投影面积情况下，VFET 的速度和功耗都比 FinFET 差，这说明 VFET 并不适用于常规的逻辑电路设计。

VFET 在紧凑型 SRAM 设计方面的优势通过堆叠可以实现放大。将 SRAM 单元的栅极分为两组后，利用垂直沟道上下堆叠起来，可以实现比平面 6 晶体管静态随机存储器（6-transistor SRAM，6T-SRAM）单元短一半的位线长度，从而实现更为紧凑的 SRAM 单元。比利时微电子研究中心已经报道了 0.004 μm^2 的堆叠 VFET SRAM 单元。

VFET 的这种上下堆叠对于规则的 SRAM 设计来说没有太大限制。但是对于逻辑设计而言，需要更为灵活的布线空间，因此堆叠 VFET 中共沟道的做法对于逻辑设计而言并不适用。为此，一种新的垂直集成环栅器件被提出，称为互补场效应晶体管。这种器件结构将平面的 CMOS 单元对折起来，充分利用填埋电源线技术，为逻辑标准单元设计提供了十分灵活的布线空间。

（二）单片 3D 集成关键技术

无论 VFET 还是 CFET，都是在器件级的互连层面上进行 3D 垂直集成的，仍然属于局域的 3D 集成。如果将 3D 集成的互连扩展到整个电路系统，那么将得到 3D 集成系统。这种互连结构的颗粒度如果是通孔技术或者微凸点，那么垂直集成的上下层器件或者电路可以分别平行制造，称为并行 3D 集成或者混合 3D 集成。另一种方式是按照芯片在系统中堆叠的顺序在不同有源层上制备出来，每一层器件与下一层器件之间通过层间通孔连接起来，这种方式称为顺序 3D 集成或者单片 3D（monolithic 3D，M3D）集成。并行三维（parallel 3D，P3D）集成技术在 2.5D 单片系统（system on chip，SoC）、单片封装系统

（system in package，SiP）、Chiplets 技术中已经广泛应用。而 3D 集成技术则正处于研发成熟曲线的二次爬坡阶段，开始展现出诸多的 PPFC 优势。

与基于硅通孔（through silicon via，TSV）的 P3D 集成相比，M3D 集成具有更短的互连长度和更大的层间互连带宽。由于使用常规光刻技术，M3D 集成具有十分高的互连密度，例如，在 65 nm 技术节点的后道工艺技术下，可以获得 $2 \times 10^7 \text{ mm}^{-2}$ 的通孔密度，远远高于 P3D 集成中 TSV 的密度。

3D 集成面临的关键挑战就是热预算的限制。可以将 3D 集成中热预算的影响分为底层电路的可靠性、上层有源层的制备、上层器件的制备。热预算的限制还体现在上层有源层材料的制备方面，如何在低热预算下制备低成本、高质量的上层有源层将是 3D 集成面临的最大挑战。此外，为了改善上层器件的涨落特性，需要抑制晶粒涨落。一种局域晶粒控制方法是在上下层之间的隔离介质中刻蚀出周期排列的再结晶种晶窗口。

上层有源层制备完成之后，还需要进行上层器件的制备，在此过程中仍然需要限制热预算，主要的挑战在于形成高掺杂的源漏和低接触电阻硅化物。采用远红外 CO_2 准分子激光的选择性退火技术，可以在大约 400℃、100 ms 热预算下选择性地对源漏高掺杂区域进行晶格修复和激活。此外，利用远红外选择性退火方式还可以在 200℃、200 ms 热预算下形成没有穿刺的 NiSi。

顺序 3D 集成（3D sequential integration，3DSI）在不同应用场景下，对上层电路的材料选择也有所不同。从集成层面来说，3D 集成面临的关键技术问题可以总结为：①如何在低温热预算条件下获得高质量的顶层有源层材料；②如何在低温热预算下制备上层器件，低温杂质激活工艺、低温外延工艺和低温硅化物工艺就成为上层器件制备过程中的关键技术问题；③如何通过有效的上下层热预算管理实现低成本高性能计算 3D 集成芯片，系统－工艺协同优化对于 3D 集成至关重要；④上下层器件工艺的平台兼容性问题，如何在不同技术和平台之间进行切换，避免上下层制备流程之间的交叉污染以及如何提高产线之间的自动化流程控制效率也是一个不容忽视的技术问题。

综上所述，3D 垂直集成器件与工艺技术已经发展成为未来替代平面集成的重要路线，正在进入成熟曲线二次爬坡阶段。在大规模量产之前，还存在诸多关键技术问题亟须解决，需要重点开展以下几个方面的研究：①基于 CMOS 后道工艺集成的低温再结晶工艺，实现低温热预算下的高质量多晶硅薄膜制备以及高均匀性、高可靠的上层器件制备；② 3D 集成的中间层互连布局优化技术，针对不同的应用需求，对下层系统－中间层互连－上层系统进行协同优化设计，达到最大化的 PPFC 优势；③基于 VFET 和 CFET 技术开展逻辑标准单元的设计与优化，为系统级 3D 集成提供完备的单元库；④针对 3D 集成系统开展热管理和应力管理研究，发展高效、精确的热分布和应力分布模型及仿真方法。

三、新机制、新材料半导体器件

未来集成电路将进入以新材料、新结构、新机制器件为重点的后摩尔时代，2D 材料因空间维度的缩减，可以有效突破传统材料的量子限制效应，有望在 3 nm 以下节点提供高性能、低功耗、延续摩尔定律的集成电路解决方案。

（一）2D 半导体器件发展现状

半导体技术强国一直对 2D 材料研究领域保持巨额经费资助。美国能源部、美国国防部高级研究计划局自 2012 年以来在 2D 材料领域投入大量经费开展预研。欧洲联盟（欧盟）于 2013 年开启了资助额度超过 10 亿欧元的“石墨烯旗舰计划”。韩国三星综合技术研究院一直在石墨烯、二硫化钼等的逻辑、存储、显示等领域开展研究。比利时微电子研究中心在 2D 半导体器件可靠性、均一性等方面开展了多年研究。英特尔也成立了相应部门针对 2D 材料的器件应用开展系统性研究。

目前，石墨烯、氮化硼均已实现晶圆级单晶生长，2D 半导体（二硫化钼等）的晶圆级薄膜技术也得到突破，通过界面优化，单层 2D 半导体（约 0.65 nm 厚度）迁移率已超过 100 cm^2/（V · s），高于 1 nm 厚度的单晶硅。在器件工艺方面，南京大学突破了 1 nm 等效氧化层厚度的介质层集成工艺。剑桥大学的研究显示，采用低蒸发温度和低功函数金属可显著降低接触电阻。在大规模集成方面，奥地利维也纳工业大学实现了二硫化钼微处理器单元，使得 2D 材料成为后硅材料大规模集成电路的可能选择；2020 年该研究组进一步实现了二硫化钼的模拟运算放大器。比利时微电子研究中心的研究团队在 300 mm 晶圆上展示了 2D 半导体与 FinFET 的异质后端集成技术，为 2D 半导体应用开辟了新的领域。

（二）2D 半导体器件面临的挑战及发展方向

1. 晶圆级 2D 半导体材料制备关键技术问题

量产所需的晶圆级、高质量单晶 2D 半导体仍是目前具有挑战性的任务之一。为了在原子层厚度上对材料质量进行调控，需要理解迄今为止最复杂的面内成核机制以及相关的表面科学和缺陷控制。如何利用相关理论实现成核与晶畴调控将成为材料生长的核心科学与技术难题。

可控掺杂是实现低功耗 CMOS 电路的基础。2D 半导体中原子层的物理厚度、传统的离子注入等后端掺杂会严重降低材料质量，降低载流子迁移率，因此在材料生长中原位掺杂是最优选择，但目前无法实现可控的元素掺杂以及掺杂元素的激活。选择掺杂元素以及前驱体，改良化学气相沉积（chemical vapor deposition，CVD）生长方法，开发合适的掺杂激活工艺也是目前 2D 材料生长的关键科学与技术难题。

将 2D 材料从生长衬底上剥离、转移至目标衬底是后续器件制备的基础，发展稳定的晶圆级转移方法对器件性能与均一性至关重要。同时急需开发真空转移技术和高质量 2D 异质结堆叠技术用来制备可控高质量 2D 材料异质结。

2.2D 半导体器件制备关键技术

（1）欧姆接触与超低接触电阻实现技术。目前已有研究寻找在不引入杂质的前提下去除费米面钉扎效应，降低接触电阻是目前 2D 半导体器件最核心的科学与技术难题。

（2）低界面态超薄 high-κ 栅介质集成技术。为满足未来 3 nm 以下技术节点的需求，high-κ 栅介质集成技术需要同时具有 1 nm 以下等效氧化层厚度、无界面损伤、低界面态、高可靠性、可量产的特征。范德瓦耳斯互作用的介质层制备方案目前已实现了 1 nm 等效氧化层厚度的集成，但其界面态浓度相较先进硅工艺仍存在两个数量级的差距。未来介质层集成方面的研究主要集中于寻找更好的缓冲层、优化界面质量、开发下一代氧化物（如 La_2O_3）工艺，以实现等效氧化层厚度以及界面态的突破。

对于低维器件工艺、设备开发挑战，相较于传统材料半导体，2D 半导体原子层的厚度使界面对器件性能、良率、可靠性的影响被无限放大，然而目前 2D 材料器件加工依然采用传统的直接光刻、高温金属沉积等工艺，加剧了工艺导致的界面损伤。因此开发针对 2D 材料界面特点的新器件工艺，研制原位生长与器件制备一体化设备，降低材料－器件－电路过程中的界面污染与界面损伤是未来器件工艺的关键技术问题。同时，将界面工程、工艺推广至大规模高密度器件阵列，形成器件性能、密度、良率、可靠性兼顾的工艺方案，为高性能集成应用奠定基础。

3. 2D 半导体系统集成关键技术

尽管学术界到产业界均对高性能 2D 半导体逻辑集成电路充满期待，但当前仍有众多急需解决的问题。将 2D 半导体器件作为后端晶体管通过通孔技术集成于高性能芯片上层，在芯片外围集成特种功能电路以实现更复杂的功能已成为目前备受关注的方向。目前，2D 半导体器件利用低功耗传感、存储、神经网络等功能与前端进行异质集成，以扩展目前集成电路的应用场景。此外，2D 半导体器件作为后端晶体管在超高分辨显示驱动、IoT 设备中相较于目前氧化物晶体管具有性能、成本、柔性等方面的优势，有望成为新一代薄膜晶体管的主力。

第三节　工艺技术创新与挑战

一、光刻领域技术发展与挑战

从 7 nm 技术节点开始，波长为 13.5 nm 的极紫外光刻技术开始作为一个重大选项引入剪切层和后端金属、通孔层制备中（7 nm 逻辑工艺的中后端约 5 层可以转入极紫外），其分辨能力为 193 nm 浸没式光刻机的 3 倍以上。如果极紫外光刻技术在 7 nm 技术节点还只是作为一个选项，那么在 5 nm 技术节点，极紫外光刻技术必须被大量采用（14 层以上）。5 nm 技术节点金属层的周期尺寸为 30～32 nm，通孔为 36～50 nm，如果全部采用 193 nm 浸没式光刻技术，将需要6～8次曝光，而且要面临巨大刻蚀线宽偏置、掩模版拆分、拆分后图形密度过低及套刻误差控制的挑战，因此难以实现量产。

极紫外光刻技术对 7 nm 以下技术节点的先进 CMOS 集成电路技术具有关键作用。该领域关键技术包括极紫外光刻工艺、光刻设备、光刻材料、计算光刻软件算法等。当前，以上技术在我国集成电路工业均依赖进口，并且受到以美国为首的西方国家的出口管制。因此，如果我国能够在极紫外光刻技术上自主可控，将有力地保障我国现今和未来集成电路芯片产业的持续发展。

（一）前沿光刻技术发展现状及形成

1. 自对准多重曝光技术现状及形成

自对准多重曝光是一种利用薄膜的厚度沉积精度来实现线宽精度的多重图形技术。其优点是对于单次光刻，做得最好的线宽粗糙度一般为 4～5 nm；经过心轴层的刻蚀和硬掩模的刻蚀，或者光刻胶自身硬化变成心轴的过程，以及原子层沉积二氧化硅间隔层的过程，可以提升至 2～2.5 nm 的水平。这个优点使得这项技术非常适合前端对 FinFET 器件中鳍和栅的图形定义。这种自对准多重曝光技术的另一个优点是套刻偏差由心轴的线宽均匀间隔层的厚度均匀性决定，可以突破光刻对准精度这一机械极限。因此在 10 nm 及以下逻辑技术节点，前端的有源区如鳍和栅的形成都将采用自对准多重曝光技术。后端的自对准光刻 - 刻蚀情况类似。不过，自对准多重曝光技术的缺点是最终形成的并不是掩模版上的图形，需要经过复杂的图形转换，涉及电子设计自动化的算法研发。

2. 极紫外光刻技术现状及形成

极紫外光刻技术早在 20 世纪 80 年代就开始起步，在极紫外光刻技术研发的早期，主要是对多层反射膜进行初探；中期主要是针对投影物镜的进一步优化（4～6 片）；到了极紫外光刻技术研发后期，1997 年极紫外有限责任公司（EUV Limited Liability Company，EUV LLC）在美国英特尔公司的倡导和领导下建立。这个公司与美国能源部签订合同，为的是加速极紫外光刻技术的研发以及降低在设备研发和成果转入商业化生产时的风险。2002 年，荷兰 ASML 公司通过收购承担了制造 Beta 验证机和极紫外生产型光刻机的责任。现今数值孔径 0.33NA 的设备（NXE3400C），最小能够做到的半周期（half pitch，HP）为 13 nm，曝光产能为 135 片 / 时（30 mJ/cm^2 的曝光能量密度）。

（二）前沿光刻关键技术问题和发展方向

1. 线宽均匀性和图形边缘粗糙度面临的挑战

在过去 25 年里（1997～2022 年），为了满足性能、功耗、密度、成本的要求，工业界对栅层光刻线宽均匀性提出了一个最终的要求。可以注意到，光刻线宽均匀性与物理栅长的比例约为 10%——这个比例对于众多技术代几乎是一个常数。

2. 光刻工艺窗口面临的挑战

有文献列举了 1997～2022 年光刻工艺参数和性能水平及对未来的发展展望。可以看出，光刻工艺在沿着一定的规律不断发展。7 nm 技术节点及以前，前端的对比度或者称为曝光能量宽裕度比后端要好，衡量掩模版线宽均匀性对硅片线宽均匀性影响的参数——掩模版误差因子也比后端的低。但到了 5 nm 技术节点及以后，这个差异就不明显了。这是由于 13.5 nm 极紫外（extreme ultraviolet，EUV）的波长约是 193 nm（确切为 193.368 nm）波长的 1/14，对于相同的曝光能量，极紫外的光子数约是 193 nm 光子数的 1/14。实践发现，采用极紫外光刻工艺存在吸收光子数随机涨落的问题，需要增加光学对比度以最大限度地削弱其影响。而 1997～2022 年，一个能够服务于主流设计规则、照顾到最小分辨周期和对比度的后端光刻工艺，能够提供的曝光度（exposure latitude，EL）为 18%～20%，这使得后端光刻 EL 也将达到或者接近前端水准。

由于 14 nm 技术节点以下，无论前端的栅还是后端的金属都采用自对准多重曝光技术，其图形边缘粗糙度会下降达到 1.5 nm 或者以下。前面提到，由于自对准多重曝光技术的应用可以超越设备精度的限制，套刻精度（on-product overlay，OPO）一般需要被控制在 2 nm 以下。光刻胶的分辨率从最早在 250 nm 技术节点的 70 nm 左右不断缩小，在未来 5 nm 及以下技术节点，将被控制在 5 nm 以下。

3. 极紫外光刻机关键技术和发展方向

目前，国际上在极紫外光刻机方面的关键技术已经基本解决，如光源、投影物镜像差等。光源自从采用了预脉冲技术和高功率种子激光系统，其输出极紫外功率可以达到 200～250 W，其转换效率达到 4%～5%。物镜的剩余像差源于有限个离轴非球面的制作、装配和调整，其要求是均方根（root mean square，RMS）小于 0.2 nm，在当前的主流光刻机（NXE3600D）上是可以实现的，不过相比 193 nm 浸没式的 0.8～1 nm（RMS）还是很具有挑战性的。如果 0.2 nm 全部源于彗差，对于不同图形，可以导致 1～2 nm 的相对套刻偏差。另外，光源还有锡滴发生器的利用率低和可靠性差等问题。

4. 极紫外光刻胶材料关键技术和发展方向

由于极紫外光刻工艺存在吸收光子数随机涨落效应。产业界解决这个问题暂时采用增加光的吸收的方法，如在光刻胶底部添加增感层和增加曝光量来解决。截至 2020 年 12 月，0.33NA 极紫外光刻工艺的光刻胶分辨率对于线条 / 沟槽是 36～40 nm，对于通孔为 48～50 nm，而光刻机的分辨率为 26 nm。所以现在决定极紫外光刻工艺分辨率的不是光刻机，而是光刻胶。如果在 14 nm 周期采用自对准两次光刻 - 刻蚀工艺（self-aligned litho-etch litho-etch，SALE2），那么单次极紫外曝光的分辨周期需要提升至 28 nm，可见光刻胶也需要做同步改进。

另外一种提高极紫外光刻胶对光的吸收的方法，就是采用含有对极紫外吸收较强的金属氧化物的非化学放大型光刻胶。由于光刻胶的根本改进需要提高对光的吸收，在极紫外波段，这受限于物理原因——光子数很少，所以未来光刻胶的改进可能是缓慢的。

5. 计算光刻关键技术及其发展方向

先进制程光刻技术需要大量的仿真计算。对于极紫外光刻技术，涉及厚掩模计算（掩模版 3D 效应计算）、阴影效应计算、横向和纵向线宽差异（horizontal-vertical linewidth bias，H-V Bias）计算和光子吸收随机效应导致的缺陷计算。有文献展示了国内机构采用自主研发的软件进行带光子吸收随机涨落的仿真计算，在国际上也有同类型的研究。除此之外，仿真还包括光源－掩模版联合优化、光学邻近效应等。与 193 nm 不一样的地方是，极紫外的光学邻近效应针对在环形曝光缝上不同的点，需要做不同的阴影效应修正和 H-V Bias 修正，甚至考虑对像差导致的图形偏移（如 1～2 nm）进行修正。因为到了 5 nm 及以下技术节点，产品上的套刻精度为 1.5～2 nm，像差导致的位置偏移是相当大的。极紫外仿真软件模型在我国的企业里已经有了很好的基础，需要尽快实现产业化。

二、器件互连寄生问题与挑战

（一）器件互连关键技术问题和发展方向

随着超大规模集成电路特征尺寸的持续缩小，计算机处理器速度的限制因素从晶体管栅极延迟转移到互连延迟，使得信号传输的延迟和片内互连的功耗逐渐成为超大规模集成电路（very large scale integration circuit，VLSI）性能进步的瓶颈。因此互连面临的最大挑战是引入满足导电性要求的导电新材料以及降低介电常数的介质新材料。

为了减缓互连带来的延迟，铜和低介电常数材料引入后道工艺（back end of line，BEOL），分别取代铝和二氧化硅。但铜互连所需的扩散阻挡层和黏附衬垫层难以缩小到 1 nm 或者更小的尺寸，因为剧烈减小的厚度会对介电击穿以及电迁移性能产生负面影响，所以它们占互连线的比例增加，导致互连电阻进一步变大。因此，代替传统铜互连的新型金属材料需满足的要求是：①尺寸依赖性低；②不需要扩散阻挡层；③抗电迁移性好。其中，以钌（Ru）为代表的铂族金属由于具有低体电阻率、短平均自由程、抗氧化性和高熔点的特点而成为有希望的候选者。而对于引入具有不同电导机理（如碳和集体激发）的材料，目前仍处于研发初期阶段。

当前，铜仍然是互连金属的首选解决方案，但是它与低介电常数介质材料的黏附性差，很容易在硅基介质层中扩散，能够在使用条件下与 Si 发生反应，造成沾污。于是，需要在铜和介质之间插入金属扩散阻挡层，阻止铜的外扩散。Ta（N）是业界常用的解决方案。但是随着线宽的微缩，通过物理气相沉积的方式淀积的 Ta（N）薄膜受到限制。为了使金属电阻保持在合理的范围内，一些替代的扩散阻挡层材料和籽晶层金属成为研究的热点，如 Mn-基阻挡层，Co、Ru 籽晶层等。对于新兴材料，自组装单分子膜可以作为下一代阻挡层的候选材料。

另外，金属间低介电常数介质的工艺集成和可靠性与材料性质密不可分，集成在互连结构中的低介电常数介质材料的寿命取决于介质击穿的时间，寿命可以因为金属线内和线间的缺陷而严重缩短。为了进一步减小互连带来的电阻 × 电容（resistance-capacitance，RC）延迟，最直接的方法是在铜线之间实现气隙填充，使体介电常数降到最低值 1.0。这样的结构可以通过在大马士革工艺中使用牺牲介质，再用气隙替代的方法实现。可是，气隙技术的应用尚有许多工程和可靠性问题需要解决。因此，第一次实际应用气隙的地方不是最密的 M1 层，而是密度中等的金属层。于是，随着 BEOL 特征尺寸的不断微缩，在先进铜互连中引入新型 low-κ 材料可能会对 BEOL 介质的电学可靠性产生新的影响。

（二）器件源漏寄生电阻关键技术问题和发展方向

随着 CMOS 技术进入 10 nm 及以下技术节点，器件栅长不断缩小，沟道电阻（R_{ch}）不断减小，源漏寄生电阻（R_{para}）已超过 R_{ch}，成为制约器件性能提升的主要因素之一。R_{para} 主要包括隔离侧墙下的源漏扩展电阻（R_{ext}）和金属硅化物与重掺杂源漏之间的接触电阻（R_c）。在先进 CMOS 器件中，电流需要穿过硅化物和提升源漏的界面，然后流向扩展区，导致 R_c 成为阻碍现代 CMOS 技术进步的另一瓶颈问题。在 FinFET 和未来环栅器件中，随着接触间距的微缩，源漏区域接触面积急剧缩小，R_c 变得越来越大；而随着侧墙厚度减小，R_{ext} 减小，使得 R_c 远远超过 R_{ext}，成为 R_{para} 中的主导因素。因此降低 R_c 对实现高性能先进制程 CMOS 器件至关重要。

在实际应用中，对于金属与半导体之间的接触，一般来说，要减小比接触电阻率 ρ_c（R_c/A），主要方法有：减小肖特基势垒高度（Schottky barrier height，SBH，ϕ_b，对于电子或空穴分别为 ϕ_{bn} 和 ϕ_{bp}）；增加接触面积；增加半导体表面活化掺杂浓度。

调节衬底源漏区域的肖特基势垒高度可以有效改变源漏电阻。费米能级钉扎（Fermi-level pinning，FLP）使得 SBH 与金属功函数无关，费米能级钉扎有两个起源：一个是金属在禁带中引入的态，另一个是半导体的界面态。显然，要实现半导体衬底上的欧姆接触，释放被钉扎的费米能级来降低 SBH 是一个重要的关注点。与上述两个起源相对应，减轻费米能级钉扎的方法可以归纳为四大类：在金属 / 半导体界面插入绝缘层、界面钝化、掺杂分凝、合金化方法。

对于金属 – 绝缘层 – 半导体，基本方法是使用一个绝缘层阻挡自由移动电子波向半导体中的穿透，减小金属在禁带中引入的能级，释放费米能级钉扎。

对于界面钝化，外来原子（如硫族元素和卤素）被用来钝化半导体表面的悬键，减少界面态的电荷密度，从而减轻费米能级钉扎。

对于掺杂分凝，采用普通的 N 型和 P 型掺杂取代钝化技术中的外来原子，使之集聚在硅化物 /Si 的界面来调节 SBH。该技术主要有两个方法，分别为硅化反应引起的掺杂分凝和以硅化物为掺杂源的分凝。

对于合金化方法，不同硅化物的 SBH 不同，因此可以通过把两种金属硅化物合金化来调节 SBH。稀土金属硅化物在 n-Si 上的肖特基势垒很低，晶格尺寸与 Si 接近，并且具有通过外延生长的可能性。

提高源漏掺杂浓度也可以减小源漏电阻，为此可以最大限度地增加活化掺杂浓度来减小接触电阻。尽管可以通过在线掺杂和先进退火技术增大活化掺杂浓度，最常用的技术还是固相外延再生长技术。得益于低温重结晶（500～650℃），固相外延再生长技术与先进的退火技术结合已被证明可以成为形成高陡度浅结的另一个解决方案，并具有与 high-κ 栅介质 / 金属栅工艺兼容的优点。

最新的 CMOS 技术中，在 n^+-Si 和 p^+-SiGe 上使用 Ti 基接触降低 ρ_c 值的思路可以总结为：①在 Si：P 或 SiGe 外延在线掺杂中实现尽可能高的掺杂浓度；②激光退火使掺杂原子活化；③ Ge 预非晶化掺杂（pre-amorphization implantation，PAI）或磷 / 硼（P/B）低温 PAI 在 n^+-Si 和 p^+-SiGe 表层产生非晶化；④使用低热预算的后金属退火形成 $TiSi_x$ 或 $TiSi_xGe_y$，同时通过固相外延再生长（solid phase epitaxial re-growth，SPER）完成非晶表层的重结晶。通过优化工艺条件，未来有希望实现低于 $1 \times 10^{-9}\ \Omega \cdot m^2$ 的 ρ_c 值。

（三）器件侧墙工艺关键技术和发展方向

随着集成电路工艺制程的不断推进，前端器件和后端互连尺寸也越来越小，RC 延迟是一个越来越大的挑战，限制了电路的整体速度和功耗，其中减小寄生电容是实现高增益、低功耗超大规模集成电路的关键问题。

为了减小寄生电容，采用 low-κ 材料做侧墙是一种有效的方法，由于空气或真空具有最低的介电常数（κ=1），它是未来技术制程降低寄生电容最理想的侧墙材料，目前的研究热点是将气隙集成在侧墙中，形成气隙侧墙，同时保证较高的可靠性、兼容性和产率。

气隙侧墙主要有两种集成工艺，一种是针对采用传统接触工艺的器件，另一种是针对使用自对准接触工艺的高密度存储器件。对于存储器，接触插塞距离栅极很近，并且使用 SiN 做硬掩模侧墙，因此使用自对准接触工艺的气隙侧墙晶体管不仅对动态随机存取存储器，而且对静态随机存储器、嵌入式静态随机存储器，甚至其他应用都非常具有吸引力。

1. 传统接触工艺的空气隔离技术

以 SiO_2 材料为例，因为顶部的气隙比底部的气隙小，所以通过一层非保型性的介质沉积可以将顶部封住而保留底部气隙，这些气隙的大小可以通过牺牲材料的厚度来控制（Park et al.，2005）。实际上，这种工艺早在 1996 年就被报道过，使用空气隔离后，栅极边缘电容（gate fringe capacitance，GFC）大大减小，反相器的速度提高了 6%。通过将空气隔离应用到超薄体金属氧化物半导体场效应晶体管（SOI MOSFET）抬起的源漏（source/drain，S/D）中，发现当其与 high-κ 栅介质结合时，C_{FR} 减小的效果更加显著，器件速度可提高 23%。

2. 自对准接触工艺空气隔离技术

为了将 MOSFET 集成到功能电路中，需要通过介质中的接触插塞完成逻辑互连。如果接触孔相对于栅极未对准，将导致短路。为了避免光刻上的这一问题，需要实施设计规则，使接触孔与栅极边缘保持至少一对标准偏差，这迫使电路布局面积变大。如果用氮化硅保护栅极绝缘层，尽管栅极边缘覆盖有接触孔图形，但接触插塞不会与栅极接触，这样就可以减小栅极与接触孔之间的间距。尽管自对准接触（self-aligned contact，SAC）工艺可以使器件密度增大，版图尺寸减小，但不能在大多数器件中使用，原因是满足高选择性刻蚀工艺所需的氮化硅具有较高的介电常数，会导致较高的寄生电容。

3. 新型空气隔离工艺

针对 FinFET，许多新型空气隔离集成方案被提出以提升器件性能。例如，将空气隔离集成到 tri-gate FinFET 中（Gupta et al.，2018），相比使用 Si_3N_4 做侧墙，寄生电容显著减小，器件最大工作频率提升了 42.6%。部分空气隔离方案，即空气隔离仅在鳍型沟道的顶部上方形成，并由两个介质衬垫夹在中间，其良率和可靠性风险最小，并且在 10 nm 技术节点下，使有效寄生电容降低了 10%～15%。与采用 SiN 侧墙的 FinFET 相比，集成空气隔离的 FinFET 的驱动电流提高了 40% 左右，这可能是由沟道中的张应力增加所致，同时寄生电容和环振衰减率比 SiN 侧墙分别降低了 25% 和 40%。

三、器件可靠性与挑战

集成电路的可靠性是评估集成电路能否正常工作并满足一定寿命要求的参数。为了准确评估集成电路的失效机理、进行可靠性设计和寿命预测，需要系统地理解新技术下可靠性出现的新现象、新机理，研究其表征方法，建立准确的可靠性模型和可靠性设计方法学，为集成电路的可持续发展提供可靠性保障。

（一）CMOS 器件可靠性发展与现状

在集成电路的发展过程中，为了使集成电路的特征尺寸按照摩尔定律持续缩小，各种新技术逐渐引入主流工艺中。这些新技术在提高器件性能和集成度的同时，显著影响器件的可靠性，给可靠性的表征、建模和评估带来诸多挑战。

器件前端工艺可靠性的核心在于 MOS 器件的介质层材料以及介质层之间、介质层和沟道层界面与氢和氧相关的缺陷控制。器件工作期间，栅氧化层将形成纵向电场，沿沟道方向将形成横向电场。一方面，垂直电场将使低能量态的载流子跃迁到栅氧化层中，导致偏压温度不稳定性等可靠性问题；另一方面，横向电场使载流子沿沟道方向加速，获得足够的能量之后成为较高能量态的载流子，跃迁到漏端的氧化层中，导致热载流子可靠性问题（Jin et al.，2016）。此外，高电场长时间施加在超薄栅氧化层上导致新缺陷的产生，从而出现介质层击穿可靠性问题（Jin et al.，2016）。偏压温度不稳定和热载流子注入引起器件性能下降从而导致电路失效，而介质层击穿可靠性问题引起器件漏电流增加从而导致电路功耗增加。

在MOS器件的后端方面，铜互连中的电流密度逐渐变大，增大了导电载流子和金属离子间相互碰撞发生动量交换的概率，造成金属离子运动所导致的电迁移可靠性问题。在工艺后端，多种材料在集成中会产生局域应力，从而产生应力梯度，同样会造成金属离子的运动，产生应力迁移问题，从而导致金属短路或断路问题。温度是加速应力迁移物理过程的唯一途径，但受材料体系限制，其加速窗口很小，这对表征方法提出了很大的挑战。同时由于缺乏实验数据，对该可靠性问题的进一步研究和建模无法开展。随着先进工艺中互连金属间距的不断缩小以及更低介电常数的介质材料的引入，由于在介质之间形成泄漏电流通道，产生经时电介质击穿的可靠性问题，引发断路或短路，直接导致芯片失效。由于其复杂性，当前对其可靠性预测均依赖经验模型。但不同模型给出的预测结果可能相差很大，给可靠性评估带来了很多不确定性。

（二）先进CMOS器件可靠性面临的挑战与发展方向

1. 器件尺寸微缩带来的可靠性问题

在未来3 nm及以下技术节点中，除了常规电应力导致的可靠性问题之外，由于栅介质层内原生体缺陷个数在这些器件中进一步减小，单缺陷俘获和发射沟道载流子对电流输运的影响更加剧烈，并且呈现强随机性，从而引起不可忽略的随机电报噪声（random telegraph noise，RTN），影响电路的稳定性和设计鲁棒性。不同金属之间的热耦合效应也将使电迁移可靠性问题变得越来越复杂。因此，器件可靠性从单一老化机制占主导地位向多种老化机制同时存在过渡，而器件内多种老化机制的相互强耦合效应，以及前端器件与后端互连线的强耦合效应给可靠性表征、建模和寿命评估等方面带来新的挑战。

2. 器件沟道新材料带来的可靠性问题

2020 年国际电子器件会议（International Electron Device Meeting，IEDM）报道了对 2D 材料器件介质层击穿与时间相关电介质击穿系统表征以及机理分析的文章，研究表明，以 2D 分子晶体作为界面层集成 2D 材料器件介质层的击穿电场达到相同等效氧化层厚度下硅基器件的两倍以上，其十年击穿场强统计结果比相同等效氧化层厚度的硅基器件提高 85%。击穿速率表征显示特殊的范德瓦耳斯界面显著降低了原子层沉积介质层的缺陷，击穿速率比硅基器件降低 3～5 个数量级，成为可靠性改善的关键因素。可靠性需要得到更多的研究，才能保证 2D 电子材料器件可以在集成电路主流工艺中得到采用，延续摩尔定律。

3. 器件集成密度提升带来的可靠性问题

为了提升芯片集成密度，单位面积的连线将会越来越密。为了获得足够的带宽，晶体管的间距就需要变得越来越短。在此背景下，有源栅极上接触、单扩散断路，以及双扩散断路等技术陆续被提出。这些新技术可以有效降低接触间距，从而获得超过 10% 的额外密度提升。但是，这些技术的引入将导致版图设计对器件性能的影响越来越显著。例如，金属的线边缘粗糙度以及扩散掺杂的不可控性将成为新的器件工艺涨落源，从而影响未来技术制程的器件可靠性。此外，一方面，金属互连间距越来越小，工艺制造过程中引入原生缺陷更容易导致器件的早期失效。因此需要在未来器件工艺开发中引入新型侧墙的材料和技术。另一方面，栅端和源漏引出的距离也逐渐变小，因此互连金属之间的经时介质层击穿变得更加显著。以上可靠性问题导致了英特尔公司的 10 nm 工艺良率不过关，产品不断延期，这也是给中国集成电路产业未来发展的警示。

4. 3D 集成带来的可靠性问题

为了进一步提高芯片的集成度，同时解决存储器和逻辑之间的延迟问题，基于 TSV 的 3D 集成技术成为当前业界研究的热点问题，有望在未来大规模使用。但是，一方面，由于在 TSV 周围不可避免地将引入大量的应力，并且与材料的晶向有关，因此这些应力将对周围器件的性能和载流子跃迁到栅氧化层中的势垒产生重要影响，将影响传统失效机制并且会引入新的涨落源，从而引起新的可靠性问题；另一方面，由于器件热源的增加和芯片散热能力的下降，芯片的工作温度将不可避免地升高，进一步影响芯片的可靠性，如引起偏压温度不稳定、热载流子注入、时间相关电介质击穿和电迁移效应等问题。如何表征 3D 集成中的热分布、提高芯片的散热能力或者提高芯片抗高温的可靠性，将成为 3D 集成的重要研究内容。此外，解决互连金属的对准和键合问题，将是解决芯片可靠性问题的前提。由于集成芯片和传统芯片显著不同，信号传输和系统集成的复杂度显著提高，将给芯片整体的可靠性设计、可靠性仿真验证和失效评估带来新的挑战。

5. 可靠性模型与建模方法

随着工艺技术的演进，芯片设计裕度越来越小，可靠性仿真分析成为集成电路的可靠性设计及制造不可或缺的环节，可靠性模型的精度则是该环节的关键。未来器件内不同可靠性机制之间的耦合效应越来越显著，传统基于单一机制建模的方法不再准确，需要提出多种激励耦合的可靠性模型，提高模型的准确性。此外，在建模方法上，在未来 3 nm 以下技术节点，载流子限域导致的量子效应将越来越明显，随之而来的随机性将会影响器件性能和可靠性的涨落。为了评估量子效应带来的可靠性问题，未来的可靠性模型需要集成量子效应，即需要变成全量子的可靠性模型，因此可靠性评估、表征和建模需要进行范式转换。在可靠性评估和表征方面，由于器件可能只由为数不多的原子组成，基于第一性原理计算的表征重要性将变得显著。在可靠性模型方面，需要基于缺陷的原子级行为进行建模，考虑到载流子的波动行为，未来需要考虑缺陷之间的耦合作用、器件之间的耦合作用等，进行多系统集成的建模。

6. 新应用驱动带来的可靠性问题

未来集成电路的应用场景越来越复杂，对集成电路性能的要求越来越高，而器件性能的提高将使可靠性显得越发重要。IoT 技术功耗要求越来越低，对于低电压的使用，将使噪声相关的可靠性退化。航天技术要求集成电路具有较高的辐照可靠性。未来量子技术的发展将要求集成电路具有较好的低温可靠性。这些新的场景对可靠性提出了新的挑战，可靠性的研究需要覆盖足够多的应用场景。

第四节　协同优化设计

一、DTCO 技术发展现状及形成

随着先进技术制程工艺复杂度持续提升，开发新技术制程工艺的成本持续上涨，新技术制程工艺带来性能提升幅度的持续降低，半导体制造代工厂因缺乏来自实际电路设计的反馈而面临工艺开发迭代成本高昂、工艺成熟量产周期长的痛点。同时，工艺波动、芯片可靠性等带来的不确定性，以及设计复杂度的提升也极大地压缩了芯片设计裕度边界，设计公司单纯依赖代工厂提供的工艺和工艺设计套件（process design kit，PDK）等设计输入很难真正从工艺演进中受益，因此很多领先的设计公司倾力发展设计工艺协同优化（design technology co-optimization，DTCO）技术。DTCO 最初的定义相当宽泛，任何将半导体工艺和具体电路设计做协同优化的措施都可以称为 DTCO 方法。

对于 14 nm 以下先进技术制程，随着工艺复杂度持续演进，DTCO 技术对半导体先进工艺制程开发迭代的支撑作用日益显著，并逐渐取代了摩尔定律下特征尺寸缩小的微缩模式。基于 DTCO 平台进行工艺目标和芯片设计目标协同优化，面向实际电路设计优化来提出器件指标需求，评估工艺选项，可以达到降低工艺开发迭代投入，同时优化器件性能、功耗和密度，提高良率、加速规模量产的目的。根据台积电 5 nm 技术节点数据，DTCO 对于器件微缩工艺的贡献已经高达 40%。对于 3 nm 以下技术节点，DTCO 技术在摩尔定律逼近极限的当下已经成为先进 CMOS 技术中一个关键且紧迫的课题。IEDM 2020 中，DTCO 已经成为一个核心议程，国际顶级半导体制造公司和半导体研究机构如英特尔、比利时微电子研究中心等都发表了 DTCO 技术研究方面的文章，目前我国先进半导体制造与国际产业还存在较大差距，在此情形下，针对下一代 DTCO 技术开发，解决 3 nm 及以下技术节点 CMOS 工艺瓶颈问题，有助于促进国内集成电路制造企业降低工艺和设计优化成本、缩短迭代周期，加快先进技术制程工艺开发，提高良率和可靠性，缩短产品走向市场的时间。

二、DTCO 关键技术和发展方向

开发新一代半导体工艺越来越复杂，新一代工艺中的选项和参数也急剧增加，每一个可选的选项和参数都有自己的优缺点，确定新工艺的具体使用选项和参数就需要依靠 DTCO 技术通过具体的电路设计来评估和调整先进技术制程工艺。

（一）通过 DTCO 改善互连寄生问题

随着 CMOS 技术进入 3 nm 以下工艺制程，器件尺寸持续缩小，金属互连和器件寄生电阻持续增大，一方面影响电路信号传输时延，造成关键路径时延上升，影响对应工艺芯片的使用频率；另一方面会影响电源连线的电阻压降，对于电源完整性使用造成影响并降低芯片良率，已经成为制约芯片性能提升的主要因素之一。而这部分影响只有在大规模电路设计时才会体现，代工厂本身并没有能力全方位地评估这些重要影响因素，而通过 DTCO 平台则可以完成评估并相应地对具体工艺选项和参数做出评估与调整，从而有效降低金属互连和器件寄生电阻，实现高性能先进制程 CMOS 器件制造。

（二）通过 DTCO 实现定制化工艺

随着先进 CMOS 工艺制程制造价格的持续上涨，电路设计公司在计划大批量使用先进工艺的情况下，也希望该工艺制程能完全满足电路设计的需求，甚至实现产品量身定做工艺方案。当前越来越多的大型无晶圆设计公司参与到半导体制造代工厂的早期工艺开发中，通过 DTCO 技术，无晶圆设计公司对于半导体工艺开发将会有越来越高的参与度，大大降低新一代半导体工艺开发和使用的风险。

（三）通过 DTCO 促进 3D IC 工艺发展

未来 DTCO 的范围将从半导体工艺扩展到半导体先进封装工艺，如 3D 集成电路（integrated circuit，IC）技术。有观点认为 3D IC 等先进封装技术将会代替摩尔定律成为下一代半导体工艺演进的推动力。而 DTCO 技术使得调整 3D IC 设计中的大量工艺参数成为可能，将帮助先进封装技术设计走向主流。

总之，随着后摩尔时代的到来，目前全球集成电路制造产业已相继进入了先进半导体器件技术缓慢研究阶段。对于长期处于追赶态势的中国半导体产业来说，目前是重要的历史机遇期，唯有秉持自立自强、勇于变革创新的态度，才能在危机中育新机。

第二章

FD-SOI 技术

第一节　科学意义与战略价值

MOSFET 需要新的器件结构来使其不断发展。美国加利福尼亚大学伯克利分校提出了两种解决途径。一种是具有 3D 结构的 FinFET，利用栅极三面环绕导电沟道，大大增强了晶体管对沟道电荷的控制能力并且使漏电流降低，另一种是具有超薄顶层硅结构的全耗尽绝缘体上硅（fully depleted silicon on insulator，FD-SOI）晶体管。该器件仍为平面型晶体管，其特有的超薄顶层硅和埋氧化层（buried oxide layer，BOX）结构可以减小器件的寄生电容和漏电流。

第二节　技术比较

根据器件结构的不同，FinFET可以分成两种。一种是SOI FinFET，另一种是体硅FinFET。这两种器件结构的FinFET具有不同的制作工艺，体硅FinFET的硅鳍型（Fin）结构直接在体硅衬底上生长，SOI FinFET是在氧化层之上，与硅衬底相隔离开（Baedi et al.，2016）。所以，体硅工艺器件要比SOI工艺器件的成本低，材料缺陷也会少很多，并且SOI FinFET的硅Fin不直接与硅衬底接触，所以其散热性能也会差很多。但是这两种工艺的FinFET的寄生电阻、寄生电容基本相同，基本可以保证在电路水平上提供类似的电学性能。然而，SOI FinFET表现出比体硅FinFET更低的结电容、更低的结漏电流及更高的迁移率的电学性能。近些年，FinFET技术已经应用到标准的体硅衬底，体硅FinFET允许在标准Si基上进行制造，而不需要对制造技术进行重大调整，并且可以结合FinFET体系结构的规模优势。因此，英特尔在22 nm技术制程上采用这种类型的器件，台积电等代工厂纷纷效仿16 nm技术制程，三星和格罗方德等其他大公司也联手生产了基于自有工艺的14 nm FinFET。这正说明了集成电路产业发展的一个道理：基础研究可以有多条路，但产业最终只选一条道。当年双极集成电路与MOS集成电路的道路之选也是如此。

虽然FinFET器件是目前半导体领域的主流器件，但是随着特征尺寸的缩减，其工艺的复杂程度和高成本逐渐成为产业界面临的难题。近年来，FD-SOI器件越来越受到行业内研究者的关注。基于薄膜SOI结构的器件由于硅膜的全部耗尽完全消除了浮体导致的翘曲效应，并且这类器件具有低电场、高跨导、良好的短沟道特性和接近理想的亚阈值斜率等优点。与体硅材料相比，FD-SOI具有如下优点：①减小了寄生电容，提高了运行速度；②由于减小了寄生电容，降低了结漏电流，具有更低的功耗；③消除了闩锁效应；④抑制了衬底的脉冲电流干扰，减少了软错误的发生；⑤与现有平面硅工艺兼容，可降低工序复杂性与成本。以22 nm的FD-SOI为例，其研发成本比 FinFET 低很多，与 16 nm 的 FinFET 相比，它可以减少 50% 的中间路线（middle-of-line，MOL）设计规则，减少 10%～20% 的总规则。使用 FD-SOI 还有几个主要的技术原因：一是低功耗，还可以实现逆向衬底偏置，并且能进行模拟配对；二是射频应用，这也是它相对于 FinFET 工艺最大的优势所在；三是能够实现智能缩放，不需要三重 / 四重曝光，对比 10 nm 的 FinFET，它的掩模成本降低了 40%；四是具有优良的抗辐射能力，超薄埋氧化物（UTBOX）及双层 SOI 器件的背栅控制，可以实现开关比的调节，从而可以用来改善器件速度 – 功耗特性以及总剂量辐射加固特性（王树一，2019）。在典型的 CMOS SRAM 存储单元中，单粒子效应依赖辐射同器件敏感节点之间的相互作用，从这个角度来看，FD-SOI 是抗单粒子效应的最好选择，因此，FD-SOI 特别适合于空间应用。

FD-SOI 技术对中国来说是非常关键的技术，能够推动大量行业的发展。2019 年格罗方德的 22 nm FD-SOI 技术中 50% 以上的流片销往中国，数量上也相对于 2018 年有了较大幅度的增长。一些中国企业正在将半导体制造技术的发展聚焦于 FD-SOI。上海新傲科技股份有限公司在 2015 年秋天开始量产 8 in SOI 晶圆片，采用法国 Soitec 的 Smart Cut™ 制程技术。晶心与格罗方德的 32 位中央处理器（central processing unit，CPU）核心 AndesCore™ 采用格罗方德的 22 nm FD-SOI 技术。瑞芯微电子股份有限公司的 RK1808 处理器采用 22 nm FD-SOI 工艺，相同性能下功耗相比主流 28 nm 工艺可降低 30% 左右。因此，对我国而言，FinFET 的技术门槛高，而 FD-SOI 则是和平面体硅技术完全兼容的，加之我国在 FD-SOI 技术方面也有较好的技术积累，未来 FD-SOI 技术也可在我国集成电路领域扮演越来越重要的角色。

第三节　技 术 现 状

虽然 FD-SOI MOSFET 早在 20 世纪 80 年代就已经被研究者关注，但是当时的 FD-SOI 技术还不足以推进到量产的级别。近年，法国 Soitec 研发出了性能卓越的 SOI 晶圆，他们制作的晶圆厚度均匀、可靠性强。这极大地简化了制造厂商的工艺过程，为 FD-SOI 器件的投入应用做好了充足的准备。2007 年正式成立了 SOI 联盟（SOI consortium），之后制造公司、设计公司、研发机构等成员不断加入 SOI 的阵营当中，这也为 FD-SOI 的发展提供了技术上的保证。

一、FD-SOI 技术产业链

（1）FD-SOI 晶圆供应：由于 FD-SOI 衬底材料取得了突破性进展，特别是超薄 BOX（20 nm 量级）及超薄顶层硅（10 nm 量级）的衬底投入应用，纳米级 FD-SOI CMOS 迅速发展，其中，法国 Soitec 是最早（2013 年）实现 FD-SOI 衬底片成熟量产的公司，其 300 mm 晶圆厂能够支持 65 nm、28 nm、22 nm、12 nm 的 FD-SOI 技术。

（2）FD-SOI 代工工艺：意法半导体公司一直在推动 FD-SOI 工艺技术发展，2012 年推出了 28 nm FD-SOI 工艺平台，2014 年，又将该工艺平台授权给了三星。作为行业三大晶圆代工厂商之一的格罗方德，为了加强技术生态系统建设，推出新的合作伙伴项目 FDXcelerator，涵盖半导体产业链上下游业者，包括自动化设计工具、设计元素、平台、引用方案、资源、产品封装和测试方案等的厂商。

（3）FD-SOI 设计服务：众多 EDA 公司和设计服务公司正积极研发与 FD-SOI 相关的知识产权（intellectual property，IP），包括芯原微电子（上海）股份有限公司现在能够在 28 nm 和 22 nm 提供 IP 平台和设计服务；楷登电子和新思科技也已有经过验证的 FD-SOI IP；尤其是在格罗方德推出 22 nm FD-SOI 代工平台后，ARM、Mentor、联发科技股份有限公司、瑞芯微电子股份有限公司等相继开发 FD-SOI 芯片。

二、先进工艺厂商对 FD-SOI 工艺技术的推进

随着 5G 时代和 IoT 时代的到来，以及工业控制器、数据中心、IoT 及汽车等所需多点控制器（multipoint control unit，MCU）的增加，FD-SOI 越来越

吸引人们的目光。格罗方德宣布了 12 nm FD-SOI 工艺的量产计划，计划 7 nm 技术节点的研发，他们还表示 12 nm FD-SOI 器件不仅性能将优于 16/14 nm FinFET 器件，而且工艺成本将远低于 16/14 nm FinFET。2019 年，格罗方德 22FDX 50% 以上的流片销往中国，国内已经有多家集成电路设计公司加入 FD-SOI 的阵营当中。

目前，FD-SOI 推广的最大障碍就是不完善的生态系统以及缺少相关的 IP，硅晶圆供给持续短缺，环球晶圆的 12 in 晶圆价格在 2018 年、2019 年分别上涨 24%、17%。格罗方德 22FDX®eMRAM 成为电池驱动的 IoT 和自动驾驶汽车雷达 SoC 的首选，22FDX 还在 ARM 的 Cortex-A53 和 Mali-T820 上进行了验证，28 nm FD-SOI 可将 Cortex-A53 面积减少 25%，功耗降低 43%，从而使得整体性能提升 11%。

三星是 FD-SOI 的重要推动力量。由于 28 nm 技术节点以下，尤其是 7 nm 集成电路的每个晶体管的成本不再下降，所以 28 nm FD-SOI 工艺更满足 IoT 在成本、功耗和性能方面的要求，特别是 MCU 和传感器产品。该公司还利用存储器制造方面的技术和规模优势，着力打造 eMRAM，以满足未来市场的需求。2015 年，三星获得了 ST Micro 的 28 nm FD-SOI 工艺许可，并利用它创建了三星的 28 nm FDS 工艺，为射频应用、嵌入式磁性随机存取存储器（magnetic random access memory，MRAM）、非易失性存储器提供 400 GHz 以上的最大频率（f_{max}），可应用于汽车。

我国从 2013 年就开始关注和布局 FD-SOI 技术，为全球 FD-SOI 生态的建立做出了重要的贡献。2014 年，上海新傲科技股份有限公司获得了 Soitec SmartCut™ 技术授权，已实现了 8 in SOI 晶圆量产。上海硅产业投资有限公司在 2016 年宣布收购 14.5% 的 Soitec 股权。2016 年，上海华力微电子有限公司开始了 22 nm FD-SOI 项目的研发。

三、FD-SOI 技术的应用领域

FD-SOI 技术能够发挥优势的应用领域有如下几个。

（1）汽车电子领域：汽车电子是未来 FD-SOI 应用的大市场之一。FD-SOI 具有功耗低、速度快、对软错误免疫、成本低等特性，适合用在汽车的摄像头、高级驾驶辅助系统（advanced driving assistance system，ADAS）处理器以及雷达中。最典型的案例是 NXP 开发的 i.MX 图形处理单元（graphics processing unit，GPU）系列产品已经用于 10 家顶级汽车厂的 750 万辆汽车中。另外，芯原微电子（上海）股份有限公司与 Aimotive 合作正在开发基于格罗方德 22FDX 的新一代 ADAS SoC 芯片。除了 FD-SOI，其他 SOI 产品也已经成功应用于汽车电子中，例如，Power-SOI 用于串行通信线路 / 汽车数据总线收发器的控制单元中、Photonics-SOI 用于光收发器的交换机中等。当前，汽车上平均有 330 美元的电子元器件，未来的自动驾驶汽车将更加依赖高性能、高可靠、高集成能力的芯片，而 SOI 解决方案可以为自动驾驶赋能。另外，采用 FD-SOI 技术，可为汽车系统提供控制 ADAS、驾驶舱及传感器的理想解决方案，FD-SOI 技术还可应用于 IoT，包括网络基础架构和 AR/VR。FD-SOI 新产品包括安防摄像头、汽车前端（模块）、语音识别和人机交互系统。

（2）IoT：IoT 是 FD-SOI 应用的另一大潜在市场。IBS 预测，应用于 IoT 领域的半导体市场规模将从 2016 年的 178 亿美元增长到 2027 年的 567 亿美元，年复合增长率超过 10%（Naik et al.，2019）。芯原微电子（上海）股份有限公司、三星、格罗方德等已经开始布局 IoT，合作推出了超低功耗的安防智能摄像头 SoC；芯原微电子（上海）股份有限公司基于格罗方德的 22FDX，同时集成射频、模拟的窄带 IoT 芯片。随着 IoT 的爆发式增长，FD-SOI 未来将大有可为。

（3）航空航天：地面实验表明，FD-SOI 技术的抗软错误能力比体硅晶体管高 10～100 倍。FD-SOI 器件电路的抗总剂量效应性能约 1000 krad① (Si)，在抗单粒子翻转方面较体硅工艺提高了约 10 倍，翻转截面为 10^{-12}～10^{-7} cm^2/bit，表现出良好的空间辐射环境应用前景（Liu R et al.，2017）。

（4）移动通信：FD-SOI 平台可以实现基底偏压和自适应基底偏压，能够在芯片上内置嵌入式存储器，还将集成 RF 功能，FD-SOI 平台将在多媒体世界和 5G 中发挥非常重要的作用，一些客户已经开始尝试将 FD-SOI 用作实现 5G 的射频前端模组全集成平台。

---

① rad为非法定单位，1 rad(rd)=100 erg/g=10^{-2}Gy。

第四节　技术发展方向

一、应变 SOI

应变 SOI 材料是以 SOI 晶圆为基础，采用特殊制造流程或采取特定工艺、在其顶层 Si 中引入应变而实现的。顶层应变 Si 的引入使其载流子迁移率大大提高，能够更好地满足高性能计算的要求。可以将应变 SOI 分为局部应变 SOI 和晶圆级应变 SOI。局部应变 SOI 主要指在沟道中引入局域的应变 Si 技术，不同工艺技术的适应性较差。晶圆级应变 SOI 对于工艺技术没有过高的要求，可适用于较大尺寸工艺制程。对应变 SOI 材料的研究主要指对晶圆级应变 SOI 材料的研究。

二、绝缘层上的锗硅（SiGeOI）

SiGe 异质结双极晶体管（heterojunction bipolar transistor，HBT）比Ⅲ - Ⅴ族化合物具有更大的优点，它被称为第二代硅新技术。近年来，分子束外延（molecular beam epitaxy，MBE）、化学束外延（chemical beam epitaxy，CBE）以及 CVD 技术的发展使人们能够在硅衬底上生长 Ge-Si 合金，形成 Si/SiGe 异质结。在 $Si_{1-x}Ge_x$ 上的异质结器件（如具有优越直流和射频性能的场效应晶体管和双极型器件）已经利用应力工程和异质结能量势垒制造出来，其电性能比体硅好。SiGeOI 结构兼有 SOI 技术和 SiGe 技术的优越性，能改善 MOS 器件性能，对制造高性能、低功耗器件平台是非常理想的。另外，一层或多层器件层可生长在 SiGeOI 平台上，如应变硅、应变锗、应变 $Si_{1-y}Ge_y$ 或 InGaP，这些结构可在电子与光电子中得到应用。SiGeOI 衬底上的多种异质结器件由于绝缘埋层的存在降低了寄生电容，改善了隔离特性，降低了短沟道效应等。因此，SiGeOI 结构可作为制备低功耗、高速数字芯片的优良衬底。

三、绝缘层上的锗（GeOI）

半导体Ge材料拥有远比Si更高的迁移率，是非常有应用前景的晶体管沟道材料。超薄绝缘层上半导体材料结构能够很好地抑制短沟道效应，是一种较理想的结构。结合上述新沟道材料与新器件结构两方面内容，超薄绝缘层上Ge结构被提出。GeOI具有Ge沟道和埋氧层上器件的双重特性。一方面，Ge沟道材料的电子迁移率和空穴迁移率是硅沟道材料的2倍和4倍，尤其空穴迁移率是至今已知半导体材料中最高的。此外，Ge工艺与Si工艺能实现很好的兼容。另一方面，埋氧层上器件具有更好的静电控制能力，如抑制短沟道效应、减小结电容等。GeOI在易碎和重锗块衬底上的机械稳定性是当前Si器件生产线加工的另一个实际优势。此外，GeOI已被用于高速光电探测器和高质量的砷化镓外延模板的研究。后者可以实现业界一直在追求的Si/Ⅲ-Ⅴ单片集成。因此，GeOI的应用范围进一步扩大。另外，结合Ge材料高迁移率的特点与超薄SOI结构的优势，得到高性能的超薄GeOI晶体管。由于GeOI晶体管导电沟道为高迁移率材料Ge，因此GeOI晶体管驱动电流更大，其良好的电学特性证明GeOI晶体管对于继续提升晶体管特性是一种选择。

四、绝缘体上的Ⅲ-Ⅴ族半导体（Ⅲ-Ⅴ族OI）

Ⅲ-Ⅴ族化合物半导体材料具有比硅材料更加丰富的材料体系，具有高载流子迁移率、大电子漂移速度、低有效质量等。GaAs及InP等化合物半导体材料具备高的电子迁移率和低有效质量，GaSb具有高的空穴迁移率，约为硅的3倍，可用于实现高性能P型MOSFET。GaN材料的射频高功率电子器件能够承受大的电压波动和高击穿电压。Ⅲ-Ⅴ族OI通过将Ⅲ-Ⅴ族薄膜与硅衬底集成，在功能方面，使其能够兼顾Ⅲ-Ⅴ族材料自身优越的物理性能和成熟的硅工艺平台，将Ⅲ-Ⅴ族化合物半导体与硅衬底集成是未来发展的趋势之一。

五、XOI

基于离子束与材料相互作用的 XOI 技术是一种非常有前景的工艺方式。万能离子刀可将一层超薄的半导体薄膜从体材料中剥离，通过键合转移到廉价的异质衬底上。半导体薄膜继承了体材料优异的晶体质量，并且半导体晶圆可重复刷新，循环利用。一片半导体晶圆理论上可以重复转移制备数千片半导体薄膜，成本也将大大降低。XOI 技术可以将半导体薄膜转移到任意的异质衬底，包括廉价且工艺成熟的 Si（100）材料，从而可以将高性能的半导体光电 / 电子器件与 Si（100）的 CMOS 集成到一起，充分利用不同半导体材料及其他功能材料特殊的能带结构和物理性能，制造频谱更宽、功能更丰富、性能更优异的光电子器件与芯片，为集成电路发展提供巨大的前景和潜力。XOI 技术可以实现场局域的效应，通过异质材料组合，可以将电场局域在很薄的表面，这样可以减小寄生电容，同时避免闩锁效应。在光子学领域中，可以通过不同折射率材料的组合，把光局限在折射率大的材料中形成光波导，从而代替电子的传导，形成光子学链路。在声学芯片中，可以通过不同声速材料的组合将声的能量局限在表面，可以实现高频大带宽的射频器件制备。例如，通过将 InP 集成在硅基衬底上，得益于 InP 优异的发光特性，可以研发性能更好的硅基激光器和太阳能电池。Lin J. J. 等（2018；2020）通过 XOI 技术能够实现 4H-SiC 薄膜的制备，开发出晶圆级 SiCOI 衬底，为高温传感器、集成光量子芯片的研发提供了优质平台；通过将 Ga_2O_3 与 SiC 集成，可以实现高功率器件的制备，解决高功率器件的散热问题。

六、万能离子刀技术

基于离子束剥离与转移的万能离子刀技术是一种新颖的单晶薄膜制备技术。该技术在制备 SOI 材料方面已经取得巨大的成功，采用这种方法可以将单晶 Si（100）薄膜从衬底上剥离，并转移到非晶 SiO_2 表面上，形成异质叠层结构。基于该技术已实现 12 in 的全耗尽 FD-SOI 晶圆的量产，FD-SOI 的单晶硅薄膜的厚度薄至 10 nm，顶层硅厚度均匀性可以达到亚纳米级。类似于 SOI 晶圆的制备过程，智能剥离与转移技术可以从任意单晶衬底上剥离厚度在纳米尺度的薄膜，并将其与异质材料进行组合，为实现高质量异质集成材料提供了简单、高效的手段。万能离子刀的物理本质是通过H等轻元素离子注入，在单晶衬底的特定深度处形成富含注入离子的纳米气泡和孔洞，并形成剥离缺陷层。在加热过程中，注入气体的膨胀作用使表层薄膜从单晶衬底上分离。通过晶圆键合，将剥离的薄膜转移到任意衬底上形成异质集成材料。因此，该技术有望发展成为一种制备晶圆级异质集成衬底的通用技术，可以解决在任何材料表面（如柔性衬底、非晶或多晶材料表面）上制备单晶薄膜的世界性难题，为异质功能器件如CMOS、功率器件、微机电系统（microelectromechanical system，MEMS）、光电器件等的单片集成提供了材料解决方案，极大地提高器件的集成度与设计的灵活度。该方法具有以下几点优势：①薄膜与基底通过键合的方式集成，对晶格匹配度几乎没有要求，薄膜材料与衬底材料的选择较为灵活；②离子注入剥离转移的薄膜具有晶体材料的单晶质量；③体单晶可以循环剥离薄膜；④可以在同一衬底上同时集成不同种类的高质量薄膜，并且各薄膜材料的性能不受制备过程的影响。除了上述这些优势，万能离子刀技术与CMOS工艺完全兼容。

中国科学院上海微系统与信息技术研究所已成功研制出8 in SOI、SiGeOI、GeOI等SOI材料。

第五节 技术路线与对策

由于FD-SOI能够在0.4 V下工作，与体硅相比，功耗可降低达80%。IoT、无线通信、汽车电子等将成为FD-SOI技术的重点发展方向。随着对高性能、低功耗芯片需求的增长，基于现有成熟的28 nm和22 nm技术节点的FD-SOI市场也将维持稳定的增长。未来FD-SOI的技术市场前景可期。

中国的低功耗电路市场全球第一，它包括移动通信、手持电子通信、消费、医疗电子及IoT等应用领域。中国是航天大国，空间应用的辐射加固电路需求量大、要求高，FD-SOI可以满足航空航天抗辐照的需求。中国庞大的、碎片化的市场能够从一定程度上保证 FD-SOI 芯片的数量，潜藏着很多机会，如果建立完整的生态系统（包括拥有有竞争力的代工厂），即可在边缘人工智能（artificial intelligence，AI）的发展中发挥引领作用。

当前中国最先进的代工线与国际先进工艺等相比还有 5 年左右的差距。由于英特尔的主流工艺是 FinFET 工艺，并且存在技术封锁，我国 IC 产业利用 FD-SOI 实现快速发展是较为理想的选择。虽然 FD-SOI 在 5G 毫米波以及 IoT 低功耗芯片领域的优势显著，催生了一定的市场需求，但是在逻辑芯片领域，FD-SOI 相对于 FinFET 仍是非主流工艺，大客户很难放手跟进。另外，FD-SOI 的良性发展离不开生态系统的支持，包括晶圆、EDA、第三方 IP、材料、设计服务公司、IC 设计公司等，需要长时间的培育。通过 SmartCut™ 工艺优化后的 FD-SOI 衬底，其功耗范围大大扩展。目前国内产品线扩展到了 RF-SOI、power-SOI、FD-SOI、光学 SOI、成像 SOI 等领域，在性能提升的同时，应用市场也较快拓展，这充分展示了 FD-SOI 广阔的应用前景。

目前 FD-SOI 技术路线的发展与 FinFET 相比仍存在差距，这主要是由生态系统没有建立起来导致的。目前 FD-SOI 企业最主要的考验是工艺成熟度、产能供应、下一代工艺开发等。因此，在未来的发展过程中，在技术层面需要进一步提高良率并保证产能供应，同时要持续加强下一代技术开发的投入。这一点需要政府的长期支持，并和集成电路企业共担风险，共谋良策，实现 FD-SOI 集成电路科技与产业的不断壮大。

第三章

半导体存储器技术

第一节　存储器概述

一、半导体存储器产业发展现状

（一）半导体存储器产业格局

现代计算机系统对存储器提出了纳秒级的读写速度、太字节级的容量以及数据非易失等性能要求。现有的单一种类的存储器无法同时满足所有需求。因此，针对不同的应用需求，现代计算机系统发展出了一套读写速度从快到慢、容量从小到大、从易失到非易失的多级存储架构，主要包括缓存、内存和外存，通过多级存储器之间的协作完成整个系统的计算与存储功能。与此相对应的，基于半导体技术的 SRAM、动态随机存储器（dynamic random access memory，DRAM）和闪速存储器（flash memory）分别成为这三种存储类型的载体。其中 SRAM 作为缓存，用于存储计算中的热数据，其优点是速度快，但容量低且功耗高；DRAM 作为内存，用于存储计算中的温数据，其兼具速度及容量的优势，但是其掉电易失的特性需要持续刷新，因此功耗相对较高；与非型闪速存储器（NAND Flash）作为外存，主要用于存储冷数据，其具有超大容量和非易失特性，然而其主要问题是速度较慢且驱动电压较高。

在功能方面，SRAM 与 DRAM 都属于易失性存储器，其特点是当断开供电电源后所存储的数据将会丢失并无法恢复。尤其在 DRAM 中，电容上的电荷会随着存储时间的增长而逐渐泄漏。因此，DRAM 所存储的内容需要周期性地被刷新。SRAM 虽然不需要刷新这一操作，但是其存储单元包括 6 个以上晶体管，存储单元的面积通常很大（约为 DRAM 单元的 20 倍），而且其漏电流现象日益严重。而 NAND Flash 则属于非易失性存储器，所存储的数据在供电电源断开后将会保留相当长的一段时间。读取速度方面，SRAM 与 DRAM 的读取时间都在纳秒量级，而 NAND Flash 的读取时间在百微秒甚至毫秒量级。在读取方式方面，SRAM 与 DRAM 均可以实现随机存储，NAND Flash 则必须以“页”为单位进行读取操作。同时，NAND Flash 的内容更新不能通过直接覆盖原有内容来实现，而是必须要写到一个新的已擦写的页上。尽管存储原理及工艺制造流程各有不同，但是这三种存储器都依赖电荷的积累与释放实现数据的存储，并且在过去的 40 多年（1979～2019 年）里都取得了巨大的技术进步及商业成就，形成了庞大的半导体产业分布（James，2010；Ikeda，2003）。

截至 2021 年，全球的半导体存储市场发展迅猛，其中 DRAM 和 NAND Flash 的占比最高。根据 Gartner 咨询公司的数据，2020 年全球存储器芯片市场约为 1223 亿美元，占通用集成电路市场的 41%，占整个集成电路市场的 28%，是市场规模最大的单一产品类别。其中，DRAM 市场接近 700 亿美元，约占存储器市场的 57%，NAND Flash 市场接近 480 亿美元，约占存储器市场的 39%。

进一步地，按照产品形态分类，存储器可以分为独立式存储和嵌入式存储。独立式存储是指具备独立封装的存储芯片，主要用于内存和外存，通过外部总线与 CPU 连接通信，具有接口和规格通用化、标准化的特点。嵌入式存储是指集成在各类片上系统中的存储，与 SoC 采用相同的驱动频率，通过芯片内部互连线直接与 CPU 通信，相比独立式存储器规格更加定制化。在产品形态上，DRAM 相对单一，主要包括笔记本计算机使用的小外形双列直插式内存模块（small outline dual in-line memory module，SO-DIMM）、双倍数据速率（double data rate，DDR）内存、台式机服务器使用的DIMM DDR内存，以及智能手机等嵌入式系统中使用的低功耗双倍数据速率（low power double data rate，LPDDR）内存；NAND Flash形态更加多样，主要包括应用于固态硬盘的独立式闪存芯片，以及用于智能手机、存储卡、U盘、平板电脑等便携式设备中的嵌入式闪存。业界通常将DRAM和NAND Flash的存储颗粒制造企业称为存储原厂，包括三星、美光、SK海力士等企业，具有技术门槛高、投资大的特点。从竞争格局来看，全球DRAM原厂主要包括韩国三星、SK海力士和美国美光等。从营收规模来看，三星市场份额常年超过全球市场的40%，位列第一,三大企业（韩国三星、SK海力士和美国美光）总份额超过全球市场的90%。

同样地，全球NAND Flash存储器产业也呈现出明显的原厂集聚效应，主要NAND Flash生产企业包括韩国三星、SK海力士，日本铠侠，美国西部数据、美光、英特尔等。其中，三星市场份额常年占全球的35%以上，位列第一。

（二）我国半导体存储器产业发展现状

半导体存储器产业链主要分为晶圆制造、主控芯片设计制造、封装测试，以及模组产品。2000～2020年，我国依靠市场优势发展出一批分别从事这四个领域的企业，形成了一定的产业基础和规模。但是，目前我国在半导体技术领域正面临日趋激烈的国际技术竞争，增强自身核心技术能力是我国存储模组产品企业未来发展的必要方向。存储器本身利润率较低，并且受整个市场行情波动的影响较大，掌握更长的产业链条可以使得企业获得更高的利润率，同时形成更强的技术壁垒。依托千亿元级的广阔市场，近年来我国存储产业快速发展，国内DRAM和NAND Flash原厂开始逐步呈现规模，一是国内原厂企业与下游产业具有天然的技术合作潜力，下游企业将能够更加便捷地获得来自原厂的技术支持和信息共享，缩小当前国内下游厂商与国际竞争者间在获得技术的时效性上的差距；二是原厂的崛起为整个存储产业供应链提供了底层保障，提升了下游企业的议价能力，降低了企业在全球存储市场的竞争中受到原厂掣肘的风险；三是原厂的建立填补了我国存储产业链的空白，随着其产能的持续提升，市场空间也将逐渐扩大。总体来看，我国半导体存储产业正处于快速成长期，未来市场机遇广阔。

二、DRAM技术及发展趋势

（一）技术简介

DRAM的基本存储单元是由晶体管（T）和电容（C）串联构成的“1T1C”结构。数据以电荷的形式直接存储在电容C上，以电容两端电压差的高低来表示逻辑“1”和“0”，V_{ref}通常取供电电压的一半，即$V_{cc}/2$。晶体管的导通和截止决定了外围读写电路是否对电容进行写入或读出操作。具体而言，读数据时，字线设置为高电平，晶体管导通，读取位线上的电压状态；写数据时，提前将位线设置为需要写入的电平状态，再打开晶体管，使得电容中的电压与位线电压一致。但单纯通过以上方式读写会存在如下问题。一是由于外部电容导致的位线电压变化过小。实际上，外部逻辑电路的电容值远大于存储数据的电容C，当C中存储的信息为高电压“1”时，晶体管导通后位线上的电压变化会非常小，外部电路无法直接读取。二是进行读取操作时会改变C中储存的电荷量，可能导致原本存储信息的丢失。三是由于晶体管本身存在漏电流，C中储存的电荷即使在不进行读写操作的情况下也会不断流失，造成数据的丢失。

针对上述问题，DRAM引入了差分感应放大器和刷新控制器。为了解决电压变化过小和读取导致的信息丢失问题，DRAM采取差分感应放大器设计，将读操作分为预充、读取、放大、复写四步。读取前先对位线进行预充电，将位线电压抬升至V_{ref}，进而使得晶体管导通，电容中所储存的电荷将使得位线电压发生变化，根据所存储的数据不同，形成电压略高的V_{ref+}或略低的V_{ref-}两种信号，通过将该信号与V_{ref}进行差分比较即可读出所需的数据。读取结束后，位线读取数据产生的高电平（V_{cc}）或低电平（0 V）将对电容中存储的数据进行复原，从而使系统回到读取前的状态。与SRAM相比，DRAM的优点在于所需要的晶体管数量更少，存储密度更高，这些特点使其成为现代计算机系统内存的首选。但是，其同时也存在性能上的损失，如存取速度较慢、需要定时刷新、刷新期间CPU不能对其进行读写访问等。

（二）技术发展趋势

DRAM 在 20 世纪 60 年代被发明出来，70 年代开始进入市场，60 多年来发生了很多变化。数据量不断增加，要求 CPU 的计算能力要加强，存储器的容量和读取速度也要增强，对 DRAM 的要求也相应提高。早期的 DRAM 芯片的线宽比较大，有足够的平面面积可制造出足够的电容值，因此普遍采用平面结构。随着线宽的减小，表面积逐渐减小，过往的技术不能满足所需电容值，所以演化出向空间发展以争取表面积的结构，分别是向下发展的沟槽式和向上发展的堆叠式。在前 30 年的发展历程中，这两种技术并存，但后来堆叠式逐渐成为主流。这是因为沟槽式架构面临几个技术难点，从面积考虑，沟槽式只限于单面表面积，堆叠式则能用内表面、外表面的双面表面积做电容，沟槽式架构很快就达到了刻蚀深宽比极限，而堆叠式可以达到高一倍的电容值。

堆叠式电容将电容做成一个在径向具有多层结构的圆柱形，利用圆柱形内外的侧表面作为电容的两个电极，以达到以较小的芯片面积获得所需电容值的目的。为实现尽可能大的存储密度，电容之间往往采用蜂窝式结构排列。掩埋字线技术是在衬底中刻蚀出沟槽，将由金属形成的字线沉积在沟槽中。早期 DRAM 的位线形成在位于衬底上方的金属层中，而字线形成在硅衬底的表面处的多晶硅栅极层处。掩埋字线设计具有两大优势，一个是位线和字线之间的寄生电容更小，从而降低了功耗，提高了信号裕量；另一个是将 TiN 金属栅极用于阵列晶体管，使得晶体管中不存在栅极耗尽，可以形成较高的导通电流以及较快的单元存取速率，这同时减小了栅极氧化层的厚度。

为获得足够容量的电容，往往将电容圆柱面积尽量做小，同时增加电容的高度。电容圆柱面积的缩小相比逻辑电路中晶体管的微缩更为困难，因此 DRAM 工艺尺寸在进入 20 nm 及以下工艺节点后进展缓慢。

由于 DRAM 需要在硅衬底上完成金属掩埋字线，因此无法在单一硅片上进行多层堆叠。为了提升 DRAM 的带宽，可以采用 TSV 技术将多片 DRAM 芯片堆叠，形成高带宽存储器（high bandwidth memory，HBM）从而达到增大带宽和存储密度的目的（Lee J C et al.，2016）。但是这一技术更像是一种封装技术，无法降低单位存储密度的制造成本，因此 HBM 仅作为一种高带宽应用而非 DRAM 的未来替代技术。与逻辑电路类似，DRAM 工艺制程也是不断地追求更小的制程节点。

（三）关键科学及技术问题

DRAM 存储数据的关键在于其存储电荷的电容。为了储存更多电荷，电容必须足够大（通常为 30 fF）才能达到数据存储的目的。若要减小电容面积的同时仍然保持电容值不变，则需增加电容的高度，这成为制造中的一大难点。电容过高会使其顶部的电荷积累困难，影响整体电容值的有效使用。此外，随着单元尺寸的缩小，字线与位线的相对长度增加，将会延长电荷进入电容以及沿线路传播的时间。综合上述结果，在进入 10 nm 技术节点后，DRAM 的单元微缩变得非常困难，并且很难实现小于 10 nm 的技术节点，DRAM 技术的进步需要依靠新材料的发展，如铟镓锌氧化物（indium gallium zinc oxide，IGZO）等。

三、Flash 技术及发展趋势

（一）技术简介

闪速存储器，通常也称为 Flash memory 或者 Flash，是一种特殊的、允许在工作中被多次擦写的只读存储器。Flash 是现代存储技术中发展较快的技术之一，其优点包括存储密度高、成本低、非易失、读取速度快以及电可擦性等。这些优点使得 Flash 广泛地运用于各个领域，包括手机、电信交换机、蜂窝电话、网络互连设备、仪器仪表、汽车器件、数字相机、数字录音机等。作为一种非易失性存储器，Flash 在系统中通常用于存放程序代码、常量表以及一些在系统掉电后需要保存的用户数据等。

从 20 世纪 80 年代发展至今，Flash 已经是一种技术相对成熟的非易失性存储器，结合了只读存储器（read-only memory，ROM）和随机存储器（random access memory，RAM）的长处，不仅容量大，而且可以快速读取数据，易于擦除和重写，功耗很小。Flash 分为 NAND Flash 和 NOR Flash。NAND Flash 的擦和写都是基于隧穿效应，电流穿过浮栅与硅基层之间的绝缘层，对浮栅进行充电（写数据）或放电（擦除数据）。

（二）技术发展趋势

Flash 作为非易失性存储器中最为普遍的形式，被广泛用于计算机、便携式数字存储器件等设备中。目前大部分的 Flash 采用浮栅技术。基于传统的硅基浮栅 Flash 存储器件晶体管的堆叠包括多晶硅 / 金属控制栅、层间介电质、多晶硅浮栅层、隧穿介质层和硅衬底。功能层中隧穿介质层厚度足够薄才能使在合理的电压下电荷转移至浮栅层的概率增加，厚度又要足够厚才能避免在读取操作和关态模式下电荷的损失。商业的硅基浮栅存储器件存在一个基本的问题，即隧穿氧化层和多晶硅层间的介质层之间存在着不可扩展性，即在合理的隧穿层厚度的前提下在满足较高的栅耦合比来控制沟道的同时抑制擦除操作下栅电子的注入，这就给器件的进一步微缩带来了瓶颈。同时，随着器件尺寸的缩小，相邻多晶硅浮栅之间的串扰将变得比较严重。

为解决传统浮栅存储器在尺寸微缩上面临的问题，出现了一些新型 Flash。其中一种常见的 Flash 采用电荷俘获技术，即电荷被存储在一个介质层分离的俘获中心里，从根本上解决了浮栅存储器的栅耦合问题，并且对于分立式电荷存储，由于存储节点之间相互绝缘，隧穿层局部的泄漏通道只会造成少数区域的漏电，大大提高了存储器的数据保持能力。另一种新型 Flash 为纳米晶存储器，与传统浮栅器件类似，在设计上与现有多晶硅浮栅技术有很好的继承性，并且与传统 CMOS 工艺兼容，与浮栅技术相比，需要的掩模数量更少，工艺成本大大降低。

可以采用将 3D 堆叠技术取代传统 2D 平面制程技术来提升 NAND Flash 的集成度。该技术可以穿过有源电路直接实现高效互连，TSV 用来提供多个晶片垂直方向的通信，其优势在于能够有效地增加存储容量和降低成本。Flash 在非易失性存储器中占据着重要地位，传统的 Flash 随着等比例缩小而产生了诸如短沟道效应、浮栅之间的串扰等问题，面临着性能、功耗、面积等方面的挑战。目前已有的解决方法从材料（利用低维半导体材料的独特性质）、结构（3D 堆叠）和推进更高技术代（电荷俘获存储器）入手，解决了部分问题。随着技术的发展，新型 Flash 将继续在未来的电子信息领域发挥巨大的作用。

（三）关键科学及技术问题

自2007年3D NAND Flash概念的提出到2015年全面实现量产，工业制造技术是突飞猛进式发展的，相对而言其基础研究方面则进展缓慢，尤其是对关键科学与技术问题的研究还远远不够。3D NAND Flash的一个重要特点是采用了垂直环形多晶硅作为电流输运沟道。多晶硅晶粒间的晶界界面态缺陷类似于单晶硅沟道里的掺杂杂质，在一定表面电场强度下会导致沟道电势分布的异常，从而引起导通异常的输运特性。考虑到目前多晶硅工艺对多晶硅晶粒分布和界面态的不可控，3D NAND Flash存储单元之间的电流特性差异远远大于平面Flash。随着将来存储单元尺寸的微细化，多晶硅沟道带来的器件间电流特性的差异会越来越大，这严重限制了存储单元的多比特存储能力。理论上，多晶硅晶粒大小、晶向分布、掺杂浓度、掺杂原子种类、沟道热退火条件都可能对其导电特性产生很大影响。例如，晶粒间界面态缺陷的特性类似于绝缘层晶体缺陷，不但会影响沟道载流子的迁移率从而影响输运电流，也会通过俘获和放出载流子激发电报噪声，从而影响存储单元的阈值电压分布和存储数据读取。为了通过增大多晶硅晶粒尺寸来达到抑制晶粒间界面态缺陷对存储器可靠性影响的目的，多晶硅退火工艺的优化是非常关键的一步。例如，2016年提出通过激光退火来增大深孔多晶硅沟道晶粒尺寸，从而达到提高3D NAND Flash性能的目的。然而，现有的激光退火工艺依然是通过局域高温的浅层晶化，对于目前的128层3D NAND Flash、176层3D NAND Flash和下一代192层3D NAND Flash，深层多晶硅沟道是否可以实现同样的效果，以及对环形栅结构中的电荷隧穿层/电荷存储层是否有影响还尚未可知。

此外，目前主流3D NAND Flash存储单元是电荷俘获型栅堆叠架构，这种架构既不同于平面Flash的多晶硅浮栅结构，也不同于传统硅－氧化物－氮化物－氧化物－硅结构。首先，垂直环形栅的特殊结构会改善电荷隧穿层的栅耦合，从而使得电荷的隧穿效率相对平面器件得到很大提高。其次，多层存储单元结构中每一层存储单元间隔尺寸较大，而电荷存储介质又是氮化硅，这使得数据写入速度和存储窗口得到了很大改善。最后，由于3D NAND Flash数据擦除主要是通过空穴注入来实现的。相比单层氧化硅，以氧化物－氮化物－氧化物（oxide nitride oxide，ONO）堆叠层作为电荷隧穿层可以在高电场下提供更大的空穴电流来提高数据擦除速度，同时通过抑制直接隧穿电流来提高数据保持特性。然而，阻碍 ONO 堆叠隧穿层实用化的最大困难在于其中导入的大量缺陷。隧穿绝缘层中的缺陷会使得 Flash 中存储单元的阈值电压分布变宽，这非常不利于存储单元的多值化设计。隧穿绝缘层中晶体缺陷的影响主要表现为沟道电流的稳态电报噪声（如数据读出时的误判定）和缺陷释放俘获电荷激发的非稳态沟道电流迁移（如数据写入时的误判定）。目前，虽然产业界尝试采用各种优化工艺来提高 ONO 隧穿绝缘层的特性，但对于其可靠性物理机制的理解还远远不够。

2D 半导体材料独特的层状纳米特性使其被应用于新型 Flash，虽然已经有了一些非常新颖的展示，但目前 2D 材料自身的大面积制备和器件的均一性控制都还有很多关键问题需要突破（Chen H W et al.，2021），包括 2D 材料的有效掺杂、与其他材料（包括金属）的接触界面、边缘态的有效调控、单元擦写的可靠性与均一性等。

四、面临的问题与挑战

现有的多级存储架构虽然在一定程度上解决了存储器速度和容量以及非易失性之间的矛盾，但随着制造工艺水平的不断提高，半导体纳米器件的尺寸持续缩小，传统半导体存储器上所能存储的电荷总数也不断减少，这带来了比较严重的可靠性问题：第一，漏电流变得更大；第二，电荷总数的微小扰动会带来更大的影响。实际上，除了电荷存储这一机制本身的固有局限性，传统半导体存储器在纳米级尺度下的加工过程中也会遇到工艺扰动的挑战。此外，在计算架构层面，由于现有的半导体存储器之间性能差距太大，在缓存与内存、内存与外存之间形成了一个由上下两级读取速度差产生的“存储墙”，严重制约了计算机性能及计算能效的进一步提升。

近年来，随着 5G、人工智能、汽车电子、IoT 等应用的兴起，数据以爆发式的速度增长，为存储器发展带来了强劲需求。首先，5G 将会在云端、终端、边缘端创造海量的存储需求。其次，以深度学习为代表的人工智能算法相比过去的算法更加依赖大数据。例如，现在非常热门的深度学习应用需要存储大量的突触权重及其他参数，即使是入门级的 MNIST 识别网络也有

6.6MB 参数，占用超过 25MB 的内存。根据国际数据公司（International Data Corporation，IDC）的预测，预计到 2025 年，全球所需存储的数据总量将达到 175ZB，每年的数据增长幅度超过 20%。而由于存储器存在写放大等特点，其容量必须在一定程度上大于所需存储数据的量才能满足存储需求，这也意味着每年对存储器的需求增长将超过 20%。汽车作为未来新的智能终端入口，其重要性堪比 2008 年的智能手机。未来汽车上所加载的传感器、控制器性能将进一步扩展，其所对应的存储市场将成为存储领域的一大新增长点。最后，IoT 当前的发展对于存储器的需求主要体现在云端、终端和边缘端。其中云端主要为服务器中所使用的大容量固态硬盘；终端应用（如智能手表、可穿戴设备）主要为嵌入式存储器；边缘端存储，如家庭本地的智能计算平台、智慧城市的分布式计算节点等，主要为常规的内存、固态硬盘等。

为应对海量数据带来的存储需求及挑战，存算一体、类脑计算等新计算架构将成为未来先进的存储发展方向。存算一体、类脑计算等新计算架构是解决当前计算系统中所面临“存储墙”瓶颈的重要途径。2021 年初，三星在国际固态电路年度会议（International Solid-State Circuits Conference，ISSCC）上宣布开发出业界首款集成了 AI 处理能力的 HBM——存内处理（processing in memory，PIM）HBM。新的 PIM 架构在高性能内存中引入了强大的 AI 计算功能，以加速数据中心、高性能计算集群（high performance computing cluster，HPC）系统和支持 AI 的移动应用程序中的大规模数据处理。2021 年，计算机技术已经处于架构变革的前夜，未来存储器的发展将不仅仅满足标准化的个人计算机（personal computer，PC）和手机需求，更多架构定制化的需求将涌现。例如，苹果公司发布的 M1 芯片就在芯片架构上采用了先进的包含片外内存的系统级封装方法，将片上的存储容量提高了 6 倍。

除了在传统半导体存储器的范畴内寻求解决方案，研究人员还尝试打破基于电荷存储的半导体存储器的范围约束，寻找基于不同物理机制的新型存储器。近年来，以 RRAM、MRAM 及 PCM 为代表的新型非易失性存储器受到学术界及产业界的广泛关注（Su et al.，2017；Chi et al.，2016；Borghetti et al.，2010），由英特尔、三星、台积电等公司逐步实现量产。其中，RRAM 在 AI 计算及 IoT 领域具有应用前景，有望大幅度提升计算的能效比；MRAM 已在航空航天计算系统获得了广泛应用，并且随着其用于华为的智能手表实现超长时间待机而开始在消费级市场逐步应用；PCM 目前主要应用于数据中心，可以部分弥补内存 DRAM 与外存 NAND Flash 之间的“存储墙”，实现高性能计算。另外，也有部分更加前沿的存储器技术受到学术界的关注，如基于 2D 材料的存储器可以实现存储与计算更紧密的融合。

我国在 2016 年启动存储器国家战略，而在此之前的 30 年，存储器几乎完全依赖进口。随着长江存储的 3D NAND Flash 及长鑫存储的 DRAM 相继量产，国产替代有望在未来几年中逐步解决存储器问题。但与三星、SK 海力士、美光等企业相比，国内企业在该领域将长期处于追赶阶段。针对关键科学和技术问题，只有长期布局及攻关，才有望在当前存储器技术变革的大背景下取得先机。

第二节　新型存储器技术

目前国际上已经实现量产的新型存储器主要包括 RRAM、MRAM 和 PCM，仍处于研究阶段但未来发展潜力巨大的新型存储器包括铁电存储器（FeRAM）及其他新型存储器技术。

一、阻变式存储器

（一）技术简介

RRAM 利用薄膜材料的电致阻变效应（电激励下材料的电阻能在高低阻态之间转变）实现数据的存储。RRAM 的基本结构为上、下电极以及电阻转变层组成的三明治结构（Choi et al.，2016）。RRAM 的编程操作通常分为三个步骤：①电激活（electroforming），RRAM 器件的初始阻态（initial resistance state，IRS）通常为高阻态，需要施加一个较大的电激活激励诱导阻变层中产生缺陷（金属阳离子或氧阴离子）形成导电通路，使器件由高阻态变为低阻态；②擦除（reset），随后施加一个与电激活电压极性相反的擦除电压，使导电通路断裂，器件由低阻态回到高阻态；③写入（set），继续施加一个与电激活电压极性相同的写入电压，使器件重新形成导电通路，从高阻态转变为低阻态（Strukov et al.，2008）。

从 1962 年第一次发现电致电阻效应开始，逐渐发现众多的材料体系都具有电致阻变的现象，包括二元氧化物、三元或多元氧化物、硫系化合物和氮化物、无定形硅、无定形碳和一些适合柔性电子应用的有机材料等（Simmons，1963）。阻变材料的多样性拓展了 RRAM 的应用领域，其中，二元氧化物具有原子结构简单、成本低廉、与传统 CMOS 工艺兼容等优势，逐渐被学术界和产业界作为面向大规模集成和应用的重要材料体系进行系统的研究（Ninomiya et al.，2013；Lee et al.，2011）。基于氧化钽（TaO_x）和氧化铪（HfO_2）材料的 RRAM 实现了量产开发和产品应用。

RRAM 的阻变机制因电极和存储介质的不同而有所差异，目前尚未有统一的解释（Yoshida et al.，2008）。但是，随着材料表征技术的提高，以及电学特性分析的深入，RRAM 的阻变机制开始逐渐清晰。目前，阻变机制主要可以分为导电细丝型机制和导电界面型机制两类（Yang et al.，2009）。导电细丝型机制是目前接受度最高的阻变机制，该机制认为器件阻值的变化来源于导电细丝的形成和破裂。在形成 / 写入过程中，局域导电细丝形成，器件进入低阻态；在擦除过程中，局域导电细丝断裂，器件由低阻态转变为高阻态。根据细丝形成过程中涉及的电化学过程，导电细丝型机制又可以分为电化学金属型机制、价态变化型机制和热化学效应型机制等。导电细丝型机制的阻变行为发生在局域，器件电学特性表现为高低阻态电阻值与器件面积无关。但是对于另外一些阻变器件，阻变行为发生在器件界面处，高低阻态的电阻值与器件尺寸成反比，这属于导电界面型机制（Yang et al.，2009）。根据阻变过程中涉及的阻变层中缺陷能级调节、电荷俘获 / 释放过程、界面势垒高度改变及空间电荷效应，导电界面型机制可以分为界面势垒调制型机制、空间电荷限制电流型机制和 Simmons-Verderber 型机制。

（二）技术发展趋势

RRAM 的技术应用主要分为独立式大容量存储、嵌入式存储、新型存算一体系统和硬件安全等，关键技术指标包括电流、速度、电压、耐久性、保持特性等。对于独立式大容量存储技术，RRAM 要取代 NAND Flash，需要具有更小的工作电流，通常不大于 10μA，耐久性为 10^3～10^6 次。对于嵌入式存储技术，RRAM 的工作电流可以超过 100μA 量级，最低的耐久性指标为 10^4 次。对于新型存算一体系统，不同应用场景对 RRAM 的性能指标要求不一，对于不需要线上训练的边端应用场景，可以参考嵌入式存储的性能指标。此外，RRAM 的开关速度通常为 10～100 ns，保持时间可以达到 10 年（在 85℃条件下）。

由于 RRAM 表现出了良好的电学特性，包括编程速度快、功耗低、密度大等，在嵌入式电路及高密度存储中都具有很大的应用潜力。同时，由于 RRAM 还表现出了忆阻器的特性，可用于神经形态和仿生电路中，有助于发展不同于冯・诺依曼架构的存算一体架构（Chi et al.，2016；Wong et al.，2012）。接下来，我们将结合 RRAM 目前主流的三个应用场景来介绍其技术发展趋势。

（1）嵌入式应用。云计算、边缘计算等技术的飞速发展使 SoC 芯片对于嵌入式存储器在性能和功耗上提出了更高的需求，RRAM 具有高密度、低功耗、与 CMOS 工艺兼容等诸多优点，被国际半导体技术路线图（International Technology Roadmap for Semiconductors，ITRS）认为是值得开展商业化应用的新型存储技术之一。国际上的半导体产业巨头如英特尔等公司已将 RRAM 等新型存储器作为先进工艺节点（28 nm 以下）嵌入式存储器的主要解决方案。因此，深入开展嵌入式 RRAM 研究，对于推动新一代 SoC 技术的发展具有重要意义。

（2）存算一体。与存储与计算分离的冯・诺依曼架构体系不同，人脑是高并行度的存算一体系统，融合了存储功能和计算功能，在计算的过程中不需要数据移动。模拟型 RRAM 作为一种典型的忆阻器件，是一类新型的电子突触器件，可以根据施加的激励信号，实现电导权重值的连续调节，表现出类似生物突触的特性。基于 RRAM 阵列的、具有片上训练能力的存算一体系统的研究仍处于起步阶段，需要器件建模、算法改进、端到端的编译器和仿真器等顶层工具链的支持。

（3）硬件安全。RRAM 间的性能波动性是其在存储应用中面临的重要问题，但是这个特性可以用于硬件安全防护，产生硬件安全密码。由于 RRAM

的波动性是物理本征特性，与工艺无关，可以重构，因此在安全应用中具有很大优势。

（三）关键科学及技术问题

RRAM具有结构简单、功耗低、可微缩性强等优势，是40 nm以下工艺节点嵌入式存储应用的重要解决方案。但要实现产业化应用，还存在一些关键科学及技术问题，如在大规模生产平台中的工艺集成问题、RRAM参数离散性引起的可靠性问题、RRAM与SoC系统集成的问题等。

当前嵌入式非易失性存储器的发展趋势是大容量、低功耗、高密度、高速、低成本。在低功耗、高可靠性的应用要求下，RRAM面临着低功耗和高保持之间的困境。很多研究工作在实验室条件下一定程度地解决了低功耗、高保持问题，但是这些技术很难在大规模生产工艺平台上实现，尤其是面向性能更加优良的氧空位机制的阻变存储单元的研究还很贫乏。另外，要研制高可靠性产品，必须要对整个存储阵列的可靠性进行优化。阵列的可靠性主要受阵列中性能最差的单元限制，即阵列中的拖尾效应严重制约着阵列的性能和大小。RRAM存储阵列的拖尾效应主要表现在阻变参数分布离散以及阵列中器件间耐久性和保持性能不一致上。拖尾效应是存储阵列误码率的主要来源。RRAM在进行大规模集成过程中，由于采用了新材料与新结构，需要在12 nm逻辑生产线上解决存储材料制备工艺模块与标准CMOS工艺的嵌入式集成问题。首先，必须采用可与后端互连技术兼容的二元金属氧化物存储材料作为RRAM阻变材料，进行器件结构和配套技术的研究。其次，需要结合40 nm及以下生产工艺研究电极材料、集成步骤对存储特性的影响，研究工作温度、电学信号以及工艺波动对性能的影响；研究大尺寸晶圆上超薄薄膜的高均一性的淀积问题。随着工艺节点降低，后端金属线的尺寸减小，厚度降低，存储单元的刻蚀工艺难度增大。在后端集成中，还需要严格控制集成方案的复杂程度以加强在应用中的成本竞争力。因此，要实现低功耗阻变单元的大规模集成还需要解决以下难点问题：①研究适用于标准逻辑后端工艺的RRAM器件单元结构与材料体系；②对RRAM的可靠性进行研究；③解决存储材料制备工艺模块与标准CMOS工艺的嵌入式集成问题。

目前，对嵌入式RRAM的SoC的研究都是处于RRAM IP层级的设计与优化，很少从 SoC 系统集成的层级来考虑。事实上，SoC 具有比较丰富的计算资源，功能比较强大，一方面可以为 RRAM IP 电路和器件的优化提供支持，另一方面提供了从系统调控角度挖掘 RRAM 优势的可能。另外，RRAM 的出错模式目前尚未明确，代工厂也缺乏相应成熟的技术研究，因此，相应的嵌入式 RRAM 的 SoC 设计也有待进一步研究：需要针对 RRAM 存储模块读一致性、写单元差异性特征，研究 SoC 系统对 RRAM 存储模块的控制方法和策略，优化读写总线结构的设计，提高 RRAM IP 与 CPU 及其他外设的交互性能，设计高速接口控制电路实现外部数据与 SoC 的高吞吐率交互。虽然在先进工艺节点下实现的 SoC 芯片具有更低的漏电流、更高的性能、更小的封装面积、更大的密度，但是，更高的电流密度也会带来更高温度、自发热、电迁移等不利影响。对于嵌入式 RRAM 的 SoC 芯片，存储模块会受热应力及电应力的影响，使保持特性和耐久性发生退化。先进工艺节点下，温度升高 25℃通常会导致逻辑和金属层的预期寿命减少为原来的 1/5～1/3，嵌入式 RRAM 存储模块的寿命也会受到影响，芯片误码率大幅增加。因此还需要研究扰码算法及其电路模块，降低 RRAM IP 突发干扰引起的高误码率；针对嵌入式应用环境下的面积、功耗等约束条件，研究自适应纠错方法，以满足芯片面积和功耗约束。要获得高可靠性 SoC 芯片，仍需要解决如下问题：①嵌入式 RRAM IP 核与 SoC 芯片集成中的融合和性能优化问题；②如何在先进工艺节点下控制存储模块的误码率，增强嵌入式 RRAM 产品的市场竞争力；③缺乏针对嵌入式 RRAM 及 SoC 的高效率、低成本测试技术，需要完整的测试验证流程，确保嵌入式 RRAM 产品可靠应用。

二、磁性随机存取存储器

（一）技术简介

基于电子自旋的 MRAM 因具有非易失、高速度和低功耗等优点，有望替代传统半导体器件，成为下一代超低功耗存储及计算集成电路关键技术。自旋电子学起源于 1988 年法国南巴黎大学 Albert Fert 与德国于利希研究中心 Peter Grünberg 共同发现的巨磁阻（giant magneto-resistance，GMR）效应（Prinz，1999），是凝聚态物理学、微电子学和材料学的新兴交叉学科。自旋电子学的本质是在电子输运过程中除利用电子的电荷属性外，还利用电子的自旋属性进行信息的传输和存储。继巨磁阻效应被发现以后，基于金属氧化物势垒层的隧道磁电阻（tunnel magnetoresistance，TMR）效应成为自旋电子学发展史上又一标志性的事件（Julliere，1975），基于 TMR 效应的磁隧道结（magnetic tunneling junction，MTJ）是 MRAM 实现数据存储功能的关键。MTJ 通常由铁磁层 / 金属氧化层（隧穿层）/ 铁磁层的三明治结构组成，如 CoFeB/MgO/CoFeB。其中，作为自由层的上层 CoFeB 的电子自旋极化方向可通过外加磁场或电场改变，而作为参考层的下层 CoFeB 的电子自旋极化方向是固定的。MTJ 的存储原理是通过改变自由层的电子自旋极化方向，得到两种电阻状态，进而实现 1 bit 数据存储。为进一步推动 MTJ 在 MRAM 领域的应用，学术界进行了大量探索以获取更高的 TMR 值，目前所报道的基于单晶 MgO 势垒的 MTJ 的 TMR 实验值最高达到 604%（Nakagome et al.，2003）。

经历多年的发展，MRAM 技术的演进共经历了三代，分别为基于磁场翻转的 Toggle-MRAM、基于自旋转移矩（spin transfer torque，STT）效应翻转的 STT-MRAM（Yuasa et al.，2004）以及基于自旋轨道矩（spin orbit torque，SOT）效应的 SOT-MRAM。Toggle-MRAM 需要在 MTJ 之外设计两根相互垂直的金属线用于产生翻转控制磁场，这一结构使得 Toggle-MRAM 的存储密度无法做大，量产的芯片主要为兆比特量级，速度与 SRAM 相当，可以替换小容量的 SRAM、DRAM 以及 Flash。SOT-MRAM 目前仍处于学术研究阶段，尚未有产品问世。而 STT-MRAM 利用 STT 效应直接通过电流实现磁矩翻转，不需要额外的磁场，实际应用中实现了 1 Gbit 的单片存储容量。近年来，随着材料、器件和加工工艺的不断成熟，STT-MRAM 受到了国际各大存储器厂商，如三星、东芝、美光、IBM 等的一致关注，并有多款商用芯片陆续问世。

此外，MRAM 具有优良的抗辐射性能，主要应用于独立式存储领域的高可靠性方面，如航天器中的存储器以及空客 A350 中的机上存储器。另外，利用 MRAM 同时具备高速和非易失的特点，能够大幅度降低嵌入式系统的待机功耗，如华为 WATCH GT2 中的定位模块就采用了嵌入式 MRAM。未来，随着 5G、边缘计算等新兴技术的发展，嵌入式系统对存储器性能和功耗的要求将越来越高，MRAM 有望替换大部分现有的嵌入式存储器，发展空间巨大。

（二）技术发展趋势

MRAM 的写入操作是通过 MTJ 中自由层的磁化翻转来实现的，因此根据写入机制的不同，可将 MRAM 技术的发展分为三个阶段。其中，早期的 Toggle-MRAM 直接采用磁场写入方式。MTJ 置于字线和位线的交叉处，并分别与自由层的难磁化轴和易磁化轴方向重合。在写入数据时，被选中的 MTJ 的字线和位线分别通入电流以产生互相垂直的两个磁场。虽然磁场强度均不足以使自由层完成磁化翻转，但二者能够将彼此方向上的矫顽场大小降低至所产生的磁场以下，因此，只有交叉处的 MTJ 能够完成数据的写入操作。但是，磁场写入方式存在三个固有缺陷：①需要毫安级的写入电流，功耗较高；② 随着工艺尺寸的微缩，写入电流将急剧增大，难以在纳米级 MTJ 中推广应用；③需要较长的载流金属线产生磁场，电路设计复杂度较高。

为克服这些缺陷，1996 年，Slonczewski 和 Berger 从理论上预测了一种称为 STT 的纯电学的 MTJ 写入方式，并在随后的实验中得到证实，成为 MRAM 发展历史中的又一个里程碑事件（Myers et al.，1999）。2005 年，日本索尼公司首次制备了 4 Kbit 的 STT-MRAM 测试片，随后，东芝、Everspin、NEC、SK 海力士、日立和日本东北大学也分别制备出 STT-MRAM 样片。经过十几年的发展，目前绝大部分的 MRAM 产品均用 STT 方式写入数据，存储容量也提高了 25 万倍。STT-MRAM 的基本原理如下：当电流从参考层流向自由层时，首先获得与参考层磁化方向相同的自旋角动量。随后，该自旋极化电流进入自由层时，与自由层的磁化相互作用，导致自旋极化电流的横向分量被转移。由于角动量守恒，被转移的横向分量将以力矩的形式作用于自由层，迫使它的磁化方向与参考层接近，该力矩称为 STT。同理，对于相反方向的电流，参考层对自旋的反射作用使自由层磁化获得相反的 STT。因此，被写入的磁化状态由电流方向决定。

目前，基于 STT 效应的 MRAM 数据写入技术受到产业界和学术界的广泛关注。然而，该技术也面临着亟待克服的性能瓶颈。首先，STT 的激发依靠随机热效应，不可避免地导致内部延迟，从而限制了数据写入速度；其次，STT 的效率在相反的写入方向之间存在非对称性，使电路的写入电流过高，功耗和位元面积过大；最后，随着工艺节点拓展至 22 nm 以下，读写电流差距减小，数据读取误差进一步增大。为解决上述问题，学术界提出基于 SOT 的写入方式（Hirsch，1999）。这种写入方式要求在 MTJ 的自由层下方增加一层重金属薄膜（铂、钽、钨等），利用流经重金属薄膜的电流引发力矩以驱动自由层的磁化翻转。与 STT 效应相比，SOT 效应的产生机理较为复杂，学术界尚未形成统一的结论。一般认为 SOT 效应的产生可以归因于界面拉什巴效应（Rashba effect）、自旋霍尔效应（spin Hall effect，SHE）或二者兼有。其中，SHE 是指无磁场情况下，在 SOT 效应较强的金属材料内部，自旋方向不同的电子将向电流的垂直方向移动从而产生纯自旋流，其转化程度可以通过自旋霍尔角（spin Hall angle）来衡量。拉什巴效应则是指在 2D 凝聚态物质中的能带分裂效应，由原子自旋轨道耦合与结构反演不对称性诱发于铁磁性金属薄膜与强自旋轨道耦合材料界面。SOT-MRAM 有望实现亚纳秒级别的数据写入速度，并且写入路径与读取路径相互分离，便于读写性能的独立优化，目前已成为学术界研究的重点。

除此之外，为降低 STT-MRAM 写入过程中的动态功耗，学术界又提出了基于电压调控磁各向异性（voltage control of magnetic anisotropy，VCMA）的数据写入方式。VCMA-MRAM 通过施加电压来降低数据写入时的垂直磁各向异性和热稳定性，使得数据写入时 MTJ 中没有电流流过。同时，该写入方法下不需要晶体管提供较大的驱动电流，从而可以减小晶体管尺寸，增大存储密度。因此，VCMA-MRAM 受到了广泛关注，也是目前自旋电子领域重要的研究方向。

（三）关键科学及技术问题

经过近 30 年的快速发展，MRAM 已经成为信息科学与技术领域中的重要成员，然而 MRAM 尚有诸多关键科学问题亟须解决，包括：①为长时间保存数据，需要在 CoFeB/MgO 多层膜结构中实现比较强的垂直磁各向异性，然而其物理机理尚不明确，难以对其进行有效调控；②数据写入电流密度相对半导体器件依旧较高，直接影响到存储单元的功耗及寿命等。这些技术瓶颈直接影响了其功耗、可靠性及存储容量等性能的提升，使得 MRAM 的大规模应用一再被推迟。目前，MRAM 的数据写入、数据读取和大规模阵列集成技术亟须改善和突破，如何在现有的垂直磁各向异性体系下克服 STT 和 SOT 写入方式的缺点，设计具有低阈值电流、高速、高集成度的 MRAM 存储阵列，成为当前学术界关注的主要科学问题。

（1）数据写入。受环境热波动以及 MTJ 初始磁化矢量分布等的影响，基于 STT 效应的 MTJ 状态翻转本质上是一个随机过程。此外，由于加工工艺的偏差，MTJ 之间也会存在器件参数（如尺寸与厚度等）失配。如果驱动电流幅度或者脉冲宽度小于所需的门限值，则可能发生写入错误。增大电流幅度与脉冲宽度可以大大减小写入错误，但是不可避免地会带来面积与功耗等方面的开销，而且电流过大可能会导致 MTJ 的介质击穿，造成永久性损坏。为了降低 MRAM 存储单元写入所需的驱动电流，一种可选方案是降低 MTJ 的能量势垒，但是这会牺牲 MTJ 的热稳定性，缩短数据保持时间，因此如何在不增大写入电流的前提下增强 MTJ 的热稳定性是一个亟待解决的科学问题。

（2）数据读取。为了实现数据可靠读取，需要 MTJ 具有较高的 TMR 值。因此，研究人员在过去 30 年间一直在追求更高的 TMR 值：一方面是利用薄膜技术的优化，通过薄膜沉积技术及设备的迅速发展和制备工艺优化，获得更高质量的 MTJ 多层薄膜；另一方面是通过势垒层材料体系的不断优化。例如，在 2001 年第一性原理计算方法中就理论预测了外延生长的单晶态 Fe/MgO/Fe 结构可实现高达 1000% 的 TMR，2008 年，在改进的 CoFeB/MgO/CoFeB 结构中观测到高达 604% 的室温 TMR 值。与此同时，研究人员还尝试了 TiO_2、Al-Mg-O、Mg-*X*-O（*X*=Fe，Co，Ni，Cr，Mn，Ti，V，Zn）、LiF 等势垒材料，但是目前单晶 MgO 势垒 MTJ 仍然保持最高的 TMR 值。在当前技术条件下，MTJ 的 TMR 值仍然相对较小（室温下为 60%～200%）。当考虑存储单元以及读取电路中晶体管的电阻效应时，最终的读取裕量将非常有限。如果考虑工艺参数偏差的影响，当读取裕量小于最终读取电路的输入失调量时，可能发生读取错误。因此，如何通过材料的优化获取更高的 TMR 值仍然是亟待解决的科学问题。

（3）大规模集成。MTJ 的设计及制造是自旋电子存储器应用的关键步骤。MTJ 膜堆可以通过溅射沉积在任何满足条件（一般粗糙度要求小于 0.5 nm）的衬底上，这就意味着 MTJ 可以制备在 CMOS 电路上方，可以通过半导体 BEOL 与晶体管集成电路实现集成。MRAM 芯片的核心存储单元为晶体管与

MTJ的混合器件（如1T-1MTJ、2T-1MTJ、2T-2MTJ等）。MRAM的晶体管部分可以完全兼容现有CMOS集成电路代工厂先进制程，但是要实现大规模的存储阵列，MRAM与CMOS的后道集成工艺制造仍然存在极大的挑战，如需要特殊的TMR膜堆（或MTJ膜堆）沉积、磁性材料刻蚀设备及工艺，此外，磁性单元必须经受住BEOL工艺温度的考验，完成最后的外围电路互连流程。

三、相变存储器

（一）技术简介

1968年，科学家首次观察到了硫系化合物可以在电场作用下发生快速且可逆的特性转变，奠定了相变存储技术的基础（Lee et al.，2010）。在之后的50多年中，相变存储技术受到研究者的广泛关注。20世纪末，基于相变介质的可重写光学存储技术逐步发展成熟并走向商业化，而近年来3D PCM技术的兴起将相变存储技术带入新一波发展浪潮。PCM与目前主流的存储器Flash及DRAM相比具有明显优势：PCM的擦写速度和循环擦写次数远远高于NAND Flash；而PCM与DRAM相比最大的优势在于其非易失的特性，因此不需要频繁的刷新操作。但PCM的劣势在于其擦除过程需要较大的驱动电流，这给外围供电电路造成了一定的困难和挑战。

PCM被认为是下一代主流存储器之一，其在存储级内存领域具有较好的应用前景。PCM的上述特点与其机理密切相关：对交叉点阵中相变存储单元施加高且窄的电脉冲后，下电极附近的相变材料迅速熔化并快冷形成覆盖下电极的半球形非晶区域，对应高电阻和信息位“0”，实现擦除（reset）。写入（set）则需外加中等强度和脉宽稍大的电压（电流）脉冲，通过焦耳热效应加热至晶化温度T_c和熔化温度T_m之间，实现纳秒甚至亚纳秒级别的快速结晶，最终对应低电阻和信息位“1”。而存储单元高低阻值读取则可通过施加较低幅值的短脉冲来实现。

PCM技术的近60年发展历程，大致可分为原型期、平面发展期和3D发展期三个阶段。20世纪60年代，美国科学家S. R. Ovshinsky在硫系化合物Ag-In-Se-Te中发现了具有记忆功能的超快可逆电转变特性并由此提出双稳态存储器件构想（Hamann et al.，2006）。但受限于当时落后的集成技术，这一研究进程在 1970 年英特尔推出了 256 位的 PCM 原型器件后便进入了停滞状态。直到 2000 年前后，英特尔、三星等各大半导体厂商和相关研究机构都开始重视这项技术，并投入巨大财力和人力开展平面 PCM 研发。2002 年，英特尔率先研制成功 4Mbit 的测试芯片；2004～2005 年，三星借助其强大的存储器生产基础，连续研制出 64Mbit 和 128Mbit 的测试芯片。BAE Systems 也于 2004 年成功开发 64 Kbit 的 PCM 芯片，2006 年又开发成功 4Mbit 的 PCM 芯片。IBM 和德国英飞凌于 2005 年宣布与我国台湾的旺宏电子合作，开发 PCM 并着眼于摩尔定律之后的信息技术发展。平面 PCM 的产业化进程在韩国三星和美国美光分别推出可用于移动终端的 8 Gbit 和 1 Gbit 产品后达到一个平台期。这一局面直到 2015 年被英特尔和美光合作推出的 3D X-point 技术打破，通过平面 PCM 向 3D PCM 的转变有效提高了芯片存储密度并降低了成本。从 2017 年开始，英特尔发布了多款基于 3D Xpoint 的傲腾（Optane）内存模块 16/32GB 和 750GB 的固态硬盘（solid state disk，SSD）产品。与此同时，美国美光发布了基于 3D PCM 技术的品牌 QuantX，并于 2019 年推出 X100 NVMe™ SSD 产品。此外，SK 海力士也加入 3D PCM 的竞争，且在 2018 年推出 128GB 的两层堆叠测试芯片。华中科技大学和中国科学院上海微系统与信息技术研究所都积极参与了 PCM 前沿技术的研究，分别于 2010 年和 2011 年研制成功 1Mbit 和 8Mbit 测试芯片，并在最近几年分别同长江存储和中芯国际合作研发大容量独立式和嵌入式芯片产品。

（二）技术发展趋势

1. 相变材料

不同类相变材料性质上的巨大差异主要是由材料结晶机制和晶态结构的差异决定的。例如，传统的 $Ge_2Sb_2Te_5$ 相变材料，其结晶过程为成核主导型；而对于二元相变材料 $Ge_{15}Sb_{85}$，其结晶过程为生长主导型，该结晶机制不需要材料拥有足够多的临界晶核，因此结晶速度更快，并且随着材料尺寸的减小，相变速度可进一步提高。

掺杂是相变材料常用的改性办法，掺杂元素包括 C、N、O、Ti、Al、Cu、Sc、Y、Cr 等。常用的掺杂方法包括共溅射法、气体通入溅射法、热扩散法、离子注入法等。相变材料掺杂能改善材料的某些性能，但也可能劣化其他性能，实际应用时需要在相变速度、功耗和可靠性等性能之间取得平衡。

构建超晶格结构也是相变材料改性最有效的办法。半导体超晶格的概念在1970年由Esaki等首次提出，其按照子层材料形成方式的不同可分为组分超晶格和掺杂超晶格两种。相变材料改性主要采用的是组分超晶格结构，即通过将两种性能互补的相变材料（或一种相变材料加上一种特殊功能材料）交替堆叠形成多层超薄膜复合结构来达到改善相变材料性能的目的。常见的超晶格相变结构包括$GeTe/Sb_2Te_3$、$GeTe/Bi_2Te_3$、$Ge_1Sb_2Te_4/Sb_2Te_3$、$Ge_2Sb_2Te_5/Sb$等。超晶格相变材料能显著地改善相变材料的相变速度、功耗和阻值漂移。

2. 相变存储单元结构

传统PCM主要使用一种蘑菇型结构。当在单元两端施加激励时，处于限制孔中的加热电极会产生大量焦耳热，导致与加热电极接触的相变材料发生相变。对于蘑菇型结构的相变单元，其工作时要求连接的选通管拥有足够大的驱动电流密度（通常高达40 mA/cm^2），这在一定程度上限制了存储单元的尺寸微缩。为了减小存储单元的驱动电流，需要通过优化器件结构设计、创新存储材料、减小热损耗等方法来使存储单元的有效区域最小化。边缘接触型结构和μ-trench型结构具有摩擦电流小的优点，其接触面积大小是由相变层加热电极的厚度决定的，因此与蘑菇型结构存储器件相比，有效区域体积大大减小，但是该结构的器件体积相对更大。为了在器件单元特征尺寸以下尽可能减小临界接触面积，研究人员设计了cross-spacer结构和自对准μ-trench壁结构。cross-spacer结构的临界接触面积受一个方向上相变层的厚度和另一个方向上的加热电极的限制，自对准μ-trench壁结构则使用侧壁来定义最小特征尺寸。除此之外，另一种常见的器件结构是限制型结构。限制型结构最大的优点是限制区域的电流密度最大，能量利用效率高，与蘑菇型结构相比功耗可降低65%。这种结构的存储器件单元间的间隔更大，有效降低了相邻单元的热串扰。2015年，英特尔和美光联合发布了基于双层1S1R的3D XPoint PCM芯片，其为crossbar结构，这种结构具有工艺和操作相对简单、堆积密度大等优点。

3. PCM 芯片产业化

目前世界上主要的半导体生产企业，如英特尔、美光、三星等，都已经开展 PCM 芯片的研发和产业化。英特尔甚至已经推出基于 3D 堆叠的 PCM 芯片产品 Optane，用于填补高速小容量的 DRAM 和低速大容量的 NAND Flash 之间的性能缺口，其擦写速度比 NAND Flash 高 1000 倍，容量比 DRAM 高 8～10 倍。随着计算终端对高速高容量存储器的需求增大，PCM 技术带来的技术革命正在到来。

（三）关键科学及技术问题

发展嵌入式 PCM 芯片与高密度 3D PCM 芯片，关键在于获取自主知识产权的高性能相变材料、选通管材料及其先进工艺节点下的集成技术。核心是解决以下三个关键科学及技术问题。

（1）相变材料的高速、低功耗可逆相变机理，以及设计、优选高性能相变材料。随着相变存储阵列向高密度方向发展，相邻存储单元之间的热串扰问题将更加严峻，因为存储单元在相变过程中散失或释放的热量，很可能导致相邻单元发生预期之外的相变，因此，研究和开发性能优良的相变存储材料是发展自主高性能 PCM 芯片的关键之一。适用于 PCM 应用的相变材料必须满足以下性质。①较高的非晶态热稳定性。非晶态热稳定性的提高有助于增强数据保持能力，器件的可靠性与数据保持能力息息相关。这就需要材料具备较高的结晶温度和结晶激活能。②较快的结晶速度。对于 PCM，写入操作速度的快慢决定了器件整体操作速度的快慢，而结晶速度直接影响着写入操作的时间，因此材料结晶时间越短，写入操作时间越短。③较大的非晶与晶态电阻差异。PCM 的存储机理是利用材料在晶态与非晶态之间显著的电阻差异，较大的电阻差异可以使得器件具有更好的逻辑区分度，同时有利于实现器件的多级存储。④较小的晶态与非晶态密度差异。密度差异导致的结晶前后较大的体积变化会降低相变材料和电极材料之间的黏附性，这会影响器件的可逆循环操作次数，甚至使器件失效。目前，在存储单元中应用最多的是 GeTe 和 Sb_2Te_3 之间的伪二元线上的组分，其中以 $Ge_2Sb_2Te_5$（GST）为代表，获得了广泛的关注（Raoux，2009；Wuttig et al.，2007；Pirovano et al.，2004）。但是，其应用于 PCM 中有诸多缺点，如大的重置电流、较大的体积收缩率、在材料内部和表面过大的机械应力和不良的循环特性等。开发出具有高速低功耗相变性能，同时具有抗氧化与良好热稳定性的相变材料成为发展的关键。

（2）阈值转变选通管双向阈值开关（ovonic threshold switch，OTS）材料的非线性开关机制并实现材料优选。选通器是 3D PCM 的核心技术之一，利用其非线性开关特性选择或读取 3D PCM 存储阵列中的特定存储单元。通过调整不同化学计量比的硫系化合物所制备的 OTS 器件呈现出不同的电学特性。典型的 OTS 器件初始态时处于高阻态即“关闭”状态，扫描电压增大时器件两端电流随之增加，当电压达到阈值电压时，器件在瞬间转变为“开启”状态，此时电流发生了陡峭的跳变过程达到极限值，器件处于低阻态。开启后，电流值会随着电压的增大一直保持最大的限流值并在电压开始回扫逐渐降低时也保持该值，直到低于保持电压 V_h 后，器件会立即回到高阻态且电流值同样会出现陡峭的跳变过程。当电压回到原点时，整个电压扫描过程完成并形成一条典型的滞回曲线。为了与 PCM 集成，一个理想的选通器件需要兼顾以下不同特性的指标参数：①高的开态电流密度，需要大于 $10MA/cm^2$，能够熔化相变材料；②低的关态漏电流；③高的非线性度，非线性度需要大于 10^4，以实现高密度（大于 1MB）相变存储阵列；④快的开关速度（100 ns 以内），与存储单元相匹敌；⑤多的循环次数，保证能够大于存储单元的寿命；⑥与后端工艺相兼容等。目前，大多数选通器不能同时满足这些条件。因此，研究出漏电流低、驱动电流高、开关比大、阈值电压较低和疲劳次数高等综合性能好的新型选通器件成为实现 3D 堆叠结构高密度存储器的关键因素。但在实际研究的材料中要同时满足这些性能指标是不容易实现的，这正是科研人员通过对材料的研究改性来实现的目标。虽然越来越多的 OTS 材料被提出，但是仍需要对阈值开关行为的内在机理有一个清晰和全面的理解，以便设计出更好的适用于高密度 3D 可堆叠 PCM 的 OTS 器件。

（3）先进工艺节点的非标相变存储阵列与 CMOS 工艺集成的存储器成套工艺。PCM 的尺寸可随工艺持续微缩，并且其在更小的工艺节点下可表现出更低的功耗、更快的速度及更好的电阻分布等优异特性。对于嵌入式应用，目前在 40 nm 及以上工艺节点，嵌入式 Flash 由于具有成本低廉、稳定可靠以及与工艺兼容等优点占领了几乎全部嵌入式市场，但实现 28 nm 高介电金属闸极（high-κ metal gate，HKMG）及以下工艺节点（22 nm-FD-SOI、14 nm-FinFET）的嵌入式Flash将需要在前端制程中增加超过15个掩模版，昂贵的制造成本将终结嵌入式 Flash 在 28 nm 及以下工艺节点的应用，因此 PCM 有望成为成本可控、功耗低、读写速度快的下一代嵌入式存储技术。在 3D PCM 方面，降低工艺节点是提升芯片容量、降低芯片功耗并提高单元一致性的有效手段，同时，在复杂的集成制造工艺中，每一步的工艺都相当重要，单项工艺的非均一性和波动性等问题以及集成工艺技术的可靠性和稳定性会严重影响 PCM 的性能。例如，相变存储单元制备的核心工艺是相变薄膜的沉积和刻蚀，沉积出薄膜质量好的相变材料以及开发和优化刻蚀工艺以提供形貌良好、侧壁损失小的相变单元是关键。在保证相变存储单元、选通单元以及外围电路工艺模块研发的基础上，开发出全流程嵌入式 PCM 集成工艺与 1S1R 集成工艺的方案，制造出高速、高可靠嵌入式 PCM 芯片与 3D PCM 是最终目标。

四、铁电存储器

（一）技术简介

铁电存储器是一种利用铁电体的两个极化状态分别编码 1 和 0 来实现信息存储的半导体器件。与传统非易失性存储器相比，铁电存储器具有操作速度快、功耗低以及操作电压低等优势，适用于嵌入式存储器。并且，铁电材料本身具备很强的抗辐照能力，因此很适合空间应用。与其他新型存储器（如 RRAM、MRAM 和 PCM）相比，铁电存储器最大的特点是利用电荷存储数据而不是依赖阻值的差异，这一特性与当前主流的 DRAM 和 Flash 相似，因此传统的铁电存储器比其他新型存储器更早地实现产业化。然而以锆钛酸铅压电陶瓷（piezoelectric ceramic transducer，PZT）、钽酸锶铋陶瓷（strontium bismuth tantalite，SBT）为代表的钙钛矿铁电材料存在尺寸微缩极限以及难以 3D 集成等问题，难以应用于先进工艺节点（＜130 nm）。掺杂 HfO_2 的新一代铁电材料具有更好的可微缩性，可以兼容 28 nm 以下的 CMOS 工艺，能耗低，它们将引领新型铁电存储器的发展方向，有望应用于先进工艺下的嵌入式存储。世界著名存储器专家 Houdt 认为，相比于已量产的 RRAM、MRAM 和 PCM 等新型存储技术，氧化铪基铁电场效应晶体管（ferroelectric field effect transistor，FeFET）存储器在高密度集成、集成工艺成本等方面具有较大的优势，是未来最有潜力的新型存储器。然而新型铁电随机存储器（ferroelectric random access memory，FeRAM）还存在机理不明确、疲劳耐久性有限、低温沉积技术难实现等问题，尚需要进一步的科学研究和技术突破才能实现应用。

（二）技术发展趋势

麻省理工学院（Massachusetts Institute of Technology，MIT）的研究人员在 20 世纪 90 年代早期就已经提出电容型铁电随机存储器（FeRAM）的概念，并首先基于 BaTiO 铁电材料实现了交叉点位结构的电容型存储器（Buck，1952）。第一代 FeRAM 具有存储密度小以及单元之间的干扰问题，导致无法商业化。半导体技术的进步，促使了铁电材料在 CMOS 工艺中的集成。通过使用金属氧化物半导体场效应晶体管（metal-oxide-semiconductor field-effect transistor，MOSFET）作为选择元件，可以保护未寻址的单元，使其免受干扰。基于这样一个晶体管与一个铁电电容器的结构，1989 年，瑞创国际公司做出第一个商用的基于 PZT 铁电材料的 FeRAM 产品，作为第二代铁电存储器诞生且应用至今（Scott et al.，1989）。目前德州仪器公司的 FeRAM 产品使用的最先进工艺节点是 130 nm，基于传统铁电材料 PZT 的 FeRAM 的尺寸没有办法进一步减小。因为平面电容器尺寸的减小会导致可测量极化电荷降低。2011 年，掺杂 HfO_2 的铁电材料被报道，从此开启了 FeRAM 研究的新时代。第三代铁电存储器以 CMOS 工艺兼容、可 3D 集成、低介电常数、高矫顽场为主要特征，以掺杂 HfO_2 的铁电材料为代表。随后，基于其他氧化物的铁电材料（如 ZrO_2 和 AlO_x）也相继被报道。近些年，第三代 FeRAM 得到了迅猛发展，并向着更高的工艺节点发展。2016 年，格罗方德采用 28 nm 工艺实现了基于 Si 掺杂 HfO_2 的 1T 结构的铁电存储器阵列。2017 年，格罗方德把铁电存储器的工艺节点推进到 22 nm。2018 年，中国科学院微电子研究所在 IEDM 上报道了面向 10 nm 工艺节点的嵌入式应用的铪基铁电 FinFET 器件。与此同时，各类基于第三代铁电材料的电阻型存储器相继被报道。然而，可靠性的问题依然是第三代铁电存储器真正走向应用的最大障碍。疲劳特性是其中最为显著的问题，基于新型铁电材料的金属－绝缘体－金属（metal-insulator-metal，MIM）结构的铁电电容，疲劳特性通常为 10^8～10^{12}，与传统铁电材料（10^{15}）相比还有很大差距。这一问题在 FeFET 结构中同样存在，HfO_2 基 FeRAM 的疲劳特性大多在 10^5 以下。HfO_2 基铁电材料具有比较高的矫顽场，使得其在保持过程中受到矫顽场的影响较小，保持特性优于传统铁电材料。但是在 FeFET 结构中，退极化场依然会导致极化强度不断降低，影响数据保持。虽然格罗方德已经制备出存储容量为 64 Kbit 的氧化铪基铁电存储器，其保持性能可达 10 年。但是，由于其存储器单元的集成温度超过 1000℃，与主流 CMOS 工艺不兼容（英特尔、三星、台积电、中芯国际 45 nm 以下技术节点大都采用后道工艺），不利于铁电存储器的 3D 集成，需要开发第三代铁电薄膜低温沉积技术（＜400℃）。

第三代铁电存储器经历了近十年的发展，已经验证了其可微缩性和可 3D 集成的优势，可靠性问题也在不断改善。因此，产业界对其充满了期待，国际上，格罗方德、三星、SK 海力士等各大公司相继布局。国内的华为、华润微电子、拍字节等公司也在推进第三代铁电存储器的量产。国内学术界（如中国科学院微电子研究所、北京大学、清华大学、复旦大学、西安电子科技大学、浙江大学、山东大学、电子科技大学等）也在铁电机理及可靠性方面开展了工作。未来第三代铁电存储器将以嵌入式存储作为突破口逐步进入市场，并随着技术不断完善，有可能在非易失性 DRAM 和高密度 3D 存储领域得到应用。

（三）关键科学及技术问题

1. 新型铁电材料的极化起源

以掺杂 HfO_2 的铁电材料为代表的第三代铁电存储材料自报道以来，其机理的探索就一直是个热门的话题。然而，新型铁电材料的物理机制依然不是十分明确。目前相对主流的观点认为铁电性源自 Pca21 空间群的正交晶向。比利时微电子研究中心的 Clima 等基于第一性原理计算指出铁电相 HfO_2 的极化翻转源自正交晶格中 4 个三配位氧离子的位移，计算所得饱和极化强度为 51 μC/cm^2。中国科学院微电子研究所使用球差校正扫描透射电镜直接观测到 Zr 掺杂的 HfO_2 的铁电相晶格结构，确认了 Pca21 空间群的正交晶向的存在。

然而上述证据无法确认其铁电性源自 Pca21 空间群的正交晶向，原位探测以目前的技术无法观测到氧原子的移动。北京大学通过第一性原理计算提出了氧空位对极化也有贡献。但是，西安电子科技大学在非晶材料体系中的研究结果表明，氧化物薄膜中以及界面处的氧空位与负电荷产生的偶极子也会产生类似铁电的特性。因此，新型铁电存储器的机理依然没有定论，仍然需要发展新的研究方法，从微观结构的角度出发，探讨铪基铁电材料的铁电物理本质、铁电亚稳相的稳定性、界面问题、临界存储尺寸、调控机理以及非晶氧化物薄膜产生类铁电特性的物理本质等基础科学问题。此外，新型铁电存储器无论是基于多晶体系还是基于非晶体系，均与传统铁电存储器明显不同。因此，其极化翻转动力学过程不同于传统铁电存储器，需要提出新的理论描述其翻转过程。

2. 新型铁电的性能优化与调控

HfO_2 基铁电材料体系与传统钙钛矿类铁电材料体系有类似的可靠性问题，即唤醒效应、疲劳效应、印记效应。失效机制的物理起源如退极化电场、电荷注入、可靠性的击穿问题等已经报道。基于传统铁电理论的铁电疲劳模型如畴壁钉扎、成核抑制、死层形成等理论，可以部分适用于 HfO_2 基铁电材料体系。然而上述研究大多处于宏观唯象角度，缺乏从微观角度尤其是晶格热动力学角度进行 HfO_2 基铁电材料科学问题的研究。加之新型铁电材料畴结构的特殊性，需要形成更有针对性的理论体系，描述新型铁电材料的失效机制。除此以外，最新涌现的非晶类铁电器件相比于掺杂 HfO_2 的晶体管，其唤醒效应和疲劳效应都得到了很大提升，但其保持特性较差。关于这方面的机理解释尚不明确，需要基于失效机制对新型 FeRAM 进行可靠性优化。

3. 大规模集成与可制造性问题

基于新型铁电薄膜的 FeRAM 因其器件结构与传统 MOSFET 完全相同且铁电材料制备工艺与 CMOS 兼容，在非易失性存储器以及应用于神经网络的突触和神经元器件等方面受到了广泛关注。然而，为得到性能稳定的 HfO_2 基铁电特性，需要经过高温、长时间退火工艺，这一工艺步骤在大规模集成应用过程中是无法满足的，仍需进一步优化和探究。

此外，对于 FeFET 非易失性存储器，重要的电学性能指标包括擦写电压、读写速度、高阻态和低阻态的读取电流比、擦写功耗、耐久性、保持特性等。HfO_2 基铁电薄膜晶粒尺寸的限制导致其在先进技术节点的应用方面仍然需要改善。

随着器件特征尺寸的不断缩小，为保证 FeFET 器件的性能，并且避免栅泄漏电流的增加，掺杂 HfO_2 的薄膜厚度仍然存在基本限制。现有的研究表明，当掺杂 HfO_2 的薄膜厚度小于 4 nm 时，其铁电特性就变得很微弱了。理论上，FeFET 的擦写电压可以非常小，但 HfO_2 基铁电薄膜晶粒尺寸的限制以及其本身是高介电常数介质的原因，使其操作电压无法进一步降低。虽然非晶薄膜器件有效地改善了这一点，目前报道的最低电压为 1.6 V，但与 CMOS 电压相比，仍有差距。除此之外，由于 HfO_2 基铁电薄膜晶粒的本质，其器件与器件之间的差异也是目前大规模集成电路需要考虑的一个重要科学问题。

第三节　总结与展望

表征存储器性能的参数主要包括擦写速度、功耗、耐久性、集成密度和保持时间等。更高密度、更大带宽、更低功耗、更短延迟时间、更低成本和更高可靠性是存储器设计和制造者追求的永恒目标。MRAM 在耐久性、擦写速度和功耗等方面具有一定的优势，但是较低的 TMR 值是制约其读取精度提升的一个重要因素。PCM 在耐久性、擦写速度和集成密度等方面具有一定的优势，但是由于其写入过程需要较大的驱动电流，因此对外部电路及工作温度的要求较高。FeRAM 的最大特点是利用电荷存储数据而不是依赖阻值的差异，但是目前无法实现大规模集成阵列。

以 RRAM、MRAM 和 PCM 为代表的新型存储器与传统的半导体存储器相比在技术上有许多突出的优点，包括：①均为非易失性存储；②读写性能均在纳秒级；③存储机制受器件尺寸的限制小；④存储性能和可靠性受工艺扰动的影响低；⑤可实现多单元存储，从而大大提高存储密度。现阶段

RRAM、MRAM 和 PCM 仍然无法同时具备：SRAM 的纳米级的读写速度、DRAM 甚至是 Flash 级别的集成密度、类似 Flash 的非易失性存储特性。但是，随着基础科学理论和工艺制造技术的进步，新型存储器有望实现对于现有半导体存储器的替代。MRAM 适用于嵌入式应用，例如，在 CPU 中可以用 SOT-MRAM 替代 SRAM 实现高速读取，用 STT-MRAM 作为 L1 和 L2 高速缓存。PCM 可以用于 L3 高速缓存和内存，替代 DRAM，同时可以部分替代 Flash 存储器用于外部存储。RRAM 适合用于大容量外部存储，以替代 Flash 存储器。

为探索未来新型存储技术相对于传统存储技术的替代关系，我们对二者之间的优劣势进行分析。新型存储技术的优势体现在如下几个方面。

（1）新型存储技术在存储原理上具有优于传统存储的潜在性能。在嵌入式领域，与嵌入式闪存相比，MRAM 在寿命、速度、能效比等主要性能指标上均有 10 倍以上的提升，未来可能完全取代嵌入式闪存。在独立式存储领域，PCM 在寿命和速度上大幅优于 NAND Flash，而在存储容量上优于 DRAM。

（2）新型存储技术具有突破现有存储工艺瓶颈的潜力。由于存储单元的结构限制，在进入 20 nm 以下工艺节点后，DRAM 和 NAND Flash 遇到了明显的瓶颈。新型存储技术具有完全不同的存储单元结构，实验上已经可以做到 10 nm 以下工艺节点。在传统存储工艺面临发展瓶颈后，新型存储技术可能是更小工艺的选择。

（3）新型存储技术将有可能更加适用于人工智能等新应用。以深度学习为代表的人工智能算法需要使用大量的矩阵乘法，对内存的容量和数据吞吐能力提出了更高的挑战。例如，PCM 作为存储级内存模块，可以轻易地将现有吉字节量级的内存扩展至太字节量级，能够显著改善数据中心中矩阵乘法运算的性能。

新型存储技术的劣势体现在如下方面。

（1）过高的成本是制约新型存储产业化应用的最大瓶颈。在 1GB 以下的嵌入式存储市场，MRAM 的价格是当前主流的 NOR Flash 的 10 倍以上；在 1GB 以上的独立式存储市场，PCM 的价格同样是当前主流的 NAND Flash 的 10 倍以上。因此，就目前而言，新型存储器件无法对 DRAM 或 NAND Flash 进行替代。

（2）新型存储工艺不成熟，容量难以做大。目前 MRAM 的单片最大容量仅有 1 Gbit，对应应用场景中的 DRAM 则为 16 Gbit；PCM 的最大容量为 32 Gbit，对应应用场景中的 3D NAND Flash 已经做到了 1Tbit 以上。新型存储技术还没有解决不同存储单元之间的一致性问题，良率不高，也难以做大。

（3）新型存储技术在软硬件配套上尚不成熟。当前的计算架构高度适配 DRAM 和 NAND Flash，硬件电路和软件调用数据均是根据传统存储技术的特点展开的。新型存储技术与传统存储技术的物理特性迥异，需要开发新的控制电路和对应的软件程序才能发挥性能。例如，在 PCM 领域，英特尔和美光共同开发傲腾存储器，但因为英特尔拥有 CPU、系统模组芯片等配套产品，形成了一个相对封闭的体系，美光已经基本放弃发展该型存储技术。

新型存储器的研究与开发现在还存在着一些工艺上的问题需要解决。近年来，传统存储器的技术局限以及不断缩小的制造工艺尺寸所带来的巨大挑战使得科研人员在新型存储器的研究方面不断取得新的进展，并已实现了初步的商业应用，如 RRAM、MRAM 和 PCM 的产品化。相信在不久的将来，我们就能看到这些新型存储器中的某些在计算机以及存储系统中广泛应用，从而实现高带宽、低延迟的存储访问。

可以预见的是，到 2035 年甚至更长的时间，传统半导体存储器尤其是 DRAM 和 Flash 仍将占据存储器最主要份额，新型存储器也将迎来快速发展期，因此我们需要对二者的市场和技术发展进行长期规划和持续研发。

一、DRAM 发展展望

从技术层面来看，DRAM 目前面临的主要问题在于电容器难以进一步微缩，存储密度增长陷入瓶颈。为解决这一问题，一方面是采用垂直环栅晶体管作为电容的控制晶体管，从而实现排布更加紧密的 $4F^2$ 电容排列结构；另一方面是采用 3D 堆叠的方式，如 HBM 技术。

当前主流的 DRAM 均采用 $6F^2$ 的电容布局，增加存储密度的方法一直都是尽量地减小最小特征尺寸 F，但这一趋势在 10 nm 以后已经面临瓶颈。因此，采用 $4F^2$ 的电容布局理论上可以在相同 F 的情况下减小 33% 的芯片面积，或许会成为未来进一步减小存储单元所占面积的方法。

DRAM 由于每一层都必须采用扩散工艺形成 pn 结，无法像 NAND Flash 一样通过工艺的重复进行堆叠。现有的堆叠技术均采用多硅片堆叠的方式，通过 TSV 技术实现。HBM 就是由此产生的一种已经商用化的技术。这一技术最初由三星、超威半导体、SK 海力士联合发起，于 2013 年被电子工程设计发展联合协会（Joint Electron Device Engineering Council，JEDEC）采纳为行业标准。2016 年，第二代高带宽存储器 HBM2 成为标准，应用在英伟达 Tesla 系列显卡中。由于该技术采用多硅片堆叠的模式，并不能有效降低单位存储的成本，但带宽得到提升显著，因此，其可作为图形双倍速率（graphics double data rate，GDDR）产品的未来可能发展方向。

2020 年 12 月，比利时微电子研究中心报道了利用氧化铟镓锌（IGZO）晶体管实现的无电容 DRAM，或许会成为未来发展的希望。IGZO 具有比硅材料小 10 个数量级的漏电流，比利时微电子研究中心的研究人员构造了一种“2T0C”结构，利用 IGZO 晶体管的寄生电容实现了类似 DRAM 的数据存储功能。这一技术突破了 DRAM 中电容无法微缩和 3D 堆叠的问题，并且具有更好的工艺兼容性，理论上可以实现 10 nm 以下或 3D 集成 DRAM，使得现有 DRAM 容量获得数量级式的提升。目前这一技术仍处于实验室初步验证阶段，但也为 DRAM 未来的 3D 集成发展提供了一种可能。

二、Flash 发展展望

国家对存储芯片产业的重点支持和持续性投入将使闪存存储器产业在未来十年内得到高速发展。集成电路产业是信息技术产业的核心，而存储器在推动国家信息化上起着关键作用，大力发展存储器芯片是我国信息安全和产业安全的战略需要。自 2016 年国家存储器战略方案确定以来，依托武汉新芯在电荷俘获型存储器领域的长期技术经验积累，3D 架构的 Flash 得到了迅猛发展。国际存储器大厂在 3D 布局方面走得并不远，此时抓住 3D Flash 核心技术有望快速打破存储器依赖进口的现状，提升我国在存储领域的国际地位。

三、RRAM 发展展望

我国正在大力发展存储产业，除了在传统存储器上努力实现追赶，也在提前布局新型存储器，这将是未来存储产业生态的重要部分。RRAM 工艺也更为简单，能够使用标准的 CMOS 工艺与设备，对产线无污染，整体制造成本低，可以很容易地让半导体代工厂具备 RRAM 的生产制造能力，这对于量产和商业化推动有很大优势。由于具备本征的低功耗、可高密度集成特性，再加上成熟的 CMOS 工艺作为产业化支撑，预计 RRAM 将在未来 15 年内得到普遍应用，并在超高密度集成、存内计算、类脑计算乃至量产能力等方面取得突破性进展。

四、MRAM 发展展望

在目前诸多的新型存储技术中，无论从产业应用还是从技术发展来看，MRAM 都被认为是下一代通用存储器技术的最有力竞争者。在产业应用方面，各大半导体厂商，如三星、东芝、台积电、IBM、格罗方德等，纷纷斥巨资进行 MRAM 研发。尤其是英特尔于 2019 年宣布基于 FinFET 工艺的 22 nm STT-MRAM 芯片已做好量产准备，标志着 MRAM 的大规模市场应用正式开启。在技术发展方面，随着工艺节点缩小，MRAM 的写操作模式也在不断迭代：从磁场写入的第一代——Toggle-MRAM，到基于 STT 效应的第二代——STT-MRAM，再到利用 SOT 效应的第三代——SOT-MRAM。此外，新型自旋逻辑器件［如磁电－自旋轨道（magneto electric spin-orbit，MESO）器件］也为未来 MRAM 的发展提供了新的方向。

现有的 STT-MRAM 技术虽然容量大、可靠性高，但读、写操作路径相同的器件结构导致其读写速度（10～20 ns）、功耗（1～10 pJ/bit）、耐久性（10^6～10^{10} 次）指标间存在竞争关系，无法满足理想存储器的应用需求。因此，未来五年，读写路径分开的 SOT-MRAM 技术将成为产业界的研究热点，其拥有万亿次擦写寿命、纳秒级以下响应速度、皮焦级动态功耗等优势。而针对 SOT-MRAM 目前所存在的一些关键科学及技术问题，需要从材料、器件、电路和工艺等多个层面共同研究，发挥产学研结合的巨大优势，占据未来存储器战略发展的制高点。具体来说，材料和器件层面，需要开发高效SOT材料，提高自旋霍尔角，开展多自旋矩协同效应的研究；电路层面，需要从降低其写电路功耗、提高读取精度以及探究存算一体电路原型三个方面开展研究；工艺层面，需要研究高质量膜堆沉积工艺、低损伤核心层刻蚀工艺和通用的后道集成工艺以实现高可靠、高能效SOT-MRAM芯片电路设计，为SOT-MRAM的工业应用奠定技术基础。

五、PCM发展展望

以相变存储为代表的新兴存储器成为纳米技术和微电子技术首次结合的产物，纳米存储器件所展示的高速随机访问和非易失特性正好契合了计算与存储融合的关键需求，使与新架构这一目标变得前所未有的接近。英特尔的3D XPoint非易失性内存在系统层级上推动了计算与存储融合，与此同时，嵌入式相变近核存储以及相变仿生突触技术分别从芯片层级和器件层级实现计算与存储融合。可见，在新技术的触发下，计算架构的颠覆性变化正在默默发生，而相变存储成为这一变化的关键技术。

六、铁电存储器发展展望

当前中国存储芯片在各领域的应用处于起步发展阶段，可成熟应用各相关存储芯片产品的企业数量稀少。DRAM、NOR Flash、NAND Flash市场被韩国、日本、美国企业所占据。目前存储芯片市场以NAND Flash和DRAM为主。存储芯片市场是一个高度垄断的市场，三星、SK海力士、美光合计占据全球DRAM市场95%左右的份额。NAND Flash经过几十年的发展，已经形成了由三星、铠侠、西部数据、美光、SK海力士、英特尔六大原厂组成的稳定市场格局。近年来中国开始在存储芯片行业投入巨资，目前主要有长江存储、长鑫存储、福建晋华等存储芯片企业介入这个行业。但与国外存储芯片制造商相比，中国存储芯片技术基础薄弱，此为制约行业发展的主要因素。想要彻底摆脱受制于人的局面，需研发自主知识产权的DRAM、Flash的替代方案。

HfO_2基铁电材料可以完全兼容目前的主流DRAM（FRAM）工艺以及3D NAND（FeFET）工艺。随着技术不断完善，将来有可能在非易失性DRAM和高密度3D存储领域得到应用。有望实现传统半导体存储器产业的颠覆性替代。非易失性DRAM将有效解决DRAM刷新所带来的功耗和运算效率等问题。而HfO_2基FeFET将标准CMOS转换为存储单元，相比Flash，其具有快1000倍的高速度和千分之一的低功耗的特性，满足行业当前和未来需求，同时大大降低了制造成本。在冯·诺依曼存储墙问题日益严重的情况下，提升算力、抢占市场已经是全球经济产业的新赛点。这种需求在未来的15年为我国存储产业实现反超提供了难得的重大机遇。

第四章

集成电路设计

第一节　科学意义与战略价值

集成电路设计处于产业链的上游，其设计水平决定了芯片的功能、性能、成本和由此带来的竞争力。因此，集成电路设计将是我国发展集成电路产业的核心突破点。本章分为六个方向系统介绍集成电路设计的前沿技术。通用处理器方向系统介绍通用处理器和嵌入式处理器在专用加速核、异构处理架构、多芯粒集成工艺和新型器件方面的国内外研究现状和前景。智能处理器方向重点介绍面向人工神经网络和生物神经网络的算力优化处理器、领域专用处理器、新器件和新架构处理器以及软件生态与工具链。现场可编程门阵列（field programmable gate array，FPGA）及可重构计算芯片方向侧重介绍软件定义计算硬件架构的新理念及其特点。模拟前端及数据转换器方向全面介绍模数转换器的发展规律、研究特点与现状。射频集成电路方向介绍涵盖微波、毫米波、太赫兹集成电路的战略地位、研究现状与前景。图像传感器及探测器方向深入阐述图像传感器技术的变革与发展趋势。

随着云计算、IoT、5G、人工智能等新技术的发展，信息处理向便携化、智能化、终端化、网络化方向进一步发展。随之而来的是以人工智能、云计算、智能家居、智能可穿戴设备、IoT 等为代表的新兴产业不断崛起，边缘感知、通信和计算等核心技术需求又催生了视觉传感芯片、智能计算芯片、射频通信芯片和模数转换芯片广阔的增量市场，为集成电路设计带来新的发展机遇。

第二节　通用处理器

一、重要意义及发展现状

（一）处理器产业的重要性

我国处理器产业的市场规模和需求潜力非常大。根据中国海关的统计数据，2019 年中国集成电路进口额 3040 亿美元；其中，处理器及控制器进口额 1423 亿美元，同比增长 12.8%。2019 年中国集成电路进口数量 4443 亿个，同比增长 6.5%；其中，处理器及控制器进口数量 1207 亿个，同比增长 1.9%。可以看出，我国处理器产业需求量巨大，但是严重依赖进口，发展我国自主知识产权处理器产业具有重要意义。

（二）通用处理器发展现状

经过 30 年的发展，以 x86 架构为代表的通用处理器经历了长期的技术开发及革新，从各类配套芯片、操作系统、数据库、中间件到大量丰富的应用软件应有尽有，成为整个产业中最庞大、最完善以及应用最广泛的处理器架构。目前，x86 架构处理器几乎支配着如 Windows、Linux、Solaris 等所有操作系统，在桌面办公、云计算、超级计算机等技术领域占绝对主导地位，占据了全球超过 90% 的市场份额，已经有强大的生态系统和广大的用户群。

（三）嵌入式处理器发展现状

随着 IoT、大数据、智能终端等应用需求的兴起，嵌入式处理器的产量正在急剧上升。目前嵌入式处理器主要有 ARM、MIPS、PowerPC、Alpha 以及精简指令集计算机（reduced instruction set computer，RISC）- V 等，其中 ARM 占据主导地位。根据 ARM 公布的数据，2017～2020 年，基于 ARM 架构的芯片出货的速度持续加快，三年时间累计出货了 600 多亿颗 ARM 芯片，平均每年超过 200 亿颗，而其他嵌入式处理器仅在某些特定领域占据少量市场。

为了打破 ARM 处理器的垄断，加利福尼亚大学伯克利分校自 2010 年起致力于打造完全开源的 RISC- V 处理器，并且积极推动成立 RISC- V 产业联盟和基金会。然而 RISC- V 软硬件生态目前尚不完善。

（四）国内产业及学术现状

我国处理器的研发起步较早，但过程较为坎坷，因此处理器产业一直是国内科技产业的短板。目前，在设计环节，芯片仿真设计软件的核心技术被美国企业垄断。在制造环节，芯片制程工艺还普遍停留在 22 nm 和 16 nm。我国处理器研发单位如龙芯、申威、兆芯、飞腾、宏芯、展讯以及海思等通过研发创新取得了明显的进展。

二、处理器关键技术及展望

（一）多核处理器

单核处理器在时钟频率、性能和功耗等方面都面临着严峻的挑战，通过增加处理器核的数量来提高并行计算能力成为重要的选择方法之一。在满足同一个衬底上不同核之间的通信需求的基础上，通过搭积木的方式，可以灵活使用不同数量的 Zeppelin 来实现集成更多。

随着处理器核数量的增加，片上网络（network on chip，NoC）被认为是下一代多核的主流互连结构。融合包交换和电路交换的双层片上网络中的电路交换层用来进行大数据量的、长距离的数据传递；包交换层进行电路交换的控制以及较小数据量的数据传递。这种方式在很大程度上兼得了包交换的灵活性、可扩展性，以及电路交换的高效性。

（二）存储

存储问题是多核处理器的主要瓶颈。处理器通常通过增加内部缓存的层级来减小主存速度与处理器内部处理速度之间的差距。为了实现更高的带宽，产业界引入了新的内存技术，如 2015 年英特尔和美光宣布的 3D XPoint 技术，它由选择器和内存单元构成。它利用纵横的字线、位线之间的电阻值作为二进制信息，在字线、位线之间提供特定电压激活选择器，以实现对存储单元的读写。

（三）异构处理系统

异构处理系统指将不同类型的处理单元通过板上、片上的方式互连，实现节点级或者芯片级的计算。传统的异构处理系统通常包括 CPU、GPU、数字信号处理器（digital signal processor，DSP）等处理单元。CPU 作为通用处理单元实现整体统一控制和非定制化计算，GPU 专注于计算图形或其他粗粒度并行计算任务，DSP 用于数字信号处理任务。随着人工智能的发展，深度神经网络处理单元（network processor unit，NPU）作为智能计算系统中的重要处理单元，用于完成深度神经网络等人工智能专用计算任务。现有的手机、平板电脑等终端设备的处理器，多采用多核异构系统。

（四）3D 堆叠技术

大规模、异构多核的处理器结构是未来处理器设计的一个重要发展方向，而传统 2D 的超大规模集成电路制造、互连等问题成为处理器设计的主要挑战。3D 堆叠技术将多个小规模的裸片堆叠在一起，在芯片集成规模、良率、访存带宽等方面有大幅提高，并且可以将不同工艺的裸片集成在一起，实现异质集成（Cao et al.，2019）。3D 堆叠技术主要分为基于 TSV 的堆叠技术和基于异质键合的堆叠技术。

ISSCC2020 发布了一款基于 3D 的处理器芯片，通过 6 层堆叠，实现了 96 核的处理器（Vivet et al.，2020）。基于 TSV 的堆叠技术的缺点是连接线的间距在 50 μm 左右，限制了芯片间的连接线密度。

基于异质键合的堆叠技术同样可以将两个不同工艺的芯片集成在一起，但是这种技术是将两个晶圆进行键合。异质键合的间距为 3 μm，因此可以实现芯片间更高密度的连接（110 000 mm^{-2}），这个密度比 HBM 高数百倍。长江存储提出了名为 Xtacking 的异质键合技术，实现了 128 层 3D NAND Flash 堆叠芯片和逻辑芯片的集成（Shen XS et al.，2020）。紫光国芯提出了基于异质键合的 SeDRAM，SeDRAM 的连接线比 HBM 具有更高的密度，每个引脚可以将数据率降为 266Mbit/s（Bai et al.，2020）。

三、技术展望

未来处理器相关技术研究可从以下几个方面开展。

（1）面向特定领域专用加速核。面向单一应用或某一领域应用定制化设计专用的加速器，可以很大程度上提升计算的效率（如面向深度学习领域的 NPU）。

（2）异构多核处理器融合方法。未来的处理器形态将长期保持通用处理器与 GPU、NPU 等专用领域通用加速器相结合探究异构多核处理器融合的方法，进一步提升处理器的计算效率。

（3）多芯粒集成技术。基于 2.5D/3D 的先进集成技术，采用化整为零的思路，可以将处理器分为多个小的芯粒，并集成为一个大规模的芯片。封装集成是该方法的重要技术。

（4）高性能存储技术。“存储墙”问题是当今制约处理器性能的最大问题，因此发展高性能存储技术是未来处理器研究的重点问题之一。高性能存储技术包括高速存储器件、存储互连物理接口、高性能访存协议等。

（5）面向新型器件的处理器设计。基于铁电、RRAM 的存算一体化的处理器研究，旨在通过在一个器件上实现数据存储和计算，解决“存储墙”问题。使用碳纳米管等小尺寸器件，面向后摩尔时代继续提升器件密度。使用超导、光介质等高速材料，实现高性能计算。

四、技术及产业发展建议

目前，市场上 CPU 主要由英特尔、ARM 主导，x86、ARM 指令集及架构有着多年的技术积累和生态优势。在 GPU 方面，美国 NVIDA 公司的产品在 GPU 市场占据主导，尚缺少有力的国内厂商。在专用处理器方面，由于我国有市场牵引优势，已经能在神经网络处理器、手机芯片等方面和国外厂商齐头并进。在当前通用处理器受制于生态壁垒等情况下，依托专用处理器逐个打开市场，在多个专用市场上建立优势地位，是我国处理器实现突破的一条路线。

人工智能技术、IoT 技术的蓬勃发展为专用处理器提出了很大的需求。存算一体器件、光器件、超导器件等新器件，2.5D/3D 异质集成等技术的突破，将从不同层面带动处理器的发展。我国应抓住新应用和新技术的契机，聚焦人工智能、大数据、机器人等新领域，快速占据领先地位。

第三节　智能处理器

一、战略地位与发展规律

智能处理器是支撑各行业人工智能算力的核心载体。近年来，以深度学习为代表的人工智能算法高速发展，带动了智能算力需求的快速增长。智能处理器经过一轮高速发展，涌现出了如下几大类型。①智能算力优化的通用处理器：以 CPU、GPU 和 FPGA 为代表，针对人工智能算法开展了深入的优化，代表厂商包括英特尔、英伟达和赛灵思等。②通用智能处理器：以 NPU、张量处理器（tensor processing unit，TPU）为代表，大幅提升了智能算法的能效和性能，代表厂商包括谷歌、华为、阿里、百度和寒武纪等。③专用智能处理器：面向视频、语音、自动驾驶、机器人等特定领域，由于具有高能效、低成本的优势而逐渐发展壮大。④新兴智能处理器：以感存算一体（Burelo et al.,

2021）、类脑（Si et al.，2019）和器件驱动，其也开始展现出潜在优势和应用场景。

智能处理器的发展展现出如下趋势。①智能算力和存储需求持续增长：以GPT-3（Dehouche，2021）为代表的高精度、大计算量的超大神经网络模型的快速发展，导致对智能算力和存储的需求不断攀升。②从通用处理器向领域专用智能处理器的发展：通用处理器面临着能效瓶颈和存储墙等问题，而领域专用智能处理器以其数量级地提升能量效率的优势，变得越来越普遍。配合Chiplet等先进系统封装技术的发展，异质集成专用智能处理器的系统芯片将会取得长足发展。③基于新器件和新架构的智能处理器的快速涌现：以新兴非易失性存储器件、感存算一体化架构为代表的新兴智能处理器在能效、成本和性能上正展示出越来越多的潜在优势，可以预见，相关技术的研究和应用会越来越广泛。④智能处理器的软件生态日趋重要：各类智能处理器的性能和效率提升都严重依赖软件工具链和算法优化，发展开源和统一的智能处理器工具链势在必行。

二、发展现状与特点

（一）智能算力优化的通用处理器

通用处理器的能效和性能都严重受限于架构瓶颈。智能算力优化的通用处理器包括CPU、GPU和FPGA。CPU作为通用处理器能够快速支持智能负载，它可以通过扩展指令集支持矩阵运算、扩展专用智能计算核心等方式拓展对智能算法的支持，代表厂家为英特尔、AMD等。2012年，AlexNet模型采用两块GTX 580 GPU大幅增加网络参数量和计算量，在ImageNet分类数据集上实现了历史性突破。随着智能算法研究的深入，GPU处理能耗高、效率低的问题逐渐凸显。近年来，英伟达通过工艺进步、提升带宽和计算单元数量、扩展定点计算功能和专用张量计算单元等方式提升处理性能并降低功耗，还推出了面向边缘计算的Jetson系列嵌入式GPU和面向云端应用的高性能通用GPU A100。FPGA作为一种可编程加速器件，能够灵活调整硬件架构，支持多种神经网络算法的演进。新一代FPGA，如Xilinx的Versal ACAP平台，可以通过增加智能引擎，与快速FPGA组成自适应计算加速平台，实现相对于传统 FPGA 数量级的性能提升。需要注意的是，近期随着 2.5D/3D 系统集成技术的发展，通用处理器的智能算力、存储带宽和容量都得到快速提高。

（二）通用智能处理器

通用智能处理器需要能够处理各种类型的人工智能应用，要求适应性广泛，对已有的算法模型和未来可能出现的算法模型都能较好地支持，代表性的架构包括谷歌公司的 TPU、华为的昇腾芯片、百度的昆仑芯片、阿里的含光芯片、寒武纪的 NPU 等。通用智能处理器一般采用广义矩阵乘法运算作为基本的计算方法，处理各种人工智能模型中比重最高的矩阵运算。通用智能处理器一般具有浮点计算能力，并兼具多种定点计算能力，主要面向云端、桌面端和部分较高功耗的边缘端场景。通用智能处理器已有部分较为普遍采用的评价标准，如 MLPerf（Mattson et al.，2020）和 AIBench（Ignatov et al.，2019）等，但仍需发展更广泛、更全面的评价标准。

（三）专用智能处理器

相比通用智能处理器，专用智能处理器可以针对具体的应用场景进行专用化设计，不需要在通用性和兼容性方面做出太多妥协，因此其在性价比和能效上更具优势。面向智能应用的定制专用加速器成为学术界和产业界的研究热点，从图像视频加速器、语音处理芯片到自动驾驶芯片，呈现多元化发展态势。智能高清视频芯片逐渐融合 AI 视频技术，如国内的华为海思、海康威视、豪威科技，国外的索尼、三星等相关企业都发布了集成智能处理技术的 SoC 视频芯片。在智能语音处理器方面，国内的百度、国芯、科大讯飞等 AI 公司率先量产语音识别终端 AI 芯片，各 SoC 音频芯片巨头公司，如联发科、瑞芯微也逐步推出类似产品。在车载处理器方面，自动驾驶量产芯片代表性的有英伟达的 Drive PX2、Mobileye 的 EyeQ4、地平线的征程 3 以及特斯拉的完全自动驾驶（full self-drive，FSD）芯片等。随着人工智能的广泛应用，专用智能处理器将进一步发展。

（四）新兴智能处理器

多种新兴架构和器件促进了智能处理器的发展，为智能处理器的未来发展提供了可能的新方向。

存算一体智能处理器将存储器与计算单元合二为一，在存储器内部直接完成计算操作，能够避免从存储器中将数据读出时的大量功耗开销。计算结构通过模数转换器（analog-to-digital converter，ADC）等读出到数字电路，或直接将模拟量用于后续计算操作，有望显著提升智能处理器的能效。存算一体可以基于传统 CMOS 器件，如 SRAM、DRAM、Flash 等，也可以基于新型非易失性器件，包括 RRAM、PCM、STT-RAM 和 FeRAM 等，但新型非易失性器件仍面临良率、工艺一致性、读写次数、保持时间等方面的挑战。

感算一体智能处理器将计算操作融入感知端，例如，日本索尼公司的感算一体图像传感器将图像传感器和智能处理单元分为两个芯片，通过 3D 封装堆叠在一起。

类脑智能处理器类似于人脑神经突触（Ghosh-Dastidar et al.，2009），有望在更低的功耗和面积开销下实现相同的计算需求。类脑计算的代表性算法为脉冲神经网络算法，典型的如 IBM 的 TrueNorth（Akopyan et al.，2015）。类脑智能处理器面临的重要挑战是如何实现高效训练方法和如何在大型数据集（如 ImageNet）上实现高准确率算法。

（五）智能处理器的软件生态与工具链

将 AI 模型部署在各式各样的智能处理器平台上，深度学习编译工具链是必不可少的一环。完整的编译工具链分为三个层次：顶层训练框架、中间层编译器、底层硬件平台。由于各类训练框架和智能硬件的特性千差万别，要实现统一高效的编译执行十分困难，这也是目前软件生态需要重点解决的问题。顶层训练框架包括 TensorFlow、PyTorch、飞桨和 MXNet 等。在模型部署阶段，CPU/GPU/NPU/FPGA 厂商都推出了各自的推理框架，但由于这些推理框架本身不具备通用性，限制了智能处理器的广泛发展和应用。为了建立统一的智能芯片工具链，张量虚拟机（tensor virtual machine，TVM）可以生成不同平台的优化算子和推理代码，并支持如 LLVM、CUDA、OpenCL 等多样的后端接口。因此，需要构建统一的智能处理器开源工具链，发展自动代码生成和编译技术，以实现智能算法的跨平台高效部署和运行。

三、智能处理器发展与展望

未来智能处理器将向高算力、超低功耗、高通用性方向发展。

（1）高性能云端通用智能处理器：针对数据中心的高并发、高算力需求，发展 P 级算力云端通用智能处理器，满足云端训练以及大规模并行推理的需求。

（2）超低功耗边缘端专用场景处理器：面向 IoT 边缘节点，发展超低功耗的专用场景处理器，满足消费级 IoT 设备以及军用光电观测设备的超低功耗探测需求。

（3）软硬件全栈集成处理器：垂直整合顶层的软件框架、算子、设备驱动到底层的硬件智能处理器，在计算设备上实现数据流调度、数据整形、同步、计算图流程处理，满足海洋、天网系统的高能效计算需求。

（4）智能处理器的软件生态与工具链：构建统一的智能处理器开源工具链，发展自动代码生成和编译技术，以实现智能算法的跨平台高效部署和运行，满足智能处理器的快速部署需求。

（5）新体制内存计算处理器：将计算操作融入感知端，降低传统架构中从感知端向计算单元传输大量数据的功耗开销，同时提高系统集成度，满足未来元器件低功耗以及集成化需求。

（6）类脑智能处理器：借鉴生物神经系统的信息处理模式和结构，在更低的功耗和计算开销下实现更强的人工智能，为高精度目标跟踪、检测等高级视觉任务提供新途径。

第四节　FPGA 及可重构计算芯片

一、战略地位

对海量数据的信息处理能力将是未来竞争的决定性因素。信息处理能力的关键挑战在于目前主流芯片设计难以高效地处理海量数据，芯片的能量效率和灵活性难以平衡兼顾。通用处理芯片（如 CPU、GPU 等）的数据处理性能与能效已难以满足应用需求；专用集成电路（application specific integrated circuit，ASIC）芯片缺乏灵活性，在半导体工艺走向 10 nm 及以下量级而带来的高昂开发成本压力下将难以为继。从目前的技术发展来看，FPGA 及可重构计算芯片因具有定制实现大规模数字逻辑、快速完成产品定型等能力，兼顾芯片的能量效率和灵活性，未来将在通信、网络、航天、国防等领域占据重要地位。

FPGA 在当前包括人工智能、工业互联网等算法快速演进且算力需求高的新兴技术领域也有着广泛应用。软件定义芯片拥有硬件随软件变化而快速变化的能力，兼具高性能、低功耗、高灵活性、软件定义、容量不受限、易于使用的特点，受到国内外学术界和产业界的广泛关注。美国国防部高级研究计划局（Defense Advanced Research Projects Agency，DARPA）电子振兴计划、欧盟“地平线 2020”计划对软件定义芯片高度重视并给予持续的研发支持，使软件定义芯片成为世界强国战略必争的研究方向。

二、发展规律与研究特点

（一）FPGA 的发展规律与研究特点

从最古老的可编程逻辑阵列（programmable logic array，PLA）和通用阵列逻辑（generic array logic，GAL）到 FPGA，可编程性取得了很大的进步。FPGA 的发展规律可以总结为：①硬件架构从简单地增加可编程逻辑到开始添加大容量存储器、微处理器、乘法器等专用逻辑模块，到异构集成多种加速引擎的系统芯片，运行时重配置（run time reconfiguration，RTR）技术则提高了 FPGA 的硬件重配置速度，使其从完全静态重构变成了部分重构；②在软件工具方面，使用门槛不断降低，最初的硬件编程要求开发者熟悉底层 FPGA 硬件架构，高层次综合（high level synthesis，HLS）提升了 FPGA 的软件可编程性，使得软件开发者采用高级语言编程成为可能。在赛灵思最新开发的工具 Vitis 中，人工智能和数据科学家可采用高层次框架和语言来实现加速应用的开发。

（二）可重构计算芯片发展规律与研究特点

软件定义芯片是用软件直接定义硬件运行时的功能和规则，使硬件能够随着软件变化而实时改变功能。硬件不仅可以在时域上不断切换功能，还可以在空域上实现可编程的电路功能，并能实现动态功能优化，从而兼顾硬件的高效率和软件的高灵活性。软件定义芯片继承并发展了可重构计算的概念。20 世纪 60 年代，美国加利福尼亚大学洛杉矶分校的 Estrin 教授提出一种特殊的可重构计算硬件结构，能够接收外部控制信息，通过剪裁、重组的方式，形成具有加速特定计算任务功能的硬件。随着集成电路技术的发展，从 20 世纪 90 年代开始，可重构计算的概念才获得学术界和产业界的广泛重视，出现了第一批在学术界和产业界都得到重视和应用的可重构计算芯片（如 ADRES 和 XPP）。从 21 世纪开始，为了适应新兴应用的快速发展，软件定义芯片的概念逐渐从计算密集型应用扩展到数据密集型应用，开启了计算机体系架构的技术变革。软件定义芯片的发展规律可以总结为：①硬件功能重构速度逐渐从静态走向动态，从全局走向部分，从编译优化走向动态优化；②软件开发从人工深度参与的硬件编程逐渐走向自动化的高级语言编程；③硬件结构变得规则化、模块化和自动化，并逐渐成为敏捷硬件开发的重要载体；④随着面向的应用领域从计算密集型走向数据密集型甚至是不规则的应用，软件定义芯片的架构设计从存算分离的冯·诺依曼架构向领域定制和存算融合等新型架构发展。

软件定义芯片的研究呈现出如下特点。①硬件架构的关注重点已经从计算扩展到数据访问和通信。面向数据密集型应用、支持不规则控制流和数据流，已经成为软件定义芯片领域的特点之一。随着对计算部分负载的有效加速，应用中不规则的部分（如访存依赖和不定界循环等）由于难以充分利用硬件流水和并行机制，处理效率很低，需要软件定义芯片的硬件架构设计在配置和存储控制结构等方面提供更有效的机制。②软件编译的关注重点已经从静态编译方法发展到静态与动态结合的编译优化方法。数据通信的性能与功耗代价已逐渐成为大部分计算系统的阻碍，如何有效降低数据在系统计算和存储层次之间的通信代价已成为实现系统性能优化的瓶颈。随着应用和硬件规模的增长，应用不规则性和动态性难以避免，动态映射成为降低映射复杂度和数据通信代价的关键挑战。③编程模型的关注重点已经从计算流水线的编程抽象发展到异构存储系统等的编程抽象。如何让开发者通过软件来描述应用的访存特征，使硬件能自动优化数据在异构存储系统内的排布与搬移，是目前软件定义芯片领域的研究重点之一。

三、发展现状

（一）FPGA 发展现状

赛灵思由 FPGA 的发明人 Ross Freeman 创建，至今仍然代表了最先进的 FPGA 发展水平。赛灵思的自适应加速平台 Versal™ 是一种革命性的异构计算架构，其基于台积电的 7 nm FinFET 工艺技术。其中包括传统 FPGA 结构中常见的可编程逻辑部分、高速 I/O 与收发器、嵌入式处理器、存储器控制等 FPGA 硬件资源与模块，同时包括用来加速机器学习中常见数学运算的 AI 加速引擎阵列，并为应对高带宽、高吞吐量的需求采用了片上网络互联技术。相应的开发工具 Vitis 支持 C、C++、OpenCL 的函数综合到 RTL 代码中，开发者能够采用 TensorFlow 等面向机器学习领域的编程模型进行相关领域的开发。

（二）可重构计算芯片发展现状

DARPA 在 2017 年将软件定义硬件技术确定为未来 10 年电子技术发展的支撑性技术之一（DARPA，2017），希望建立运行时可重构的硬件和软件，在不牺牲对数据密集算法可编程性的前提下，接近专用电路的性能。其特征在于：第一，软件代码和硬件结构均可针对输入数据进行动态优化；第二，支持面向新问题、新算法的硬件重用。因此，DARPA 认为软件定义硬件实现的关键是快速硬件重构和动态编译。按照 DARPA 的项目规划，软件定义硬件的能量效率可以在未来五年达到通用处理器的两个数量级以上，重构速度达到 300～1000 ns。该项目首次明确提出软件定义硬件的研究目标，指明了该领域的发展方向。软件定义芯片与软件定义硬件并无本质区别，而芯片的敏捷开发是软件定义芯片特有的特性。同时，欧盟的“地平线 2020”计划同样在软件定义硬件方面有类似的规划，只是更加偏重通信等的具体应用。

欧洲航天局早在 2010 年左右就在 Astrium 的卫星载荷上使用了 PACT 公司的可重构计算（coarse grained reconfigurable architecture，CGRA）器件的

IP。比利时微电子研究中心在2004年左右提出的动态可重构结构ADRES则在三星的生物医疗、高清电视等系列产品中得到应用。瑞萨电子则使用了其2004年提出的动态可重构处理器（dynamically reconfigurable processor，DRP）结构。随着粗粒度可编程计算阵列等结构的加入，Xilinx的新产品Versal可以代表软件定义SoC的发展。在学术界，斯坦福大学、加利福尼亚大学洛杉矶分校、麻省理工学院的研究团队等也在该方向开展了长期研究，研究成果在相关领域会议上发表。

国内与软件定义芯片相关的研究已开展了近20年。国家自然科学基金2002年启动的“半导体集成化芯片系统基础研究”重大研究计划即对可重构计算芯片的基础理论研发进行了提前布局。科技部的863计划“嵌入式可重构移动媒体处理核心技术”重点项目、“面向通用计算的可重构处理器关键技术研发”重点项目对可重构计算芯片技术的研发给予了支持。产业化在近几年进行得如火如荼，产生了清微智能、无锡沐创等基于可重构计算技术的创业公司。

四、发展展望

在FPGA方面，下一代FPGA将向高性能、低功耗、敏捷开发方向发展，因此我国FPGA的发展布局主要围绕超大逻辑规模芯片、低功耗芯粒级集成、智能高层次综合技术开展。

（1）超大逻辑规模芯片：针对目前AI计算的高并发、高算力需求，发展超大逻辑规模芯片，满足AI芯片的原型验证需求、云端训练以及大规模并行推理的需求。

（2）低功耗芯粒级集成：将CPU、FPGA以及AI推理引擎高密度集成，缩短数据通路的距离，分离异构化的计算任务，在满足多样化的应用需求的同时降低计算功耗。

（3）智能高层次综合技术：将算法描述与底层硬件结构进行完全解耦，使得算法设计不需要关心底层硬件实现以及架构优化，同时使用AI技术优化数据通路，兼顾性能与开发效率。

下一代可重构计算芯片将向更高的编程易用性以及更高的计算效率方向

发展，我国在可重构计算领域的发展布局将围绕通用编程模型以及多层次并行计算架构展开。

（1）通用编程模型：设计完善的系统编译环境，透明化硬件细节，提高易用性，兼顾体现架构特性，保证计算架构的性能，满足消费级市场的软件生态环境搭建以及快速开发需求。

（2）多层次并行计算架构：融合指令级并行、数据级并行、内存级并行、任务级并行和推测级并行，通过开发应用中多样的并行性，充分利用 CGRA 的计算资源，提高灵活性和能量效率。

第五节　模拟前端及数据转换器

一、战略意义与发展规律

（一）模拟前端集成电路的重要性

模拟前端集成电路的应用领域非常广泛，包含精密仪器、医学成像、IoT 等高精度领域以及无线通信、自动驾驶、激光雷达等高速射频领域。根据 IC Insights 的数据，2017 年全球模拟芯片总销售额为 545 亿美元，截至 2022 年，全球模拟芯片市场规模已达 748 亿美元，该市场将以 6.6% 的增长率快速增长。我国模拟芯片市场占全球模拟芯片市场的比例超过 50%，并且市场增速高于全球平均水平，在近几年保持在 20% 以上。2020 年，中国芯片自给率仅为 15%，并且聚焦在中低端，在高端芯片领域，尤其是模拟芯片（如高性能模拟前端集成电路、数据转换器等核心元件），几乎完全依赖进口，因此大力发展高端模拟芯片对我国信息产业具有重要的战略意义。

（二）高精度模拟前端集成电路

传感器是 IoT 和人工智能产业的基础，是手机、铁路运输、交通安全等特定场景中实现安全保障的必需元器件，也是惯性导航等国家重大装备的核心器件。模拟前端集成电路是传感器的核心组成部分，其将感知器件输出的微弱信号进行高灵敏度读取、降噪放大、信号抽取和数字化转换。其中精密科学仪器、医学成像、航空航天、汽车电子等微弱信号获取与处理等应用要求信号幅度低达微伏级，要求数据传输速率覆盖从直流到数 Mbit/s；地球空间与环境监测、设备自动化、生命体征信息交互等极微弱信号获取需要超高精度模数转换器，分辨率达到 32 bit，数据传输速率覆盖直流－交流 Kbit/s。高精度及超高精度模拟前端集成电路是核心禁运器件，目前我国虽在相关领域有一定的积累，但主要市场仍然被国外企业所垄断。

（三）高速模拟前端集成电路

高速模拟前端集成电路通常作为高速信号采集与处理的重要前置模块，决定了系统获取高速信号的能力与质量，以激光雷达传感器、光纤通信等为代表的高速传感接收处理技术，在自动驾驶、IoT、通信、航空航天以及国防等领域具有重要作用。在世界万物数字化的发展中，激光雷达等高速传感器是现实世界与数字世界的桥梁、入口、交互节点；光通信则是传输数字世界大量数据的主要依托，大数据、云计算、AI 运算、区块链等，均需要依托光通信作为高速数据传输的基础设施，也是未来发展 5G/6G 的重要组成部分。典型的光通信链路中光接收机的模拟前端集成电路基于宽带高线性跨阻放大器作为光电探测器和后端数字信号处理单元之间的桥梁，其性能决定了整个通信链路所能达到的传输速率和传输距离。此外，高阶调制编码方案同样要求前端模拟集成电路具有高线性度、宽带宽和低噪声的性能指标。

（四）数据转换器

数据转换器是连接前级模拟电路与后级数字电路的桥梁，其进一步将模拟前端集成电路处理后的信号进行模拟到数字的转换，提供给后级数字信号处理单元使用，具有承上启下的作用，是大规模混合信号集成电路中不可或缺的元件。例如，数据转换器是 5G 基站中重要的芯片。预计到 2025 年，我国 5G 基站所需总站数将突破 500 万个，对数据转换器的需求也将突破 5000 万只。此外，未来人工智能、IoT、汽车电子等领域将涉及大量模拟及数字信号的转换、存储、处理，这必然需要大量的数据转换器。

二、发展现状和研究特点

（一）通用模拟前端芯片

传感器技术作为信息技术的三大基础之一，是当前欧美各发达国家和地区竞相发展的高新技术，也是21世纪以来优先发展的十大顶尖技术之一。各类传感器在2020年产量达100亿只，市场规模超292.5亿美元。针对高性能智能传感器的高精度模拟前端芯片应用呈现出多样化的发展趋势。但高精度模拟前端芯片的研发是涉及模拟、数字与多维传感模型等领域的复杂系统设计，需要大量的研发人力、资金投入，研发周期长，因此，适用于多应用场景的通用型架构研发成为研究的热点。

针对超声、X射线等成像类传感器以及加速度计、陀螺仪等感知类传感应用，2018年TI公司推出了动态范围高达100 dB的超小型化模拟前端芯片，支持多达16个相位的信号采集，数字域环境噪声抑制功能保证了传感信号的高精度处理。2014年，ADI公司实现了512 kHz带宽，12位有效量化精度的模拟前端（analog front end，AFE）芯片，兼具片内自动失调检测、消除与环境温度、噪声修调；久好电子于2016年推出了转换速率为5～500 Hz，集成24位ADC与片内温度传感器的高精度AFE芯片，增益范围为13.2～72内可调，为部分导航与智能移动设备应用提供了丰富的传感信号调理配置。

（二）专用高精度模拟前端芯片

医学成像、航空航天、汽车电子等微弱信号获取与处理等新兴领域出现，导致对模拟前端芯片的外部属性需求出现了专用化趋势，对单一特性的追求不断极致化，以需求为导向的新型专用化高精度模拟前端芯片成为一大发展方向。其中针对生物医疗等典型应用，近年来涌现了大量的研究成果。2018年，凌力尔特推出18级联电池监视模拟前端芯片LTC6813，主要面向混合动力电动汽车、电动汽车以及其他高压、高性能电池系统。它是一款完整的电池测量集成电路（integrated circuit，IC），包含一个16位Sigma-Delta ADC、一个精确的电压基准、一个高压输入多路复用器和一个串行接口，以16位分辨率和优于0.04%的准确度来测量18节高达4.2 V的串联电池；2014年，比利时微电子研究中心的Hyejung Kim研究小组实现了一款可穿戴、可配置的低功耗心电图检测 SoC 芯片。该芯片植入了电流型低噪声放大器、12 位自适应采样的 ADC、全定制 DSP、电源管理等模块，芯片应用数字处理方式实现可配置的功能并且消除运动伪影的干扰，整体系统以“创可贴”的形式包装成产品，方便使用。

（三）专用高速模拟前端芯片

随着激光雷达等技术的迅速发展，专用高速模拟集成电路也得到了大规模发展及应用。美国 ASC（Advanced Scientific Concepts）公司的阵列式激光雷达研究从 20 世纪 90 年代开始，于 1996 年公开了其第一款采用混合集成技术的 3D 成像阵列式激光雷达传感器。美国的林肯实验室较早地开展了基于单光子雪崩二极管（single photon avalanche diode，SPAD），即盖革模式雪崩光电二极管（avalanche photodiode，APD）的激光雷达领域的研究。林肯实验室的 SPAD 器件主要采用背照式（backside illuminated，BSI）工艺，先后提出了基于混合集成架构和全集成架构的激光雷达传感器芯片。随着 CMOS 集成工艺的发展，光电探测器与前端接收电路单片集成技术逐渐成熟，因此基于 SPAD 器件的单片集成式激光雷达得到了大量的研究，并且以此为基础发展出了高集成度的机械式激光雷达系统，提高了激光雷达整机的探测精度和成本效益。基于纳米级 CMOS 工艺和 3D 堆叠技术，研究了硅基闪光式激光雷达。硅基闪光式激光雷达不需要机械部件，因此具有更高的可靠性，并且在整机的体积以及成本方面具有明显优势，在自动驾驶以及航天领域均具有广阔的应用前景，并且有望成为支撑自动驾驶汽车实现量产的终极方案。

（四）数据转换器

随着纳米级工艺尺寸不断缩小和 FinFET 等技术的出现，高性能数据转换器正在向着更高速度、更高精度、更低功耗、更高能效的方向不断发展。一方面，工艺尺寸缩小使得数字电路可以实现更快的处理速度以及更小的面积和功耗。另一方面，工艺节点的缩小对传统模拟电路的设计提出新的挑战，如信噪比下降、器件失配严重、本征增益降低等。因此，高性能数据转换器也将持续发展，并不断出现新结构、新理论。近年来，高性能数据转换器的发展具有如下趋势（Kull et al.，2014）：一是采用多通道时域交织技术实现超高速应用；二是利用电压－相位域等新型混合结构实现高能效比；三是由低压数字化技术、噪声整形技术等实现低功耗；四是充分利用数字电路随工艺节点缩小带来的面积功耗优势，实现数字辅助模拟的设计思路，将数据转换器的性能持续推向新的高度。

当前，高性能数据转换器市场几乎完全由美国ADI和TI两家公司把持，其全球市场份额超过80%，处于垄断地位。国内对高性能数据转换器的研究起步较晚，主要有中国电子科技集团公司第二十四研究所、中国电子科技集团公司第五十八研究所、中国电子科技集团公司第十四研究所、清华大学、西安电子科技大学、复旦大学、电子科技大学、中国科学院微电子研究所、北京微电子技术研究所等研究机构，以及华为海思、成都华微、西安航天民芯、北京昆腾微电子、中兴微电子、成都振芯、浙江诚昌、上海贝岭等企业。目前14位3～5GS/s多通道模数转换器产品和14～16位10GS/s以上多通道数模转换器产品已批量生产，特别是与ADI AD9361类似的产品已在国内各单位自主研制完成，但是综合性能指标和ADI相比还有差距；目前西安航天民芯、成都华微等企业在国家重大工程支持下，正在研发8位64GS/s和12位20GS/s射频采样等超高速ADC产品，但是和苹果公司、ADI、高通、富士通等正在研发的8～10位100GS/s ADC/DAC产品相比，还有较大的差距。此外，在高精度ADC方面，ADI在2022年美国电气和电子工程师协会（Institute of Electrical and Electronics Engineers，IEEE）国际固态电路会议上发布了24位2MS/s流水线－逐次逼近型ADC产品，是当前最高精度的奈奎斯特ADC；ADI和TI已经量产了32位过采样ADC产品，占据了高精度测量领域的高地。我国在高精度ADC方面和国外的差距也较大。

三、发展展望

IoT、可穿戴设备、激光雷达等新兴应用领域的快速发展使系统集成度与功耗控制问题日益凸显，数字化全动态的全集成模拟集成电路设计成为上述应用领域的研究热点与关键技术。一方面，对模拟信号调理芯片的能效、精度等指标提出了更为严苛的要求，新型高能效数据转换器及模拟前端架构的研究形势依然紧迫。另一方面，集成电路制造工艺的不断进步导致高性能模拟电路的设计方法严重受限，急需突破。针对此国际趋势与技术瓶颈，我国高性能模拟前端集成电路及数据转换器的发展布局应主要围绕超高精度高性能模拟前端芯片技术、数字化全动态模拟前端芯片技术、全集成模拟前端芯片技术、先进工艺下的高性能数据转换器技术等方面开展，具体可从以下几个方面寻找突破。

（1）超高精度高性能模拟前端芯片技术：针对航天控制、环境测量等应用需求，发展超高精度高性能模拟前端芯片，满足纳伏级极微弱信号的处理需求。

（2）数字化全动态模拟前端芯片技术：面向 IoT 边缘节点、可穿戴医疗设备、脑机接口等超低功耗应用场景需求，开展基于先进纳米工艺的数字化高能效模数转换器与全动态模拟前端集成电路研究。

（3）全集成模拟前端芯片技术：针对系统与装备集成化及小型化应用需求，开展全集成模拟前端系统架构研究，将系统时钟、驱动、温度监测等功能基于单片芯片实现，为系统规模与功耗控制提供最佳解决方案。

（4）先进工艺下的高性能数据转换器技术：利用数字辅助模拟、新型混合结构等设计思路，进一步提升数据转换器的精度、速度、能效比等，突破高采样率、高线性度、高度可重构等技术，实现高鲁棒性、高带宽的应用目标。

第六节　射频集成电路

一、战略地位

无线应用使得人们可以随时随地地感知和传递信息，目前各种各样的无线应用已经成为人们日常生活中不可缺少的重要组成部分，极大地改变了人们的生产和生活方式。射频集成电路（包含微波、毫米波和太赫兹波）作为无线电子设备实现无线接收和发射的核心组成部分，受到国内外学术界和产业界的广泛关注。同时，射频集成电路独特的知识脉络和传统微波、集成电路的交叉学科属性使得射频集成电路已经成为集成电路的重要分支，在集成电路分类体系中占有重要位置。

对于我国来说，由于射频集成电路对先进工艺、先进 EDA 工具、先进封装以及高端测试设备等条件有较强的依赖性，我国研究者进入该领域的时间普遍比美、日等发达国家晚 4～8 年，而在产品开发上，国内仅在功率放大器等模块级市场（汉天下、昂瑞微等）、蓝牙等复杂度较低的无线市场、通信射频芯片（海思、紫光展锐）等方面具有一定的产品开发能力，而在性能要求极高的基站、高端 Wi-Fi 和高端通信芯片、5G 射频前端等方面尚未形成较强的射频集成电路产品开发能力，射频集成电路技术已经成为限制我国无线产业（通信和雷达）发展的重要瓶颈，对保障我国的通信产业安全和国防安全造成严重威胁。因此，对于我国来说，发展射频集成电路技术具有更为重要的意义。

二、发展规律与研究特点

射频集成电路（芯片）在无线系统中位于天线和数字基带处理之间，实现信号频谱在射频与基带之间的频率转换，并进行放大和滤波等处理。它是伴随着无线通信的快速发展，于 20 世纪 90 年代末期开始受到产业界和学术界的广泛关注，并在 21 世纪初期开发了大量的射频芯片产品。而毫米波集成电路技术于 2010 年前后开始引起研究者的关注，并由于 5G/B5G/6G、毫米波雷达、毫米波成像等应用的推动，近几年形成了研究的热门方向，并进一步将工作频率提高到太赫兹频段。可以看到，射频集成电路具有如下的发展规律：①射频集成电路从单个模块电路逐步扩展到多模块集成的收发机系统芯片，并正进一步扩展到包含数字处理电路在内的复杂射频 SoC 系统；②射频集成电路的载波频率从较低的射频频段逐步扩展到数十吉赫兹的毫米波频段，并正进一步扩展到上百吉赫兹的太赫兹频段；所支持的信号带宽也从较窄的数兆赫兹逐步扩展到数百兆赫兹甚至数吉赫兹，从而极大地提高了无线通信系统的数据率或雷达系统的探测精度；③随着多输入多输出或相控阵技术的引入，射频集成电路领域单芯片正从单收单发通道逐步扩展到多通道集成；④数字信号处理技术在射频集成电路领域得到越来越广泛的使用，并逐渐发展出数字化射频的概念。借助成熟的数字信号处理技术，射频集成电路的性能得到进一步提升。

在研究特点上：①射频集成电路同时关注噪声和线性度两个维度，噪声决定了电路处理弱信号的能力，而线性度决定了电路处理强信号的能力，许多射频集成电路的设计技术都在解决以上某一维度性能不变的前提下优化另一维度性能的问题；②射频集成电路的工作频率高，晶体管提供增益的能力减弱，广泛采用电感电容谐振网络来提高增益，因此其性能受到片上集成无源元件质量以及晶体管提供增益能力的影响。特别是随着工作频率提高到毫米波乃至太赫兹频段，硅基工艺下晶体管提供增益的能力和无源元件质量已经成为限制毫米波 / 太赫兹集成电路的瓶颈，因此工艺的改进（如采用加厚的顶层金属、MIM 工艺等）以及底层元器件性能的优化也是射频集成电路的重要研究内容；③射频集成电路通常涉及非线性时变过程，理论分析和设计方法复杂，同时晶体管高阶效应、版图寄生和封装效应对性能影响很大，增加了设计的复杂性，因此射频集成电路设计方法学的研究具有重要意义；④射频集成电路的载波频率很高，只能基于较为先进的工艺来实现，但先进工艺下晶体管的耐压能力下降，限制了功率放大器或发射机的输出功率，获得高的输出功率成为射频集成电路的主要研究课题之一；⑤与应用结合的射频集成芯片系统架构及集成方法的研究是推动射频集成电路发展的主要动力，超高速通信、高精度雷达与成像、低功耗无线等方面层出不穷的无线应用推动了射频集成电路的快速发展和技术成熟；⑥射频集成电路的性能受到工艺偏差的影响，借助成熟的数字信号处理技术，可以通过数字辅助射频或数字化射频技术提高电路性能，数字化也是目前射频集成电路领域的特点之一。

三、发展现状与技术趋势

从 20 世纪 90 年代开始，射频集成电路得到迅猛发展，研究方向从单个模块的设计技术逐渐发展到无线收发机系统集成技术，工作频率也从 6 GHz 以下的射频频段扩展到近 300 GHz 的毫米波频段，并在无线移动通信、Wi-Fi、蓝牙、雷达、成像等无线系统中得到了广泛的应用。基于N-Path无源混频技术实现片上高性能滤波以提高抗干扰能力、扩展射频电路的带宽以提高通信数据率或雷达探测/成像精度、集成功率放大器和收发开关以降低成本、采用数字化射频技术（包括全数字锁相环、全数字发射机、离散时间接收机等）来充分利用工艺尺寸缩小后数字电路的处理优势、将工作频段提高到毫米波甚至太赫兹频段以利用丰富的频率资源并采用相控阵技术来克服传输路径的损耗，以及提高射频电路的集成度并最终实现与数字电路的SoC系统集成是近年来的主要研究方向，也是未来一段时间内射频集成电路设计领域亟待解决的关键问题。

虽然射频集成电路的发展已经取得了很多成绩，但由于应用需求的不断扩展和深化，射频集成电路的研究仍面临一系列的重大挑战：①工作频率提高到数百吉赫兹的毫米波频段，已经接近晶体管的特征频率，需要研究新型的毫米波/太赫兹电路设计技术；②每秒数吉比特的通信数据率或毫米量级的雷达探测精度要求数吉赫兹的链路带宽，目前的电路技术所支持的带宽远不足以满足应用的需求，需要研究宽带电路设计技术；③数字化射频技术虽然已经取得了一定的进展，但仍然存在系统架构灵活度不足、支持的数据率受限、杂散性能严重等各方面的问题，需要开展进一步研究；④相控阵是克服硅基工艺下发射机输出功率不足或接收机灵敏度受限的有效技术手段，但基于传统Ⅲ-Ⅴ族工艺的相控阵设计技术存在系统架构复杂、芯片面积大、功耗高、移相带宽/精度有限等各方面的问题，需要研究新型的硅基相控阵设计理论与方法；⑤无线系统的工作频段越来越多，彼此之间的干扰也越来越严重，需要研究强抗干扰的可重构射频集成电路设计技术来适应未来无线系统的发展需求。

四、发展布局

我国在以蓝牙为代表的高能效、低成本射频芯片方面与国际先进水平几乎同步，并开发了各种具有竞争力的芯片产品。我国也在以相控阵芯片、毫米波雷达芯片、毫米波成像芯片及模块等为代表的毫米波芯片技术方面取得了长足的进步，与国际先进水平的差距在进一步缩小，其部分技术已经转化为实际的产品，在某些系统中进行了应用。在射频前端芯片方面，我国在3G以前的移动端射频前端市场上已有极具竞争力的产品，但还没有攻克5G宽带功率放大器技术及其模块化技术，相对于国际上已经推出的成熟产品具有产品代差。在高集成度、高性能的高端通信射频芯片和高端 Wi-Fi 芯片方面，我国积累的技术也大多处于实验室阶段，尚未形成较强的产品开发能力。而在基站芯片及模组方面，我国的研发基本上依赖传统上承担国防项目的中电集团各研究所，技术积累的深度和广度与国际先进水平差距较大，尚未形成产品开发能力，急剧增加了我国通信系统厂商的潜在风险。我国在射频与毫米波芯片技术方面的短板主要集中于产品开发能力上，应尽快弥补高端射频与毫米波芯片领域的短板。

第七节　图像传感器及探测器

一、战略地位

人类信息的获取 80% 以上依赖视觉，图像传感器作为视觉信息采集系统的核心芯片，广泛用于移动设备、消费电子、汽车电子、安防监控、工业电子、医疗成像、空间国防等领域，是制约国计民生和国家重大战略需求的核心芯片之一。图像传感器作为获取信息的“眼球”，是中国必须突破的核心技术之一。

在消费领域，图像传感器主要用于图像拍摄，是继 CPU 和存储器之后用量最大的芯片（陈杰，2012）。在工业领域，图像传感器凭借 2D（Fossum，1997）和 3D（Ramsay et al.，2007）成像手段赋予机器多维度视觉信息感知能力，大量应用于自动化生产和检测环节。在空间国防领域，图像传感器芯片肩负着环境探测、目标定位、精确制导等重要任务，是国防科技竞争中的核心部件（Mizuno et al.，2003）。在医疗领域，图像传感器具有 X 射线、内窥镜、分子成像、光学相干断层扫描以及超声成像等多元应用场景（Tokuda et al.，2006）。因此，图像传感器是我国发展人工智能、集成电路、新一代信息技术、生命健康、空天科技、高端装备等领域及未来产业的关键芯片，是我国科技强国战略的重要一环。

二、发展规律与研究特点

20世纪60年代，CMOS和电荷耦合检测器（charge coupled detector，CCD）先后于贝尔实验室诞生。20世纪90年代以前，CCD凭借更好的图像质量一直是图像传感器的首选技术方案。21世纪，随着工艺进步和先进CMOS成像技术的提出，CMOS图像传感器凭借高灵敏度、高集成度、低成本逐步实现了对CCD图像传感器的全面替代（王旭东等，2010）。目前，CMOS图像传感器向着更强的光电性能以及更多样的集成功能方向发展，传感信息维度也不局限于2D平面的光强信息传感，还包括光谱信息、角度信息以及3D深度信息传感。

图像传感器将光信号转换为数字电信号并经过处理后显示为图像或视频，是一种覆盖光电器件与工艺技术、模拟/数字混合集成电路技术、图像处理技术等的传感器，具有工艺牵引、电路推动和处理拓展三方面研究特点。

（1）工艺牵引，依赖专用光电工艺实现特殊的感光器件，进而构成高信噪比、高灵敏度的像素阵列。背照式和3D堆叠式（Kurino et al.，1999）工艺革命极大地提升了图像传感器的光电性能和功能集成能力，尤其是量子图像传感器（Masoodian et al.，2015）和SPAD等新兴成像芯片高度依赖专用工艺支持。

（2）电路推动，大规模并行模拟信号处理和模数转换集成电路技术实现更快、更低噪声图像信号读出和数字化，推动高分辨率、高信噪比、高帧频、多维度成像技术实现。

（3）处理拓展，面向微光、高动态、多维感知等视觉场景，在数字图像算法和实现技术方面进行创新，通过片上噪声抑制、动态范围扩展（Storm et al.，2006）、3D信息重构等技术处理拓展图像传感器的性能和应用场景。

三、发展现状

从国际范围来看，近年来受手机摄像头数量增多的影响，图像传感器市场年增速超过 10%，2020 年市场规模达到 207 亿美元（Yole Développement，2020a）。当前图像传感器市场主要由日、韩占据，其中索尼、三星、豪威科技占据 74% 的市场份额，2019 年韦尔股份成功收购豪威科技。格科微和思特威市场份额低于 4%。但涉及国家安全的国防、空间所用图像传感器芯片已实现了部分国产技术替代。

在新兴图像传感器领域中，如基于 SPAD 的 3D 图像传感器技术，年增速超过 20%（Yole Développement，2020b），远超传统图像传感器，并且国内外技术研发起步时间相近，新技术不断涌现，我国未来有望在细分领域实现国际领先。

我国高度重视图像传感器的研发，在国家科技重大专项、国家重点研发计划、国家自然科学基金等国家级重大项目中均设立了图像传感器相关方向的项目。

国内已经实现了亿级分辨率超大面阵、120 dB 高动态、10^{-4} lx 超低照度、长 / 短距 3D 成像的关键技术突破，大量应用逐步摆脱了国外技术的依赖，但在核心设计和工艺技术方面实现全面国产化仍然是未来数年的重要任务。SPAD 等新兴图像传感器领域是我国在图像传感器领域面对国外技术封锁的重要突破口。

四、发展展望

未来图像传感器将在空间、时间和动态范围等方面全面超越人类视觉水平（Suzuki，2010），并朝更多维感知信息、更丰富功能集成的方向发展，针对此国际趋势，我国图像传感器芯片技术发展布局方向主要围绕高分辨率、高速全局曝光、高动态范围、微光（姚立斌，2013）、3D 成像、仿生视觉智能成像、光谱成像等方面开展。

（1）高分辨率：拍照由千万像素级向亿像素级分辨率发展，像素尺寸进一步缩减到 0.7 μm 以下；摄像分辨率由 2K 向 4K、8K 发展，满足未来超高清图像、视频拍摄需求。

（2）高速全局曝光：针对工业、科学等应用，发展每秒数万帧以上的高速全局曝光拍摄，满足工业自动化、科学实验研究等需求。

（3）高动态范围：面向自然环境中的大光强范围场景，发展 140 dB 以上高动态成像技术，满足自动驾驶等户外成像需求。

（4）微光：面向夜间微弱光环境，发展 10^{-5} lx 条件下成像，甚至是具有单光子探测能力的 SPAD 阵列成像，满足军用、海洋、高端监控等微光夜视需求。

（5）3D 成像：将 2D 成像发展为 3D 成像，提供 3D 视觉信息，尤其是基于 SPAD 的长距离 3D 成像，满足自动驾驶、无人机环境探测需求。

（6）仿生视觉智能成像：面向机器视觉领域，高效捕获动态、光流等特定视觉信息，满足无人系统自主定位、避障等需求。

（7）光谱成像：从三原色（red green blue，RGB）成像向全光谱范围的多 / 高光谱成像发展，满足水质监测、地质检测、农作物监测等领域需求。

在微系统集成层面，堆叠集成的高密度视觉传感技术、多传感模式集成与协同技术、感算一体化技术等都是未来图像传感器微系统发展的重要方向。

（1）堆叠集成的高密度视觉传感技术：基于 TSV 技术将光电探测器（CMOS 像素、SPAD 像素、化合物材料像素）与大规模信号读取电路以及后端数据处理电路进行垂直互连，形成具有高集成度、感知认知一体化的视觉微系统。

（2）多传感模式集成与协同技术：复杂环境对各类传感器的需求催生了多传感模式协同技术。通过将 2D/3D 成像、单光子计数、高动态范围成像等多个传感器功能集成，并在系统中实现多模式系统处理，能实现一芯多用的功能。

（3）感算一体化技术：感算一体化结构通过在单芯片或微系统中集成探测器、处理电路来实现对图像的预处理和视觉初级特征的提取，不仅克服了现有光电制导探测架构分辨率不足、延时长、体积重量大等缺陷，还具有高算力、低功耗的特点。感算一体的智慧成像可在终端完成智慧感知，满足万物互联、高速感知认知需求。

未来图像传感器芯片及微系统应用更加广泛，功能和性能更加强大，但发展过程中仍面临如下问题和挑战。

（1）像素尺寸限制：像素尺寸缩小伴随着单像素内入射光量的减少，导致灵敏度下降、信噪比降低（Fontaine et al.，2019），尤其是像素缩减到

0.7 μm 以下，达到可见光衍射极限时，像素尺寸进一步缩小给工艺、器件、电路设计带来了严峻的挑战。

（2）数据传输限制：CMOS 图像传感器正逐步实现亿级像素分辨率超高清成像、每秒数万帧超高速成像等大幅超越人眼的探测能力，随之而来的是芯片输出数据率急速增大，严重限制了图像数据处理的速度，以及未来分辨率和帧频的进一步提升（Zhu H F et al.，2018）。

（3）噪声限制：微弱光条件下的单光子探测能力可达到光照探测的极限利用率，但受器件自身噪声影响，现有量子图像传感器、SPAD 无法准确判断光子和暗电子，导致成像质量不佳。

（4）多维视觉集成限制：未来单芯片多维感知中将利用多类材质、工艺、结构的器件和电路进行互连集成，现有多层堆叠互连和异质异构设计技术尚不完善，多维视觉集成对材料、工艺和设计技术都提出了全新的要求和挑战。

第五章

集成电路设计自动化

本章聚焦 EDA 这一战略前沿领域，分析相关科学意义与战略价值，总结技术现状及其形成，探索未来 10～20 年该领域的关键科学与技术问题、发展方向，提出发展政策与建议。

第一节　科学意义与战略价值

集成电路是现代信息产业的基石，而 EDA 是支撑集成电路产业的基础与工具，全球 EDA 产业被新思科技、楷登电子和明导国际这三家美国 EDA 巨头垄断。随着我国经济技术的发展与国际地缘政治的演变，EDA 已经成为我国集成电路产业急需解决的"卡脖子"问题。随着集成电路设计规模的不断增大、先进纳米制造工艺复杂度的不断攀升，以及设计周期的不断缩短，现有 EDA 已无法满足现代集成电路设计和制造的要求。人工智能技术突飞猛进的发展使得集成电路设计方法学发生了颠覆性的变革，由基于传统的分析和优化技术的集成电路"辅助"设计方法学向以数据驱动机器学习为重要手段的集成电路“智能”设计方法学演变。2017 年 6 月，DARPA 的电子复兴计划资助基于机器学习的集成电路智能设计方法学。美国新思科技公司最近推出了 EDA 业界第一个基于自主人工智能的芯片设计工具 DSO.ai（design space optimization AI），谷歌通过利用谷歌大脑采用人工智能技术优化芯片物理层智能设计。通过人工智能和机器学习方法实现集成电路的智能设计与敏捷设计是集成电路设计方法与工具的未来发展趋势。

面对我国在 EDA 方向发展的迫切需求，建议在未来 10～20 年，通过微电子、数学、计算机与材料物理等多学科的交叉合作，以集成电路新一代“无人参与设计回路”智能设计为目标，涵盖从基础数学理论到 EDA 算法再到人工智能方法的完整应用基础研究的交叉布局。研究基于应用数学与人工智能融合的集成电路智能化设计数学基础理论与方法。以此为基础，对于我国集成电路产业发展的关键方向，针对数字集成电路设计、模拟集成电路设计与先进纳米工艺制造的重大需求，发展集成电路智能化设计流程和工具，实现新一代自主可控的 EDA 创新理论、方法、技术和产品，为我国集成电路产业安全和信息安全提供保障。

第二节　前沿领域的现状及其形成

EDA 是指以计算机为工作平台，融合了应用电子技术、计算机技术、信息处理技术及智能化技术的成果，进行电子产品的自动化设计。EDA 技术打破了软件和硬件之间的壁垒，利用计算机软件平台实现电子产品的电路设计、性能分析、IC 版图设计、印制电路板（printed-circuit board，PCB）版图设计和后端验证等工作。芯片设计流程所有环节中都离不开 EDA 软件的支持，EDA 软件是推动芯片设计创新的重要工具。

EDA 技术起源于 20 世纪 60 年代中期，由计算机辅助设计、计算机辅助制造、计算机辅助测试和计算机辅助工程的概念发展而来。

1978 年，美国国防部制定了总预算为 2.1 亿美元历时七年的超高速集成电路发展计划，该计划要求1986年美国的集成电路实现亚微米工艺，芯片规模大于25万门，速度提高100倍以上。1980年，加州理工学院的卡弗·米德（Carver Mead）和施乐帕洛阿尔托（Xerox Palo Alto）研究中心的Lynn Conway（林恩·康韦）共同发表了具有划时代意义的著作*Introduction to VLSI Systems*，提出通过编程语言来进行芯片设计的新思想，这一思想推动EDA技术进入了一个新的发展阶段。该思想使芯片设计的复杂程度得到显著提升，集成电路逻辑仿真、功能验证的性能得到很大改善，工程师可以设计出集成度更高且更加复杂的芯片。通过编程语言设计和验证电路的预期行为，并通过逻辑综合工具软件得到低抽象级物理设计的研发途径，迄今为止仍然是数字集成电路设计的思想基础和工程基础。

1981年，在美国国防部超高速集成电路发展计划的推动下成立了硬件描述语言（very-high-speed integrated circuit hardware description language，VHDL）工作组，1983年由IBM、TI、Intermetrics等公司组成VHDL开发组，1986年IEEE标准化组织开始审定VHDL标准，并于1987年被确定为最初的版本IEEE 1076—1987。Gateway Design Automation公司也在1986年提出Verilog编程语言，从1990年开始，经过公众开放领域（open Verilog international，OVI）Verilog HDL研究开发计划的推动，Verilog于1995年被正式确定为IEEE Std 1364—1995标准。VHDL和Verilog是迄今为止最流行的数字电路高级抽象语言。

从20世纪80年代开始，由于集成电路规模的逐步扩大和电子系统的日趋复杂，这一时期的EDA技术得到进一步开发和完善，集成电路逻辑仿真、功能验证的工具日益成熟，设计开始进入抽象化阶段，设计过程可以独立于生产工艺而存在。同时，EDA开始迅速商业化，1981年，日后主宰全球EDA市场的三大巨头之一明导国际诞生；1986年，EDA领域的第二个巨头企业新思科技诞生于美国加利福尼亚州的芒廷维尤；1988年，第三家巨头企业楷登电子在美国加利福尼亚州圣何塞诞生。EDA领域的各个方面都出现了爆发式的增长，从物理验证到版图综合，从逻辑综合到形式验证，从系统级设计到硬件加速，EDA的各个层面都出现了大量重要成果。技术领域扩展到了非线性和组合优化、控制、人工智能、逻辑等领域。

在验证与测试领域，业界一方面聚焦于电路的仿真速度更快，另一方面聚焦于验证电路功能是否正确的形式化技术。在仿真速度方面，Lelarasmee 等（1982）提出了基于松弛法的技术和混合模式仿真，为现在的快速 MOS 仿真器奠定了基础。之后，Jacob 完整地描述了波形松弛算法，并进一步研究了加速技术。随着几何尺度的缩小，互连线的效应开始显现出来，由 Penfield 等（1981）提出的互连线延迟模型被人们广泛使用。1988 年，卡内基梅隆大学的 Pileggi 和 Rohrer 用渐近波形估计（asymptotic waveform evaluation，AWE）方法解决了互连线仿真问题。

在形式化验证技术发展早期，IBM 的 Bahnsen 首次使用了形式验证。Bryant（1986）在二元决策图（binary decision diagram，BDD）方面所做的开创性工作彻底改变了这一领域，他引进了布尔函数的标准形式和非常快速的运行算法。Coudert 和 Madre 用 BDD 在有限状态机等价方面做出的成果，以及 20 世纪 90 年代 Ed Clarke、Joseph Sifakis、Ken McMillan、Dave Dill 和 Bob Kurshan 在模型检测方面的工作，都将形式验证推上了更高的抽象水平。这些成果解决了验证一个用有限状态机表示的时序系统是否满足逻辑性质的问题。

在版图设计领域，两位物理学家 Kirkpatrick 和 Gelatt 把自旋系统（spin system）的知识用到了版图设计中。1983 年，Vecchi 等提出了模拟退火法，以此来解决门阵列版图设计的问题（Vecchi et al.，1983）。之后，涌现出了大量关于该算法的高效实现和理论性质的研究，这些成果提升了人们对于模拟退火算法数学性质的理解，也奠定了统计优化技术的基础。经过定制的算法被用在了标准单元、宏单元版图以及全局布线上。

在逻辑综合领域，逻辑综合一词于 1979 年出现在 EDA 的词汇中，在 Darringer 等（1981）的一篇论文中，使用了基于窥视孔规则的优化方法，来产生门电路级的高效设计表示。后来，IBM 研究出了另一种布尔优化方法，产生了二级逻辑优化器（two-level logic optimizer），以及多级逻辑优化器（Lega，1988）。这项工作由 DARPA 支持，历时超过十年。在逻辑综合的发展早期，首先是一个与工艺无关的阶段，在这阶段中布尔函数被不断调整和优化，随后是工艺映射阶段，在这一阶段把经过优化的布尔函数映射到门电路库。1982 年，高效的工艺映射方法被提出，其基本思想是把原问题表示为一个树覆盖问题，然后用动态规划法来解决，目前的绝大多数逻辑综合系统都是基于这一思想。

在模拟电路设计领域，与数字集成电路设计相比，模拟电路设计的复杂性更高。与数字集成电路的关键设计指标（性能、功耗、面积）相比，模拟集成电路设计需要协同考虑增益、相位裕度、功耗、速度、带宽、面积等诸多指标。由于模拟集成电路设计与优化的高度复杂性，模拟集成电路设计自动化工具的研究仍处于探索阶段。正如行业中的看法，模拟集成电路设计是科学与艺术的融合，模拟电路的设计主要依赖工程师多年的设计经验，从底层到顶层来进行设计。随着模拟电路集成度规模的不断增大与制造工艺节点的持续演进，面对设计规则复杂度的不断攀升以及随着工艺节点在逼近物理极限过程中电路二级效应的逐渐显著，模拟集成电路设计的难度不断攀升。即使对有着多年经验的模拟电路设计工程师而言，随着模拟集成电路设计难度的不断提高，高效地设计出满足需求指标的模拟集成电路也是巨大的挑战。因此迫切需要自上而下的标准化、自动化的设计流程与工具。近年来，模拟电路仿真、电路参数提取、电路尺寸优化等工具发展迅速，但全流程的模拟电路设计优化工具依旧缺乏。因此，学术界与产业界迫切需要发展模拟电路设计自动化技术，开发全流程的模拟电路自动化设计工具。

从传统功能来说，工艺 CAD 技术可以分为两类，一类是工艺技术仿真，另一类是器件特性仿真，相应也有各自的代表性软件。对于工艺技术仿真，比较典型的有 Sentaurus Process 和 SEMulator3D；对于器件特性仿真，比较典型的有 Sentaurus Device、Garand 和 Atlas 等。这些软件已经深入高校和科研院所各自领域，相应的半导体公司也设有 TCAD 部门。近年来，CMOS 工艺技术经历了长远的发展和演进创新，半导体制造工艺越来越复杂，使得新工艺和新器件的研发成本和研发时间快速上升，急需通过建模仿真对新器件、新工艺进行探索，因此对 TCAD 的多方位需求与日俱增。一方面，工艺复杂性对 TCAD 提出了从器件前端到芯片后端形貌的快速模拟的要求；另一方面，小尺寸新器件模拟对物理的运用提出了更高要求，如材料电子特性第一性原理计算、小结构量子仿真以及输运的高阶仿真等。

多年来，EDA 技术的迭代追随摩尔定律有序发展，承载了人类迄今为止超大规模集成电路的设计、发展和产业化演进。20 世纪 90 年代，微电子技术突飞猛进，一个芯片可以集成几百万、几千万乃至上亿个晶体管，这给 EDA

技术提出了更高的要求，也促进了 EDA 技术的发展。各公司相继开发出更大规模的 EDA 软件系统，这时出现了以高级语言描述、系统级仿真和综合技术为特征的 EDA 技术。EDA 技术是 IC 研发的“拳头”，随着集成电路规模的扩大、半导体技术的发展，EDA 的重要性急剧增加。EDA 产业规模急速扩张、竞争逐步加剧、分工模式进一步细化，逐渐形成了 IC 设计、IC 制造和 IC 封装三大核心板块。2019 年，7 nm 工艺技术大门被打开之后，传统 EDA 支撑下的 IC 设计遭遇瓶颈，对复杂设计的不断追求和集成电路性能的提升、缩小尺寸的要求进一步提高。国际三巨头所占国际市场份额超过 70%；在国内市场，三大巨头垄断的现象更加严重，所占比例高达 95%，剩余的 5% 中还有一部分被 Ansys 等其他国外公司占据。

目前，集成电路在摩尔定律的驱动下面临物理和经济极限，随着拐点临近，电子技术的发展将进入下一创新阶段。美国又一次走在了世界前列，2017 年，DARPA 推出了总投资 15 亿美元的电子复兴计划，并召开了首次年度峰会，同年 9 月启动了首批六大项目合作研究团队，进行在材料与集成、电路设计和系统架构三方面的创新性研究。旨在利用先进的机器学习技术为片上系统、系统级封装和 PCB 打造统一平台，开发完整集成的智能设计流程，进一步提升集成电路设计的自动化水平和效率。机器学习在数字电路 EDA 技术领域得到了越来越广泛的应用，这也是 EDA 产业未来的发展方向（Wang，2017；Murai et al.，2017）。

我国目前的 EDA 公司，除北京华大九天科技股份有限公司提供模拟全流程工具之外，其他公司以单点工具为主，包括深圳鸿芯微纳技术有限公司、上海合见工业软件集团、杭州广立微电子股份有限公司、上海概伦电子股份有限公司、芯和半导体科技（上海）有限公司、湖北九同方微电子有限公司、天津蓝海微科技有限公司、苏州珂晶达电子有限公司、成都奥卡思微电科技有限公司等。在数字流程 EDA 系统方面，国内 EDA 企业已经开展了大量的工作，但在逻辑综合、可测性设计、时序签核等工具方面处于相对空白状态，预计还要用五到十年时间才能建立完整的数字流程 EDA 系统。在模拟流程 EDA 系统方面，北京华大九天科技股份有限公司在模拟全流程平台、济南概伦电子技术有限公司在良率仿真和参数提取、苏州芯禾电子科技有限公司和湖北九同方微电子有限公司在射频仿真方面形成特色，基本可以形成自主的模拟流程 EDA 系统，但存在 28 nm 以下先进工艺支撑能力差、工具性能差距大等问题。复旦大学早在 2012 年就开始了模拟电路设计自动化领域的研究。与国外 EDA 产业链相比，我国在 EDA 产业发展方面存在如下问题。

（1）技术门槛高。芯片设计具有工艺复杂、分工精细化和多技术综合的特点，EDA 技术涵盖了众多基础学科，EDA 软件也并不是单指一个或几个软件，而是涉及近百种不同技术、囊括多种点工具的软件工具集群。新思科技和楷登电子拥有从前端到后端的全流程解决方案，与晶圆厂和知识产权公司的产业链也完美衔接。目前，我国在部分工具上实现了突破，但在完整可用的全流程工具链上尚有严重欠缺，一些关键环节的工具还没有可用的产品供应，还需要更多的技术积累，而这并非短期就能完成。纵观 EDA 技术的发展历史，任何技术突破都是建立在长期不断积累的基础上的。

（2）技术集成度高。EDA 技术是芯片设计公司、晶圆厂家、EDA 软件商长期协作的成果，需要大量的人才投入、数学优化和经验积累。目前一些著名的 EDA 企业不仅提供 EDA 软件，也提供 IP 设计，既能降低成本，又能通过开发一些定制化 EDA 功能来提高 IP 质量，这成为当前的主流模式。我国在先进制程方面的集成设计能力显著落后国外 2～3 代。

（3）人才门槛高。由于国内设立 EDA 专业的高校不多，高校现有的 EDA 技术类的课程一般不介绍 EDA 背后的运行原理，而是主要介绍硬件描述语言和各种工具的使用方法。相关教材和参考书籍主要以国外大厂的工具为基础。这导致 EDA 软件研发人才严重不足（据统计，2021 年国内 EDA 企业研发总人数不足 3000 人），而国外三大巨头之一的新思科技就有一支 7000 多人的研发队伍。

（4）资金投入高。据统计，国内过去十年间所投入的研发资金只有几亿元，而新思科技在 2018 年的研发投入就高达 10.8 亿美元，楷登电子在 2018 年的研发投入约为 8.7 亿美元。美国国家科学基金会（National Science Foundation，NSF）从 1984 年到 2015 年，有将近 1190 个研究课题是与 EDA 强相关的，基础研究投入持续约 30 年。此外，我国在 EDA 技术的知识产权保护方面也亟待加强。

第三节　关键科学与技术问题

集成电路的 EDA 技术有如下几个关键问题。

一、面向大规模复杂数字系统的形式验证、逻辑综合方法

形式验证和逻辑综合是 EDA 的重要组成部分，也是越来越重要的部分。形式验证本质上是多学科的，研究人员必须具有强大的数学和理论背景，需要掌握数学逻辑、自动化理论、二元决策图、编程语言方法、并发模型、静态程序分析等方面的知识。随着系统级设计和硬件验证的复杂度日益剧增，状态数量和逻辑复杂度急剧增加，在验证的可扩展性方面需要进行突破性研究。

逻辑综合是指用行为级语言描述的各功能模块向低级语言翻译，用底层逻辑门组合实现电路模块的功能。逻辑综合的发展带动了更高层次的设计描述的使用。高水平综合的发展已经经历了较长时间，而物理综合能力是在 20 世纪 90 年代后期发展起来的，目的是解决深亚微米电路设计中的时序收敛问题。多年来，综合能力在规模、速度和综合结果的质量方面都得到了显著的提升。前端估计方法在早期设计收敛方面发挥了关键作用，并取得了较好的效果。

尽管逻辑综合方法在前期有了较大的发展，但是综合能力的优劣依然决定整体设计的质量。对于大规模复杂数字系统，提升底层综合算法的适用性才能在提升整体质量的同时让最终设计结果更具有竞争力。逻辑综合的另一个关键问题是不同目标的综合，早期的综合目标主要在于减少芯片面积和缩短信号延迟时间。未来，其他综合目标也应该被考虑，如功耗、噪声、热控制、可验证性、可制造性、可扩展性和可靠性。因此，随着新技术的发展，将会出现更多的标准，并且需要新的模型和优化技术来满足这些要求。另外，

逻辑综合正面临着越来越高的抽象级别的挑战。当前的 SoC 已经可以容纳大量的处理器内核，目前的数字系统设计主要综合到标准单元网络中，未来可能综合到处理器网络或处理器与标准单元混合的网络中。在这种情况下，更高级的抽象语言可能被使用，需要新的建模技术、综合和验证技术来支持新的设计方法和新的设计抽象水平。

二、电子设计的关键环节从自动化迈向智能化

未来的数字系统设计必定从当前的自动化过程迈向智能化过程。在这个过程中，电子硬件自动化布局布线生成器所需的算法、方法和软件是需要重点解决的问题。版图设计是电路设计过程中的关键环节，当今的系统级芯片 SoC、SiP 和 PCB 的设计流程在大部分环节都非常依赖专业设计人员的知识输入，专业知识的载体是技术人员。在收集大量的原始设计数据的基础上，通过人工智能和机器学习的方法训练得到模型，进而将模型导入统一的版图生成器中，通过版图生成器在较短时间内完成集成电路、多集成电路模块系统级封装和 PCB 等的设计，缩短设计周期，提高设计智能化水平，最终实现利用机器取代人类进行电路设计的目标。

楷登电子等 EDA 供应商早在 20 世纪 90 年代初就开始研究机器学习。机器学习技术于 2013 年首次应用于其产品中，利用数据分析和数据挖掘为寄生参数提取创建机器学习模型。截至目前，楷登电子已经为其工具提供超过 110 万种机器学习模型，用于计算加速。下一个阶段的产品开发就是布局与布线工具，使工具向人类设计师学习，并推荐可大大加速的优化方案。

谷歌大脑于 2019 年 12 月提出了一个神经网络，可以学习并设计需要耗费大量时间的集成电路“布局”。在对芯片设计进行了足够长时间的学习之后，神经网络可以在 24 小时内完成一个全新的谷歌 Tensor 处理器的布局设计，而且在功耗、性能、面积方面都超过了人类专家数周的设计成果。谷歌的芯片布局建模属于强化学习问题，与典型的深度学习不同，强化学习系统不会使用大量标记的数据样本进行训练。相反，它们会边做边学，并在成功时根据有效信号调整网络中的参数，其中的有效是指降低功耗、改善性能和减少面积的组合指标。布局机器人执行的设计越多，其效果就越好。谷歌希望 AI

系统能颠覆芯片设计方法，在相同时间内设计更多的芯片，并且是运行速度更快、功耗更低、制造成本更低、芯片面积更小的设计。

2020 年 3 月，新思科技宣布推出首个用于芯片设计的自主 AI 应用程序——DSO.ai。这个 AI 推理引擎能够在芯片设计的巨大求解空间里搜索优化目标，原本需要多位设计专家耗时一个多月才能完成的设计，DSO.ai 只要短短 3 天即可完成。芯片设计是一个蕴藏着许多可优化方案的巨大求解空间，其求解空间的规模是围棋的数万亿倍。要在如此巨大的空间内进行搜索是一项非常费力的工作，在现有经验和系统知识的指导下仍需要数周的实验时间。除此之外，芯片设计流程往往会消耗并生成数太字节的高维数据。这些数据通常在众多单独优化的孤岛上进行区分和分段。要创建最佳设计方案，开发者必须获取大量的数据，并在分析不全面的情况下，即时做出极具挑战的决策，这通常会导致决策疲劳和过度的设计约束。DSO.ai 引擎获取由芯片设计工具生成的大数据流，并用其来探索搜索空间、观察设计随时间的演变情况，同时调整设计选择、技术参数和工作流程，以指导探索过程向多维优化的目标发展。

三、设计复用问题

芯片设计所形成的可以重复使用、具有自主知识产权的设计模块也称为 IP。在进行新的芯片设计时，如果在原有的 IP 基础上搭建特定的需求和技术方案，可以大大简化设计开发流程，并提高可靠性，实现芯片的产业价值和规模最大化。EDA 为 IP 内核提供了如下三种表现形式。

（1）硬件设计语言（hardware design language，HDL）形式的加密软核。软核通常以加密形式提供，其优点是设计周期短，投入少且布局布线灵活，但后序工序与前序工序被切断，性能难以持续优化。

（2）网表形式的固核。对软核进行参数化，通过头文件或图形用户接口进行参数操作，收敛其他电路设计与该内核之间的接口。

（3）版图形式的硬核。提供设计阶段的最终阶段产品——掩模，以完全布局布线的网表形式提供，还可以针对特定工艺或需求方进行功耗和尺寸上的优化。虽然硬核由于缺乏灵活性而使可移植性差，但其无须提供 RTL 级文件，反而更易于实现IP保护。

目前，芯片领域绝大多数模块都必须从头开始设计，很难实现大规模的设计复用。未来芯片设计如果能像软件开发一样，形成很多现成的函数库，编程时可以进行调用，就能实现电子设计的“软化”，即软件定义的芯片。这种可重构的架构会给整个行业的创新和自我迭代效率带来深远影响。随着人工智能的崛起，AI的各种IP可以通过电子设计智能化映射到电路与系统的架构中，然后通过EDA自动地映射到芯片制造。

新思科技是EDA厂商中主要的IP供应商，近几年其IP授权业务量基本保持20%～30%的增长，嵌入式系统设计的趋势也给IP授权提供更多的空间。

四、高速数字系统的信号完整性仿真方法

随着晶体管特征尺寸持续缩小，时钟频率越来越高，高速数字系统的信号完整性问题（如反射、串扰、抖动、轨道塌陷及电磁干扰等）越来越严重，发现并解决信号完整性问题成为当前及未来数字系统成功开发的关键。只有运用新的设计规则、新的技术和新的EDA分析工具，才能实现高性能设计，并日益缩短研发周期。

高速数字系统传统的设计方法是根据要求研制产品样机，然后进行测试和调试。未来，产品的上市时间和成本、性能一样重要，采用传统做法的效率很低，因为一个设计如果在开始时不考虑信号完整性，就很难做到一次成功。在当今及今后越来越高速的世界里，封装和互连的复杂性不断提升。键合线、封装引线、芯片引脚、电路板走线、连接件、连线电缆等都是导致信号完整性问题的根源。因此需要新的设计方法，进行全面的系统级仿真，利用量化的手段对期望的产品性能进行预估，以保证产品设计的一次成功率。信号完整性EDA仿真工具是解决该问题的必要手段。

准确预估每秒几十甚至上百吉比特的数据率时系统的行为是一项艰巨的任务，需要掌握数字系统工程、高速I/O电路设计、电子封装、PCB设计、通信理论、微波工程及计算电磁学等方面的知识。近年来，信号完整性领域的巨大进展已经为抖动、噪声和信号完整性建立了一定的理论和算法，但是随着大数据的应用和普及，超高速接口标准不断出现，数据率不断攀升，现

有的信号完整性仿真方法表现出越来越严重的局限性。例如，高速通道仿真中为了加快仿真速度，常采用线性时不变理论、统计信令及电路原理，求解系统的抖动、噪声，评估信令的性能。新一代高速数字接口中，电路工作的电压标准越来越低，新的消除信号失真和降低功耗的策略也不断被采用，这些技术使有源器件表现出越来越严重的非线性行为，使得链路不再具备线性时不变特征，因此需要建立新的建模及计算理论、算法和方法学。

当前，国内在高速 I/O 接口的信令定义和分析方面基本没有发言权，高速数字系统的信号完整性仿真工具主要依赖国外产品。这正是未来需要尽快实现接轨之处。

五、模拟集成电路设计与优化方法

模拟集成电路的设计参数优化问题可以抽象为一个带约束的非线性优化问题。即寻找最优设计参数，使得电路在满足一定设计约束（如晶体管所在区域、设计参数范围或某些性能指标的数值）的情况下，某个优化目标的值最优。优化目标可以为单一的性能指标，也可以由多个性能指标组合而成。根据该带约束优化问题的目标形式，国际上现有的模拟电路参数优化方法可以分为两类，基于模型的方法以及基于仿真的方法。基于模型的方法将电路的性能相对设计参数的关系表示为一个数学模型，然后在这个数学模型中进行优化。数学模型可能是设计者基于经验、符号计算或者低阶模型推导得出的，也可能是大量采样后使用回归分析技术得到的。基于正多项式模型的几何规划（geometric programming，GP）（Boyd et al.，2007）、基于稀疏多项式模型（sparse polynomial model）（Ye et al.，2015）等方法是典型的基于模型的方法。基于仿真的方法直接通过电路仿真来驱动电路优化。这类方法将电路性能看作黑盒函数，通过仿真给定设计参数和计算电路性能指标如美国卡内基梅隆大学使用的模拟退火算法（Phelps et al.，2000）、土耳其耶尔得兹技术大学的 Vural 教授采用的粒子群算法（Vural et al.，2012）等。随着模拟电路规模越来越大，所采用的器件模型也越来越复杂，通过仿真来获得电路性能所需的时间越来越长。对于复杂电路（如 ADC、锁相环），单次仿真时间可达数小时甚至一天。对于这样的复杂电路，如何有效地降低优化过程中的仿真次数从而缩短优化时间，是模拟电路优化所面临的一个具有挑战性的难题。

在模拟电路优化中，优化目标需用耗时很长的电路仿真来实现，是典型的黑盒函数优化问题。传统方法多借助启发式算法（如遗传算法、模拟退火算法等）来寻找全局最优解，收敛速度慢。比利时鲁汶大学的 Gielen 近年发表了基于高斯过程的差分进化算法，优化效率优于传统算法。复旦大学研究团队早在 2012 年就开始了相关领域的研究（早于美国 5 年）（Huang et al.，2016；Fang et al.，2016），该工具成功应用于上海高性能集成电路设计中心集成电路 CPU 设计、上海安路信息科技股份有限公司 FPGA 芯片设计、华为 5G 芯片设计、万众一芯生物科技有限公司 IoT 芯片设计。

六、模拟电路物理布局布线方法

模拟电路物理布局布线多年以来一直依赖人工。自动化模拟布局布线是一个长期存在的问题。与数字电路设计相比，模拟电路物理版图设计中几何约束更为复杂。模拟电路需要精确的对称性与匹配度，对电路设计者的技巧与专业知识要求很高，对布局布线算法设计提出了非常高的要求。与数字电路不同，模拟电路单元架构复杂异构、变化繁多，建立模拟电路单元库面临巨大挑战。同时，与标准化的数字电路设计指标（如性能、功耗、面积）相比，模拟电路的性能指标繁杂，并因电路特性而异。而且模拟电路版图生成多年依赖人工，是模拟电路设计流程中最耗时的一个环节。

近年来，模拟电路版图自动生成已有不错的进展。美国 Align 团队开发的开源模拟电路自动物理版图系统力图实现在无人干预的情况下，从 SPICE 级别的模拟电路网表自动转化为物理布局。Align 秉承层次化设计理念，给定电路网表，Align 可以自动分析电路拓扑架构、层次结构以及基本电路单元，并通过组合的方式生成电路物理布局与布线。Align 系统可以覆盖各类模拟电路类型，包括低频电路（如 ADC、放大器、滤波器）、互连线（如时钟树）、射频电路、电源电路等。在模拟电路物理版图生成过程中的一个重要问题是电路物理约束的自动分析与提取。近年来，各类技术（从图分析技术到机器学习）不断被引入，已经较好地解决了电路物理约束自动分析与提取的问题。当前，模拟电路物理设计分析依旧依托电路参数提取与 SPICE 仿真，时间代价巨大，已经逐渐成为模拟电路设计优化的性能瓶颈。近年来，基于机器学习的电路建模技术开始涌现，但主要停留在学术界，工业化落地还不成熟。

七、纳米尺度器件物理机制模拟仿真

纳米节点小尺寸多栅场效应晶体管能带结构与输运机制复杂性问题虽然针对晶体管器件，但所有器件朝小尺度微缩过程中终将遇到，这些问题具有显著代表性。在 3 nm 工艺节点以后，环栅器件包括纳米线和纳米片场效应晶体管，与传统器件有明显的不同，首先，沟道尺寸为 5 nm，具有精细的能带结构和分离特征，各能带波函数和电子密度依赖能带结构，因此静电特性强烈依赖量子限制效应；其次，基于宏观迁移率构建的输运理论（如漂移－扩散模型）不得不让位于能带依赖的迁移率以及输运尺寸；最后，接近 10 nm 长度范围的沟道具有明显的过冲效应，玻尔兹曼弹射由于沟道过短而接近理想弹射。这些新物理特性需要很好的物理模型来仿真，这给 TCAD 带来了极大的挑战。小尺寸器件带来的科学问题是如何构建完整的理论框架，使其包含更精细的能带结构、迁移率和输运尺寸依赖性。不同于计算繁杂的蒙特卡罗方法，这个科学问题基于漂移－扩散模型，但是需要大幅度改进当前模型，构建完备的理论框架。

小尺寸多栅场效应晶体管具有强烈的量子限制效应，也有不同的输运机制，而这二者具有明显的结构材料依赖性，使得模拟仿真增加了很大的技术难度。需要从深层次建立起静电和输运模型，获得依赖具体结构（如横截面）和材料的物理量。常用泊松－薛定谔耦合获得载流子结构依赖性，但 3D 求解的计算量很大；迁移率计算要考虑能带结构，需要通过玻尔兹曼方程考虑加强能量均衡，而不仅仅是电荷均衡等。技术难度是显然的：一方面，增加了计算链条和计算量；另一方面，限制了通用性。这就是开发新一代器件仿真工具的一个关键技术难点，需要在原来框架的基础上，将参量精细化、结构化，在提升仿真精准度的同时减少计算开销。

八、新型存储器的存储与输运模型建模

新型存储器（如 PCM、RRAM、铁电存储器等）的出现带来了全新的存储和输运机理。要对它们进行模拟仿真的主要难点在于，首先要获得它们的存储与输运模型，同时要在一个合理的数值求解框架里进行模拟仿真。但可惜的是，它们的一些机理是不明确的，对于每一种新型存储技术，目前还没有统一的、合理的理论框架和 TCAD 仿真框架。构建合理的理论框架是当前最难解决的问题。

对于新型存储器的 TCAD 仿真，没有成熟的方案和足够的实践。目前的技术难点在于如何基于现有模块搭建其仿真框架，一个是搭建层面，另一个是模块层面。对于 PCM，需要定义多态；由于各自具有不同的迁移率等，还需要定义各态之间的转换率；需要连接各自的转换关系，而这些逻辑关系的连接需要对器件有一个很好的机制理解。此外，模块参数设定需要多方采集数据，很难做到实验校准；而这其中关键的是转换模型，目前主要基于阿伦尼乌斯模型及其扩展模型。针对不同材料和结构，如何选取正确的模型是一个难点；如何根据实际数据校准模型，是另外一个难点。对于 RRAM 仿真来说，两个层面都没有很好的解决方案。

九、器件－电路－系统的协同设计方法学

以可变性作为切入点，设计直至抽象层最上面，影响系统的指标产出和芯片良率。但是，可变性传递和层次抽象这两个问题没有很好地理论化和系统化。首先，器件与电路的连接通过紧凑模型，但是随机偏差模型的准确提取和大规模生成有很多统计学和模型理论问题。同时，物理设计对于电路的实现也会因为工艺和结构复杂性出现寄生参数准确提取和优化的理论问题。其次，从设计角度，性能、功耗、面积之间的协同优化需要更多的理论突破。如何通过底层的器件参数随机变量甚至是底层的随机源，建立起层与层之间的映射关系（这个映射关系最好满足自洽，排除经验化），是一个深入的理论问题，需要长远的研究计划。多指标作为多变量随机分布的综合性能问题，同样需要进入深入研究。

DTCO的技术难点很多。主要的技术难点在于器件随机参数产生、传递、抽象的问题。基于暴力法，可以对成百上千的微观器件进行物理仿真，但这却是以计算资源消耗为代价的，因此需要发展新的随机偏差仿真方法。在此基础上获得统计模型，将随机性传递给电路设计，需要解决准确性和提取策略的问题，也要解决有限样本和真实分布重构的问题。对于如何获得电路甚至系统的统计性能，需要对电学参数随机变量经过特定电路表现出来的电路指标随机性的问题做进一步抽象，发展数学方法，甚至发展人工智能方法来解决。

第四节　发展建议

我国的数字电路EDA发展方向，应由点突破到全产业链。随着工艺的提升和设计方法的改善，芯片性能在近几年得到大幅度提高。5G使电路工作频率变得越来越高，SoC芯片也使设计越来越复杂；IoT使低功耗变得日益重要；当前的工艺越来越复杂、分工越来越细化、工具链也越来越长。与之相对应的EDA技术发展包含以下四个主要方向：设计流程融合、敏捷设计、智能化与云化、异构并行。

纵观国际三大巨头的发展历程，从开发出了先进的点工具，到成立小公司，随后小公司被收购，再到先进的点工具融合到集成电路设计流程的定义中来。如此反复迭代，才使得三大巨头始终能够站在EDA产业发展的前沿。若想突破，宜先寻求多个点突破，而非全产业链。

在点突破的过程中，基础数学、机器学习和云计算应该成为电子科技深刻变革的主要推动力，它们正在进行更深层次的渗透，也在改变电子系统的设计体系。芯片敏捷设计是未来发展的一个主要方向，深度学习等算法能够提高EDA软件的自主程度，提高IC设计效率，缩短芯片研发周期。人工智能、机器学习、云计算与EDA方法学的融合使其不断有所创新，使芯片设计生产力产生质的飞跃。面对我国在EDA方向发展的迫切需求，建议在未来

10～20年，通过微电子、数学、计算机与材料物理等多学科的交叉合作，以集成电路新一代“无人参与闭环”智能设计为目标，涵盖从基础数学理论、到EDA算法、再到人工智能方法的完整应用基础研究的交叉布局。研究基于应用数学与人工智能融合的集成电路智能化设计数学基础理论与方法，同时面向新器件、新工艺，研发下一代先进器件工艺的EDA技术与工具。这就涉及量子力学、半导体物理、集成电路制造工艺等多学科交叉。以学科交叉融合的工作为基础，面向我国集成电路产业发展的关键方向，针对数字集成电路设计、模拟集成电路设计与先进纳米工艺制造的重大需求，发展集成电路智能化设计流程和工具，实现新一代自主可控的EDA创新理论、方法、技术和产品。

第六章

跨维度异质集成

第一节 科学意义与战略价值

跨维度异质集成技术是一种可以不完全依赖线宽缩小的方法，旨在通过跨学科多专业融合，通过架构设计、融合算法和微纳 3D 集成制造工艺，将不同材质（InP、GaN、GaAs、SiC、Si、有机分子等）、不同结构［一维（1D）、2D、3D］、不同功能（光电、射频、传感、MEMS、生物等）的器件通过 3D 微纳跨维度异质异构方法集成，充分发挥各种器件各自的性能优势，实现多材料、多器件、多功能的一体化集成，使芯片体积更小、重量更轻、性能更高、功能更多。跨维度表现为跨材料维度、跨器件维度、跨系统功能维度、跨工艺线宽维度、跨几何维度，旨在突破材料集成、器件集成、系统功能集成三个层次。在可以预见的未来，跨维度异质集成技术是功能、性能、周期、成本综合平衡下系统的最优实现方案。随着集成电路应用多元化，智慧城市（IoT）、智慧交通（车联网）、综合治理安全、网络信息安全、5G、机器人和智能硬件等产业新兴领域都是基于无线和光电的智能微系统的网络化应用，跨维度的异质集成将是智能传感节点硬件的核心实现手段，与新型多功能材料结合，进一步提升电路性能，减小电路尺寸，提高系统集成度。

第二节　技术现状分析

异质集成技术作为超越摩尔定律发展的重要手段之一，已从多种材料芯片的 2D 集成发展到同一衬底上 3D 集成不同材料、不同结构的器件，并实现了不同工艺器件的一体化互连。现代异质集成技术正从 2D 集成到 3D 集成、从微电子 / 光电子集成到跨维度异质集成、从结构 / 电气一体化集成到多功能一体化集成等方向发展。相比传统工艺，跨维度异质集成技术具有集成度高、速度快等优点。

一、发展路径

DARPA 在 20 世纪 90 年代末提出了异质集成的概念，并勾画出了异质集成的发展方向。这一技术迅速成为产业界和学术界的研究热点之一，拉开了异质集成领域发展的序幕。

DARPA 推进了微系统异质集成技术的研究和发展，资助了包括硅上化合物半导体材料、电光异质集成、多样化可用异质集成、通用异质集成和 IP 复用策略以及电子复兴计划等在内的多个项目，通过异质集成技术实现了功能多样化。

在集成光子领域，也有光摩尔定律。正如 Smit 等（2012）所描述的，因为目前硅材料不能做光源，硅基光电子集成技术中的光源本身就需要异质集成，显然光电跨维度异质集成这条技术路线成为最有效的技术途径，面临着重大发展机遇。

目前，产业界比较成熟的四种代表性异构异质集成技术包括以美国麻省理工学院和雷神公司为代表的异质外延生长技术、以美国休斯公司和德国费迪南德 - 布劳恩研究所为代表的异质外延转移技术、以美国特利丹（Teledyne）和麻省理工学院为代表的异质晶圆键合技术、以美国诺斯罗普·格鲁曼（Northrop Grumman）和日本富士通（Fujitsu）为代表的小芯片微米级组装技术。

二、研究现状

（一）跨维度异质集成晶圆技术

近年，DARPA 先后组织实施了上百项异质集成技术相关的研究开发计划。2016 年 4 月，美国国家科学技术委员会发布了《先进制造业：联邦政府优先技术领域概要》，在国防军工安全领域的联邦投资实例中列举了由美国国防部和 DARPA 牵头的“多样化可用异质集成技术”项目，其目标是将 GaN、InP 和其他芯片级材料在硅衬底上实现一体化集成，在集成微系统芯片技术方面取得革命性的突破（刘亚威，2016）。2016 年 5 月，在 DARPA 举办的主题为“致力于加快改变游戏规则的技术转型”的年度展示日中，展示了多项与异质集成相关的项目，例如，多样可用异质集成，其目标是开发晶圆级异质集成工艺，实现先进化合物半导体器件、其他新兴材料器件与硅基 CMOS 技术的紧密结合，最终目标是将多种器件和复杂架构通过单片异质集成的方式集成到硅衬底上，开发出大规模批量制造的异质集成通用技术。

国际上，法国原子能和替代能源委员会的 CEA-Leti 研究中心首先应用智能剥离与衬底转移技术制备出 SOI 晶圆，并基于该技术孵化了全球最大的 SOI 材料供应商 Soitec 公司。SOI 衬底已经成为当今微电子在 14 nm 工艺节点及以下的主流技术路线的关键材料。半导体巨头 IBM 率先开展了智能剥离技术制备硅基Ⅲ - Ⅴ族材料异质集成的研究，并处于世界领先水平（Borg et al.，2017；Liu et al.，2016；Schmid et al.，2015），IBM 的研究人员首次实现了将厚度为 500 nm、直径为 200 mm 的 InGaAs 层剥离转移到硅片上（Shukla et al.，2014）。在欧盟“下一代高性能 CMOS SoC Ⅲ - Ⅴ族化合物半导体集成技术”项目的支持下，重点研发与硅基CMOS兼容的高迁移率Ⅲ - Ⅴ族材料生产工艺。在 DARPA 项目的支持下，美国雷声国防系统异质集成小组与法国原子能和替代能源委员会的 CEA-Leti 研究中心合作，采用智能剥离与异质外延相结合的方法实现了硅基 CMOS 电路和 InP 基异质结双极晶体管的单芯片集成，为未来电子系统和集成电路向低功耗、高速、更高集成度方向发展提供了技术方案（Vinet et al.，2016）。

（二）跨维度异质集成微波毫米波电路技术

化合物半导体电子器件相对于硅具有许多优异材料特性。例如，基于 InP 材料系统的高电子迁移率和峰值速度可研制 f_{max} 高于 1.2THz 的晶体管（Lai et al.，2007）以及进行相应高速混合信号电路的设计和开发，如 1THz 放大系统（Mei et al.，2015）和 256 Gbit/s 脉幅调制（pulse-amplitude modulation，PAM）-4 信号发生器（Nagatani et al.，2018）。宽能带隙 GaN 已经实现了大电压摆幅以及高击穿电压功率器件（Parikh et al.，2018）。SiC 的优异导热性也使数十千瓦级的功率开关成为可能（Mihaila et al.，2018）。微波毫米波异质异构集成基本技术主要包括单片异质集成、晶圆级异构集成、小芯片集成、晶圆键合集成几种方式。

单片异质集成主要包括选择性外延生长和异质生长。在选择性外延生长中，不同类型的器件，如高电子迁移率晶体管（high-electron-mobility transistor，HEMT）和 HBT，都是在相同的半导体衬底（如Ⅲ - Ⅴ族材料）上依次生长的，或者是通过选择性蚀刻和再生长技术生长的。异质生长过程与选择性外延生长相结合，将一种材料的半导体器件集成到另一种材料（具有不同的晶格常数）的衬底上。在过去的十年中，在硅衬底上生长高质量Ⅲ - Ⅴ族外延材料方面取得了长足的进展。将高性能Ⅲ - Ⅴ族化合物器件与数字 CMOS 集成在器件上，可以创建先进的数字辅助模拟和混合信号电路。然而，高性能Ⅲ - Ⅴ族化合物器件与数字 CMOS 集成工艺的主要挑战是保持Ⅲ - Ⅴ族化合物器件的独立、原生特性，同时充分利用 Si 工艺的低成本、高集成度和高产率的特点。

晶圆级异构集成（小芯片、晶圆键合和外延转移）方式中，硅与化合物半导体器件是在独立完成了硅与化合物半导体各自工艺后集成的。

小芯片集成技术将化合物器件（InP HBT）与 Si 紧密集成。这是一种类似于混合 / 多芯片集成的方法，即使用独立半导体技术选择最佳射频功能块（称为小芯片）。这种集成将在数字和混合信号电路的动态范围与带宽方面实现显著的性能提升。

晶圆键合集成技术是异质异构集成研究的首选技术，因为其处理单个晶圆过程容易，通过通孔进行键合和互连直接 3D 堆叠键合集成，形成类似 3D 集成电路的封装。晶圆键合集成技术的主要限制是：异质异构集成间距有限（基本上由通孔尺寸给出，通孔深度通常为几微米）、误差叠加、不同材料的晶圆尺寸不匹配以及缺陷的产生使良率降低。然而，异质集成器件的高质量和易加工性使得晶圆键合成为实验和小规模异质异构集成的一个有效解决方案。

DARPA 通过多样化可用异质集成技术项目支持的多项目晶圆流片研发的 InP 和 GaN 小芯片与硅 CMOS 异构集成的直接数字合成器芯片（Turner et al.，2019），其采样率为 14GS/s，输出功率为 6.9 dBc，无杂散动态范围为 37.6 dBc；研发了晶圆级相控阵用 InP 与硅 CMOS 异构集成的波束形成器件（Carter et al.，2017），其工作频率为 43 GHz，4 通道集成，每个发射通道的功率密度达到 17 W/cm^2，发射通道效率为 17.2%，表明异质集成技术充分发挥了不同材料的半导体器件的优势，集成的电路可以实现更高性能。

（三）产业界跨维度 3D 异构封装技术

跨维度异构集成需要引入先进封装技术。2.5D 和 3D 封装技术近年来发展迅速，台积电晶圆基底芯片（chip on wafer on substrate，CoWoS）是一种 2.5D 封装技术，先将芯片通过晶圆上芯片（chip on wafer，CoW）的封装工艺连接至硅晶圆，再把 CoW 芯片与基板连接，整合成 CoWoS。目前，苹果、AMD、NVIDIA、海思、赛灵思和博通等都已经采用该技术推出各自的产品。英特尔在立体封装的研究方面比台积电更为超前，嵌入式多芯片互连桥接（embedded multi-die interconnect bridge，EMIB）封装实现了不同工艺、不同功能芯片之间的 2D 异构封装，而 Foveros 则是 3D 堆叠式封装，将多芯片封装，从单独一个平面变为立体式组合，这种 3D 封装可以灵活地组合不同芯片或者功能模块，从而大大提高集成度和系统灵活性。更进一步，英特尔提出了 EMIB +Foveros 构成的 Co-EMIB 封装，未来 Co-EMIB 的应用将为跨维度异构集成提供高性能的互连方案。

DARPA 的“多样化可用异质集成技术”和“通用异质集成和 IP 复用策略”项目取得了一系列研究成果，近年来 Chiplet 概念的提出使得异构集成成为研究热点，多芯片异构集成成为当前集成电路先进封装产业的主流技术。

近年来，AMD、英特尔以及各大手机厂商都推出了异构集成相关产品。AMD EPYC 服务器 CPU 采用 7 nm 和 14 nm 两种工艺的芯片进行集成。Intel Stratix 10 FPGA 中除了 FPGA 之外，还包括 4 个高速无线电收发两用机芯片和 2 个高带宽 DRAM，这 7 个芯片采用 3 种工艺。苹果、三星以及华为手机中采用异构集成技术实现 SoC 和内存之间的高带宽互连。未来异构集成芯片将为高性能、全功能集成等应用带来更多的灵活性和新的实现方式。

（四）跨维度异质集成系统中的热管理技术

跨维度异构集成系统采用多维集成，多芯片之间不再只是 2D 平面上的拼接，对芯片的热管理提出新的要求。2020 年，瑞士洛桑联邦理工学院的研究人员在 *Nature* 上发表了采用协同设计实现的功率器件和微流体散热集成方案（Erp et al.，2020），将冷却系统所需的歧管和微流道制作在 GaN 功率器件的衬底中，实现了 1.7kW/cm^2 的热通量。这种集成结构的提出为功率器件以及电源管理系统的热管理提供了小型化和高效率的解决方案。

跨维度异构集成系统的热管理将围绕电源管理、异构系统以及跨维度封装同时展开，从新的电路设计方案、新型异构集成架构、新的集成散热结构出发，通过异构集成架构设计、新材料探索、热学分析、力学分析等途径展开研究，提升整个系统的综合性能。

三、国际竞争力评估

目前国际上比较成熟的异质集成技术和商业产品的供应商与企业主要有 EDA 工具开发企业如新思科技、楷登电子、诺斯罗普·格鲁曼、洛克希德·马丁、波音等；高校如密歇根大学、佐治亚理工学院、北卡罗来纳州立大学；美国的英特尔、美光等，欧洲 STMicroelectronics，德国的英飞凌，比利时 EpiGan、比利时微电子研究中心，日本的索尼，韩国的三星等公司。它们的目标是打造生态系统，推动集成电路技术和产业的发展。

国内的中国科学院上海微系统与信息技术研究所用智能剥离与转移技术，初步实现了晶圆级 Si（100）基上键合 InP、GaAs、GaN、GaSb、InAs、InSb

等薄膜异质衬底，晶圆级 GaN/Si（100）、Ga_2O_3/Si（100）、Ga_2O_3/SiC、SiC/Si（100）等宽禁带半导体异质集成材料，以及硅基 $LiNbO_3$、$LiTaO_3$ 等硅基压电异质集成衬底材料。

在器件集成方面，南京电子器件研究所（中国电子科技集团公司第五十五研究所）基于 3D 异构集成技术，联合比利时微电子研究中心研制出世界上最小 38 GHz 3D 异构集成芯片（Vereecke et al.，2018），基于开发的异质集成技术研制出 GaAs pHEMT 与 Si CMOS 单片集成的数字控制开关电路，与传统 GaAs 芯片相比，芯片面积减小 15%（吴立枢等，2016）。通过外延层转移的方法在国内实现了 InP HBT 与 Si MOSFET 两种晶体管的单片异构集成，突破了 InP HBT 外延层转移、3D 高密度异构互连、异构集成电路设计等关键技术（吴立枢等，2018）。

四、发展趋势

异质集成技术从后道先进封装 2.5D SiP 到多晶圆堆叠的 3D IC，集成密度呈现数量级递增趋势。

（1）从现有 Si 基异质材料集成发展为在任意衬底上实现多材料集成，从不同工艺节点的多芯片封装集成发展为任意衬底不同工艺节点、不同工艺的多器件更高密度的集成，最终实现在任意衬底上多材料、多器件、多功能的宽口径集成，为射频、光学、生物、传感、计算等不同功能的芯片提供宽口径的集成接口进行功能组合。跨维度异质集成技术是集成电路后摩尔时代技术的必然趋势，能在更小工艺尺度、更高器件集成密度、更短互连尺度、更多功能集成等方面满足未来系统的更高要求。

（2）通过异质异构集成技术，突破不同光子器件的材料、物理局限，充分发挥不同材料在不同器件领域的优势，将不同材料器件集成在一起，实现优势集中化、最大化，是光电子集成芯片技术发展的重要趋势。在应用需求和当前严峻国际形势的驱动下，在未来 5～15 年，光电子集成芯片技术将迎来重大发展机遇，传统 Si、InP 光子集成平台将逐渐稳定，铌酸锂薄膜（LNOI）、氮化硅薄膜（SiNOI）、碳化硅薄膜（SiCOI）、Ⅲ - Ⅴ族化合物薄膜（Ⅲ - Ⅴ OI）等新型光子集成平台将逐渐兴起。为了突破不同材料光子集成平台的局限，发挥不同光子集成平台的优势，实现大规模集成光路，建设光子异质集成平台将成为必然趋势。

（3）随着对体积、功耗、功能要求的不断提升，光芯片与电芯片、射频芯片，甚至量子芯片、传感芯片、控制电路芯片、存储芯片等的跨维度异质集成将成为必然趋势（Zhang Y et al.，2020），未来有望实现量子芯片、类脑芯片、3D存储芯片、多核分布式存算芯片、光电芯片、微波功率芯片等与通用计算芯片的巨集成，进一步解决通用和专用集成电路发展的功耗瓶颈、算力瓶颈和功能拓展问题，有助于信息化产业的快速发展。

第三节　关键科学问题、技术问题

一、关键科学问题

（一）异质集成材料维度

1. 异质集成材料界面动力学与工艺物理

基于不同频率、速度、带宽、功率和集成度的要求，发挥不同半导体器件的优势是实现异质集成的重要驱动力。不同的半导体材料之间性能差异大，如异质界面的晶格、膨胀系数不匹配，需要解决异质界面动力学问题，认识材料扩散、成核、黏合、共晶等界面生成与融合机理，以及功函数调节、接触特性调控等界面调控机理，确保在异质界面生成与融合过程中，通过晶格工程、界面调控、物理化学结合等方法实现高可靠性的异质集成材料界面。

2. 异质材料集成界面匹配机理及集成策略

异质材料界面的集成质量包含界面导热能力、界面的电路匹配及界面热应力等因素，直接影响集成系统电学性能及可靠性。研究热失配、晶格失配的异质材料在键合界面处失配及应力产生的物理机制，通过对异质材料晶圆键合界面微观结构的精确表征，探讨界面空洞等缺陷产生的内在机理，剖析不同表面活化处理等工艺方法对键合质量的影响机理，建立失配材料键合界面调控方法，实现失配材料的高质量键合集成。

3. 跨尺度电、热、应力耦合机理与演变规律

跨维度异质集成的过程中，不同类型材料、器件由于自身性质的不同，相互之间可能存在不匹配的情况，需探索不同组件的性质以及相互之间的匹配兼容情况；在进行异质集成的过程中，同样需要考虑温度、湿度等外界环境因素对材料关键参数的影响，如金属电导率、介电常数、热导率、密度、膨胀系数、弹性模量等；跨维度异质集成在通信领域起着重要的作用，需研究材料、器件的关键参数在不同磁场中性质的变化，积极利用可对系统产生正向作用的性质；为异质集成电路的设计、工艺制作等方面提供原理依据和理论方法。

（二）异质集成器件维度

1. 异质材料晶体管多载流子行为规律及协同优化设计方法

针对不同材料的晶体管单元和器件结构的片上集成，研究各有源器件内部电子、空穴、声子等不同多载流子分布及作用机制，分析影响集成器件综合性能的关键因素与作用机制，探索多材料、多器件协同优化设计方法，指导器件布局、电路拓扑和互连集成结构设计，最大化发挥集成芯片的综合性能。

2. 射频微纳尺度电磁热力多物理场传输与耦合机理

研究微纳尺度下多材料、多器件、多界面、多物理场传输机理与耦合机制，探索异质材料界面热分布规律和热传输机制，掌握界面耦合调控机理，分析电源、数字、微波等多信号混合集成的串扰和匹配等信号完整性问题，研究不同类型信号在不同功能模块之间的高效传输和隔离方法，分析异类器件集成高频传输损耗产生的机制，实现高密度集成环境下信号的高质量互连和低损耗传输。

3. 集成微波光子传输问题

针对集成微波光子中的微波－光 / 光－微波转换器件，研究转换效率、

带宽等性能的提升机制，制备高性能光电探测器及电光调制器；针对微波光子集成芯片传输损耗问题，研究光传输、光子异质集成、微波光子互连集成等损耗产生因素与影响规律，降低芯片整体传输损耗，提高微波光子链路性能。

4. 微波光子集成信号干扰机制

研究芯片中微波信号之间、微波信号与光信号之间的相互串扰机制与规律，突破串扰抑制瓶颈，满足高隔离度需求；研究微波光子互连寄生效应对工作频率性能的影响机制与规律，解决寄生效应问题，提升高密度微波光子集成器件性能。

（三）异质集成工艺维度

1. 异质集成工艺物理

目前常用的异质集成工艺的参数调整都会受制于电路中电、热、应力等物理特性的变化，各种器件、小芯片、晶圆和金属材料所能承受的工艺温度和压力各有差异，要考虑工艺过程中可能积累的热应力和机械损伤，处理不同材料界面的匹配性及可靠性。因此必须认识工艺参数与电、热、应力变化之间的关系，建立异质融合集成工艺的物理基础，指导工艺设计与优化，结合大数据分析，提高电路性能和良率。

2. 异质环境热传输、散热

跨尺度集成中的热管理问题将是异质集成中的关键问题之一，在异质集成过程中应解决因材料热膨胀引起的集成失配及残余热应力问题，提升异质集成的工艺可行性；同时，发展集成后的器件或系统的跨尺度散热技术，解决功率器件热积累引起的性能下降或可靠性问题，发挥异质集成的各器件或组件的优势，满足微电子系统向小型化和多功能化方向的发展。

3. 异质集成技术可测性设计方法和评估技术

针对异质集成环境下多材料键合集成界面质量、跨尺度异质互连结构传输、多种类晶体管单元器件特性、兼容集成工艺良率等问题，研究异质集成体系下相关器件工作机理、结构模型方法和互连传输机制等理论问题，在此基础上探索可扩展在片测试方法，掌握异质集成相关测试评估技术，解决异质集成电路设计融合度和可测性之间的矛盾，获得高可靠的实验数据来支持对异质集成设计、模型、工艺和测试等方面的优化迭代。

（四）异质集成功能维度

1. 多功能高性能协同设计方法学

异质集成的过程中，需对新型多功能器件进行研究、建模，形成性能更高、成本更低的系统架构。多功能高性能器件设计的过程基于下面两个核心要求：对电磁、热、应力多物理协同设计，有源、无源电路、天线及数字、模拟电路的多功能设计，探索新型、多功能、高性能器件设计思路与方案；对多功能融合器件的稳定性、效率、寿命等性质进行研究，提取影响此类性质的关键参数，并进行建模分析。

2. 异质材料器件结构融合策略与兼容集成方法

针对不同尺度（材料级、器件级、芯片级和系统级）、不同材料体系（金属、半导体、有机物、绝缘体）、不同集成衬底（柔性、2D、3D）等异质集成环境进行统筹设计，研究不同层级、不同结构之间的融合影响关系，建立一体化协同设计方法，探索异质材料功能电路兼容制备工艺，实现多种功能器件的高效率、高质量协同运作。

二、关键技术问题

（一）异质集成材料维度

1. 跨尺度集成材料热物性评估技术

跨尺度集成过程涉及不同材料以及不同材料结构的集成。材料的热物性不仅引起集成过程中的集成失配及集成后的结构可靠性问题，也直接影响集成器件或组件的散热能力。因此，精确表征集成结构中涉及的薄膜材料、界面材料及衬底材料的热物性，形成统一的跨尺度材料热物性表征技术，是指导异质集成设计和工艺优化的关键问题。

2. 跨维度异质集成界面匹配评估技术

异质集成过程涉及不同尺度和不同维度的材料或器件集成，集成过程因材料的热失配因素不可避免地引入键合失配和残余应力等问题。集成键合热失配会引起集成器件的电路对准失配，导致集成后器件的性能下降；残余应力则会影响器件的结构可靠性及集成系统的应用可靠性。因此，跨维度异质集成界面的匹配评估技术是实现解决集成系统性能和可靠性下降的关键前提，成为异质集成领域的关键技术之一。

3. 晶圆级层转移异质集成技术

异质外延技术是在衬底材料上直接外延生长目标异质材料结构，通常受到外延层和衬底材料之间晶格失配和热失配的限制（Kazior et al.，2009），使得通过直接异质外延难以获得高质量的外延材料和低缺陷的集成界面。层转移技术是通过化学剥离、机械剥离、激光剥离和2D材料辅助剥离等方法将外延材料层从原始生长衬底上剥离下来，进而转移到目标衬底上进行集成，可实现任意尺寸、任意形貌、不同工艺体系的跨尺度异质集成（Kum et al.，2019）。但是在剥离过程中如何高效地实现外延材料与原始生长衬底之间的分离、如何实现超薄外延层材料的有效支撑、如何减小剥离材料内的应力、如何提高剥离面积和薄层质量等问题都有一定的挑战（Cheng et al.，2013）。因此，开展基于层转移的晶圆级异质集成技术是需要重点研究的关键技术之一。

（二）异质集成器件维度

1. 多物理场协同

在跨维度异质集成过程中，不同组件之间存在耦合，相互影响，需要解决不同组件之间的互耦问题，保证信号完整性；在系统中，不同组件的高速互连技术对整体性能起着重要作用，在不连续处会存在较大的能量泄露，需解决不同组件之间信号的不连续性问题，减少能量损耗；通信系统拥有部分有源器件，在工作的过程中存在放热的现象，因此需要解决系统中的温度补偿问题，减小温度对系统的影响；不同种类材料器件集成时，相互存在应力，使融合面发生形变，需探究不同情况下应力大小对整体功能的影响，并提出解决方案；提出新型平面传输线，为多功能电路的融合设计提供新型平台，利用新型传输线固有的性质与优势，实现不同组件之间的兼容。

2. 低损耗微波光子传输

针对微波光子低传输损耗需求，在器件层面首先要重点解决高效微波－光 / 光－微波转换器件及低传输损耗无源集成光路问题，从器件层面实现高效率电光 / 光电转换，减少光传输损耗；为了实现微波器件、光子器件等的高密度大规模集成，还需要解决不同器件之间互连集成损耗问题，包括光子异质 / 异构集成损耗、微波光子异质 / 异构集成损耗和微波异质 / 异构集成损耗等。其中，光子异质 / 异构集成需要解决不同光子器件之间材料不同、模式失配等问题，微波光子异质 / 异构集成需要解决互连结构寄生效应问题。另外，还需要解决器件间异质 / 异构集成结构设计、串扰抑制和异质 / 异构集成等问题，建立设计、工艺规范，为实现微波光子异质 / 异构集成芯片提供支撑。

（三）异质集成工艺维度

1. 低温异质键合集成技术

低温键合技术能够避免异质材料之间的热应力、杂质原子的互扩散等问题，实现不受晶格失配和热失配因素制约的异质材料的高质量键合（Ryong et al.，1997）。但是低温异质键合技术对键合条件的要求十分苛刻，需要研究如何通过表面处理获得清洁平坦的表面、通过表面改性获得高活性的键合表面以及通过退火获得高强度的键合结构。

2. 多材料选区异质集成技术

在新型高性能微电子、光电子器件中，需要将不同材料的器件单元集成，如何分别将这些器件单元快速、灵活、低成本、高精准地集成到目标衬底上是亟须解决的问题。基于柔性印章微转印的选区异质集成技术是一种针对微米尺度甚至纳米尺度器件进行单元化集成的技术手段，可以有效地实现单一射频器件管芯甚至小面积范围内多个晶体管超薄外延层厚度的精准集成，避免传统晶圆级转移方案中对衬底材料和外延材料的浪费。通过多次异类管芯的共面集成操作，便可以实现多种类器件的片上集成（Justice et al.，2012）。但是如何实现高精准转印集成方法、高稳定性的转印集成工艺、多管芯级的转印集成工艺流程、自动化转印集成操作等问题还需要进一步研究。

3. 异质集成系统的芯片级散热技术

异质集成主要是实现多种材料、器件及电路的高密度集成，从而最大限度地提升整个集成电路的性能，满足后摩尔时代对集成电路越来越高的性能需求。然而，随着集成度的增加，系统的热积累越来越严重，集成系统的散热问题成为制约异质集成发展的主要问题之一。因此，完成对跨尺度异质集成系统的散热技术开发，降低集成系统热阻，是异质集成技术的重点突破技术之一（Keyvaninia et al.，2013）。

4. 微波光子多功能集成技术

微波光子多功能集成技术重点解决高效微波－光／光－微波转换器件、低传输损耗 InP 及 LNOI 集成光路制备、高耦合效率光子异质异构集成等问题，为实现微波光子异质异构集成芯片提供低损耗集成光路。微波光子高密度集成时，重点解决器件间异质异构集成结构设计、串扰抑制和异质异构集成工艺问题，建立设计、工艺规范，为实现微波光子异质异构集成芯片提供支撑。在微波光子 SiP 中，重点解决微波光子高频模块集成结构设计、低损耗光耦合、模块集成寄生效应、封装及可靠性等问题，实现高性能微波光子模块。

（四）异质集成功能维度

1. 异质集成芯片协同设计、建模与仿真技术

为最大化发挥不同材料集成芯片的性能优势，需要在设计、工艺和模型及测试等层面统筹考虑（毛军发，2018）。异质集成通常涉及多个工艺平台，不同工艺平台的版图文件、设计环境的一体化，以及系统物理结构整体设计完整后的设计规则检查（design rule check，DRC）/ 布局与原理图比较（layout versus schematics，LVS），是实现全系统一体化仿真、设计的前提。异质集成环境下基础元器件、结构、互连结构等复杂的寄生环境、热电耦合等效应，又决定了器件行为的标准和精确建模，是直接影响电路性能设计的关键要素。

2. 多功能高性能器件设计关键技术

随着无线通信系统的发展，系统的集成度在不断提升，单一器件实现多种功能成为小型化的新思路，多功能无源器件设计、有源与无源电路协同设计、电路与天线的融合设计正在成为热点，需要研究不同功能之间的融合方式；利用新型材料高介电常数、高磁导率等性质与电路进行融合设计，研究材料与电路结合对系统的影响，最大限度地利用新型材料的优势，提升系统的性能。

3. 异质集成系统的可测性

异质集成系统是由多种材料的元器件、小型芯片以及天线组成的。随着系统集成化程度的提升，不同器件之间的距离极小，物理节点的可访问性给测试带来较大困难，需提出新型测试方法，掌握测试原理，得到满足可测性的必要与充分条件，从而实现对异质集成系统从理论到实际的验证。

第四节　发展措施与建议

我国异质异构集成技术尚处于起步阶段，对该技术的发展有如下建议：①在材料方面，制定关于适用于异质集成电路的高介电常数、高磁导率、新型高匹配性材料，小型化、多功能、低功耗器件的发展战略规划，优先发展基于离子束剥离与转移制备晶圆级硅基绝缘层上新型单晶半导体的异质集成通用技术，探索离子注入剥离不同新型单晶半导体晶格的“断键”与通过晶圆键合实现单晶薄膜与硅基衬底集成的“成键”两个物理过程，实现晶圆级硅基绝缘层上不同的化合物半导体材料。优先发展基于外延层剥离转移的晶体管级异质集成芯片通用技术，探索通过外延层剥离实现不同半导体有源层的“分离”以及通过阵列化层转移和定制化微转印实现有源层与目标衬底的选区集成，实现晶圆级衬底上集成不同材料、种类的晶体管器件和功能电路。②在前沿探索方面，以卫星、载人飞船、微型机器人等装备为背景，在光子

3D 集成、多物理量跨维度集成、新材料光电异质集成等领域开展前沿探索研究。③在配套措施方面，建设可实现任意薄膜剥离与转移的异质集成技术研发与中试平台，为相关技术自主研发、促进技术的产品化转化和应用推广提供保障。④积极培养相关人才，引导各类人才与团队通过平台、基地、联盟等形式开展合作、协作。⑤适应市场需求，加快建设跨维度异质集成工艺生产线，培育一批跨维度异质集成领域骨干龙头企业。

第七章

先进封装技术

第一节　科学意义与战略价值

一、半导体产业演变与驱动

在集成电路产业市场和技术的推动下，芯片封装技术不断发展，大体经历了以下三个技术阶段的发展过程：第一阶段是1980年之前的通孔插装时代；第二阶段是20世纪80年代开始的表面贴装时代；第三阶段是2000年后出现的植球工艺、凸点封装时代，2010年后，中道封装技术出现，如晶圆级封装（wafer level package，WLP）、TSV、2.5D中介层（interposer）、3D堆叠、扇出（fan-out，FO）等技术的产业化极大地提高了先进封装技术的水平。

随着集成电路应用的多元化，5G、物联网、大数据中心、高性能计算、车载电子、可穿戴电子设备、消费电子等新兴领域对先进封装提出了更高的要求，封装技术发展迅猛，创新技术不断涌现。

二、先进封装技术的演变

系统级封装概念最大的特点是：当产品功能增多、电路板空间布局有限时能够将性能不同的有源或无源元器件2.5D/3D集成在单颗IC芯片上，满足复杂的异质集成需求，保证产品的完整性；系统级封装集成倒装芯片、晶圆凸块、引线键合和扇出型晶圆级封装等多种先进封装工艺。在物理上，处理逻辑IC和存储器IC之间互连数以万计的I/O时，使用细铜柱可以很容易地实现Si基板与IC之间的数万互连，并为Si基板上的IC提供供电和接地。使用微凸点将未封装的单个IC连接到包含细节距互连的Si基板（＜2 μm线宽/节距），这种未封装的IC大大降低了封装寄生效应。

3D封装是在2D技术基础上发展起来的高级多芯片组件技术，是采用3D结构形式对IC芯片进行3D集成的技术。3D封装与常规的晶圆级封装、芯片级封装等电子封装技术相比，由于取代了单芯片封装，因而封装尺寸和重量显著减小，特征尺寸明显降低。此外，3D封装还有利于降低噪声，提高电子系统的整体性能及可靠性等。近年来，随着节点技术的不断发展及先进封装技术的不断演进，产业形态展现出一些新的特征。

第二节　芯片封装互连技术

一、芯片封装键合技术

3D封装是一个崭新的领域，超越了纯粹的晶圆级或芯片封装级的范围。它涉及各个方面的挑战，如架构、材料、过程控制、供应链、热管理、可靠性以及设计准则。在集成封装过程中，堆叠芯片或晶圆之间建立可靠互连至关重要，必须使用可靠的键合技术实现高可靠、低成本和高性能的3D封装。

引线键合工艺是一种常见的互连方法，基本形式可以分为球形键合和楔形键合两种。从键合的机制上，引线键合技术可以分为热压键合、超声键合以及热超声键合。

热压键合是最早出现的键合方法，其键合机制为利用低温扩散和塑性流动，使原子发生接触，促使固体扩散键合。该技术需要很大的热量和垂直压力来完成键合，其工艺温度为 280～380℃，键合时间约为 1 s。为了降低引线键合工艺温度，引入了超声键合和热超声键合。超声键合所需的能量包括垂直向下的力和水平方向的振动，其键合机制包括低温扩散、塑性流动与摩擦。该工艺可以在室温下进行，超声能量有助于引线发生形变，去除键合区表面的氧化物。热超声键合常用于金线及铜线的键合，与超声键合不同的是键合时需要外加热源，目的是提高键合材料的能级，从而促进键合金属间的扩散而形成连接。热超声键合工艺的键合温度一般为 100～200℃，键合时间为 5～20 ms。引线键合工艺对于提高引线键合的可靠性十分关键。

目前，倒装芯片技术的应用最高已经可实现亚微米互连节距。倒装芯片技术由 IBM 于 20 世纪 60 年代初期研发，是芯片有源面向下倒扣、利用焊球与基板互连的一种方法。与传统的引线键合和载带自动焊技术相比，倒装芯片技术具有质量轻、尺寸小、输入 / 输出容量大、电气性能优越、可批量生产等优点，但是由于硅芯片和基板的热膨胀系数（coefficient of thermal expansion，CTE）差异容易造成器件内部开裂导致破坏失效，在每种方案中，互连技术在互连结构、底部填充料和工艺流程等方面都互不相同。

具有亚微米节距功能的芯片至晶圆（die to wafer，D2W）和芯片至芯片（die to die，D2D）互连将实现芯片架构创新。封装成本和互连节距决定了键合方式，晶圆至晶圆（wafer to wafer，W2W）键合技术已被证明可达到微米级互连水平，越来越被认为是高性能和高集成封装的高性价比解决方案之一。W2W 非常适合某些应用，而 D2W 键合则开辟了更大的应用空间，包括 3D DRAM、异构集成技术。堆叠 DRAM 在晶圆上良率较低，因此需要已测试良好芯片（known good die，KGD）进行堆叠。3D 异质集成是指采用多种材料或工艺技术节点垂直方向集成封装芯片，然而，这需要芯片或者晶圆具有相同的尺寸，并且产量受到堆叠中芯片良率的限制，存在重大挑战，尤其是面临高灵敏度的键合表面、薄膜以及键合夹具清洁度的挑战。为了使直接键合技术能够应用于大批量生产，需要解决这些技术挑战以确保与现有设计和基础结构、工艺兼容。

D2D 堆叠正在 3D 互连中得到广泛研究。在这种堆叠方案中，通常在晶圆级制造 TSV，在堆叠过程之前将晶圆裂片。这项技术不仅最大限度地减少了键合工具的误差，而且确保了装配中仅使用 KGD 芯片，从而提高了良率（Liu et al.，2014）。D2D 堆叠是一种非常灵活的技术，不同大小的芯片可以封装在一起。D2W 堆叠也可以共享这些优势，不同之处在于，在 D2W 堆叠中，芯片被连接到晶圆，封装且在底部填充料分配和模塑过程之后执行每个堆叠的分割（Dunne et al.，2012），将多个芯片结合到临时载体上，同时封装到晶圆上，因此，D2W 堆叠可以实现比 D2D 堆叠更高的产量。与 D2D 或 D2W 堆叠不同，W2W 堆叠完全在晶圆级执行，在完成所有晶圆堆叠步骤之后，仅执行一个分割过程（Dong et al.，2009；Chen Y B et al.，2010）。在这方面，W2W 堆叠的工艺具有高的制造产量。但是，W2W 堆叠存在巨大的良率问题，一方面，晶圆级对准具有极高的挑战；另一方面，晶圆中存在的有瑕疵芯片无法移除，所以 W2W 堆叠的良率远低于 D2D 或 D2W 堆叠，并且随着堆叠层数的增加，良率会呈指数级降低。因此，一方面，D2W 或 W2W 堆叠可能更具成本效益；另一方面，对于 W2W 堆叠，由于 KGD 的损失，低良率会大大增加成本，特别是对于大芯片而言。目前，封测厂商、研发机构等都在研发一种称为混合键合的技术，这项技术正在推动下一代 2.5D 和 3D 封装技术。与现有的堆叠和键合方法相比，混合键合技术能够加速实现 10 μm 及以下的凸点节距，提供更高的互连密度、更小更简单的电路、更大的带宽、更低的电容和功耗，但混合键合技术也更难实现。限于晶圆的尺寸，将底部填充料填充到芯片堆叠内部的狭窄缝隙中非常具有挑战性。因此，最近的晶圆间互连研究集中于使用底部填充或根本不采用底部填充的技术（Ko et al.，2010）。另外，可以使用经过特殊设计的模板作为载体，以提高对准精度。近年来，D2D 和 D2W 堆叠取得了巨大进步，其中许多使用细节距微凸点或铜柱进行互连，并采用了改进的底部填充技术。

芯片互连节距微型化已成为增强先进封装技术中芯片之间通信带宽性能的重要组成部分，至少有两种方法可以提高互连密度，既可以通过提高驱动器电路的数据速率，也可以通过增加芯片间再布线层（re-distribution layer，RDL）线密度来实现。对于第一种方法，可以以复杂的驱动器电路或更高的功耗为代价来实现高数据速率。为了达到高带宽的目的，具有新颖性的方法之一是部署具有细线芯片间互连的体系结构，采用 RDL 技术可能是最简单的集成方法，RDL 扩展能力的提高一直是严峻的挑战。近年来，由于高密度、高集成封装技术不断发展，超细节距需求不断增强，TSV 技术需求越来越大；通常，一个封装基板包括 12 积层结构（上 5 积层 -2 核心 - 下 5 积层）和 10 μm 线宽 / 节距，足以满足大部分芯片要求。此外，无凸点键合越来越引起人们的关注，3D 无凸点堆叠有望大幅提高互连密度。使用 TSV 进行 3D 逻辑 / 内存堆叠结构的有凸点和无凸点键合有明显的差异性，无凸点键合由于没有凸点尺寸和节距的限制，可以形成更高密度（更窄节距）互连。

常见的高密度键合有两种形式，一种是在键合盘 / 线之间存在中间介质层时采用热压键合，另一种是不存在中间介质层时采用铜 - 铜扩散互连的直接键合。铜 - 铜扩散互连的直接键合可以有效地减小节距尺寸和焊盘尺寸、减小黏结和氧化对互连质量的影响。与焊料互连相比，铜 - 铜扩散互连可以提供更优良的电性能、更细的节距和更好的成本效益，其可通过纳米铜来实现。芯片堆叠工艺可以直接使用局部热压工艺，也可以在晶圆级底部填充料的支持下使用。与焊料互连相比，铜 - 铜扩散互连是更可取的互连，因为它没有焊料回流风险，没有金属间化合物形成，并且具有良好的电特性。但是，实现铜 - 铜扩散互连需要克服许多困难，如氧化铜的形成、长键合时间以及铜凸点高度共面性的严格要求。一方面，铜 - 铜热压键合采用 400℃的温度和 60～120 min 的键合时长，很难保障量产和可靠性；另一方面，低温热压键合可以有效提高产量但是无法保证可靠性。目前，铜 - 铜热压键合主要用于 D2W、W2W 键合封装，还难以大规模商业化。

目前提出了几种作为 3D 集成的解决方案，其中具有金属凸点的 TSV 技术已经开发出来，可以增加 2.5D 和 3D 集成互连密度，在构建 3D 集成中，铜 - 铜晶圆键合是在 20 μm 节距下直接互连有前途的解决方案之一（Son et al.，2020）。近 50 年，焊球质量回流法已经用于高密度互连工艺，大部分焊球凸点（controlled collapse chip connection，C4）布置于硅、陶瓷和有机基板上，封装工艺简单。

随着封装尺寸继续缩小，性能的提高和功耗的降低主导着市场应用，更高 I/O 密度和更大互连空间需求推动了高密度互连技术的发展。对于细节距和高密度倒装芯片，特别是高端器件（如 CPU），质量回流键合正逐渐向热压键合技术发展。在节距为 30～50 μm 时，热压键合是一种成熟的键合技术，有助于实现 2.5D 封装和 3D 封装（Derakhshandeh et al.，2020）。传统热压键合本质上是一个低效且昂贵的过程，以超高密度互连为目标的新热压键合工艺使新一代低成本、高性能技术成为可能。铜柱、焊盘高度的变化是一个值得关注的问题，Lee 等（2012）提出了一种补偿凸点高度变化的方法——使用化学镀镍，通过填充铜柱之间的间隙，化学镀工艺可提高互连质量，从而使电阻降低 15%。除了传统的热压键合和质量回流键合工艺外，还开发了新型的低温互连工艺（Ko et al.，2012）。在 D2D 和 D2W 键合方法中，瞬态液相和固态扩散键合之类的低温键合工艺通常具有低熔点的特点。这些方法可以大大降低封装时所需温度，并因此降低由热失配引起的应力。热压键合粘接阶段涉及热和压力取放过程，在目前的量产产线中主要集中在铜柱凸点（C2）倒装芯片上。值得一提的是，这些低温键合方法的优势不仅仅在于低温键合，更能确保封装低应力、高可靠。封装行业的发展趋势是更高密度集成、更高热机械可靠性，这些目标已经通过这些新颖的方法得以实现。例如，Sakuma 等（2010）利用环形钨填充的 TSV 技术成功制作了仅 6 μm 高的小体积 CuNiIn 焊料，并且样品在热循环测试中显示出良好的可靠性。

二、芯片封装底部填充技术

为了减小热应力失配导致的破坏失效，提高倒装芯片封装的可靠性，底部填充技术应运而生。底部填充是指：①在芯片与基板之间的空隙中填充底部填充胶并进行固化；②将芯片、焊球和基板黏附在一起，将热应力从最容易发生破裂的焊球部位转移到可以承受较大热应力变化的基板上，从而使芯片、焊球和基板之间的热应力失配程度降至最低。底部填充是提高倒装芯片封装热机械可靠性的一项关键技术，其直接决定了芯片封装的综合热机械可靠性，提高可达 10 倍以上。目前已开发多种类型的底部填充技术，主要分为毛细驱动型填充、压力驱动型填充以及无流动式填充。工业化最早、应用最广泛的底部填充方法为毛细驱动底部填充（capillary underfill，CUF）。底部填充的布胶方式多种多样，一般分为单点填充、I 型填充、L 型填充、U 型填充和口型填充，其中 I 型填充、L 型填充、U 型填充和口型填充也分别称为单边填充、两边填充、三边填充和四边填充。中小型芯片大多采用 I 型填充方式，填充效果稳定，流动一致性较好，形成融合纹倾向较小，成型后填充胶层最为紧致，在实际工艺生产中应用最为广泛。单边填充的填充速率较低，其余多边填充方式虽然可以缩短填充时间，但是容易产生被填充胶包围的气穴，从而降低了封装的可靠性，其中，可以通过在基板的相应位置设置排气孔的方式将气体排出。底部填充涂胶过程通常分多次完成，一次布胶量和毛细填充速度相匹配，避免多余胶量在芯片侧边形成绕流。

毛细驱动型填充方法虽然操作简单，但是填充胶仅在表面张力的作用下进行填充，毛细作用压力较小，导致填充时间较长，从而降低了填充封装的效率；此外，由于毛细作用的复杂性及低可控性，填充胶在芯片和基板的间隙中填充分布不均匀时，容易出现卷气、空洞等填充缺陷（王辉，2012），从而严重影响了封装产品的可靠性。为了解决这些问题，业界已经开发了一些新的底部填充方法（Tay et al.，1997；Wong C P et al.，1998），如压力驱动底部填充（injection pressure driven underfill）、无流动底部填充（no-flow underfill）、晶圆级底部填充（wafer level underfill）和模塑底部填充（molded underfill）。

压力驱动型填充是将倒装芯片放在一个定制的模具中，底部填充胶在外界压力的驱动下注入芯片和基板的间隙，在这一过程中，可以控制外界施加的压力不变或者流入模具内的填充胶流量不变。压力驱动型填充虽然可以缩短底部填充时间，提高底部填充效率（Han et al.，1997），但是外力作用导致的填充速度过快容易出现卷气、气泡等填充缺陷，严重影响倒装芯片封装的可靠性，并且这种填充方法需要定制相应的模具，工艺复杂烦琐，成本较高，缺乏普适性。

无流动式填充典型的特征是将回流和固化合并为一个步骤，有利于提高生产效率。首先在基板上滴放底部填充胶，然后放置芯片，驱动底部填充胶在下压压力作用下流动并充满整个芯片和基板的间隙，最后进行回流和固化。无流动式填充方法虽然工艺简单，但是要求填充胶成分中不含对回流焊接造成影响的颗粒，如 SiO_2 颗粒，然而含 SiO_2 颗粒少的底部填充胶的热膨胀系数较大，导致封装后芯片可靠性较差。此外，控制芯片上的焊球精准地放在基板的焊盘上也具有一定难度。

晶圆级底部填充首先通过印刷或涂覆的方式将底部填充胶转移到晶圆上，然后在晶圆上制作凸点并将晶圆切成单个芯片，最后通过表面贴装技术（surface mount technology，SMT）将芯片组装在基板上。

模塑底部填充是将模塑和底部填充过程合并为一个步骤，不仅填充了芯片与基板的间隙，而且覆盖了整个芯片。

虽然这些新技术和工艺提高了生产效率，但是也对填充材料和性能以及填充设备和工艺提出了新的挑战。在所有底部填充的工业生产中，毛细驱动型填充所占比例超过 90%（Wan et al.，2007）。

三、高密度芯片封装键合技术的挑战

（1）对于可靠的有机基板和陶瓷基板倒装芯片封装，焊点的热疲劳性能是一个关键问题。对于有机层压基板倒装芯片封装，可通过填充下填料保证焊锡凸点的可靠性。填充下填料对每个焊锡凸点施加压应力，并使凸点同时产生变形，以缓解硅芯片与有机电路板之间的整体热失配，减小芯片与电路板之间的相对变形。如果没有填充下填料，则在热疲劳实验条件下，有机层压基板倒装芯片封装的寿命不会超过数百个循环。芯片与陶瓷基板的热失配较小，因此陶瓷基板倒装芯片封装通常无须填充下填料。然而，随着高性能倒装芯片互连的芯片尺寸不断增大，填充下填料可能是提高陶瓷基板封装热疲劳寿命或其他可靠性的一种方法，但是会牺牲倒装芯片焊点的可返修性。无铅倒装芯片焊点的疲劳特性受到了锡晶体取向及其物理 / 力学性能方向性的显著影响，因为预想的倒装芯片焊锡凸点是由单个或数个晶粒组成的，与体积更大的无铅球阵列（ball grid array，BGA）封装焊点类似。传统的疲劳失效机理主要受到与中性点距离相关的因素影响（如芯片尺寸、焊锡凸点高度、热失配或热循环温差等），而当锡晶体取向在热失效过程中起作用时对传统疲劳失效机理的理解将更为复杂。在传统的热循环实验中，距中性点距离最大的硅芯片角点上的焊锡凸点最先失效。

（2）微电子封装互连无铅焊料的可靠性挑战。这些挑战源于无法经受高强度无铅焊料连接芯片所引起的大应力、大应变，这通常会导致后道互连分层或者低介电层材料开裂。一般将互连与介电材料之间的界面分层称为层间电介质分层，主要是因为采用了高强度无铅焊料，导致后道互连存在较高的热机械应力，大尺寸芯片的应用使得层间电介质分层问题更加严重，因为芯片与层压基板的整体热失配导致了更高的应力。后道互连分层失效可通过超声波扫描成像进行检测，并标识为白色凸点，因此称为白凸点失效。为了缓解后道互连分层问题，可选择蠕变速率较高的焊料，在连接芯片时更容易产生变形，从而减小传递至介电层的应力。此外，提高介电层间的黏结强度也可以有效缓解分层问题。除了后道互连分层失效，通常还观察到另一类白色凸点失效，即超低介电层材料连续开裂。随着介电常数不断减小，孔隙率不断增大，层间电介质变得越来越脆弱。随着孔隙率的增大，超低介电层的弹性模量和断裂韧性急剧下降时常观察到倒装芯片凸点下的层间电介质开裂现象。缓解这种白色凸点的根本方法是减小热机械应力，特别是传递到层间电介质的热应力。已有的应力缓解方法包括优化无铅焊料的力学性能和微观结构、优化芯片与层压基板互连时的温度曲线、减小层压基板和芯片的翘曲，以及采用热膨胀系数较低的层压材料。减小层间电介质的热机械应力也可以通过设计几何兼容互连实现，在应力传递到芯片上时迅速吸收应力。

（3）封装导线中金属原子的电迁移效应。Al 或 Cu 互连中电迁移问题通常被认为是先进 IC 中关键的可靠性挑战。但在倒装芯片焊点中并非如此，因为倒装芯片焊点的尺寸较大且电流密度较低。然而，近些年，随着集成电路及其互连不断趋于小型化，倒装芯片焊点的电迁移成为重要的可靠性问题，特别是由于大电流集聚或焦耳热效应的影响。在无铅倒装芯片技术的最新发展中，富锡焊点的电迁移已经成为关键的可靠性挑战，这主要是因为富锡焊料的熔点比高铅焊料低，其他常见的溶质原子（如铜、镍、银等）在锡基体中的扩散速率有着显著的各向异性。无铅焊点的电迁移退化机制与晶体取向密切相关，锡为密排体心四方结构，其电学、机械和扩散特性具有高度各向异性。由于倒装芯片焊点中的电流分布会对电迁移可靠性有显著影响，因此通过研究发现底层金属的厚度和阻值对焊点电流分布影响最大。如果铜作为底层金属的一部分，当它较厚时通过消除电流聚集和热点能够提高电流分布的均匀性，就能够改善焊盘的电迁移性能。对于铜凸点而言，其失效一般发生在铜 - 焊料界面处。尽管铜柱能改善电迁移性能，但是铜柱较硬，会引起更大的应力，从而带来了相应的挑战。

第三节　典型先进封装技术

一、先进封装技术

为适应更加复杂的3D异质集成需求，先进封装形式不断丰富，当前主流的先进封装技术平台，包括芯片倒装封装、晶圆片级芯片规模封装（wafer level chip scale packaging，WLCSP）、晶圆级扇出封装（fan-out wafer level packaging，FOWLP）、嵌入式封装（embedded IC）、3D WLCSP、3D芯片堆叠封装、2.5D中介层封装等7个重要技术。其中绝大部分和晶圆级封装技术相关。支撑这些平台技术的主要工艺包括微凸点、再布线、植球、C2W、W2W、解键合、TSV工艺等。先进封装技术本身不断创新发展，以应对更加复杂的3D集成需求。晶圆级封装（WLCSP、FOWLP）、2.5D封装和3D封装等技术蓬勃发展，各自主导其擅长领域。扇出技术由于具有灵活、高密度、适于系统集成等优点，成为目前先进封装的核心技术。

二、WLCSP技术

WLCSP是后端半导体封装行业中快速增长的细分市场之一，是真正的芯片尺度级封装技术，其封装尺寸与单个芯片的尺寸相同。封装直接在晶圆上完成。WLCSP具有更小、更轻、更薄以及更好的导热特性，从而更具成本效益。芯片尺度级封装的概念起源于20世纪90年代，遵循的是IPC/JEDEC J-STD-012标准，它主要应用于低I/O密度的电擦除可编程只读存储器（electrically-erasable programmable read-only memory，EEPROM）、专用集成电路以及微处理器芯片等，尤其当晶圆大而芯片小时，其成本会更有优势。芯片尺度级封装主要的步骤为：把芯片贴装到模塑料中介层上，再用倒装键合将焊盘和基板连接起来，然后用模塑料封装保护芯片，最后在底部植球。

四层 WLCSP 的典型结构，还包括在两个介电层之间的 RDL 和底层金属作为 SAC 焊料放置的最终层。聚酰亚胺（polyimide，PI）或聚对苯撑苯并二噁唑纤维由于具有良好的可靠性而被广泛用于介电层。带有底层金属的 WLCSP（WLCSP-U）是当前的主流结构。具有铜柱的 WLCSP（WLCSP-P）不仅增加了芯片和 PCB 的间隙，而且使用了 CTE 接近 PCB 的合适的密封剂。因此，可以有效地减轻焊料互连部分的应力，并提高板级可靠性。此外，铜柱的电导率和热导率比焊料凸点高几倍，因此对于高电流密度应用（如大功率和小间距器件）变得更具吸引力。此外，铜柱具有类似厚底层金属的出色的抗电迁移性能，可缓解芯片焊盘和凸块界面处的电流聚集现象。WLCSP 现在已经是封装技术的主流技术之一，主要有两种：一种是直接凸块焊盘（bump on pad，BOP）互连；另一种是 RDL。BOP 广泛应用于模拟、功率封装，由于电流是直接垂直流过，所以对于功率器件封装很有优势，成本较低，但是它的端口数量比较有限，所以发展到 RDL+ 凸块模式。BOP 直接把凸块锚在顶层金属线的焊盘上，而 RDL+ 凸块是用 PI 隔离并布线。

WLCSP 涉及多种材料，由于材料的刚性、热膨胀系数和温度的影响，其力学性能并不相同。此外，WLCSP 中的焊锡球还起到传热和吸收组件之间膨胀差异的作用。因此，焊球的可靠性对封装有很大的影响，芯片封装交互热机械应力会导致焊点中裂纹的产生和增长，并最终使互连失效。在射频器件应用中，较小的凸块尺寸是提高性能的首选。在许多情况下，相当大比例的芯片面积会因焊料凸点而减少，以进一步降低耦合噪声。即使对于小型芯片应用，这两个要求也会严重影响焊料凸块的可靠性寿命。每个工艺都有相应的检测标准（Chang et al.，2011；Chen et al.，2014）。检测包含五个项目：保护层缺陷、直径、共面性、金属凸块缺陷和金属凸点的高度。金属凸点的外观检测包括 2D 检测和 3D 检测。2D 检测主要用于外观缺陷检测，3D 检测检查凸点的高度和整个 IC 的平面性，以确保每个凸点与基板之间的良好互连。此外，焊球的熔点通常不高，电子行业将它们用于表面贴装。但是，这可能会导致在电子部件的正常工作温度下发生蠕变和塑性行为，以及在热循环环境中累积塑性变形和断裂。这些过程将影响焊球的高度，并使封装产品失去其原有功能。WLCSP 不仅是实现高密度、高性能封装和系统级封装的重要技术，也将在器件嵌入 PCB 技术中起关键作用。

三、2.5D Interposer 封装技术

2.5D/3D IC 先进封装技术通过堆叠 2D 芯片，并在 3D 方向进行连接，有望进一步提升芯片集成密度，并且显著减小互连延时和互连密度。通过中介层实现高密度互连的中介层通孔（through Si interposer，TSI）技术称为 2.5D 集成（或 2.5D IC），具有克服系统规模限制的显著优势。2.5D 术语源于以下事实：使用硅中介层技术将 IC 并排堆叠在硅中介层上。硅中介层提供了一个技术平台来集成不同的技术（如 CMOS、存储器、传感器、高密度铜互连、硅光互连等），从而实现异构集成。

硅中介层平台提供了高密度互连，以解决许多异构系统中芯片缩放和系统布线之间的空白问题。硅中介层使设计人员可以连接多个具有高密度、细节距（＜4 μm）亚微米互连和微凸点（节距＜40 μm）互连的 IC 芯片。

硅中介层上的 2.5D 异构集成是一种技术平台，采用 2.5D 硅中介层的系统可以解决性能和功耗方面的限制，而仅依靠摩尔定律缩放构建的 SoC 的传统封装技术无法解决这个问题。总之，2.5D 异构集成是一种可扩展的方法，可用来满足下一代系统的功率和性能要求。尽管机遇无限，硅中介层是一种正在被业界广泛采用的典型技术，但硅中介层上的 2.5D 异构集成设计、制造和封装方面的挑战问题仍未解决。

用于硅中介层制造的硅工艺面临的主要挑战是 TSV 技术的形成。该工艺涉及蚀刻、介电沉积和铜电镀以填充通常形成在硅中介层正面的 TSV。这些步骤中的每一个都需要基于硅中介层中的 TSV 密度进行优化。另外，处理批量化也是控制这些步骤成本的关键挑战。另一个挑战来自处理变薄的 300 mm 硅中介层晶圆。在减薄时，硅中介层的背面需要进行特定的处理，包括钝化和形成用于连接到封装基板的焊料。薄晶圆处理是硅中介层晶圆制造中的主要挑战之一。在该行业中，业界使用临时键合和解键合（temporary bonding/de-bonding，TBDB）方式。

典型的 2.5D 中介层封装由堆叠在含有 TSV 中介层之上的一个或多个芯片组成，后者又被封装在基板上，两个芯片可以在中介层上并排封装，也可以由一个多芯堆叠（如存储）代替。通过使用多个芯片的 3D 堆叠，可以容纳在单个封装中的总硅面积显著增加。由于芯片间通信的互连非常短，因此它

还大大提高了设备性能。

2.5D TSI 封装是一个高度集成的系统。尽管基本的构成要素与传统的倒装芯片封装没有什么不同，但是多层的芯片、焊料、底部填充和基板堆叠以及封装内部所有物理尺寸的最小化使得这种封装极具挑战性。2.5D TSI 封装集成的新范式必须针对低应力、低翘曲硅中介层设计开始，以此作为 2.5D 封装基础，并考虑各种工艺流程顺序以及包括硅器件在内的封装材料之间相互作用的影响。为了将 2.5D TSI 技术用于大批量生产，需要提高制造效率。如前所述，这些改进集中在 WLP 上，以支持硅中介层的制造和封装。需要提高效率的关键领域包括：①用于处理硅中介层薄晶圆的 TBDB，目前，该工艺存在量产瓶颈，因为每小时只能通过 TBDB 处理几个晶圆；②芯片到晶圆的键合需要以高对准精度将 IC 连接到硅中介层晶圆，以支持细节距（＜40 μm）的微凸点。同样，能否批量生产也是关键的性能指标。

四、3D IC 集成封装技术

为了提高处理器速度，芯片制造商正在积极追求 3D IC 集成封装架构。这种架构可实现极高的集成度，并具有增强的电气性能和扩展的功能，有助于实现 VLSI 和特大规模集成电路（ultra large scale integration circuit，ULSI）技术。然而，由于增加的散热和不同层之间的复杂电互连，给利用 3D 集成来提供附加的器件层带来了挑战。3D IC 体系架构合并了多个器件层，这些器件层通过垂直互连以扩展 2D 芯片的性能。异质 / 同质内核堆叠在单个或多个芯片模块中，逻辑和存储设备根据系统要求以单个或多个级别集成；TSV 和热通孔在为不同层之间的热和通信提供路径方面起着至关重要的作用。为了实现 3D IC 集成，需要多种关键技术，如 TSV、晶圆减薄以及晶圆 / 芯片键合技术。由于 TSV 具有缩短互连路径和减小封装尺寸的优势，因此被视为 3DIC 集成的核心，它为最短芯片互连以及最小化焊盘尺寸和互连节距提供了可能。与其他互连技术（如引线键合）相比，TSV 的优势包括：更好的电气性能、更低的功耗、更大的数据宽度和带宽以及更高的密度。TSV 是一种颠覆性技术，可以将芯片堆叠使 3D 空间充分利用。更重要的是，堆叠技术改善了多芯片连接时的电学性质。TSV 实现了贯穿整个芯片厚度的电气连接，开辟了芯片上下表面之间的最短通路。芯片之间连接的长度变短也意味着更低的功耗和更大的带宽。TSV 技术最早在 CMOS 图像传感器中被应用，现已延伸到 FPGA、存储器、传感器等领域。3D 存储芯片封装也将大量应用 TSV 技术。叠层（packaging on packaging，PoP）封装是一种将分离的逻辑和存储在垂直方向上结合起来的封装技术。在这种结构中，两层以上的封装单元自下而上堆叠在一起，中间留有介质层来传输信号。叠层封装技术增大了器件的集成密度，底层的封装单元直接与 PCB 接触。传统的叠层封装是基于基板的堆叠，随着存储器对高带宽的需求越来越大，球间隔要求更小，未来将会与扇出晶圆级封装技术相结合，进行基于芯片的堆叠。

3D 堆叠使 2.5D/3D IC 集成封装不仅在材料选择和工艺开发方面非常具有挑战性，而且对处理受力不均、高度翘曲且易碎的晶圆，芯片封装协同设计也同样遇到极大困难。对于成功的 3D IC 集成封装，必须从封装的物理设计 / 布线和材料选择、封装工艺流程考虑硅芯片、凸点互连、底部填充、基板和模塑料之间的多种交互作用。翘曲问题是由硅和基板之间的 CTE 不匹配引起的。通过在这两个组件之间添加底部填充料以增强焊点可靠性，并用 EMC 密封器件和基板以保护封装。这可能使封装翘曲变差也可能变好，具体取决于底部填充料和结构的热机械性能，以及每个组件的相对厚度。对于这一挑战，没有一种万能的解决办法，使用多场多尺度建模和仿真来预测翘曲，尤其是在封装工艺温度下的翘曲，是一种非常有用且经济的方法，可以为给定的封装设计和材料设置选择合适的工艺流程提供帮助，以最大限度地缩短工艺开发时间、降低成本。

五、扇出封装技术

（一）扇出封装技术的发展

扇出封装作为一种嵌入封装技术，由于其易于实现多功能系统级封装集成，已成为当今最受欢迎的集成封装技术。扇出晶圆级封装具有将裸芯片嵌入模塑料、玻璃及硅中的独特能力，并使用 RDL 提供互连。扇出晶圆级封装通过将芯片埋入工艺与晶圆级精细布线工艺结合，最大限度地减少了形成高密度封装所需的 RDL 层数，同时带来了成本优势。根据应用不同，芯片可以选择横向集成或垂直堆叠，以实现最短互连长度、最小封装尺寸、更多功能和更高集成封装。扇出晶圆级封装已演变为一种通用的半导体封装技术，并且有助于延续和超越摩尔定律。当然，除了多芯片集成之外，短距离、高密度 RDL 工艺还特别适用于高速或高频芯片封装；同时由于 RDL 可以布置在整个嵌入区域，因此可以避免基板或转接板的使用。与传统的多芯片封装相比，扇出晶圆级封装具有更小的封装尺寸和更低的热阻等优势，除扩展 I/O 之外，还可应用于各种 2.5D 和 3D 多芯片异质集成。

扇出封装技术将成为下一代便携式消费类应用首选的先进封装技术之一。2001 年 10 月英飞凌在美国申请了一项扇出晶圆级封装专利（Hedler et al.，2001），并在 2006 年发表了两篇技术论文（Brunnbauer et al.，2006a；2006b），当时被称为嵌入式晶圆级球栅阵列（embedded wafer level ball grid array，eWLB）封装技术（Brunnbauer et al.，2006b），即后来广义上的扇出晶圆级封装技术。该技术由 KGD、EMC 和 RDL 构成。2009 年第一代扇出晶圆级封装技术成功实现商业化应用。后来英特尔收购了英飞凌的无线业务，英特尔无线部门开始将扇出晶圆级封装用于手机基带长期演进（long term evolution，LTE）技术芯片的封装，尺寸仅为 5.32 mm × 5.04 mm；到 2013 年，一些大型的无线 / 移动 IC 设计厂商（如 Qualcomm 和 Broadcom）开始对扇出晶圆级封装进行技术评估和引入，并逐步实现批量生产。在 2007 年的电子元器件技术会议（Electronics Component Technology Conference，ECTC2007）期间，Freescale（现在的 NXP）提出了一项类似的技术，并将其称为重分布式芯片封装（Keser et al.，2007）。新加坡微电子研究所将扇出晶圆级封装技术扩展到 3D 多芯和堆叠封装，并在 ECTC2008 上展示了该技术（Khong et al.，2009；Kripesh et al.，2008）。起初，扇出晶圆级封装技术的优势并没有受到充分的重视，也没有大规模地替代原来的封装技术。直到 2015 年，台积电针对 iPhone A10 处理器开发了集成扇出（integrated fan-out，InFO）封装技术，其基于 16 nm FinFET 制程将 iPhone A10 处理器安装在台积电的 InFO 封装中，其封装厚度范围为 0.23～0.33 mm，相对于上一代处理器所使用的 FC-PoP 封装技术，InFO 封装厚度减少了大约 20%，信号完整性增强了大约 20%，电源噪声降低了大约 47%，结点温度降低了大约 12℃。台积电在 ECTC2016 上发表了两篇关于扇出晶圆级封装的论文，其中一篇是 *InFO*（*wafer level integrated fan-out*）*technology*（Tseng et al.，2016）。InFO是一项基于扇出晶圆级封装的高密度和高性能3D系统集成技术。InFO技术不仅可以将不同功能的芯片集成到更小的面积中，还可以集成各种高性能无源器件（包括电感、天线）等。同时，InFO技术通过了封装级和板级可靠性认证，在互连上也具有高的抗电迁移能力，对扇出封装的市场产生了深远而持久的影响。扇出封装技术的出现给业界提供了一种小尺寸、高集成度的封装方案，在一定范围内可替代传统的引线键合焊球阵列封装或倒装芯片焊球阵列封装结构，特别适用于蓬勃发展的便携式消费电子领域（Lau，2019；Alam et al.，2019）。

随着TSV、3D堆叠、FO、集成无源器件、MEMS等技术的不断成熟，一些基于扇出晶圆级封装的系统集成概念不断被提出。一个理想的基于扇出晶圆级封装的3D集成系统封装概念包括有源器件、MEMS、TSV和IPD等组件。基于扇出晶圆级封装的系统级封装技术不断地被开发出来，典型扇出封装开始朝着3D系统级封装集成发展，并由单面封装工艺逐步发展到双面RDL工艺，同时朝着更大尺寸的板级扇出封装快速前进。

扇出晶圆级封装是一种无衬底的封装，通常使用临时载板和模塑料、硅、玻璃及有机物来嵌入单个或多个芯片，并使用RDL来扇出输入和输出创建封装。根据结构材料的不同，扇出型封装可以大致分为三类，即嵌入基板的封装技术、嵌入模塑料的封装技术以及嵌入其他材料的封装技术。根据放置芯片工艺顺序，其又可细分为先芯片（chip-first）和先RDL（RDL-first）（Ho et al.，2018；Zhu J C et al.，2018；Lin et al.，2017）。根据芯片功能层的朝向，还可以进一步细分为芯片面朝下（face-down）和芯片面朝上（face-up）。随着技术的进步，不同结构和材料的扇出封装也不断被提出。美国佐治亚理工学院系统级封装研究中心在2017年提出了一种新型的基于玻璃面板的扇出封装技术（Shi et al.，2017）。华天科技独立开发了硅基扇出封装技术，该技术主要是将功能芯片埋入硅基板内部的凹坑内，其中硅基板使用TSV技术实现正反两面电学性能的导通。在芯片与硅基板间隙填充聚合物起到固定与支撑作用，芯片表面利用金属互连层与硅转接板的TSV、焊盘、焊球等进行电气互连（Chen C et al.，2018；Ma et al.，2018）。这种结构具有紧凑化、薄型化的优势，同时利用硅作为基底，而不再使用EMC作为封装衬底的主要承载材料，大大提高了封装的机械强度，与上述的英飞凌嵌入式扇出晶圆级球栅阵列相比翘曲小，热失配应力小，可靠性更高。

采用芯片面朝下先芯片工艺的扇出封装实际最早由英飞凌提出，而大规模制造则是由 STATSChipPac、ASE、意法半导体、安靠封装测试等公司实现的。这是最典型的扇出晶圆级封装技术，也是目前大多数 FOW/PLP 产品使用的技术。这项技术的核心过程是分离后芯片的晶圆重构，利用该技术成功地扩展了单芯片的功能应用，解决了 I/O 瓶颈。

芯片面朝下先芯片型扇出晶圆级封装主要应用于 I/O 数有限的情况下，RDL 线宽 / 节距通常为 10～15 μm，主要集中在基带、电源管理、射频和微控单元等方面。

芯片面朝上先芯片型扇出晶圆级封装工艺与芯片面朝下先芯片型扇出晶圆级封装工艺不同，它必须使用临时载板和重构晶圆。同样是利用先装芯片的思路，将芯片正装在贴有双面胶膜的载板上，利用塑封打磨的方式将芯片功能区露出并进行再布线工艺，并通过再布线开口的方式植球（Ko et al.，2018）。先 RDL 工艺在晶圆上直接形成钝化层，并通过开口的方式将芯片焊盘露出，由再布线工艺对开口部分进行布线，并在合适区域形成掩模开口，通过溅射金属层并进行电镀的方式形成铜柱，后续工艺包括芯片倒装、塑封、剥离载板、背面植球。

（二）扇出封装的典型工艺技术

晶圆重构技术是指将从晶圆厂得到的晶圆减薄、裂片获取单颗芯片后，重新阵列贴装在贴有双面胶膜的载板晶圆上。为了使芯片准确安装在载板上的固定位置，通常可以使用贴片机直接完成。该工艺的技术难点是定位精度。虽然贴片机内预制了设定位置及实际位置的坐标，但是因为存在不同底部胶膜，即使前期贴片时进行了重复校正，实际贴装时也会由于芯片放置在胶膜上可能存在压力等对芯片位置产生影响（Ko et al.，2018；You et al.，2018）。

塑封的目的主要是通过塑封料包裹芯片，对芯片以及整个封装体形成保护。主要流程是先将贴装好芯片的晶圆放在塑封机上，塑封机上下设有契合待塑封产品的模型，之后盖上顶部的模具，这样晶圆被上下的模具夹住，仅可以在晶圆上的芯片内进行填充。之后放置对应的塑封料，塑封料在受热（通常在 170℃）后软化，并通过模具间的空隙流动进入晶圆表面的芯片周围，冷却固化后实现对芯片的保护。

RDL 技术是通过在晶圆表面沉积金属层，依次制作介质层并形成相应的金属布线图形，之后对芯片的功能区域进行重新排布，将功能区域引出到更为宽松的区域。为了实现更大的封装面积，需要将芯片上功能区域引出到扇出范围。一次布线完成之后也可以重复多次对线路进行整合得到需要输出的位置并进行植球（Che et al.，2016；Ma et al.，2016）。更复杂的芯片被集成到一个扇出封装体需要更多的布线层与更细的线宽和节距。今天的先进扇出封装线宽 / 节距在 5 μm 及以上，并往 2 μm 发展。在研发方面，有些公司正积极开展线宽 / 节距在 1 μm 及以下的高端扇出技术的研发，其中包括能够支持 HBM 的封装技术。

扇出晶圆级封装拥有极佳的成本优势，尤其对于消费电子等小型封装，WLP 的成本直接取决于封装尺寸。扇出晶圆级封装具有超薄封装特性，热耗散极易导向热沉，由于没有中介层或基板，仅拥有极薄的 RDL，因此扇出晶圆级封装热阻率很低。与其他封装技术相比，热通量流出具有更小的阻力。通常而言，扇出晶圆级封装因其互连短、电阻低、寄生率低而拥有极佳的电气性能，优于传统的 WB-CSP 和 FC-CSP 技术。超薄 RDL 互连依赖薄膜技术的发展，高准确率和高可重复性 RDL 工艺促进了扇出晶圆级封装互连密度的提升。20 μm 线宽 / 节距是现在的标准，先进扇出晶圆级封装产品已经可以提供 5 μm 以下的线宽 / 节距（Ma et al.，2016；Cardoso et al.，2017；Podpod et al.，2018）。

封装面积在扇出后虽然得到了增大，但是扇出面积有限，更高密度的封装只能通过增加体积的方式来实现，即在 *Z* 轴上通过堆叠等方式实现 3D 集成封装，但是芯片与芯片或模块与模块之间可能存在诸如磁或电信号之类的干扰，芯片堆叠需要结合一些铜柱、焊球及通孔等工艺，芯片之间的影响需要考虑芯片排布以及部分封装级电磁干扰屏蔽。在输出部分需要确定开口位置确保精度，同时需要保证底层金属强度以及焊球强度和高度，植球时需要控制焊球连接位置确保精度，同时通过回流温度以及均匀度等参数来控制回流后的焊球高度，保证产品输出端的共面性。超薄、高性能、低成本等封装需求持续推动了先进封装技术的发展，新型扇出晶圆级封装技术的开发是最新的行业趋势（Lau et al.，2018；Wang C T et al.，2018）。

第四节　先进封装技术总结与思考

目前，整个集成电路业都在不断推动先进多芯片封装架构的发展，更好地满足高带宽、低功耗的需求。具体提高封装互连集成度的方向有三个。第一个是堆叠裸片的高密度垂直互连，它可以大幅度提高带宽，同时可以实现高密度的裸片叠加。第二个是全局的横向互连。在未来，小芯片的使用会越来越普及，我们也希望在小芯片集成当中保证更高的带宽。第三个是全方位互连，通过全方位互连可以达到之前无法达到的 3D 堆叠带来的性能。

先进封装技术的发展方向分为以下几个部分。

（1）激光隐形切割技术。与传统的切割方式相比，激光隐形切割属于非接触式加工技术，可以避免对晶体硅表面造成损伤，并且具有加工精度高、加工效率高等特点，可以大幅提升芯片生产制造的质量、效率和效益。激光隐形切割技术是一种用于解决传统激光切割过程中切口缺陷和热损伤等难题的新技术，其显著特点在于激光切割位置发生在材料内部，材料的表面无污染和损坏，因此，它是一种清洁无污染的加工技术。在激光隐形切割过程中，激光光斑焦点汇聚于材料内部，焦点处的激光光强最大，表面处的激光光强最小。由于高能激光的作用，焦点处形成改性层，包括烧蚀孔洞、相变结构等，而表面无任何破坏。在随后的机械分离过程中，由于焦点处应力集中或孔洞的存在，材料易在此处开裂，形成分离的芯片。

（2）用于基板和 3D 器件集成的熔融和混合键合技术。熔融键合或直接晶圆键合可通过每个晶圆表面上的介电层长久连接。该介电层用于衬底或层转移，如背面照明的 CMOS 图像传感器。混合键合扩展了与键合界面中嵌入的金属焊盘的熔融键合，从而允许晶片面对面连接。混合键合的主要应用是高级 3D 堆叠，如 D2W、D2D 以及 W2W 的铜混合键合。在 3D 器件集成封装时，微凸块通过使用芯片上小铜凸块作为晶圆级封装的一种形式，在芯片之间提供垂直互连。凸块的尺寸范围从 40 μm 节距缩小到 20 μm 或 10 μm 节距。但是缩小到 10 μm 以下变得非常具有挑战性。混合键合通过完全避免使用凸块为 10 μm 及以下节距提供了解决方案，它提供极高的互连密度。混合键合的主要应用包括 CMOS 图像传感器、存储器以及 3D SoC。

（3）小芯粒（chiplet）技术。为降低芯片设计和制造成本以及实现更大的设计灵活性，小芯粒技术应运而生。小芯粒技术是 SoC 集成发展到一定程度之后的一种新的芯片设计方式，本质上它是一个商品化的、具有功能特征的单一小芯片。小芯粒模式提供了主流成熟工艺选择的灵活性，可以将不同制程节点（7 nm、14 nm）、不同材质（硅、砷化镓、碳化硅、氮化镓）、不同器件（CPU、GPU、存储器）的小芯粒集成封装成多芯粒集成系统。与传统单片 SoC 设计方法相比，多芯粒异构集成在高端芯片设计中提供了异质性、可重用性和易于更新的知识产权等有前景的特性。通过这种架构，每个知识产权都可以在其最合适的技术节点下独立设计成一个芯粒，并封装到高端芯片中。这种设计方法使设计人员能够将预先设计的芯粒重新用作即插即用模块，简单地选择合适的已有芯粒并将它们异构集成到目标中，从而大大降低了设计时间、复杂性和成本。此外，芯粒开发风险显著低于传统单片 SoC 设计，系统更新大大简化，因为它只需要更换必要的芯粒，而不是从头开始重新设计整个芯片架构。因此，多芯粒异构集成系统作为有竞争力的候选者正在获得广泛关注和普及。

第八章

人工智能理论、器件与芯片

第一节　技术战略地位

AI 也被称作机器智能，其核心是开发能够模拟、延伸和扩展人的智能的理论、方法、技术及应用系统，其主要研究内容涉及芯片、传感器、算法模型等领域，是一门跨计算机、电子、自动化、软件等学科的交叉学科。2016 年 10 月，美国发布了《国家人工智能研究与发展策略规划》报告，提出了七大重点战略方向，包括：①人工智能研发。对下一代人工智能研发进行持续支持。②人机协作。研发具备感知能力的新型人工智能技术、数据可视化和人－机界面技术、更有效的自然语言处理系统等。③理解和应对人工智能带来的伦理、法律和社会影响。为使所有人工智能技术能够遵循与人类相同的正式与非正式道德标准，要对人工智能的伦理、法律和社会影响进行研究，并开发设计与伦理、法律和社会目标一致的人工智能研发方法。④人工智能系统安全性。保证系统能以可控的、明确的、充分理解的方式安全操作，因此需进一步研究设计可靠、可信任、可依赖的系统。⑤人工智能共享公共数据集和测试环境平台。公共数据集资源的深度、质量和准确度极大地影响人工智能的性能，因此需要开发高质量的数据集和环境，建立使用高质量数据集测试和培训资源的机制。⑥人工智能技术的标准和基准。为指导及评估人工智能的进展，需要进一步研究形成一系列必要标准、基准和试验平台。⑦国家人工智能研发人才。人工智能的发展需要一支强大的人工智能研究团体，要更好地了解目前和将来人工智能研发对人才的需要，以确保有足够的人工智能方面的专家支撑战略研发和产业发展。

欧盟主要以项目方式促进人工智能发展，先后启动了人脑计划和机器人研发计划。2013 年，欧盟首先提出了人脑计划，其和参与国将在 10 年内提供近 12 亿欧元的经费，是全球最重要的人脑研究项目。该计划旨在通过计算机技术模拟大脑，建立一套全新的、革命性的生成、分析、整合、模拟数据的信息通信技术平台，以促进相应研究成果的应用性转化。欧盟在“地平线2020”计划中出资 7 亿欧元，欧洲机器人协会出资 21 亿欧元共同资助“欧盟机器人研发计划”。

2016 年 5 月 23 日，日本文部科学省确定了人工智能 / 大数据 /IoT/ 网络安全综合项目，包括以下三方面内容：一是开发能综合多样化海量信息并进行分析的技术，促进社会和经济发展。二是开发能基于多样化海量信息，根据实际情况进行优化的系统。三是开发适用于由多种要素组成的复杂系统的安全技术。开发高性能、轻量化加密技术，以及能适应复杂多样环境的安全技术。

2015 年 7 月 4 日发布了《国务院关于积极推进“互联网 +”行动的指导意见》，重点部署加快互联网 + 人工智能的发展，推进重点领域智能产品创新，培育人工智能新兴产业，鼓励企业依托互联网平台提供人工智能公共创新服务等。2016 年 8 月 8 日，国务院印发了《“十三五”国家科技创新规划》（以下简称《规划》），《规划》中指出，重点发展大数据驱动的类人智能技术方法，革新与突破关键技术，研制研发相关工具、平台和设备，支撑发展智能产业，并部署了智能机器人等典型应用。同年，国务院办公厅在 9 月 12 日印发的《消费品标准和质量提升规划（2016—2020 年）》中，要求完善智能消费品标准，健全人工智能技术标准化、产品化、专利化。国务院在 2016 年 12 月 19 日发布《“十三五”国家战略性新兴产业发展规划》，培育人工智能产业生态，推广人工智能在经济社会重点领域的应用，打造领先国际的技术体系。

2017 年 1 月 15 日，中共中央办公厅和国务院办公厅印发《关于促进移动互联网健康有序发展的意见》，指出要坚定不移实施创新驱动发展战略，系统性突破核心技术，加紧布局人工智能等新兴移动互联网关键技术，在全球率先突破部分前沿技术及颠覆性技术。同年，国务院在 7 月 20 日发布《新一代人工智能发展规划》，指出抢占人工智能发展的重大战略机遇，发挥中国人工智能发展的先发优势，加快建设创新型国家和世界科技强国，使得人工智能正式成为国家战略。

算力是支撑人工智能技术的核心要素之一，先进人工智能技术落地的瓶颈在于缺乏能够提供足够算力的硬件平台，因此高算力芯片成为人工智能时代的战略制高点。高算力芯片决定了人工智能计算硬件平台的基础架构和发展生态，不但会影响人工智能理论和算法的未来走势，而且直接决定了人工智能技术的能力上限。当前的人工智能硬件平台主要被 NVIDIA、英特尔、AMD、ARM 等国外公司把持，每年的市场规模超过百亿美元，而国内仅华为和少数创业公司在移动端产品有所涉足，但还未形成足够的竞争力。目前，我国在人工智能算法和训练数据方面取得了比较明显的进步，但是所用的人工智能芯片几乎全部从美国采购，因而导致国外随时可以在硬件平台上对我国进行“卡脖子”。美国为了维护其在人工智能芯片领域的领先地位，多次以国家层面的力量影响该领域，包括多次叫停中资机构对国外相关企业的收购，促成收购 ARM 以进一步整合实力，禁止高端人工智能芯片向中国出售等，因此我国发展自主人工智能芯片技术迫在眉睫。

当前的人工智能芯片主要基于传统的数字逻辑方式，采用 CMOS 器件，利用并行计算和优化指令集等技术提高人工智能算法的运行效率。然而，由于 CMOS 器件功能和性能方面的限制，以及冯・诺依曼架构造成的存储与计算分离问题，传统人工智能芯片的算力和能效已接近“天花板”，不再能满足人工智能对算力快速增长的要求，因此人工智能芯片技术将面临转型。未来，需要类似大脑结构和工作机制的新器件和新架构，以更加仿生的方式突破现有瓶颈。国内外都高度重视基于新型器件的人工智能芯片，国外启动了欧洲脑计划、美国脑计划、美国电子复兴计划等多个项目群，其中一个主要的研究方向就是探索新型神经形态器件和基于新器件的人工智能芯片。在这些项目的支持下，国外已开发出多种新型神经形态器件，未来几年将开展基于新器件的工艺集成研究和新架构研究，并在更远的未来开展芯片技术的研究。我国自然科学基金委员会和科技部也支持了类似的项目，清华大学、北京大学、南京大学、中国科学院微电子研究所、中国科学院物理研究所等单位先后取得了一系列重要突破，华为、阿里、新华三等企业已开始早期投入。目前，我国在新型人工智能器件与芯片的研发方面走在世界前列，未来还需加速推进，抢占人工智能技术的制高点。

第二节　理论、器件与芯片的发展历程

一、人工智能理论与技术

（一）人工智能领域发展简况

人工智能诞生自 1956 年的达特茅斯会议，由麦卡锡、闵斯基、香农、纽厄尔、西蒙等人共同发起，并在建议书中对于人工智能的预期目标的设想是“可以被如此精确地描述，以至于可以制造一台机器来模拟它”。人工智能被认为是 21 世纪三大尖端技术（基因工程、纳米科学、人工智能）之一，其研究内容涵盖模式识别、机器学习、计算机视觉、自然语言处理、机器人等多个领域。

随着大数据时代的到来，如果拥有一定质量的大数据，由于深度神经网络的通用性，它可以逼近任意的函数，因此利用深度学习找到数据背后的函数具有理论的保证。这个论断在许多实际应用中得到了印证，例如，在标准图像库 ImageNet（20 000 个类别，1400 万张图片）上的机器识别性能方面，2011 年误识率高达 50%，2015 年微软公司利用深度学习方法使误识率大幅度地降到 3.57%，比人类的误识率（5.1%）还要低。在低噪声背景下的语音识别率方面，2001 年之前基本上停留在 80% 左右，到了 2017 年达到 95% 以上，满足商品化的要求。2016 年 3 月谷歌围棋程序 AlphaGo 打败世界冠军李世石，是第二代 AI 的巅峰之作，因为在 2015 年之前计算机围棋程序最高只达到业

余五段。

深度学习的成功来自数据、算法和算力三个要素。典型的例子如下：

（1）AlphaGo是深度思考推出的系列围棋对弈程序，先后战胜人类顶级棋手李世石和柯洁，成为人工智能发展过程中的一个重要突破。AlphaGo的神经网络由40个残差块组成，训练了3.1×10^6批次的训练数据，整个训练过程持续了近40天。

（2）AlphaStar在即时战略游戏星际争霸2上排名超过了99.8%的人类玩家，并且在比赛中击败了一系列的人类顶尖玩家。它由多个智能体（Agent）组成，完成每个Agent的训练需要在32个第三代TPU上运行约44天。

（3）BERT（bidirectional encoder representation from transformers）是谷歌2018年开发的基于变换的机器学习技术，用于自然语言处理预训练，在机器翻译等诸多任务上取得了重要突破。针对英语的BERT有两种构型：基本型包括12层神经网络共1.1×10^8个参数；完全型包括24层神经网络共3.4×10^8个参数。训练集有两种：含有8×10^8个单词的BooksCorpus数据集；含有2.5×10^9个单词的English Wikipedia数据集。

（4）GPT-3是OpenAI创建的GPT-n系列中的第三代语言预测模型。GPT-3的完整版本于2020年5月推出，包含1750亿个机器学习参数。GPT-3的论文中未明确说明其训练使用的计算资源的规模与训练时长，仅提到其使用V100进行训练。IEEE标准中一个双精度浮点数占用8B，则GPT-3的模型需要占用1400GB的存储空间。而沃尔特的顶配单卡32GB显存，单次推理就需要至少44块V100一起工作才能完成。按照相关报道，GPT-3的训练花费了460万美元。

大数据、云计算、IoT等技术的应用以及泛在感知数据的爆发性增长共同推动了以深度神经网络为代表的人工智能技术的飞速发展。在语音识别、文本识别、视频识别等多项任务上，人工智能已经超越了人类，出现在越来越多的实际场景中，开始与人们日常生活息息相关。未来，人工智能技术可能实现感知智能到认知智能、决策智能的新突破，与更多领域深度融合。但是，需要指出的是，无论是符号主义AI还是连接主义AI都具有其自身明显的局限性，需要深入融合大数据、知识、算法和算力人工智能新范式，需要充分融合“大数据+算法+算力+知识”的架构，以深度学习为代表的数据驱动的方法如何利用知识表示和推理获得智能系统的可解释和鲁棒性是当前人工智能的发展趋势，也是面临的重要挑战。在这个方向上目前已经取得了一些重要进展，例如，2020 年戈登贝尔奖授予加利福尼亚大学伯克利分校、北京应用物理与计算数学研究所、北京大学、普林斯顿大学等单位学者联合完成的基于深度学习的分子动力学模拟项目，该项目通过机器学习和大规模并行的方法，将精确的物理建模带入了更大尺度的材料模拟中。

（二）类脑计算智能发展简况

类脑计算智能是一种建立在更贴近生物神经元基础上的新型人工智能体系，被认为是可能实现通用人工智能的道路之一。类脑计算中的神经元模型大体上可以分为两类：一类是基于抽象的点模型；另一类是基于更复杂的生物神经元形态的树突模型。基于点模型的脉冲神经网络是当前类脑计算的主流，但是更贴近真实生物神经元的树突模型以及在树突模型基础上发展起来的树突计算理论开始展现出巨大的潜力，有望主导未来的类脑计算领域。

神经元建模可以有多种抽象层次，从最精确的霍奇金－赫胥黎（Hodgkin-Huxley，HH）模型，到最简化的带泄漏整合发放（leaky integrate and fire，LIF）模型，有着多种介于二者之间的模型。越精确的模型，其运算复杂度也就越高。

神经元之间的可塑性使得生物神经系统具有强大的学习和适应环境的能力，因此在建模中考虑由外界环境变化和神经过程引起的神经突触变化的调整能力是极为重要的。突触权重定义了两个神经元之间的连接强度。赫布提出了第一个关于神经突触权重修改的假设。基于此假设的学习算法可被总结为“同时激发的神经元连接在一起”。它被认为是学习与记忆的根本机制并作为线性相关器广泛应用于不同的神经网络模型中。虽然脉冲神经网络更为注重神经生理学的学习方法，但目前生物神经系统中完整的学习过程和机制仍然不清楚。

随着精确脉冲定时和突触前激发与突触后激发的时间间隔被发现，毫秒级精度学习受到了热切关注。在过去的几十年里，科研人员从生物实验现象和结论中汲取灵感来探索神经突触可塑性（即学习）理论。通过引入突触前后脉冲之间的时间相关性，毕国强和蒲慕明提出了脉冲时间依赖的可塑性

（spike-timing dependent plasticity，STDP）机制并被推广到不同的脉冲学习机制。STDP 根据突触前后脉冲发放的先后顺序，调整神经元之间的连接强度。

生物神经元的计算复杂性远高于人工神经元。一方面，由于神经元细胞膜上有多种离子通道，神经元的输出与输入信号之间不是简单的非线性函数关系。另一方面，大多数神经元具有复杂的树突形状。神经元利用电压在树突上所需的传递时间对输入信号进行复杂的整合，而不是人工神经元的简单线性相加。计算神经科学领域针对上述现象提供了两种经典建模方式：HH 模型和电缆理论。

想要模拟生物神经元的信号处理和树突信息整合，两个模型缺一不可。HH 模型模拟离子通道的状态，模拟一段细胞膜上的电活动以及脉冲序列的生成。该模型在 1952 年由 Hodgkin 和 Huxley 提出，随后成为神经元电活动模型的基础和雏形。HH 模型可以看作 RC 电路模型的扩展。电池表示特定离子的平衡电势。电阻器反映通道对特定离子的渗透性。离子通道被建模为与电池串联的电阻器。通常离子通道为泄漏通道、钠和钾离子通道。对于给定的膜电位，每个通道都有相应的开启速率和关闭速率。这些通道的打开还是关闭是由霍奇金根据经验建立的函数来描述的。电缆理论旨在模拟电压随时间和距离在细胞膜上的传递。一个复杂神经元根据形态可划分为多个腔室。腔室内部采用 HH 模型模拟离子通道电活动，腔室之间采用电缆理论模拟电信号的传递。这种精细神经元模型被称为多腔室模型。

多腔室模型充分利用了神经元形态和动力学信息。与之相对的点模型忽略了树突形态，将神经元视为只有脉冲产生和发放功能的点。两种模型之间的折中方案是球棍模型（Gulledge et al.，2012）。球棍模型在点模型的基础上尝试简化神经元形态，细胞体上分叉出的树突用一个腔室模拟。球棍模型能在一定程度上模拟神经元树突的信息整合功能。

对于单个神经元，精细神经元模型可以帮助科学家理解树突形态、离子通道分布、树突脉冲、动作电位向后传递、突触位点和神经递质受体分布等对神经元计算的贡献。这些计算都发生在神经元胞体之外的树突上，如果采用点模型则无法进行实验。以常见的锥体细胞为例，树突被分为近端和远端两类。胞体周围富集了大量的钠离子通道，远端树突干上有大量的钙离子通道。再加上树突末端受体、N- 甲基 -D- 天冬氨酸（N-methyl-D-aspartic acid，

NMDA）受体等，对突触信号的处理，一个锥体细胞的计算功能需要一个两层的脉冲神经网络模型才能代替（Larkum et al.，2009）。由于目前实验无法做到完整控制离子通道的表达和改变形态参数，精细神经元模型是最佳的实验方法。

除了在信息整合上，树突表现出多层神经网络的功能，树突的整合函数也不是线性相加的。一些树突表现为超线性整合：输入突触刺激达到一定阈值后树突产生极强的响应，幅度远高于单个刺激的线性加和幅度。与之相反，一些突触表现为下线性整合。前者称为树突脉冲，通常由该树突上富含的钠离子通道或 NMDA 受体产生，使得细胞膜电位更高、更容易发放脉冲。精细神经元模型能模拟相关现象，并且能在神经网络的层次上操纵一个或多个神经元的树突功能。

树突的这些计算特性可以为人们设计更接近大脑的人工智能模型带来新的启示。传统脉冲神经网络模型的基本组成单元是点神经元，亦即不具有树突结构的神经元，可以接收来自其他神经元的输入并输出一个单一类型的信号（如发放频率或脉冲序列）。这样的模型存在两个问题。一是点神经元在同时接收到不同来源的信号时无法对它们进行区分，否则这些信号就会混杂在一起。二是若神经元只有一种类型的输出，那么从该输出中也很难将与学习指导相关的信号从神经元基本活动的信息流中提取出来。引入树突为解决上面两个问题提供了新的可能：①通过树突的局部化性质，将学习指导的反馈信号限制在局部的树突上，与其他前馈信号进行隔离；②树突的非线性可以产生不同于普通脉冲的特殊发放模式，如连续脉冲发放，可以以此实现对前馈信号和反馈信号在同一信道上的复用。在认识树突计算特性的基础上，人们逐渐开始思考大脑如何实现类似深度学习的算法，并实现了一些更接近大脑功能的深度学习模型。

点模型对于硬件的需求可以有三个方面。一是需要实现能够高效模拟神经元和突触计算的高效计算器件。以最具有影响力的类脑芯片 TrueNorth 为例（Merolla et al.，2014），其研究团队通过设计以 LIF 神经元和静态突触为主要计算单元的定制化芯片，可以提供高达 58GSOPS（giga synaptic operations per second，十亿突触计算每秒）的峰值性能，峰值性能功耗比达到了 400GSOPS/W。二是需要提供对大规模网络描述及运算所需的通信支持。

以英特尔推出的异步数字实现的支持可塑性机制的脉冲神经网络芯片 Loihi（Davies et al.，2018）为例，其采用了基于异步片上网络的多核心脉冲网络处理器设计，其片上网络可以支持芯片扩展到 4096 个核心，并通过层次化编址技术支持高达 16 384 块（理论上）芯片。三是需要支持大规模神经网络运行的高存储容量以及低功耗设计。与树突计算模型相比，点模型神经元提供了更高层次的抽象，因此可以用于构建大规模和超大规模神经网络。

树突计算模型对于硬件的需求可以有三个方面。一是需要实现能够模拟树突功能的新型器件。清华大学通过材料体系遴选与器件结构设计，制备出了一种能够模拟树突功能的新原理器件，成功复现了生物树突对信号的非线性过滤、积分以及对时间信号的处理方式，并将所研制的人工树突器件与基于导电细丝的突触器件、基于莫特转变的胞体器件进行集成，构建了包括突触、树突、胞体三种重要计算单元的新型脉冲神经网络，可以在处理具有复杂背景噪声的识别任务时大幅降低功耗并提高准确率（Li X Y et al.，2020）。二是需要支持脉冲通信的大规模并行计算平台。以曼彻斯特大学团队研发的 SpiNNaker 系统（Furber et al.，2014）为例，该系统由超过 50 000 个的 ARM 核心构成，核心间以定制化的方式进行通信以最优化脉冲传输，可以支持百万个级具有复杂结构树突的神经元网络进行实时仿真。三是需要支持树突计算仿真加速的硬件设计。在对树突神经元的仿真中求解 Hines 矩阵一直是计算的瓶颈，如果能从硬件上支持对仿真求解的加速，则能大大提高计算效率，进一步扩大复杂树突神经元网络的仿真规模。

二、人工智能器件

当今世界正处于一个数据爆发式增长的时代，数据的快速、高效处理对计算机的性能提出了严峻的挑战。在后摩尔时代，计算机难以再通过简单的器件微缩获得算力的提升。另外，现代计算机普遍采用冯·诺依曼架构，它的计算和存储单元处于物理上相分离的位置，两者之间的数据传输从根本上限制了计算的速度与效率。为了应对大数据时代的计算挑战，持续提升计算系统的算力和能效，利用新原理、新器件、新架构的计算范式获得了广泛的关注和研究，如存内计算、类脑计算、光计算、量子计算等。

（一）非易失性器件

根据工作机理的不同，非易失性器件忆阻器包括RRAM、PCM、MRAM、FeRAM等。利用器件的电阻属性和存储架构的空间平行性，RRAM阵列可用于实现高效的、高度并行的存内模拟计算，如矩阵－向量乘法、求解线性方程组，进而加速更多的复杂算法计算，如深度学习、机器学习、信号处理等。另外，各类忆阻器的阻变过程包含了丰富的电、磁、热及结构等动力学特性，它们可用于开展不同类型的非线性计算，如存内逻辑计算、组合优化、无监督学习等。鉴于存内模拟计算和非线性计算两类计算方式有本质上的不同，我们把二者分别称作静态计算和动态计算。

1. RRAM

RRAM的概念较为广泛，目前关注较多的是基于阴离子迁移、阳离子迁移的两种类型。它们的器件结构都很简单，一般具有上电极/电介质层/下电极的三明治结构。阴离子RRAM一般采用不活泼的导体（金属或化合物，如Ta、TiN）作为电极，采用过渡金属氧化物（如HfO_2、Ta_2O_5）作为电介质层（Lee et al.，2011）。当施加外部电场时，器件内氧空位的迁移与再分布引起电介质层局部导电性的变化，形成或湮灭导电通道，发生阻变行为。阳离子RRAM则一般采用活泼金属（如Ag）作为电极，同时电介质层（如非晶Si、SiO_2）具有比较高的离子迁移率，在外加电场的激励下，金属离子的氧化还原及迁移引起电介质层中金属导电细丝的导通或关断，产生阻变效应（Yang et al.，2014）。由于电场下细丝通断的突兀性，阳离子RRAM一般表现出二值的阻变行为，适用于数字存储与逻辑。阴离子RRAM除了数字存储功能，还能通过材料、结构等方面的设计，实现连续可调的模拟电导特性，应用于存内模拟计算。此外，阴离子RRAM的材料与工艺能很好地兼容当前的CMOS生产线，因此具有显著的工程优势与应用前景。

基于RRAM静态的模拟电导特性，器件的交叉阵列电路可用于加速矩阵－向量乘法计算。其中矩阵元素值存储为交叉点器件的电导，施加在列线上的电压构成输入向量，那么，根据欧姆定律和基尔霍夫定律，接地的行线上收集的电流即表示矩阵－向量乘法的结果向量，实现一步计算，极大地提高计算速度和能效。此外，矩阵－向量乘法的反问题，即线性方程组，也可利用 RRAM 反馈电路实现一步求解（Sun et al.，2019）。RRAM 具有丰富的动力学特性，它的内部状态变量对外部激励的响应，结合电路拓扑与激励时序，可实现一系列新型计算功能与方法，如布尔逻辑、人工突触与人工神经元、无监督学习、随机数发生器等。Wang Z 等（2018）基于 RRAM 构建的全忆阻神经网络，实现了无监督学习的模式识别。相比于静态模拟计算，基于 RRAM 的动态计算研究尚处于较早阶段，但是它的高效能启示我们进行更为集中、深入的研究。

2. PCM

PCM 利用的是硫族化物材料（如 $Ge_2Sb_2Te_5$、$Ag_4In_3Sb_{67}Te_{26}$ 等）的可逆相变现象。当为晶态时，该类材料表现为长程有序，电阻率较低；而处于亚稳态的非晶态时，材料表现为长程无序，电阻率较高。在晶态向非晶态的转变过程中，材料被焦耳热加热到熔点以上（约 600℃），然后在过冷条件下快速淬火，转为非晶态。由于器件的纳米尺寸和连线的高热导率，非晶化过程往往可在亚纳秒时间尺度内完成。在非晶态向晶态的转变过程中，焦耳热使材料保持在结晶温度以上（约 400℃）足够长的时间（50～1000 ns），随机形成晶核，最终生长为晶态（多晶）。由于器件内部温度的影响，材料的结晶速度有 10 个数量级的差别，PCM 也可实现模拟电导特性，应用于模拟计算的加速。

基于 PCM 阵列的矩阵－向量乘法加速已得到广泛的研究，尤其是面向神经网络的加速应用。Burr 等（2015）基于 PCM 构建了一个含 165 000 个突触权值的多层感知器神经网络，实现了 82.9% 的 MNIST 数据集识别率。静态的模拟计算依赖于准确的模拟电导值，但是，由于过冷非晶态的弛豫效应，PCM 的高阻态存在电阻漂移现象，而相变材料异质结是一个有效的解决方案。利用相变动力学，PCM 同样可应用于布尔逻辑、随机数发生器、人工神经元等计算任务。Tuma 等（2016）使用 PCM 构建了一个人工累积发放（integrate and fire，I&F）神经元，其中材料的相结构表示神经元的膜电势，结晶过程则表示神经元电势的积累过程。该神经元具有高速度、低功耗的特点，有望应用于高能效的类脑计算架构与系统。材料的相变过程往往具有一定的随机性，这一特性可在一些仿生系统中加以利用，或在决定性计算中加以克服。

3. MRAM

MRAM的结构一般基于磁隧道结，它由两个铁磁层和一个薄的绝缘层（1～2 nm）构成，其中一个铁磁层的磁化方向固定，另一个铁磁层的磁化方向则可在两个方向之间自由翻转，绝缘层作为隧穿势垒。磁化方向翻转具有不同的物理机制，如STT、VCMA、SOT等。基于STT效应和VCMA效应的磁存储器仅由磁隧道结构成，而基于SOT效应的磁存储器还包含一个额外的具有高自旋-轨道耦合系数的金属层，并且它的载流子输运方向不同于前两者。目前，STT磁存储器的技术最为成熟，受到产业界的追捧，接下来主要介绍它的物理机制和应用。

在STT磁隧道结中，当工作电流中的电子首先通过固定铁磁层时，大部分电子被极化为与该层磁化方向同向，然后，这些电子自旋角动量传输到自由铁磁层，引起它的磁化方向翻转，从而与固定铁磁层同向；在两个铁磁层同向的情况下，如果工作电流反向，少部分与自由铁磁层反向的电子被固定铁磁层反射回来，从而翻转自由铁磁层的磁化方向与固定铁磁层反向。这就是STT效应。利用该原理工作的磁隧道结就是STT MRAM。受限于磁隧道结的二值电阻状态，目前，利用磁存储器开展模拟计算加速的研究较少，面向人工智能应用的研究主要利用了它的动力学特性。例如，Grollier课题组基于磁隧道结中的STT效应构建了纳米尺度的振荡神经元，以及利用这些振荡神经元构建耦合网络，实现了和当前性能最好的神经网络相当的语音识别功能。此外，和前述两类电阻式存储器类似，MRAM也可被应用于人工神经元、随机数发生器以及STDP无监督学习等场景。

4. 铁电存储器

不同于前述三类存储器，铁电存储器并不采用电阻存储信息，而是依赖铁电材料两个不同的极化方向。当在铁电电容两端施加大于材料矫顽场的正、负电压时，材料中电偶极子的方向发生翻转，保留或正或负的剩余极化，从而实现信息的写入和非易失存储。铁电材料的两个极化方向在电容金属电极上诱发极性相反的电荷，它们在读取过程中贡献不同的输出电流，但是，该读取操作往往是破坏性的。近年来，由于掺杂氧化铪铁电材料在器件性能上的突破，铁电存储器再次获得产业界的关注。除了传统的DRAM结构，铁电存储器还可以采用场效应晶体管或铁电隧道结结构，其中铁电极化方向翻转直接引起晶体管沟道的电阻变化或隧穿电阻变化，从而表现为电阻式存储器。

基于不同材料、不同结构的铁电存储器，人们开发了一系列面向人工智能应用的计算技术，如神经形态计算、强化学习、存内逻辑计算等。例如，基于铁电隧道结存储器的静态模拟电导，Berdan 等（2019）利用存储器阵列执行了强化学习中的策略函数计算，用于解决路径查找问题。相比于决定性的强化学习系统，铁电存储器系统中电导写入的随机性反而有助于加速问题的求解。Boyn 等（2017）利用铁电存储器的动态阻变行为，通过 STDP 规则实现了图像的无监督学习，有望应用于大规模、低功耗的脉冲神经网络。在大数据时代背景下由新材料引领的铁电存储器研究新浪潮中，面向人工智能计算加速的存内计算技术成为研究发展的一个必然趋势。

（二）多端器件

在类脑计算实现中，作为其基础的人工突触需要具备连续可调的多级非易失存储特性。双端器件实现的人工突触具有能耗低、器件结构简单、尺寸小以及易于通过交叉阵列结构进行大规模集成的优点。然而，双端器件具有可变性和不稳定性，在将双端器件集成到系统中时，通常需要其他电路组件来选择目标单元，并且无法同时进行信号的传输和自学习，这些问题均阻碍了它们在高级人工智能系统中的进一步应用。神经形态晶体管具有稳定性好、测试参数相对可控、操作机理清晰等优点。通过适当的材料选择和结构设计，神经形态晶体管可以将外部激励（如光、压力、温度等）转换为电信号，为实现可直接响应外部环境的人工突触提供了可能。在单一阻变器件上设计多个端口时，器件不仅展示了基本的阻变特性，还为突触塑性行为的调控提供了一个额外的自由度。更重要的是，信号传输和自学习可以在基于三端晶体管的人工突触中同时进行。因此，与其他类型的器件相比，多端晶体管可能更适合于模拟突触功能，尤其是需要多端操作的并发学习和树突状积分模拟。

对于多端器件，可以通过设计结构来实现与生物结构的对应。在三端器件中，栅电极通常被认为是突触前膜，用于施加动作电位；具有源 / 漏电极的沟道层被认为是突触后膜，沟道电导率被认为是突触权重；介电层模拟突触间隙，栅极脉冲刺激和源漏电极偏压施加即突触权重测定可以同步进行。对于多端器件，不同端口类似于多个突触前端，实现树突的整合特性，模拟了突触竞争和突触协同功能。对于三端器件，如果源极和漏极被视为突触前端和突触后端，栅极为异端，则可以实现异源突触结构。常见的多端突触晶体管类型有浮栅突触晶体管、铁电突触晶体管、电解质突触晶体管等。

1. 浮栅突触晶体管

浮栅突触晶体管与传统的场效应晶体管相比具有相似的器件结构，只是栅极被嵌入介电层中。在栅极电压调控过程中，电荷基于热辐射或量子隧穿效应将轻易地注入浮栅中。由于较强的电荷屏蔽效应和隧穿层的存在，被捕获的电荷可以被非易失性地存储起来。栅极和沟道层之间的垂直电场可以被捕获的电荷屏蔽，从而导致阈值电压发生变化，进而调制沟道电导。更重要的是，通过改变栅极脉冲电压可以有效地调制浮栅中捕获的电荷数量。在神经元系统中，信息的处理和存储是通过调节突触权重实现的，而浮栅突触晶体管可以通过栅极非易失性的调节沟道电导来记录突触权重，从而实现对生物突触功能的模拟。

浮栅突触晶体管通常具有可控且稳定的沟道电导和大的开关比，因此，它们可用于实现突触的长程增强和抑制功能。但是这种器件通常需要较大的工作电压，并且很难减小器件尺寸。同时，由于较强的电荷屏蔽和隧穿层的存在，浮栅突触晶体管中很难同时实现短程突触可塑性和长程突触可塑性。

2. 铁电突触晶体管

在铁电突触晶体管中，由于铁电极化和沟道中载流子之间的库仑相互作用，可以通过栅极电压来改变铁电材料的极化状态，精确、逐步地调制其载流子的浓度。铁电材料的多域极化切换能力使得铁电突触晶体管还可具有多个电导状态，并可用于记录人工突触的突触权重。

铁电突触晶体管具有高稳定性、大开关比、快速的写入速度以及较好的权重更新线性度。但是，与浮栅突触晶体管类似，铁电突触晶体管也受到电荷存储特性的限制，因此通常需要较大的工作电压来切换铁电材料的极化状态。另外，铁电材料的极化状态稳定，易于实现长程突触可塑性，但难以实现短程突触可塑性。

3. 电解质突触晶体管

电解质突触晶体管可以有效地利用电解质介电层中的离子来调节器件的沟道电导。电解质突触晶体管可以分为两类：静电机制和电化学掺杂机制。静电机制是指在施加的栅极电场作用下电解质内部的阴阳离子分离，并分别积聚在栅极/电解质和电解质/半导体沟道的界面处，从而在两个界面区域形成纳米级厚度的具有高电容特性的电双层。电化学掺杂机制是指两个界面区域也会形成电双层，但是半导体沟道对电解质中的离子具有可穿透性，也就是沟道中存在允许小离子注入和脱出的沟道，从而使得材料发生结构相变或化合价价态的改变，进一步以一种非易失的方式掺杂和调节沟道电导。因此在形态上，电解质突触晶体管与实际生物体最为接近。在功能上，电解质突触晶体管也可以实现对众多生物功能的模拟。从生物学上讲，单个突触的能耗为每脉冲 10～15 fJ，由于电双层的存在，电解质突触晶体管可以在低电压下实现沟道电导的非易失转变，这种低压工作特性为实现超低能耗的突触器件提供了可能。

研究表明，以电解质为耦合栅介质的多端口神经形态晶体管在构建复杂神经网络方面比两端突触器件更加灵活和自由。多端口神经形态晶体管的优点主要有：①多端口电解质栅电容耦合使得该类器件更适合构建复杂、低功耗、尖峰神经网络；②界面离子耦合/弛豫、电化学掺杂过程具有丰富的时空动力学和塑性调控特性，为真正的类脑时空动力学计算与感知开辟了全新的仿生思路。但是，器件的可扩展性、耐用性、工作速度和电解质的不稳定性可能是电解质突触晶体管的主要限制因素。更重要的是，将电解质突触晶体管集成为脉冲神经网络是未来研究发展的大方向，而这可能会引发更多的问题，如自放电和潜行路径问题。

此外，对于这些多端器件，除了可以实现突触功能外，还可以实现神经元功能。神经元可以从多个树突结构上接收前突触刺激信号，并对这些信号执行时空信息整合，当整合得到的电位超过一定阈值时，该神经元将向后端神经元发放神经冲动电位。因此，神经元可以看成一个神经信息整合器，可以执行树突整合过程。设计具有多端结构的固态神经形态器件对神经形态工程而言具有极大的潜力，可以在这类器件上实现一些高级神经突触功能和神经元功能。

在未来，突触器件在智能机器人、可穿戴和易实现的智能芯片、健康监测等领域具有潜在的应用前景，因此需要突触器件具备出色的柔性、可拉伸性和生物相容性。尽管目前突触晶体管的加工工艺与常规的大规模制造技术兼容性问题有待解决，但它们在上述领域中仍具有应用潜力。此外，开发多端器件已被视为解决问题的有效策略，并且可以将更多功能集成到单个多端器件中，从而增加单位面积的功能密度。突触晶体管，特别是电解质突触晶体管的多端操作特性，为开发具有较少神经元的复杂神经元芯片提供了可能。因此，由于晶体管的多端优势，未来的研究应更加关注改善器件性能。

三、人工智能芯片

（一）基于 ANN 的人工智能芯片

当前，量子效应、扰动、漏电以及互连问题使得集成电路的工艺尺寸缩小越来越困难，依靠工艺进步来获得数字电路性能的提升越来越难以为继。与此同时，深度神经网络参数数量繁多，在训练和推理阶段计算量巨大。传统的 CPU 计算的单元较少，适用于控制密集型的应用，但是难以胜任神经网络大量的计算。另外，神经网络研究目前还主要集中在网络规模的提升以及模型处理方式的优化上，在解决模型运算量上仍有较大的研究空间，例如，224×224 的卷积神经网络模型需要 390 亿次的浮点运算以及超过 500MB 的模型参数。虽然产业界和学术界近年来研制出了单核高耗能、多核高效率处理器，但是面对神经网络如此巨量的计算，仍显得杯水车薪。因此，能获得性能、价格、能耗三者平衡的唯一途径就是采用专用协处理器的加速架构。这种特定领域的架构虽然只适用于处理几种特定的任务，却具有很高的处理效率。目前“CPU+GPU”、“CPU+FPGA”以及“CPU+ ASIC”是通用的神经网络异构加速平台。

GPU 的发展正反映了需求的推动。随着高并行度、高密度的计算需求不断增加，可编程着色器和支持浮点运算的图形处理器也逐渐出现。2001 年后，GPU 上的通用计算变得更加实用和流行，矩阵和矢量运算也更加容易在 GPU 上实现。截至 2005 年，LU 分解等一些科学程序在 GPU 上的实现已经比 CPU 的速度更快。早期的这种通用 GPU 要求把并行度高的非图形计算任务转到图形计算的形式上，其中有两种主要的图形处理的应用程序接口（application programming interface，API），即 OpenGL 和 DirectX。后来慢慢出现了一些通用计算的 API 函数。截至 2016 年，OpenGL 仍是主要的 GPU 的计算语言，NVIDIA、AMD、英特尔、ARM 等平台均支持 OpenCL。NVIDIA 则于 2006 年推出了计算统一设备体系结构（compute unified device architecture，CUDA）。CUDA 是一种软件开发套件和 GPU 的 API，其允许使用 C、C++、Fortran 和 Python 等通用的编程语言，使得通过这些语言编写的并行程度高、计算密度大的应用能通过其 API 运行在 GPU 上，从而加速了程序的运行。由于对通用编程语言的支持，GPU 的通用性大大提高，也更加接近人们对多用途 GPU 的定义。借助 CUDA 平台，通用图形处理器（general purpose graphic processing unit，GPGPU）对神经网络的训练、推理以及其他很多高并行、高计算密度的应用都有加速作用。近年来，精简指令集计算机（reduced instruction set computer，RISC）- Ⅴ指令集由于具有开放、简洁、生态完善等诸多的优势，超标量、标量、单核、多核等众多形式的处理器都开始采用 RISC- Ⅴ架构。2020 年 2 月，佐治亚理工学院发表了其最新设计的兼容 OpenCL 编程语言、基于 RISC- Ⅴ指令集架构的 GPGPU——Vortex，其支持通用的 OpenCL 的编程框架。目前，国内许多科技公司涉足 GPGPU 领域，致力于打造自主设计的 GPU。

虽然 GPU 在加速领域具有通用性强、平台成熟等众多的优点，但是只运行特定、单一的应用时，GPU 的成本较高，尤其是在嵌入式设备中，更难以使用昂贵的 GPU 进行推理加速。由此，基于 FPGA 的更加专用的加速平台开始出现。FPGA 比较容易实现高度并行化的设计，由于设计的灵活性大，也比较容易实现针对专用网络应用的加速硬件，所以基于 FPGA 设计的加速器往往能够获得比 CPU 和 GPU 更高的计算效率。1994 年，D.S. Ready 首次使用 FPGA 实现神经网络的加速，由于当时神经网络自身发展并不成熟，因此这一技术并没有受到重视。随着深度学习的蓬勃发展，以及 AlexNet、VGGNet、GoogleNet、ResNet 等神经网络模型的涌现，基于 FPGA 的神经网络加速器的研究逐渐增多。基于 FPGA 的神经网络加速器可以分为四类：适用于一层网络的加速器、适用于整个算法的加速器、适用于一般神经网络算法的加速器和通用神经网络加速器。从前往后，设计的难度依次增加。目前卷积神经网络加速器需要解决的有两大问题，分别是软件优化和硬件优化。软件优化的目的就是减少计算量以及在保证精度的同时减少带宽的需求。在软件方面，目前用到的技术主要有三种方式：算法过程优化、参数量化以及权重剪枝。例如，由于 FPGA 上的 RAM 资源有限，将图像和权重分块传入，同时选择并行展开的维度。将正常的卷积分块后在输入通道和输出通道这两个数据不相关的维度上进行并行计算，数据加速架构会更简洁。此外，权重剪枝、使用乒乓操作的 RAM 以及量化都能减小带宽的压力。

在硬件架构方面，目前有两种范式：Temporal Arch 和 Spatial Arch。Temporal Arch 以单指令流多数据流（single-instruction stream multiple-data stream，SIMD）系统和单指令多线程（single instruction multiple thread，SIMT）为代表。Spatial Arch 为数据流的模式。与 SIMD 方式不同，数据流模式中的处理机（processing element，PE）之间可以相互通信，前一个周期算出的数据可以在下一个周期流动到相邻的 PE 参与运算，这样的结构减少了访存的次数。卷积操作中有很多复用，包括权重数据以及图像数据的复用。众多的神经网络加速器中使用了脉动阵列 PE。麻省理工学院设计的 Eyeriss 则采用了行固定的方式，显著降低了数据流动的成本。

与卷积神经网络相比，循环神经网络更擅长时间序列分析类任务，在语音识别、机器翻译、字幕生成等领域广泛应用。例如，百度提出的语音识别算法 Deep Speech 和谷歌提出的神经机器翻译系统都是基于循环神经网络的。与卷积神经网络相比，循环神经网络具有较强的输入依赖性，不利于计算的并行度，计算的单元多为矩阵向量乘，不利于数据复用，而且存储隐层状态消耗更大的存储空间。这些原因导致了针对卷积神经网络的优化方法很难直接应用到循环神经网络的硬件加速上。

当前针对循环神经网络的加速技术可以分为算法和架构设计两方面。在算法上简化了循环神经网络结构，主要是利用量化剪枝和稀疏等方法，降低加速器的存储需求和内存访问需求。例如，深鉴科技的笛卡儿架构（Han et al.，2016）利用网络剪枝技术，直接将模型中冗余的参数去除，在较小地影响准确率的情况下，极大地降低了循环神经网络的参数量，从而降低了加速器的计算和存储需求。Myrtle 的加速器技术提出了一种非结构化稀疏方法，模型的稀疏度达到 95%，数据量化为 8 位整数，部署在英特尔 ® FPGA PAC

D5005 的计算性能与 NVIDIA Tesla V100 GPU 相近，但功耗降低为 NVIDIA Tesla V100 GPU 的 50%。

在架构设计上，常用的方法有优化数据存储结构、优化计算阵列、采用流水线设计等。常见的存储结构是先把数据从片外存储器搬运到缓存或片上，减少总线的访问频次，从而降低能耗、提高性能。近年新兴的 3D 堆叠存储器在 AI 中的应用逐渐广泛，如最新的 MLPerf 榜单中名列前茅的 NVIDIA V100、Google Cloud TPU v3-32、Huawei Ascend910 等都使用了 HBM 存储器来获得高带宽。产业界典型的 AI 芯片（谷歌 TPU）的进化史中也可以看出 AI 计算对高带宽存储的需求，TPUv1 使用外置 8GB 双通道 DDR3-2133 内存，TPUv2 使用外置 16GB HBM 内存，TPUv3 使用外置 32GB HBM2 内存。新兴存储器 ReRAM 等存内计算的优势也不断显著。计算阵列可以分为基于通用计算阵列结构（向量矢量乘、向量向量乘、矩阵向量乘、矩阵矩阵乘）和基于门单元阵列的结构。向量矢量乘算子、向量向量乘算子的灵活性更高，但是延迟也高。矩阵矩阵乘算子可以提供较高的吞吐量。基于门单元的计算阵列，利用门控循环单元 / 长短期记忆（GRU/LSTM）门单元的独立性，设计并行计算从而提高性能。

工具链对于 AI 芯片来说也是极其重要的一环。AI 中的计算与其他领域的计算有着巨大差异，并且不同 AI 算法的计算特性也有较大出入，所以 AI 芯片对应的工具链也需要专门设计并兼顾易用性、灵活性和高效率等方面的性能。目前最为主流的深度学习工具链 TVM 将深度学习框架前端（TensorFlow、PyTorch 等）首先转化为中间图表示，并且在此阶段对其进行优化操作，最后生成可部署于 CPU/GPU/DLA（deep learning accelerator）等多种后端的机器码，完成整个编译工作。

与传统的 CMOS AI 加速器相比，存内计算芯片受人脑存算一体的特点启发，利用交叉阵列等结构，通过欧姆定律和基尔霍夫定律来完成矩阵乘法运算，缓解了神经网络在进行计算时所面临的大量数据搬移问题，相较于传统的冯·诺依曼架构，大大提升了芯片的能效。近年来，出现了众多基于传统存储器（SRAM、DRAM、Flash）和新型存储器（ReRAM、PCM、MRAM 等）的存内计算芯片。

麻省理工学院的 Conv-RRAM 芯片（Biswas et al.，2018）集成了 256×64 1 bit SRAM 阵列，芯片可以完成 1 bit 权重下的矩阵乘法，相较此前的 ASIC

加速器实现了16倍的能效提升。

除了利用SRAM这种传统的易失性存储器，研究者也制造出了基于新型非易失性存储器的类脑芯片。台湾清华大学制造的1Mbit非易失性存储器Macro（Chen W H et al.，2018）芯片包含由100万个1 bit ReRAM单元组成的阵列。通过将正负权重分别映射到不同的存储器阵列，利用数字电路对阵列输出结果相减，该款芯片实现了二值输入三值权重的神经网络，其在16 ns内即可完成一次乘积累加运算。2019年，通过在相同阵列的不同列存储正负权重，台湾清华大学的研究人员又在芯片上实现了2 bit输入、3 bit权重的神经网络（Xue et al.，2019）。

清华大学在2020年国际固态电路大会上提出了一款基于ReRAM的全并行类脑芯片（Liu Q et al.，2020）。该芯片上集成了158.8 KB ReRAM，硬件实现了双层多层感知机神经网络。芯片实现78.4TOPS（每秒万亿次运算，tera operations per second）/W的能效，在MNIST数据集上可达到94.4%的识别精度，每张图像的推理时间小于77 μs。

（二）基于循环神经网络的人工智能芯片

循环神经网络是模拟生物神经元连接和运行方式的模型，具有较好的生物可解释性。它通过脉冲信号进行信息传递，通过神经元进行计算，计算包括膜电位积分与泄漏、阈值比较和膜电位复位。循环神经网络与脉冲神经网络的主要差别在于引入了时间维度，通过稀疏的、富含时空信息的脉冲信号进行信息传递，提高了信息传输效率，从而得到更高的能效。

基于循环神经网络的人工智能芯片按照神经元实现的方式可以分为两大类：基于模拟神经元的循环神经网络人工智能芯片和基于数字神经元的循环神经网络人工智能芯片。基于模拟神经元的循环神经网络人工智能芯片侧重于从神经元与神经突触层面逼近大脑，基于数字神经元的循环神经网络人工智能芯片侧重于从神经拟态架构方面模仿大脑。

1. 基于模拟神经元的循环神经网络人工智能芯片

基于模拟神经元的循环神经网络人工智能芯片的最初目标是模仿大规模生物神经元行为，试图探索人脑行为模式。2010年，海德堡大学推出了BrainScaleS芯片，2014年斯坦福大学和2015年苏黎世大学相继发布了

Neurogrid 芯片（Benjamin et al.，2014）和 Rolls 芯片（Qiao et al.，2015）。相比于数字电路，在相同工艺下，模拟电路能够用更小的面积和更低的功耗实现脉冲神经元模型，因此易于集成大规模的神经元和突触。同时，忆阻器技术能够实现更低功耗的模拟循环神经网络芯片设计。但是基于模拟神经元的循环神经网络人工智能芯片设计复杂，精度较低，难以在新工艺下升级换代。

BrainScaleS 芯片于 2010 年发布，是欧洲瞬态高速模拟计算“Fast Analog Computing with Emergent Transient States（FACETS）”研究计划的产物，其注重模仿大规模神经元活动。同时，BrainScaleS 仿真速度比真实神经元活动速度快 10^3～10^5 倍，它不仅可以高效仿真神经元，而且仿真时间短，神经元积累的电荷量少，因此可以使用小的膜电位电容，从而减小芯片面积。为了实现大规模神经元仿真，BrainScaleS 采用了晶圆级的系统设计，使用 180 nm 工艺，将 352 颗 HiC 脉冲神经网络计算芯片集成在 1 片 8 in 硅晶圆上，并通过异步通信协议实现晶圆上的芯片间通信，从而使得单片晶圆上集成 18 万个神经元以及 4000 万个突触，能耗为 174 pJ/SOP。但是，BrainScaleS 的大规模神经元模拟和极高的加速比使得通信压力变大。为了解决这个问题，BrainScaleS 通过以太网口方式实现了晶圆间通信，单片晶圆通信带宽可达到 176GB/s。

Neurogrid 芯片由斯坦福大学于 2014 年提出，其主要目的是进行大规模神经活动的实时仿真。Neurogrid 中的神经元采用 180 nm 工艺以及亚阈值模拟电路设计，其面积和功耗均小于数字电路。通常情况下，亚阈值设计会降低计算速度，但是 Neurogrid 着眼于神经元的实时仿真，工作在亚阈值的晶体管不仅速度足够实时仿真，而且较小的亚阈值电流降低了功耗，并等比例缩小了所需的膜电位电容，减小了芯片设计面积。为了适应神经元活动的事件驱动特性，Neurogrid 芯片中所有脉冲传播电路均使用异步电路设计，有效地降低了工作功耗。其单颗芯片上集成了 6.5 万个神经元以及 1 亿个神经突触，功耗达到 941 pJ/SOP。

Rolls 芯片由苏黎世大学 Giacomo Indiveri 团队于 2015 年提出。与之前两款芯片的不同之处在于，Rolls 不再注重模拟大规模神经元活动，而是进行小规模的循环神经网络实时在线学习，同时其网络连接方式和突触权值均可配置，可以实现深层脉冲神经网络和循环脉冲神经网络。Rolls 片上集成了 256 个 Adaptive Exponential IF 神经元和 12.8 万个突触，其中 6.4 万个突触为长时程突触，6.4 万个突触为短时程突触。电路设计方面，神经元和突触均采用模拟电路设计。其突触和神经元的配置电路以及地址－事件表达（address event representation，AER）输入输出电路均使用异步电路设计。Rolls 的高度可配置性使得其可以用于多种应用场景，如图像识别、生物脑皮层模拟等。

此外，忆阻器是近年来兴起的新型器件，适合存内计算，能够高效进行神经网络运算。基于忆阻器的循环神经网络芯片目前还停留在理论分析的阶段。密歇根大学的 Pinaki Mazumder 团队使用忆阻器模型进行循环神经网络学习算法的仿真，并在 MNIST 手写体数据集上得到了 97% 的正确率。

2. 基于数字神经元的循环神经网络人工智能芯片

基于数字神经元的循环神经网络人工智能芯片以 IBM 的 TrueNorth（Akopyan et al.，2015）和英特尔的 Loihi（Davies et al.，2018）为代表。IBM 于 2010 年首次发布类脑芯片原型，模拟大脑结构，具有感知认知能力和大规模并行计算能力。2014 年，IBM 推出循环神经网络类脑芯片 TrueNorth，随后英特尔于 2018 年推出循环神经网络类脑芯片 Loihi。国内的清华大学研究团队于 2019 年推出同时支持脉冲神经网络和循环神经网络的天机（Tianjic）芯片（Pei et al.，2019），浙江大学研究团队于 2019 年发布了“达尔文 2”类脑芯片。值得一提的是，TrueNorth 和 Loihi 芯片均采用了适用于大规模循环神经网络的异步电路设计技术，而国内的类脑芯片均采用的是同步电路。

IBM 的 TrueNorth 芯片把定制化的数字处理内核当作神经元，把内存作为突触。其逻辑结构与传统冯・诺依曼结构不同：TrueNorth 芯片的内存、CPU 和通信部件完全集成在一起，因此信息的处理在本地进行，克服了传统计算机内存与 CPU 之间的速度瓶颈问题。同时神经元之间可以方便快捷地相互沟通，只要接收到其他神经元发过来的脉冲（动作电位），这些神经元就会同时动作。TrueNorth 采用三星 28 nm 工艺技术，由 54 亿个晶体管组成的芯片构成的片上网络有 100 万个神经元和 2.56 亿个突触，典型功耗仅为 65 mW。TrueNorth 芯片能够完成图像识别、物体追踪、语音识别等多种任务，但因为芯片面积超过 100 mm^2，良率非常低，不能量产。

2018 年，英特尔推出类脑循环神经网络芯片 Loihi，它采用的是异构设计技术，由 128 个 Neuromorphic Core（神经形态的核心）和 3 个低功耗的英特尔 x86 核心组成，拥有 13 万个神经元和 1.3 亿个突触，支持可编程的学习规则，每个神经形态核心都包含一个学习引擎，在操作中可以通过编程去适配网络参数，支持监督学习、无监督学习、强化学习和其他的学习范式。同时，Loihi 具有可扩展性。这种全异步神经拟态多核心网络可支持多种稀疏、分层和循环神经网络拓扑结构。每个神经元可以与成千上万个其他神经元通信。2019 年，英特尔发布了 Pohoiki Beach 芯片系统，该系统由 64 块 Loihi 芯片的 800 万个神经元构成，可处理深度学习任务。Pohoiki Beach 采用 14 nm 工艺技术，60 mm 裸片尺寸，每块包含 20 亿个晶体管、13 万个人工神经元和 1.3 亿个突触。英特尔还将推出神经拟态研究系统 Pohoiki Springs，将提供 1 亿个神经元的计算能力，相当于一个小型哺乳动物的大脑神经元的数量。

国内方面，清华大学研发的天机（Tianjic）芯片采用众核架构、可重构功能核模块和混合编码方案的类数据流控制模式，不仅可以适应基于计算机科学的机器学习算法，还可以轻松实现受大脑原理启发的神经计算模型和多种编码方案。脉冲神经网络以精确的多位值来处理信息，而循环神经网络使用二进制脉冲序列。天机（Tianjic）芯片采用 28 nm 工艺技术，由 156 个 FCore 组成，尺寸为 3.8 mm × 3.8 mm，包含大约 40 000 个神经元和 1000 万个突触，可以同时支持脉冲神经网络机器学习算法和循环神经网络电路。天机（Tianjic）芯片提供超过 610GB/s 的内部存储器带宽，以及运行脉冲神经网络的 1.28TOPS 的峰值性能。在生物启发的尖峰神经网络模式中，天机（Tianjic）芯片实现了约 650GSOPS/W 的峰值性能。

此外，由浙江大学牵头研发的脉冲神经网络类脑芯片“达尔文 2”于 2019 年发布。“达尔文 2”单芯片由 576 个内核组成，每个内核支持 256 个神经元、1000 多万个神经突触（即单芯片支持的神经元规模达 15 万个），经过系统扩展可构建千万个级神经元类脑计算系统（在神经元数目上相当于果蝇），“达尔文 2”单芯片神经元规模目前居全国前列。该类脑芯片目前主要应用于图像物体识别、视频音频理解、自然语言处理、脑电识别，与基于深度学习的脉冲神经网络相比，具有独特的优势，更擅长于模糊数据处理。

总之，基于循环神经网络的人工智能芯片目前尚处于起步阶段。人们追求其规模和人脑不相上下，但是真正实现具有人脑认知和学习能力的循环神经网络人工智能芯片还任重道远，需要国内外研究人员在循环神经网络芯片的工艺、器件、电路、架构以及算法等方面进行更多深入的研究。

第三节　发展建议

从前面的分析可以看出，人工智能是一个高度交叉的学科，同时极度依赖芯片性能。当前的研究一般都是局限在某一个特定的层面，缺乏协同设计，导致尽管在基础研究上取得了诸多进展，但是很难将这些成果点串联起来，形成真正可以落地的技术。为此，本节总结了当前面临的几个关键问题，并提出可能的建议。

（1）明确有潜力的技术路线，聚焦研究内容，统一研究目标，将人工智能理论、器件和芯片等各层次的研究队伍组织在一起，加强各个层次的沟通与协同，打造完整的技术链条，切实地将基础创新成果推向可实用的技术方案。

（2）眼光放长远，不局限于当前主流的深度神经网络算法与芯片，从更为底层的人工智能基础理论出发，研制更仿生、具备高密度集成潜力的新型神经形态器件，并基于此设计智能程度更高、性能更强的人工智能芯片，突破当前技术的“天花板”。

（3）重视特色工艺的研发，避免盲目追求先进工艺而影响研发进程，通过材料、器件、工艺的创新，结合架构和算法的适应性，实现芯片性能的持续提升，要鼓励集成电路代工厂面向神经形态器件开发新工艺，提供成果落地的平台。

第九章

碳 基 芯 片

第一节 研 究 背 景

基于 1D 碳纳米管和 2D 石墨烯的碳基电子材料被认为是构建亚 10 nm 晶体管的理想材料。碳纳米管的纳米尺度直径（1～3 nm）保证了器件优异的栅极静电控制能力，更容易克服短沟道效应，并且具有超高的载流子迁移率［大于 100 000 $cm^2/(V \cdot s)$］。对于石墨烯而言，还具有直接兼容半导体工艺的 2D 平面特性、原子级厚度控制、高载流子饱和速度等特性。综上，碳基电子材料有潜力保证下一代电子器件具有更高的性能和更低的功耗。

碳基材料载流子迁移率高、平均自由程长、本征电容小，因此在晶体管层面，碳基器件的性能功耗综合优势为传统晶体管的 5 倍（Qiu et al., 2017）。此外，碳基集成电路加工温度低，更易实现 3D 异构集成。理论仿真结果表明，采用 3D 集成的碳基集成电路较传统集成电路具有 1000 倍的性能功耗综合优势，集成度可比 2D 平面电路提高一个数量级（Sabry et al., 2015）。进一步，碳基技术具有良好的工艺兼容性，可沿用现有的硅基集成电路加工装备。

2018 年 7 月，DARPA 启动了电子复兴计划，计划在未来 5 年内以每年 3 亿美元的预算支持以麻省理工学院和斯坦福大学为主的学术团队以及天水技术和亚德诺半导体开展以碳纳米管为基础材料的集成电路技术研究和产业化推进。这标志着碳基材料晶体管和集成电路技术开启了从实验室向工程化推进的道路。

第二节　碳基晶体管

一、碳纳米管无掺杂 CMOS 器件技术

1998 年，荷兰代尔夫特理工大学和 IBM 分别最早制备出基于碳纳米管的场效应晶体管（Tans et al.，1998）。该器件结构非常简单，采用硅基底作为底栅电极，将单半导体型碳纳米管搭接在两个 Pt 或者 Au 电极之间。早期碳纳米管器件一般采用具有高化学稳定性的金属，如 Pt、Au。然而受限于碳纳米管和这些金属接触形成的较大肖特基势垒，器件输出电流极小，其性能远不如同时期同技术节点的传统硅基器件，无法显示出碳纳米管材料在电学方面的优势。

高性能碳纳米管的研究始于 2003 年，研究人员发现金属钯（Pd）电极能和碳纳米管的价带形成理想欧姆接触，实现空穴型（P 型）弹道晶体管。同时，结合原子层沉积生长的高介电常数栅介质材料实现了高性能 P 型碳纳米管顶栅晶体管，室温下亚阈值摆幅可以达到 70 mV/dec.（毫伏 / 量级），开态电导高达碳纳米管理论量子电导的一半，碳纳米管和金属的接触电阻达到 10kΩ，已接近单根碳纳米管的量子电阻（6.5kΩ）（Tans et al.，1998）。相对于 P 型碳纳米管场效应晶体管的快速发展，N 型碳纳米管的发展进度滞后很多。直到 2007 年，北京大学研究人员发现低功函数金属钪（Sc）与碳纳米管可形成欧姆接触，实现了 N 型碳纳米管弹道晶体管（Zhang et al.，2007）。

IBM 发现碳纳米管的工作模式为肖特基场效应晶体管（Schottky barrier

field-effect transistor，SBFET），即源漏电流大小由碳纳米管和电极之间的肖特基势垒决定，栅的作用为调控碳纳米管的费米能级高低，由此改变接触势垒的厚度和高度，从而达到调控电流大小的目的（Appenzeller et al.，2002）。因此，碳纳米管器件的极性可以通过接触电极的功函数来控制，例如，采用 Pd 作为源漏接触可以形成高性能 P 型碳纳米管场效应晶体管（field effect transistor，FET），采用钪或者钇作为源漏接触可以形成高性能 N 型碳纳米管 FET。使用不同电极形成不同极性碳纳米管的整个过程不需要任何沟道掺杂，称为无掺杂的碳纳米管 CMOS 工艺。结合顶栅自对准多重曝光技术，可实现碳纳米管 CMOS 顶栅器件。

无掺杂 CMOS 技术可降低杂质量子涨落而引起器件性能涨落的可能性，同时可克服杂质散射引起的载流子迁移率下降问题。硅基 CMOS 工艺中，电子型和空穴型 FET 通常通过掺入施主和受主型杂质实现，因此沟道载流子易受到杂质散射，迁移率变小。当器件缩小到纳米级别时，杂质数目变少，量子涨落急剧升高，器件性能因此非常不均匀。此外，加工工艺的涨落会增大这种不均匀性，从而给集成电路的设计和制备带来很大的麻烦。而无须掺杂的碳纳米管 CMOS 工艺不仅完全避免了杂质量子涨落引起的性能不均匀，也可避免加工工艺涨落带来的不均匀。

另外，硅和一般的半导体材料导带和价带不对称，这种能带在费米能级附近的不对称使得电子的有效质量小于空穴的有效质量，电子迁移率大于空穴迁移率。碳纳米管的导带和价带是完全对称的，电子和空穴的有效质量完全相同，从理论上讲，可以将空穴型和电子型 FET 做得完全对称，这将使得碳纳米管 CMOS 电路的总体性能达到最佳。

二、碳纳米管晶体管的微缩

美国 IBM 的托马斯·沃森研究中心使用钼金属直接接驳碳纳米管端部，构建电流流入、流出的碳纳米管触点，从而减小了器件体积（Han et al.，2015）；通过在相邻晶体管之间平行放置由数根碳纳米管组成的纳米线来增强器件传输电流，最终将整个晶体管的接触点压缩到 40 nm，性能可与 10 nm 技术节点的 Si 基晶体管相媲美（Cao et al.，2017）。北京大学研究团队采用石墨烯作为碳纳米管的源漏接触，有效地抑制了短沟道效应和源漏直接隧穿，制备出以半导体性碳纳米管作为沟道材料的 5 nm 栅长高性能晶体管，开关转换仅有约 1 个电子参与，并且门延时达到 42 fs，非常接近二进制电子开关器件的极限（40 fs）（Qiu et al.，2017）。

另外，在追求集成电路性能和集成度提升的同时，如何降低功耗也变得异常重要。北京大学研制了一种新型超低功耗场效应晶体管，采用具有特定掺杂的石墨烯作为冷电子源，半导体性碳纳米管作为沟道材料，构建出顶栅结构的狄拉克源场效应晶体管，其室温下亚阈值摆幅（subthreshold swing，SS）为 40 mV/dec.（Qiu et al.，2018）。当器件沟道长度缩至 15 nm 时，SS 仍可稳定地保持在低于 60 mV/dec. 的范围。

三、碳纳米管鳍式场效应晶体管

为了构建 FinFET 器件，韩国科学技术院利用硅材料制备出 3D 鳍结构，然后将半导体性碳纳米管沉积在此结构表面及侧面，构建出碳纳米管 FinFET 器件（Lee D et al.，2016）。通过使用较薄的栅极电介质，可有效降低器件功耗、提高器件性能。北京大学研究团队设计的碳纳米管 FinFET 器件中，每一个晶体管包含 3 个鳍（Fin），采用高密度（$>125\ \mu m^{-1}$）半导体性碳纳米管平行阵列作为沟道材料（Zhang P P et al.，2016）。仿真结果表明，通过阈值电压设计，碳纳米管 FinFET 构成的电路相比于同等技术节点的硅基 CMOS 电路最多具有 50 倍的能效优势。中国科学院金属研究所实现了可阵列化、垂直单原子层沟道的 FinFET 阵列器件，实现了以单层 2D 材料作为半导体沟道的 FinFET。通过引入碳纳米管替代传统金属作为栅极材料，可实现更好的沟道包覆性，有效提高器件性能。通过对数百个晶体管器件统计测量，测得电流开关比达 10^7，SS 为 300 mV/dec.（Chen et al.，2020）。该项研究工作将 FinFET 的沟道材料宽度减小至单原子层极限的亚纳米尺度（0.6 nm），同时获得了最小间距为 50 nm 的单原子层沟道鳍阵列，为后摩尔时代场效应晶体管器件的发展提供了新方案。

四、石墨烯基晶体管

一般的石墨烯材料由于带隙为零，其场效应晶体管没有饱和区，很难实现逻辑集成电路。但是石墨烯优异的载流子迁移率和电流饱和速度使得其在射频和模拟电路中的应用成为可能。美国加利福尼亚大学洛杉矶分校研制的石墨烯射频晶体管截止频率突破了 300～427 GHz，与部分Ⅲ - Ⅴ半导体 HEMT 器件性能相当，然而其最大振荡频率（f_{max}）相较于硅或Ⅲ - Ⅴ半导体晶体管仍有差距，其潜力有待进一步挖掘。

除此之外，石墨烯还可以制备成石墨烯纳米带晶体管与石墨烯纳米网晶体管。石墨烯纳米带（graphene nano ribbon，GNR）是一种 1D 石墨烯结构。由于石墨烯晶格的不对称性，完美的石墨烯纳米带可以显示两种典型的边缘结构：扶手椅（armchair，AC）和锯齿形（zigzag，ZZ）。由于边缘效应和电子波函数在横向的量子限制，GNR 被预测为半导体。使用导电 / 介电核 / 壳纳米线作为蚀刻掩模和栅极电极，可以制作具有超薄栅极电介质的顶部栅极 GNR 晶体管。GNR 晶体管的最大跨导可达 3.2 mS/μm，优于硅晶体管，其开关比约为两个数量级（Jiao et al.，2010）。

到目前为止，具有可控宽度、长度和边缘结构的 GNR 的高产量制造仍然是一个重大挑战。因此，研究人员已提出一种新型石墨烯纳米结构，即石墨烯纳米网（graphene nano mesh，GNM），用于将横向量子限制引入石墨烯连续层中，以形成半导体薄膜（Li et al.，2008）。使用 GNM 作为半导体的室温晶体管可提供比单个 GNR 器件大近 100 倍的开态电流，同时具有可调开关比（Li et al.，2008）。用于制造 GNR 和 GNM 器件的方法通常是可扩展的，可以在大范围内应用，以实现连续半导体 GNM 薄膜，从而允许使用标准半导体工艺合理设计和制造基于石墨烯的器件和电路。

除此之外，石墨烯还能制备出开关比达到 2000 的双层石墨烯器件和具有垂直结构的垂直隧穿晶体管（Lin et al.，2010）、垂直场效应晶体管（Lin et al.，2009）或石墨烯电阻（Liu et al.，2015）等电子器件。

第三节　碳基集成电路及其应用

一、碳纳米管 CPU

2013 年美国斯坦福大学研制出世界首台完全基于碳纳米管场效应晶体管的计算机原型（Shulaker et al.，2014）。该计算机采用最小光刻尺寸为 1 μm 的实验室工艺制造。每台计算机所占面积仅为 6.5 mm^2，由 178 个碳纳米管场效应晶体管构成，其中每个晶体管含有 10～200 根碳纳米管，全部在单片晶片上的单个管芯中实现。该碳纳米管计算机制造工艺同硅 CMOS 技术完全兼容，采用标准单元法设计，因此对碳纳米管在晶片上的位置不敏感，既不需要对每个单元分别定制，也不需要对工艺进行额外补偿和考虑极大规模集成电路的兼容性。虽然其工作频率仅为 1 kHz，与首台商用硅基计算机 Intel 4004 相当，但该计算机采用冯·诺依曼体系结构，具有可编程性，可串行执行多种计算任务，并运行基本的操作系统，该工作被列入 2013 年"世界十大科学进展"。

2019 年，麻省理工学院的研究人员提出了一套改善碳纳米管薄膜晶体管制备工艺的方法，以克服整个晶圆尺度上的纳米级缺陷：利用剥落工艺防止碳纳米管形成管束结构。最终使用行业标准的工艺流程，利用 14 000 多个 CMOS 碳纳米管晶体管成功构建出一个 16 位微处理器：RV16X-Nano（Hills et al.，2019）。该微处理器基于 RISC- Ⅴ指令集，在 16 位数据和地址上可运行标准 32 位指令，并在测试中成功执行了一个程序，生成消息"你好，世界！我是 RV16X-Nano，由碳纳米管制成"。这成为碳纳米管电子器件应用的一个重要里程碑。

2017 年，北京大学研究团队实现了碳纳米管四位全加器电路和两位乘法器电路，包含 140 个晶体管（Yang et al.，2017）。2011 年，IBM 成功研制由石墨烯晶圆制成的集成电路，该集成电路可作为宽带射频混频器工作，频率高达 10 GHz，自此开启了石墨烯集成电路的发展时代。

二、碳纳米管高速电路

2017 年，美国 IBM 的托马斯·沃森研究中心利用自组织碳纳米管薄膜构建了高性能碳纳米管 CMOS 环形振荡器，其阶段切换频率高达 2.82 GHz（Han et al.，2017）。2018 年，北京大学研究团队实现了栅长为 120 nm 的晶体管，在 0.8 V 的工作电压下，其开态电流密度和跨导分别达到 0.55 mA/μm 和 0.46 mS/μm，实现了振荡频率为 680 MHz 的碳纳米管五阶环形振荡器，又进一步将振荡频率提升到 2.62 GHz 和 5.54 GHz（Zhong et al.，2018）。最近，该研究组利用高纯度半导体性碳纳米管平行阵列制备出五阶环形振荡器，最大振荡频率大于 8 GHz（Liu L J et al.，2020）。2019 年，Carbonics 公司与美国南加利福尼亚大学合作，基于碳纳米管实现超过 100 GHz 的射频器件，表明碳纳米管芯片技术有望为未来毫米波技术发展提供新材料（Rutherglen et al.，2019）。

三、碳基 3D 集成电路

日本大阪府立大学在 2015 年报道了一种 3D 叠层结构的柔性 CMOS 集成电路。获得的 CMOS 反相器具有良好的电学性能与柔性，同时器件性能随温度的变化极小，展现出优异的温度稳定性（Honda et al.，2015）。美国斯坦福大学在2013 年研制出一种 3D 结构碳纳米管集成电路，叠层结构的集成电路在单位体积内的运算效率更高，在散热方面也具备一定的优势（Shulaker et al.，2014）。2017 年该研究组进一步制备了包含 100 多万个电阻式随机存储器单元和 200 多万个碳纳米管场效应晶体管的集成芯片（Wu T F et al.，2018）。

我国科研人员在 3D 碳纳米管基器件领域也做出了重要贡献。北京大学团队采用金属加工策略，利用低温制备的工艺特性和 CMOS 兼容的方式来制备 3D 集成等离子激元器件与电子器件，实现光操控信号传递以及信号接收与处理（Liu et al.，2018）。清华大学研究团队在 2016 年报道了双层堆垛的碳纳米管薄膜晶体管，实现了 CMOS 碳纳米管薄膜晶体管反相器，其电压增益达到 25，噪声容限面积超过 95%，并可在不同弯曲条件下正常工作（Zhao et al.，2016）。

在垂直集成领域，可使用石墨烯 -MoS_2- 金属异质结构制备 VFET。在该器件中，栅极电压可调节石墨烯的功函数和石墨烯 -MoS_2 结的势垒高度，从而控制器件电流开关状态（Yu et al.，2013）。进一步将石墨烯与薄膜氧化物半导体集成，可实现垂直薄膜晶体管，将石墨烯与绝缘薄膜（如氮化硼（boron nitride，BN））集成，可以制备垂直隧穿晶体管（Liu et al.，2015）。更重要的是，这种垂直集成的策略可扩展到垂直方向上的多晶体管堆叠，为设备级的 3D 集成开辟了一个新的维度。例如，通过垂直堆叠两个基于石墨烯的垂直晶体管，其中以 $Bi_2Sr_2Co_2O_8$ 层作为 P 沟道材料，以 MoS_2 层作为 N 沟道材料，可实现高电压增益的互补反相器。不同于传统平面硅电子学中的 2D 集成，垂直晶体管的概念可为 3D 逻辑集成提供一种全新的策略，为未来电子技术开辟一个全新的维度。

四、碳基柔性集成电路

美国伊利诺伊大学厄巴纳 - 香槟分校采用 CVD 法在 Si/SiO_2 基底上合成碳纳米管薄膜并制备薄膜晶体管，在曲率半径为 5 mm 的弯曲条件下，该薄膜晶体管的性能没有明显变化，并进一步构建了反相器、或非门、与非门等基本逻辑电路单元。基于 PMOS 的反相器实现了逻辑“非”功能，最大电压增益为 4，具有一定的噪声容限，电压摆幅大于 3 V（Cao et al.，2008）。北京大学利用毛细力辅助的电化学分层工艺，实现了从硅片上无损、高效地剥离超薄柔性碳纳米管电子器件，并进一步在超薄柔性基底上构建最大跨导达 5.45 μS/μm 的碳纳米管 CMOS 器件（Zhang H et al.，2018），体现出碳纳米管电子器件在柔性电子领域的潜力。

2011 年，日本名古屋大学与芬兰阿尔托大学采用常压浮动催化剂 CVD 法生长碳纳米管，在未进行金属性碳纳米管和半导体性碳纳米管分离的情况下，碳纳米管薄膜晶体管的电流开关比超过 10^6，并构建出反相器、与非门、或非门、3 级、11 级和 21 级环形振荡器、RS 触发器和主从 D 触发器等一系列集成电路。2013 年，该研究团队利用塑料基底提出了一种全碳薄膜晶体管的制备技术，获得的器件在塑料基底上的透光率大于 80%，载流子迁移率达 1027 $cm^2/(V \cdot s)$，电流开关比超过 10^5（Sun et al.，2013）。

中国科学院上海硅酸盐研究所制备了基于石墨烯材料的高灵敏度柔性纤维传感器，可以感应拉伸、弯曲以及扭转变形等信号（Cheng et al.，2015）。中国科学院金属研究所 2018 年提出了一种基于感光干膜工艺的碳纳米管薄膜晶体管电子器件及制作方法（Chen Y Y et al.，2018）。

此外，北京大学与中国科学院苏州纳米技术与纳米仿生研究所合作制备了对辐照损伤几近免疫的碳纳米管晶体管和集成电路。该器件选用半导体性碳纳米管作为有源区、离子液体凝胶作为栅介质、超薄聚乙酰胺材料为衬底，在低辐照剂量率下，晶体管和反相器电路能够承受 15Mrad 的总剂量辐照（Zhu M G et al.，2020）。

五、碳纳米管存储器

中国科学院苏州纳米技术与纳米仿生研究所在碳纳米管纤维表面包裹上一层热还原氧化石墨烯，制备出基于碳纳米管纤维的非易失性全碳 RRAM，在真空条件下，器件的开关比最高可达 10^9，开关速率小于 3 ms，开关次数大于 500 次。中国科学院金属研究所提出一种以光刻胶作为栅绝缘层的碳纳米管薄膜晶体管及其存储器件的制作方法，用于构建记忆存储器件（Sun et al.，2017）。韩国成均馆大学利用氧修饰后的石墨烯作为电极和碳纳米管薄膜作为沟道材料，制备出超透明、柔性非易失性存储器。在弯曲实验中展现出较高的载流子迁移率［44 cm^2/（V・s）］、操作速度为 100 ns（Yu et al.，2011）。

六、石墨烯集成电路

Goossens 等（2017）报道了 CMOS 集成电路与石墨烯的单片集成，可作为高迁移率光电晶体管工作，并基于此器件设计出一种高分辨率、宽带图像传感器，可作为对紫外线、可见光和红外光（300～2000 nm）敏感的数码相机使用。Kang 等（2018）实现基于溴插层多层石墨烯的双匝螺旋电感，与传统电感器相比具有更大的动态电感和导电性，实现了较小的形状因子和较高的电感值，为超小型无线通信系统的开发开辟一条非传统道路。

第四节　前景与挑战

尽管我国在碳基集成电路发展上取得了重要突破，已经初步实现了碳纳米管晶圆级集成电路，在碳纳米管半导体器件制备领域处于国际领跑水平。在石墨烯方面，我国已成功研制出 8 in 石墨烯单晶晶圆，无论晶圆的尺寸还是质量均处于国际领先地位。但是碳基集成电路依然存在如下问题。

（1）基于碳纳米管材料的集成电路相关标准和表征方法并未建立。不同电子器件应用对碳纳米管材料会有不同的要求，即使是数字集成电路，不同技术节点碳纳米管 CMOS 器件对材料也有不同标准。建立碳纳米管阵列薄膜材料的标准，包括衬底类型、碳纳米管半导体纯度、阵列密度、管径、长度分布、取向分布、缺陷密度、方块电阻分布、金属离子含量、表面聚合物含量，以及其他反映材料完整程度的指标。给出以上标准参数的测量方法、参考范围和测量仪器，是碳纳米管材料在集成电路应用的基础。

（2）晶圆级碳纳米管平行阵列均匀性问题。超大规模集成电路制备要求在整个晶圆尺寸上碳纳米管阵列薄膜具有极高的均匀性，不仅要求阵列能够全部覆盖基底，而且这些阵列的取向一致，碳纳米管的管间距一致，甚至要求每根碳纳米管的管径最好一致。更为重要的是，采用溶液分散碳纳米管排列的阵列，由于碳纳米管长度有限（几微米），会出现大量管间搭接点，特别是当晶体管尺寸微缩到几十纳米时，这些搭接点将不可避免地影响器件性能。

（3）碳纳米管的洁净度问题。基于溶液分散和排列制备的碳纳米管表面包覆有大量的聚合物，这些聚合物不仅会影响晶体管的源漏接触，也会对栅介质层制备造成影响，甚至对器件和电路的工作稳定性产生不良影响。因此，如何去除碳纳米管阵列中的聚合物和其他杂质，得到完全洁净的碳纳米管阵列薄膜，也是最终实现高性能集成电路应用的必要条件。这方面需要充分借鉴现有半导体材料和加工产业的设备、技术和经验，采用工程化的方式反复迭代以解决问题。

（4）碳基集成电路EDA工具也应引起足够重视。EDA工具对集成电路的发展尤为重要，碳基集成电路的发展同样离不开碳基EDA平台。美国佐治亚理工学院和杜克大学团队在DARPA电子复兴计划的支持下，配合麻省理工学院和SkyWater公司发展的碳基CMOS工艺，初步发展了相应的工艺设计工具包（process design kit，PDK），通过嵌入现有EDA平台，可以完成碳基CMOS集成电路的设计。我国应该抓住机遇，发展整套碳基集成电路EDA工具，配合碳基器件和集成电路的发展，推进碳基电子学的快速发展。

（5）产学研应深度融合。实验室理论与工业实践之间有巨大差别，从追求创新过渡到讲究效益，仍需要解决一系列问题，这需要企业与实验室更紧密联系，从根本出发寻找解决方案。

（6）未来值得大力投入的不仅是碳基材料，其他新型2D材料也是我国集成电路弯道超车的突破口。例如，2D材料，特别是具有可调谐的固有带隙过渡金属二硫属化物（transition-metal dichalcogenide，TMD），可克服石墨烯半金属性质的局限性，制备性能突出的半导体器件。同时，通过组合几种2D材料来创建范德瓦耳斯异质结，可获得多种传统材料无法实现的功能器件。

我国已经在碳纳米管、石墨烯晶圆级材料、器件和集成技术研究上取得了一定的突破，应该抓住机遇，迅速从基础研究转入工程化推进，这将有望为我国芯片领域崛起提供保障。

第十章

（超）宽禁带半导体器件和芯片

第一节　科学意义与战略价值

以氮化镓（GaN）、碳化硅（SiC）为代表的宽禁带半导体和以氧化镓、金刚石为代表的（超）宽禁带半导体是继硅（Si）和砷化镓（GaAs）之后的第三代半导体材料，已被公认为是突破传统硅集成技术瓶颈并推动微电子技术继续高速发展的关键技术。（超）宽禁带半导体材料是固态光源和电力电子、微波射频器件的“核芯”，具备高频、高效、耐高压、耐高温、抗辐射能力强等优越性能，契合节能减排、智能制造、信息安全等国家重大战略需求，将支撑新一代移动通信、新能源汽车、高速轨道交通、消费类电子、能源互联网等产业自主创新发展和转型升级，已成为全球半导体技术研究前沿和新的产业竞争点。

宽禁带半导体材料可广泛应用于紫外／深紫外发光二极管（light emitting diode，LED）、激光二极管（laser diode，LD）及探测器等光电器件。其中，GaN 材料可与其同族 AlN 和 InN 形成连续固溶体，其三元或四元合金可实现带隙从可见光波段到深紫外波段的连续可调，因此成为重要的高性能发光材料。

美国自 20 世纪 80 年代开始宽禁带半导体的相关研究，DARPA 通过实施“宽禁带半导体技术创新计划”“氮化物电子下一代技术计划”等，有力地推动了 GaN 和 SiC 宽禁带半导体技术的发展。欧洲防务局（EDA）资助了面向国防和商业应用的“GaN 集成电路研发核心机构计划”，欧洲航天局资助了面向高可靠航天应用的“GaN 可靠性增长和技术转移项目计划”。日本则通过“移动通信和传感器领域 GaN 半导体器件应用开发区域性联合项目”“氮化镓半导体低功耗高频器件开发”等计划推动宽禁带半导体在未来通信系统中的应用。

在市场化方面，宽禁带半导体具有广阔的应用前景、市场需求和经济效益，美国、日本、欧洲等已将宽禁带半导体器件应用提升到了国家和地区战略的高度，宽禁带半导体器件在民用市场的商业化进程已开始加速。美国的科锐公司、威讯联合半导体公司、Nitronex 公司、超群半导体公司等，日本的地球深部研究公司、东芝公司、富士通公司等，德国的国际认可论坛和 MicroGaN 公司，比利时微电子研究中心和 EpiGaN 公司均已推出高性能宽禁带半导体材料和器件相关产品，预计其潜在市场容量超过 300 亿美元。

全球有超过 30 家公司拥有 SiC、GaN 相关产品的研发、制造能力，绝大部分为国外公司。法国咨询公司 Yole Développement 预测，功率半导体器件市场将从 2020 年的 175 亿美元增长至 2026 年的 260 亿美元，年复合增长率达 6.9%。2020 年，全球宽禁带半导体射频器件的市场份额为 9.8 亿美元，预测到 2025 年相关产品市场份额将增长到 20 亿美元。法国咨询公司 Yole Développement 预测，紫外 LED 市场的年均增长率（2018—2023 年）约为 41%，从 2018 年的 2.42 亿美元将增长到 2023 年的 13.39 亿美元，整个紫外光电产业预计接近25亿美元。所以无论在消费电子设备、照明、新能源汽车、5G 领，还是在雷达、微波、导弹和卫星领域，宽禁带半导体材料、器件和集成电路都有极其广泛的应用前景，市场规模将达到千亿元级，中国更将成为全球最大的 GaN 功率放大器市场。

2020 年 10 月 29 日，中国共产党第十九届中央委员会第五次全体会议通过的《中共中央关于制定国民经济和社会发展第十四个五年规划和二〇三五年远景目标的建议》明确指出大力发展以 GaN 和 SiN 为代表的第三代半导体。

（超）宽禁带半导体的发展已上升到国家战略层面。

（超）宽禁带半导体是新一代大功率微波器件与集成电路、电力电子功率器件、短波长光电器件与探测器件的理想材料，并逐步成为提升新一代信息技术、光电技术、高端装备制造等领域核心竞争力的重要支撑，在雷达、卫星、通信、轨道交通、光伏发电、半导体照明、高压输变电等国防和重点工程领域中占据核心地位。我国在（超）宽禁带半导体领域的研究一直紧跟世界前沿，部分技术在国际上处于领先地位，有力推动了我国大功率、高效率电子器件和高效率、短波长光电器件与探测器件的创新发展和自立自强。

第二节　技术现状与发展态势

目前在国际上，宽禁带半导体相关器件技术正从研发阶段向规模化量产迈进，是各国竞相占领的战略技术制高点。（超）宽禁带半导体电子器件具有工作频率高、输出功率大、可靠性高、能量转换效率高等优点，能满足我国下一代电子装备对器件更大功率、更高频率、更小体积、更轻重量和更恶劣工作环境等要求，具有广阔和特殊的应用前景。

一、宽禁带半导体发展历程及态势

（一）宽禁带半导体材料

1. SiC 单晶生长技术

目前，商用 SiC 单晶基本都采用升华法生长，主要是因为升华法易于控制单晶生长速度，对于 SiC 规模化生产至关重要。升华法生长 SiC 单晶经历了两个发展阶段：早期是热升华法，由于热升华法生长的单晶尺寸有限，晶体的多型结构无法控制；后来在此基础上发展了籽晶升华法，又称为改进热升华法或物理气相传输（physical vapor transport，PVT）法。该方法是目前

SiC 单晶生长研究最多、最成熟、商用最成功的方法，已被全球绝大多数研究机构和公司采用，其中已实现产业化的有美国科锐公司、道康宁公司、Ⅱ-Ⅵ公司，德国 SiCrystal 公司，日本的新日本制铁株式会社以及我国的山东天岳先进科技股份有限公司、北京天科合达半导体股份有限公司等。

要使 SiC 单晶衬底成功应用于射频或电力电子器件的制备并产业化，衬底直径的扩大是一个关键因素。然而，由于 SiC 结构及生长方法的特殊性，生长高质量 SiC 晶圆非常困难。生长技术的突破及器件研究的迫切需要大大加快了 SiC 单晶的研究历程。单晶直径从 20 世纪 90 年代初的小于 1 in 发展到现在的 6 in。目前国外商用 SiC 单晶以 6 in 为主，正逐渐向 8 in 过渡。国内 4 in 单晶已市场化，6 in 逐步成熟，8 in 正在研发和生产转换。

PVT 法生长的 SiC 单晶材料中存在多种缺陷，如微管、多型性、包裹物、平面六方空洞、小角度晶界、位错和层错等，这些缺陷对 SiC 电力电子器件的效率和可靠性将造成严重影响，极大制约了 SiC 电子器件特别是高功率器件的广泛应用。经过近 20 年的发展，现阶段采用 PVT 法生长的 SiC 单晶材料，可以实现零微管，外延基平面位错密度降至 500 cm^{-2} 以下，螺位错密度降至 300 cm^{-2} 以下；材料的电学性能完全可控，电阻率可以在 10^{-2}～10^{12}Ω·cm 内实现 14 个数量级跨度的调控。高质量单晶衬底逐渐实现商业化，将进一步促进 SiC 薄膜外延、器件制备等工艺的快速发展。

2. SiC 外延生长技术

SiC 功率器件制造的快速发展得益于 SiC 薄膜偏晶向衬底上外延生长技术（台阶流动控制外延）、原位掺杂技术以及表面缺陷控制技术的成功实现。目前，CVD 生长已成为 SiC 外延生长的主要方法。6 mm × 150 mm（或 10 mm × 100 mm）行星式 CVD 外延设备是目前 4 in、6 in 晶片装载容量最大的 4H-SiC 外延设备。每炉装载 10 片 4 in 晶片，晶片总面积约为 785 cm^2。每炉装载 6 片 6 in 晶片，晶片总面积约为 1060 cm^2，与每炉装载 10 片 4 in 晶片相比，总面积多出 275 cm^2，生产效率提高 35%。未来大尺寸、高均匀性、低缺陷密度、厚膜外延材料生长技术将成为产业界和科研界的关注热点。

4H-SiC 外延晶片已经实现商品化，整个 4H-SiC 外延晶片产业也初具规模。国际上从事 SiC 外延的国家主要有美国、日本、意大利、德国、瑞典、韩国和中国，知名 SiC 外延公司有美国科锐公司、道康宁公司，日本昭和电工株式会社，意大利 ETC 公司，中国东莞市天域半导体科技有限公司和瀚天天成电子科技（厦门）有限公司等。

3. GaN 外延材料生长

GaN 材料通过异质外延获得，常用的生长方法有 MBE、金属有机 CVD 和氢化物气相外延三种。常用的衬底有蓝宝石、SiC 和 Si。拥有优异绝缘特性和温度稳定性的大型蓝宝石晶圆片可为 GaN 材料生长提供高质量衬底材料并降低制造成本，因此蓝宝石一度被认为是 GaN 材料的最佳候选衬底。但是，由于低热导率以及与 GaN 较高的晶格失配，蓝宝石衬底会导致外延材料的高缺陷密度。SiC 和 Si 材料具有更高的热导率，并且与 GaN 的晶格失配更小，将它们结合在一起可为高温应用提供良好的候选解决方案。SiC 衬底的缺点是晶圆面积小、材料质量中等且价格昂贵。相比之下，Si 衬底具有更大的晶圆可用性以及良好的导热性、低成本。此外，GaN 器件与成熟的 Si 器件易于集成，但 Si 和 GaN 之间的高热膨胀系数失配和较大的晶格失配会导致外延材料表面出现裂纹。

（二）宽禁带半导体功率电子器件及模块

1. SiC 功率电子器件与模块

在高质量 SiC 单晶衬底材料取得突破的基础上，国际上报道了各式各样的 SiC 基功率电子器件。其中，SiC 基肖特基势垒二极管由于工艺简单且用途广泛被率先商业化，如今国内外已有 10 多家企业具备了 SiC 基肖特基二极管的量产能力。在中高压应用领域，SiC 基结型势垒肖特基二极管扮演着重要角色。SiC 基结型势垒肖特基二极管综合了肖特基二极管器件低导通压降、高开关速度和 PIN 二极管（positive-intrinsic negative diode）高耐压、大电流、低漏电流的优点。目前，SiC 基结型势垒肖特基二极管击穿电压已达到 10 kV 以上。

MOSFET 是迄今最重要的 SiC 基功率开关器件，在整个 SiC 基功率电子器件的发展中具有战略意义。SiC 基 MOSFET 器件的阻断电压范围为 300～4500 V，由于其具有低导通电阻、高输入阻抗、高开关速度等优势成为比较理想的高压功率开关器件。目前，国际上 SiC 基 MOSFET 器件已应用于各类电力电子装置，以其替代 Si 基功率电子器件可大大降低应用系统的功率损耗，减少系统的元器件数目，简化电路拓扑结构，提高装置运行效率。同时，超高压 SiC 基 MOSFET 器件为受到 Si 基器件性能限制的应用领域提供了发展空间，如固态电力电子变压器等。在这些应用领域，SiC 基 MOSFET 器件完全有可能取代 Si 基绝缘栅双极晶体管（insulated gate bipolar transistor，IGBT）。目前已推出 SiC 基 MOSFET 产品的公司有美国的科锐、艾塞斯、通用电气公司，日本的罗姆半导体公司以及欧洲的意法半导体公司。

目前制约 SiC 基 MOSFET 器件发展的因素依然是栅氧化层质量和沟道界面态问题，主要表现在：① SiC/SiO_2 界面态密度较高，降低了沟道载流子迁移率；② SiO_2 层存在带电的固定电荷，器件阈值电压易产生漂移；③离子注入后的 SiC 表面粗糙度较高，加剧沟道内电子的界面散射，使得沟道载流子迁移率下降。为了解决这些问题，近年来国际上 SiC 基 MOSFET 器件的研究重点主要集中在栅氧化层的氧化及退火工艺上。

SiC 基结型场效应晶体管不需要栅氧化层，能提供较高的输入阻抗，回避了目前 SiC 基 MOSFET 存在的沟道迁移率低、栅氧化层质量差等问题，制备工艺比 MOSFET 更简单。但结型场效应晶体管（junction field-effect transistor，JFET）通常是常开型（耗尽型）器件，而大多数功率控制系统要求是常关型（增强型）器件，导致其在电力电子器件应用方面受到限制。

然而对于高压 SiC 单极型功率器件，材料的单极极限限制了器件性能的进一步提升。超级结技术通过调制耗尽层内电场分布实现特征导通电阻与击穿电压的综合提升，可突破 SiC 材料单极极限，因此超级结技术或类超结技术将是 SiC 功率器件下一阶段的发展重点。但是，由于杂质离子在 SiC 材料中的扩散系数非常小，无法像 Si 材料一样通过杂质扩散形成柱形结构，超级结技术实现的工艺难度较大。

对于 4.5 kV 和更高阻断电压的应用领域，SiC 双极型功率器件将比 SiC 单极型功率器件更有实际应用价值。双极型晶体管与大多数场效应晶体管相比，具有更高的载流子处理能力和导通电阻，而且它是其他双极型器件的重要组成部分。SiC 双极型功率器件相较于 SiC 基 MOSFET 更易制备，并且不受氧化层影响。但是 SiC 双极型功率器件是电流控制器件，开态有较高的输入驱动电流和较低的输入阻抗，这会带来额外的功率耗散，使驱动电路设计复杂化。

SiC 基 IGBT 适用于超高电压（5 kV 以上）低频领域，阻断电压超过 20 kV 的 SiC 基 IGBT 已在科锐公司和中国电子科技集团公司第五十五研究所研制成功。作为高压直流输电换流站中变换器的全控型核心器件，SiC 基 IGBT 可实现在直流输电过程中交直流的高效快速转换。SiC 基 IGBT 是最有希望应用到高压直流输电、舰船驱动等领域的高效节能宽禁带半导体器件。SiC 晶闸管相对于 Si 晶闸管有着更低的正向压降、更快的转化速度、更高的阻断电压和更高的工作温度，已被广泛应用于高压直流功率系统。

SiC 技术当前面临的巨大挑战为如何跨越分立芯片制造实现功率模块集成。宝誉斯电源科技有限公司、美高森美、胜利科技集团有限公司和通用电气公司率先研发出混合 Si/SiC 产品。之后，其他厂商如三菱、GPE 和罗姆等公司发展了全 SiC 模块并进入市场。未来几年，大功率模块（一般大于 3kW）将成为主流，相关产品将逐步从混合 Si/SiC 产品向全 SiC 模块过渡。艾思玛、瑞福索和达美三家公司已拥有SiC逆变器产品的生产技术。三菱和罗姆制造出使用 SiC 基开关器件和 SiC 肖特基二极管的全碳化硅功率模块。美高森美基于半南的 JFET 开发的 600 V/65 A 半桥功率模块的导通电阻为 80 mΩ@250℃，使用 Au 金属层做管芯黏结和键合，可应用在 250℃或更严苛的环境下。APEI 公司采用科锐公司的 MOSFET 和肖特基二极管制备的 1200 V/120 A 功率模块的应用目标为汽车领域。

2. GaN 功率电子器件

Si 基功率器件在可预见的未来仍然是一项助力技术，但 Si 基功率器件具有一定的局限性，如高传导损耗和低开关频率，GaN 技术有望大幅改进电源管理、发电和功率输出等应用。2005 年，电力电子领域管理了约 30% 的能源，预计到 2030 年，这一数字将达到 80%。这相当于节约了 30 亿 kW · h 以上的电能，这些电能可支持 30 多万个家庭使用一年。从智能手机充电器到数据中心，所有直接从电网获得电力的设备均可受益于 GaN 技术，从而提高电源管理系统的效率和规模。

硅电源开关成功解决了低电压（＜100 V）或高电压容差（IGBT 和超结

器件）中的效率和开关频率问题。然而，由于硅材料限制，单个硅功率 FET 无法提供全部功能。宽带隙功率晶体管（如 GaN 和 SiC）可以在高压和高开关频率条件下提供高功率效率，相关器件性能远远超过硅 MOSFET 产品。

由于材料特性的差异，SiC 在高于 1200 V 的高电压、大功率应用具有优势，而 GaN 器件更适合 40～900 V 的高频应用，尤其是在 600 V/3kW 以下的应用场合。因此，在微型逆变器、服务器、电机驱动、不间断电源（uninterruptible power supply，UPS）等领域，GaN 可以挑战传统 MOSFET 或 IGBT 器件的地位，让电源产品更为轻薄、高效。

现行汽车的特点和功能是耗电和电子驱动，这给传统 12 V 配电总线带来了额外负担。对于 48 V 总线系统，GaN 技术可提高效率、缩小尺寸并降低系统成本。基于 GaN 的激光雷达可大幅提高激光信号发射速度，使自动驾驶车辆能够看得更远、更快、更好，从而成为车辆的眼睛。此外，GaN FET 工作效率高，能以低成本实现最大的无线电源系统效率。用于高强度 LED 前照灯时，GaN 技术可提高效率，改善热管理并降低系统成本。

GaN 基电力电子器件具有耐高温、高开关速度、低通态电阻、高耐压等特点，因此对冷却系统要求低，并且器件具有较低的电容电感和能量损耗以及高输出功率，可在工业用电机、电气铁路驱动、消费电子产品、新能源等领域发挥重要作用。目前已开发出多种结构的 GaN 电力电子器件，如 MOSFET、PN 结和肖特基二极管等，器件击穿电压高达 5000 V。Si 基 GaN 器件主要应用于中低压（200～1200 V）领域，如笔记本电脑、高性能服务器、基站的开关电源等；而 SiC 基 GaN 器件则集中在高压领域（＞1200 V），如太阳能发电、新能源汽车、高铁运输、智能电网的逆变器等。GaN 集成式功率电路现已成为业界公认的、具有商业吸引力的下一代解决方案。它可以用来设计更小、更轻、更快的充电器和电源适配器。

（三）宽禁带半导体射频功率器件和单片微波集成电路

现代国防技术和空天技术对第三代半导体提出重大需求。国防现代化需要最新的尖端前沿科学技术，国防安全、武器制备、作战指挥等对包括新材料、电子信息等领域的技术提出了更高的要求。使用高频、高可靠、长寿命、工作温度范围宽、抗辐照能力强的第三代半导体射频电子器件可以有效降低功放及配电分系统的重量和体积，降低航天器的发射成本并增加装载容量，改善航天器电子设备的设计容限，保障高压、高温、强辐照等恶劣条件下舰艇、飞机及智能武器电磁炮等众多军用电子系统的正常工作，起到抵抗极端环境和降低能耗的作用。近年来，GaN 等关键材料被广泛应用于国防科技工业领域。例如，电子战、雷达和通信应用中的许多新技术依赖于 GaN 等宽禁带半导体功率器件，掌握了 GaN 制造技术和工艺就等于掌握了未来通信和军用武器的先进技术。预计未来 GaN 技术将对国防军工需求起到更好的支撑作用。

5G 时代的到来驱动着微波功率器件的快速发展。GaN 基微波功率器件是目前无线通信系统中最理想的功率放大器，其工作频率可覆盖当前无线通信的主流频段。GaN 基器件功率密度是现有 GaAs 基器件功率密度的 10 倍，效率更高，带宽更大，可有效减小基站的体积和重量，降低系统损耗，满足多模无线系统的需求。在高功率放大器方面，横向扩散金属氧化物半导体（laterally-diffused metal-oxide semiconductor，LDMOS）技术由于其低频限制只在高射频功率方面取得了很小的进展。GaAs 技术能够在 100 GHz 以上工作，但其低热导率和工作电压限制了其输出功率水平。50 V GaN/SiC 技术在高频下可提供数百瓦的输出功率，并能提供雷达系统所需的坚固性和可靠性。高压 GaN/SiC 能够实现更高的功率，同时可显著降低射频功率晶体管的数量、系统复杂性和总成本。

法国咨询公司 Yole Développement 的市场调查报告显示，射频 GaN 近年来在电信和国防领域的年复合增长率超过了 20%。此外，2019 年前后 5G 网络的实施进一步带动了射频 GaN 市场的发展。预计到 2023 年底，射频 GaN 市场总规模将增长 3.4 倍，2017～2023 年的年复合增长率约为 22.9%。

面向下一代通信产业，提升基于宽禁带半导体器件的低噪声、高增益和宽频带毫米波集成芯片性能，可满足我国 5G 产业基站核心射频芯片升级需求。面向现代战场精确打击、轻型化、小型化需求，采用固态毫米波集成单片替代传统微波功率系统，可有效提升探测系统分辨率、降低系统负载重量，为我国战场目标探测与制导实现技术储备。

国外对于 GaN 器件及单片微波集成电路功率放大器的研究较早，以美国为首的西方发达国家将 GaN 微波毫米波功率器件及单片微波集成电路技术作为军用微电子技术发展的重点，科锐公司、威讯联合半导体公司、UMS 公司和 OMMIC 公司等推出了 GaN 微波毫米波功率器件及单片微波集成电路产品的代工服务，实现了 W 波段及以下的全频段覆盖。美国、日本和欧洲相继在 GaN 微波功率器件领域启动了相关科研项目，资助并主导 GaN 微波功率器件的研发和产业化。DARPA 的宽禁带半导体计划宽带隙半导体项目推动了威讯联合半导体公司、雷神公司、科锐公司、诺斯罗普·格鲁曼公司和英国宇航系统公司等对 GaN 产品的产业化进程。日本新能源产业综合开发机构也于 2002 年启动了“氮化镓半导体低功耗高频器件开发”计划，参与单位（如住友公司、三菱公司、日本电气公司等）均已推出 GaN 产品。

GaN 微波功率器件及单片微波集成电路产品的工作频率则已覆盖到了 W 波段，国外 GaN 高电子迁移率晶体管芯片制造厂商针对毫米波应用开发了 0.2 μm、0.15 μm 和 0.1 μm 工艺，并进行了相关产品的开发工作。超群半导体公司于 2013 年推出了两款基于 0.15 μm 工艺研制的毫米波 GaN 功率单片微波集成电路产品，吹响了 GaN 微波功率器件向毫米波应用进军的号角。诺斯罗普·格鲁曼公司则推出了基于自身 0.2 μm GaN 高电子迁移率晶体管工艺的系列毫米波 GaN 功率单片微波集成电路。

国内的中国电子科技集团公司第十三研究所、中国电子科技集团公司第五十五研究所与西安电子科技大学等单位在此领域深耕多年，具有从 GaN 材料、工艺到电路设计与测试的全套产业能力，多年来一直提供高质量的 GaN 高端核心芯片。2011 年，西安电子科技大学研发出低界面态复合栅极结构 AlGaN/GaN 微波功率器件，使器件功率附加效率提升至 73%；2018 年，西安电子科技大学研发出低阻化 3D 欧姆接触工艺以及谐波匹配网络，使器件功率附加效率再次提升至 85%，达到国际领先水平。此外，在宽禁带半导体单片微波电路方面，从半绝缘 SiC 单晶材料、GaN 异质结外延材料、GaN 高电子迁移率晶体管单片微波集成电路工艺技术、器件的建模与单片电路设计到 GaN 高电子迁移率晶体管的可靠性研究均取得了关键技术的突破，实现了满足初步可靠性要求的 GaN 高电子迁移率晶体管微波功率器件和单片电路产品的制备。

（四）宽禁带半导体光电器件

1987年，赤崎勇在蓝宝石衬底上生长出高质量的GaN晶体，创造出世界上第一个蓝光LED，开创了明亮、节能的白色光源时代。GaN LED使用寿命长、能耗低、亮度高，广泛应用于计算机显示器、手机屏幕、电视、交通信号灯、室内照明、数字显示屏、医用领域等。Micro LED是新一代显示技术，比现有的有机发光二极管（organic light emitting diode，OLED）技术亮度更高、发光效率更好、功耗更低。2017年5月，苹果已经开始新一代显示技术的开发。2018年2月，三星推出了Micro LED电视。Micro LED显示技术可以将LED结构设计薄膜化、微小化与阵列化，尺寸仅为1～100 μm等级，但精准度可达传统LED的10 000倍。此外，Micro LED在显示特性上与OLED类似，无须背光源且能自发光，唯一区别是OLED为有机材料自发光。目前，OLED之所以受到各大厂商的青睐，是因为在反应时间、视角、可挠性、显色性与能耗等方面均优于薄膜场效应晶体管、液晶显示器，但Micro LED更容易准确调校色彩，并且有更长的发光寿命和更高的亮度。Micro LED有望继OLED之后，成为另一项提高显示品质的技术。目前硅衬底GaN基LED实现了8 in量产，并且在单片金属有机物化学气相沉积（metal organic chemical vapor deposition，MOCVD）腔体中取得了8 in外延片波长离散度小于1 nm的优异均匀性，这对于Micro LED来说至关重要。目前商用12 in硅晶圆制备技术已完全成熟，随着高均匀度MOCVD外延大腔体的推出，硅衬底GaN LED外延可升级到更大圆晶尺寸。

GaN基激光器可覆盖宽频谱范围，实现蓝、绿、紫外激光器和紫外探测器的制造。紫外激光器可用于制造大容量光盘，其数据存储盘空间比蓝光光盘高出20倍，还可用于医疗消毒、荧光激励光源等，总计市场容量为12亿美元。因其优良的高频特性，GaN是制备紫外光器件的良好材料，紫外光电芯片具备广泛的军民两用前景。在军事领域，典型的应用有灭火抑爆系统（地面坦克装甲车辆、舰船和飞机）、紫外制导、紫外告警、紫外通信、紫外搜救定位、飞机着舰（陆）导引、空间探测、核辐射和生物战剂监测、爆炸物检测等；在民用领域，典型的应用有火焰探测、电晕放电检测、医学监测诊断、水质监测、大气监测、刑事生物检测等。由此可见，GaN在光电子学领域有广泛的应用，也是国际上的研究热点。

蓝色激光器可以和现有的红色激光器、倍频全固化绿色激光器一起，实现全真彩显示，使激光电视实现广泛应用。目前，蓝色激光器和绿光激光器产值约为 2 亿美元，如果技术瓶颈得到突破，潜在产值将达到 500 亿美元。

（五）宽禁带半导体传感和特种器件

GaN 半导体可用于太阳能电池、生物传感器、水制氢介质及其他一些新兴应用，目前这些热点领域还处于实验室研发阶段。基于宽禁带半导体技术，可研制能够在高温、强辐射、生物体内等多种特殊环境下适用的高性能传感探测器件，实现对辐射粒子、紫外光、特定气体浓度、细胞膜电位等重要信息的有效获取，并在此基础上进行系统集成，实现小型化、低功耗、全固态的微型探测器单元。国内南京大学等单位在紫外传感器方面取得了重大突破。此外，GaN 在太赫兹等前沿科技领域也扮演着举足轻重的角色，有望突破传统宽禁带半导体太赫兹器件低输出功率技术瓶颈。随着 GaN 等宽禁带半导体材料体系的日益成熟，积极研发和掌握具有自主知识产权和核心技术的相关器件应用，用于支撑我国在核能开发、生物传感等方面的研究，对推进我国在新能源和生物技术领域的可持续发展具有重要意义。

二、（超）宽禁带半导体发展历程及态势

（一）（超）宽禁带半导体概述

以金刚石、Ga_2O_3、AlN、氮化硼等为代表的（超）宽禁带半导体材料及其器件已经开始崭露头角，近年来不断获得技术上的突破。（超）宽禁带半导体材料具有更高的禁带宽度、热导率以及材料稳定性，在新一代深紫外光电器件、高压大功率电力电子器件等意义重大的应用领域具有显著的优势和巨大的发展潜力。

（超）宽禁带半导体材料禁带宽度大，击穿场强高，其巴利加优值功率指数明显高于现有半导体功率材料。在电力电子领域，（超）宽禁带半导体器件具有更高的击穿电压、更低的导通电阻；在射频微波领域，（超）宽禁带半导体的代表 Ga_2O_3 器件具有高频大功率的优良特性。以上表明，（超）宽禁带半导体在电力电子领域和射频微波领域均具有巨大的应用潜力。

因此，（超）宽禁带功率器件是支撑未来国防军备、新能源汽车、轨道交通等产业创新发展和转型升级的核心器件。因其在国防安全、智能制造、产业升级、节能减排等国家重大战略需求方面的重要作用，（超）宽禁带功率器件正成为世界各国竞争的技术制高点。未来10～20年将是全球（超）宽禁带半导体产业的加速发展期。作为中国的战略需求，我们在新一代（超）宽禁带半导体领域的研究不能落后于国外，甚至应该占据国际领先地位，为高压高功率器件领域的自主设计研制奠定坚实的基础。

（二）氧化镓材料与器件

相比于传统的第一代、第二代和第三代半导体材料，氧化镓半导体材料具有超宽的禁带宽度（约4.8 eV）和超高临界击穿场强（约8MV/cm）。国际上通常采用巴利加优值功率指数来表征材料适合功率器件的程度。β-Ga_2O_3材料的巴利加优值功率指数是GaN材料的4倍，是SiC材料的10倍。β-Ga_2O_3功率器件与GaN和SiC器件在相同耐压情况下，导通电阻更低、功耗更小，能够极大地降低器件工作时的电能损耗。此外，Ga_2O_3单晶衬底可以通过金属熔融法直接提拉获得，与蓝宝石衬底的制备工艺类似，在价格成本上具有先天优势。

1. 氧化镓材料研究进展

在Ga_2O_3材料研究方面，大直径β-Ga_2O_3晶体一直是人们将这种材料用于电力电子方面的重要推动因素。β-Ga_2O_3晶体可通过常规生长技术获得，包括丘克拉斯基、浮区、导模法或布里奇曼方法。目前国际上已报道了导模法生长的大直径（4 in）商业化β-Ga_2O_3晶体。迄今为止，美国、日本以及欧洲在β-Ga_2O_3单晶衬底的制备方面已经取得了突破性的进展：2014年10月日本田村制作所实现了2 in和4 in氧化镓衬底的商品化，在实验室中已经实现了6 in单晶材料的制备。在这方面，国内山东大学、同济大学、中山大学、中国科学院上海光学精密机械研究所、中国电子科技集团公司第四十六研究所已经具备较为雄厚的研究能力，凝聚了多家优势单位的长期研发攻关，并与薄膜外延、器件制备进行了有效的全链条互动。山东大学创新采用的动态气氛导模法及同济大学采用自主知识产权改良的导模法技术，均生长了衬底位错密度小于10^4 cm^{-2}、摇摆曲线半高小于50″、衬底表面粗糙度小于0.5 nm的1～4 in氧化镓单晶衬底。但是目前国内制造的大尺寸晶体存在裂纹、缺陷密度高的缺点，与国外仍有一定差距。

开发高质量的外延生长工艺是实现复杂结构器件的关键，主流的外延方法包括金属有机气相沉积、卤化物气相外延、脉冲激光沉积和MBE。北京大学、吉林大学、西安电子科技大学、南京大学、北京邮电大学等单位已实现高质量同质外延和N型掺杂；在氧化镓薄膜异质外延方面，南京大学、西安电子科技大学、中山大学等已制备出大尺寸、高质量亚稳相Ga_2O_3单晶及异质结构，并揭示了界面原子重构调制技术、位错演化机制及其对载流子的补偿和散射机理；在P型掺杂方面，复旦大学采用高温氧气退火GaN的方法，实现了弱P型β-Ga_2O_3，但稳定性有待提高。

由于理想的N型和P型半导体是制备高质量半导体器件的前提和基础，为了提高β-Ga_2O_3中的载流子密度，研究人员对β-Ga_2O_3进行了不同金属、非金属的掺杂实验。N型氧化镓主要通过掺Sn、Si、Ge等元素实现。在生长非故意掺杂（unintentionally doped，UID）β-Ga_2O_3的过程中，容易引入Si、Sn、F、Cl、H等非故意掺杂元素，这些都使UID β-Ga_2O_3呈现N型的特性。β-Ga_2O_3形成有效P型掺杂的主要难点在于：N型背景载流子的影响，缺少有效的浅能级受主杂质以及受主杂质离子易钝化、激活率低。对比相对成熟的Si和SiC电力电子器件中广泛使用的基于PN结的双极结构和基于结点的边缘终止方案，由于目前缺乏有效的P型掺杂Ga_2O_3，基于β-Ga_2O_3的功率器件的实现是一个很大的挑战。

2. 氧化镓功率器件研究进展

为了全面推进β-Ga_2O_3材料与器件的研究，日本、德国、美国等国家均通过了一系列Ga_2O_3材料和器件的研究计划。2014年11月，日本战略创新计划通过了下一代电力电子工程“氧化镓功率器件研究”项目，到2017年底完成了氧化镓功率器件制备所涉及的所有技术问题；2014年11月，世界领先的EDA软件供应商Silvaco公司宣布加入日本“氧化镓功率器件研究”项目，将Ga_2O_3材料特性、物理模型加入电子器件仿真模块Atlas中。2014年5月，美国空军研究实验室为了进一步提升军用雷达、电子战以及通信系统中射频器件以及功率开关器件的性能，通过了一项历时27个月的Ga_2O_3单晶材料制备研究计划，到2016年底完成（010）Ga_2O_3籽晶制备、1 in和2 in高质量半

绝缘 β-Ga_2O_3 单晶材料以及衬底材料的研制，为后期 Ga_2O_3 外延薄膜的生长和器件研究提供高性能衬底；2016 年 1 月，美国国防部通过了“超大功率电子器件用 Ga_2O_3 材料外延生长技术”的研究计划，该计划的提出基于未来海军战舰上配备的电磁轨道炮、防空雷达系统以及 DDG-51 驱逐舰推进系统都需要高压、高效功率转换器实现所需功率密度。

此外，美国国家科学基金会与德国科学基金会、DARPA、ONR-mine 均制订了 Ga_2O_3 材料与器件的研究计划。2016 年 3 月，美国凯玛公司将 β-Ga_2O_3 外延薄膜的制备加入先进材料研制计划中，开发了不同衬底上 β-Ga_2O_3 材料外延生长的工艺流程。2016 年 9 月，德国莱布尼兹晶体生长研究所在德国柏林召开德国－日本氧化镓技术研讨会，邀请了在该领域取得重要研究成果的德国、日本的科研单位和美国空军研究实验室、康奈尔大学以及英飞凌公司的科学家共同探讨研制氧化镓场效应晶体管、肖特基势垒二极管和紫外探测器所涉及的晶体材料生长、衬底制备、Ga_2O_3 外延薄膜淀积、器件制备工艺方面的技术问题以及推进工业化生产所面临的一系列问题。该会议召开的同时，成立了氧化镓研究共同体，致力于推动氧化镓材料和器件研究的进一步发展与工业化进程。2016 年 12 月，美国空军研究实验室邀请在建模、材料制备和表征、器件研制以及应用方面具有重大成就的科学家参加 β-Ga_2O_3 材料制备、表征和应用研讨会，主要议题是基于 β-Ga_2O_3 材料和器件的研究进展，商讨为实现该材料体系全面应用所面临的挑战。该会议为基于 β-Ga_2O_3 衬底实现功率开关器件、射频以及光电器件的整体集成提供了研究路线与战略制定方面的指导。

在氧化镓肖特基二极管研究方面，2013 年日本田村公司成功制备出 β-Ga_2O_3 肖特基二极管，该器件的肖特基理想因子为 1.04～1.06，器件的击穿电压达到 150 V（Sasaki et al.，2013）。随着外延技术的发展，卤化物气相外延被证实可生长高质量氧化镓薄膜，非常适合作为电子器件的漂移层。2015 年，日本信息通信研究机构（NICT）通过氢化物气相外延（hydride vapor phase epitaxy，HVPE），成功在高掺杂氧化镓（001）衬底上生长了 7 μm 的低掺杂外延层（掺杂浓度为 1×10^{16} cm^{-3}）。基于该结构制备的肖特基二极管实现了大于 500 V 的击穿电压。2018 年，佛罗里达州立大学的 Yang 等制备出基于 Si_3N_4 场板结构的垂直型 β-Ga_2O_3 肖特基二极管，该器件击穿电压达

650 V，导通电阻为 15.8 mΩ · cm^2，巴利加优值功率指数达 26.5 MW/cm^2。同年，Yang 又沿用该结构，将阳极图案直径扩大到 150 μm，将漂移层增厚至 20 μm，该器件击穿电压高达 2300 V，击穿场强高达 1.15MV/cm，导通电阻为 0.25Ω · cm^2。近几年，研究人员致力于通过不同器件结构来提高氧化镓肖特基二极管的性能，如梯形场板台面结构（Allen et al.，2019）、场板沟槽结构（Li et al.，2018）及场环加场板的复合终端结构（Lin et al.，2019）等。

在氧化镓晶体管研究领域，β-Ga_2O_3 具有非故意掺杂的浅能级施主（Si、Ge 和 Sn）和深能级补偿受主（Mg 和 Fe）掺杂，其 N 型掺杂可控制材料电导率变化范围达 15 个数量级，即从高导电性（电阻率约为 10^{-3}Ω · cm）到半绝缘性（电阻率约为 10^{12}Ω · cm）。然而，正如其他氧化物半导体一样，Ga_2O_3 很难实现 P 型掺杂。由于目前尚未找到浅受主掺杂杂质，其空穴的输运受其价带结构的限制而导致空穴的有效质量非常大，另外由于空穴本身的自陷阱效应，β-Ga_2O_3 的单极器件如场效应晶体管将会占据主导地位，而双极器件将很难实现。近几年，Ga_2O_3 晶体管的研究在高击穿场强、高击穿电压、高漏极电流密度、增强型 FET、RF-FET 和调制掺杂 FET 等方面均有新的重大进展。

在 Ga_2O_3 FET 方面，研究人员做了大量研究。2012 年，日本 NICT 制备了第一支 N 沟道 Ga_2O_3 金属半导体场效应晶体管（metal-semiconductor field effect transistor，MESFET），三端关态击穿电压为 250 V，电流开关比为 10^4。2013 年，该研究小组在 Ga_2O_3 MESFET 基础上研制出耗尽型 Ga_2O_3 MOSFET，三端关态击穿电压为 370 V，关态漏极电流密度仅为几 pA/mm，电流开关比大于 10^{10}。

2017 年，美国空军研究实验室报道了射频 β-Ga_2O_3 MOSFET，该器件的最大漏极电流密度为 150 mA/mm，电流开关比大于 10^6，最大跨导为 21 mS/mm（约为先前报道的 7 倍），当 V_G 为 −3.5 V、V_{DS} 为 40 V 时，其 f_T 为 3.3 GHz，f_{max} 为 12.9 GHz。在 A 类的连续波工作中，800 MHz 下的输出功率密度、增益和效率分别为 0.23 W/mm、5.1 dB 和 6.3%。其性能的进步来自新的高掺杂欧姆接触的帽层和亚微米栅挖槽工艺的实现（Green et al.，2017）。2018 年，美国布法罗大学实现了具有复合介质场板结构的 β-Ga_2O_3 MOSFET，其击穿电压大于 1.85 kV。β-Ga_2O_3 MOSFET 在提高击穿场强和击穿电压方面已有较大进展，但自热效应等使其漏极电流密度较低并受器件内热累积而退化，Fe 或 Mg 掺杂的高绝缘衬底在高温下束缚电子能力下降导致其静态漏电流急剧上升，成为其发展的瓶颈。

由于缺少 P 型 Ga_2O_3，垂直 FinFET 结构是实现 Ga_2O_3 功率开关器件的技术路线之一。2016 年，美国空军研究实验室实现了具有覆盖鳍栅阵列的水平结构增强型 Ga_2O_3 FinFET，在高压工作期间可实现常关态，其阈值电压为 0～1 V，击穿电压大于 600 V，电流开关比大于 10^5（Chabak et al.，2016）。

相比于美国、日本和德国等国家，中国在氧化镓衬底、材料和器件方面的研究虽然起步稍晚，但发展十分迅速。在氧化镓功率器件方面，西安电子科技大学、中国科学技术大学、南京大学、中国电子科技集团公司第十三研究所等在氧化镓功率和光电器件性能方面处于世界领先地位。

西安电子科技大学和中国电子科技集团公司第十三研究所采用复合栅源场板方式实现了巴利加优值功率指数为 277 MW/cm^2 的耗尽型 Ga_2O_3 MOSFET。西安电子科技大学和中国科学院上海微系统与信息技术研究所联合利用万能离子刀智能剥离转移技术，将晶圆级 Ga_2O_3 单晶薄膜与高导热 Si 和 SiC 衬底集成，有效解决了 Ga_2O_3 自身极低的热导率［0.1 W/（cm・K）］对其在高功率器件中应用的制约。转移集成后的薄膜具有良好的厚度均匀性，CMP 后薄膜表面粗糙度小于 0.5 nm，通过退火使薄膜摇摆曲线半高宽达到 140″。

基于异质集成氧化镓衬底，成功制备了 Si 基和 SiC 基异质集成 MOSFET，实现了 800 V 的击穿电压，对比同质外延 Ga_2O_3 器件，基于该薄膜制备的 Ga_2O_3 器件在高温下有良好的热稳定性。之后针对 Si 基和 SiC 基异质集成氧化镓晶体管沟道电学特性进行了系统研究，证明异质集成氧化镓沟道中迁移率随着后退火温度的升高获得了显著提升，并可恢复到氧化镓体材料水平，其可实现与外延沟道晶体管相同的电学特性，并一举解决氧化镓自身导热系数低的问题。

为解决氧化镓 P 型材料缺失的问题，南京大学通过异质 PN 结的集成实现了 1.86 kV 高耐压 NiO/Ga_2O_3 异质结二极管（Gong et al.，2020）。为进一步降低二极管开启电压，西安电子科技大学、中国电子科技集团公司第十三研究所与南京大学制备了异质结势垒肖特基二极管，巴利加优值功率指数达到 0.93GW/cm^2。为了实现更大正向电流和满足更大实用功率需求，南京大学制备了大面积氧化镓功率二极管，具有 1.37 kV/12 A 开关能力，同时具有纳秒级别快速反向恢复能力和强正向浪涌冲击能力（Zhou et al.，2021）。并且通过南京大学自建电路平台首次尝试异质结功率二极管的系统级功率因数校正，最高效率达到 98.5%。在光电器件方面，西安电子科技大学实现了 1.2×10^{5} A/W 超高响应度和 2×10^{16} Jones 高探测率的光电器件（Li Z et al.，2020）；中国科学技术大学实现了 0.7 pA 暗电流、30 ms 响应速度和 1.1×10^{6} 高光暗电流比的光电器件（Qin et al.，2019）。

基于 P-NiO/N-Ga_2O_3 异质结的优异表现，西安电子科技大学和南京大学引入 P-NiO/N-Ga_2O_3 异质结作为超结结构实现了降低表面电场和超结 Ga_2O_3 MOSFET，与常规结构相比，实现了击穿能力的提升，证明了该超结结构的有效性，有望突破氧化镓 MOSFET 击穿电压和导通电阻的相互制约关系。

综上所述，国内外均对氧化镓半导体前沿研究高度重视，近十年来取得了巨大进展，各项技术指标日新月异，氧化镓半导体在核心指标上已经明显超越了第三代半导体，显示出广阔的发展前景。我国在相关部委的大力支持下，部分器件指标达到国际领先水平，但在氧化镓材料方面还需再努力。氧化镓半导体关键技术对我国半导体产业特别是国防元器件具有至关重要的地位，需要以应用需求为牵引，科学布局、成体系谋划我国氧化镓半导体材料、器件研究和应用。

（三）金刚石材料与器件

金刚石具有大的禁带宽度（5.5 eV）、场强（大于 10MV/cm）、载流子迁移率［电子迁移率为 4500 cm^2/（V・s）、空穴迁移率为 3800 cm^2/（V・s）］和饱和速度（电子饱和速度为 1.5×10^{7} cm/s，空穴饱和速度为 1.1×10^{7} cm/s），并且具有自然界最高的热导率［2200 W/（m・K）］，因此按照半导体的各种品质因数如巴利加优值、约翰逊优值、凯耶斯优值等来看，金刚石有着巨大的潜力，可以将电子元器件推向新的更高速度与功率极限。金刚石的超强抗辐照能力、非常好的电绝缘特性（电阻率通常可达 $10^{12} \sim 10^{16}$ Ω・cm）和快响应特性（介电常数为 5.7）且输运特性好，使其成为下一代脉冲强辐射场探测器的理想材料。金刚石可作为高性能热沉衬底，从芯片级散热的层面促使大功率器件和芯片小型化，提升电路和系统的性能与寿命。引入氮空位色心的金刚石在固态自旋体系中具有结构性质稳定、室温下相干时间长、易于操控和读出等优势，在量子物理领域也已成为新的研究热点。

然而，（超）宽禁带半导体的性质和应用有其特殊性，尤其是天然具有高阻特性的金刚石，目前掺杂难、尺寸小、器件特性远未达到理想值等问题严重阻碍了金刚石半导体的发展和应用。从金刚石合成设备、材料到器件都还有很多科学和技术问题，需要开展大量基础性的工作。

1. 金刚石材料研究现状

单晶金刚石的人工合成主要有高温高压和 CVD 两种方法。高温高压法合成晶体的质量较高、成本低但杂质含量难以控制，尺寸小，主要用作外延衬底。20 世纪 80 年代，CVD 制备金刚石薄膜技术取得了突破性进展，引发了世界范围内金刚石 CVD 设备以及 CVD 生长金刚石的研究热潮。美国的“星球大战计划”、欧洲的“尤里卡计划”等把 CVD 金刚石薄膜列为关键技术之一，日本也非常重视金刚石制备技术。在金刚石材料研究方面，美国在 CVD 单晶金刚石研究方面首先实现了宝石级高品质和大体积制备，同时美国、日本和欧洲在大尺寸、高质量金刚石半导体单晶薄膜制备和金刚石掺杂技术方面开展了大量研究工作，我国在刀具级和热沉级金刚石方面也获得了较好的研究和产业化成果。在此期间，金刚石薄膜的 CVD 技术和设备也得到了很大的发展。CVD 方法中，微波等离子体 CVD 技术无电极放电、无污染、可控性好，非常适合高质量单晶金刚石的外延生长。但是，由于缺少大尺寸单晶金刚石衬底，主流的同质外延技术在单个衬底上无法实现英寸级大尺寸金刚石外延。异质外延能够彻底突破同质外延技术中外延片尺寸对衬底尺寸的依赖性，因此近年来异质外延单晶金刚石成为研究的热点。

在大尺寸单晶金刚石同质外延方面，日本的产业技术综合研究所、住友电工以及赛珂公司等组成的产学研联合攻关团队通过克隆技术和马赛克拼接方法开发并产业化了英寸级单晶金刚石晶圆同质外延制备技术，报道了 40 mm × 60 mm 的马赛克拼接单晶（Yamada et al.，2014）。在大尺寸金刚石单晶的异质外延技术方面，德国、日本、美国均掌握了高水平的制备技术。德国奥格斯堡大学已报道了近 4 in（92 mm）异质外延单晶，（004）面摇摆曲线半高宽约 230″（Schreck et al.，2017）。我国“十三五”期间在大尺寸单晶外延方面也打下了较好的基础，通过马赛克拼接同质外延和异质外延均已制备出英寸级金刚石单晶（未公开报道）。

在适合半导体应用的单晶金刚石方面，国际上仅元素六公司公开销售超高纯探测器级（早期也称电子级）单晶和氮空位色心密度可控的多等级量子级单晶产品。以电子级单晶为例，该材料对晶体质量（纯度、延伸缺陷、应力等）和电学特性（击穿场强、迁移率、饱和速度、载流子寿命、电活性陷阱等）要求非常高。

金刚石多晶可在硅或钼等材质的衬底上异质外延生长，因此较容易获得大尺寸晶圆。然而金刚石是超硬材料，尤其是多晶的晶粒方向随机分布，导致多晶金刚石的高平整度高光滑度研磨抛光技术难度非常大。2 in 以上多晶金刚石晶圆的面型（总厚度变化、晶圆翘曲等）和表面粗糙度目前还明显低于其他晶圆衬底的国家标准水平，并且尺寸越大差距越大。国产单晶金刚石的切磨抛技术主要是面向刀具和宝石产业应用，小块晶体或晶片（边长 1 cm 以下）尚可，对于更大尺寸晶圆所需的切割损耗小的水激光等技术，国产化仍有一定的差距。

实现高效、高性能的半导体掺杂是电子器件应用的必要要求。但是，单晶金刚石的高效体掺杂目前仍是金刚石器件研制中的巨大障碍。掺杂困难的原因主要有三个：①金刚石的晶格常数小、原子密堆积、键能大，掺杂原子尤其是用于 N 型掺杂的原子半径较大的Ⅴ族或Ⅵ族元素会引起较大的晶格畸变；②掺杂原子在禁带中的能级较深，不易电离；③ CVD 生长过程中引入材料的氢原子和空位等对掺杂起到了钝化或补偿作用，杂质原子本身也可能进入间隙位置，进一步降低杂质电离率。

金刚石的 P 型掺杂技术在世界范围内研究较多，N 型掺杂的难度明显高于 P 型掺杂。目前最常用的金刚石掺杂方法是基于 MPCVD 的原位掺杂。P 型采用硼掺杂，激活能为 0.37 eV，室温下电离率数量级为 10^{-3}～10^{-2}。N 型掺杂最成功的元素是磷，杂质能级位于导带底以下 0.57 eV（Grotjohn et al., 2014），理想情况下室温电离率数量级为 10^{-6}～10^{-5}。由于金刚石体掺杂电导难以调控，金刚石的结型器件研究进展比较缓慢。即便如此，仍然报道了室温下击穿场强达 2.3MV/cm（达到 SiC 水平）、能反复雪崩击穿的 PIN 二极管，以及室温下击穿场强可达 6.2MV/cm（Iwasaki et al., 2014）、400℃下电流密度达到室温下电流密度52倍的P沟道结型场效应管，初步显示了金刚石材料的高耐压优势。

2. 金刚石场效应管研究现状

虽然金刚石体掺杂难以激活，但是金刚石用氢等离子体处理再暴露于空气中后所得到的氢终端金刚石表面会形成2D空穴气形式的P型电导，早稻田大学于1994年发现了基于氢终端金刚石的FET器件（Kawarada et al., 1994）。

此后氢终端金刚石表面电导的特性得到了大量的研究，关于电导起源，出现了转移掺杂模型、自发极化模型、电荷转移模型等多种说法，目前仍没有完全定论。但可以肯定，氢终端金刚石表面由于气态吸附物或沉积介质而存在某种形式的电荷转移，并且使表面上方形成负电荷，表面下方则产生空穴；室温下氢终端金刚石表面导电沟道的空穴面密度通常在10^{12}～10^{13} cm^{-2}数量级，霍尔迁移率在几十到200 cm^2/（V·s），方块电阻通常为几到几十kΩ/sq。该2D空穴气迁移率明显低于体空穴迁移率，和氮化物异质结2D电子气迁移率显著高于体电子迁移率的情况截然相反，这也严重制约了金刚石FET器件的饱和电流和跨导。2018年，西安电子科技大学给出了氢终端金刚石2D空穴气迁移率随面密度和温度变化特性的定量理论分析，阐明了限制该2D空穴气迁移率的主导散射机制是距离空穴极近的表面电离杂质散射。该理论研究成果推动了氢终端金刚石高迁移率的研究和指标水平的迅速提升，目前迁移率已突破680 cm^2/（V·s），材料方块电阻降低到1.4kΩ/sq。迁移率提升的关键机理则是将对空穴具有散射作用的负电荷与空穴距离显著增大，进而降低表面电离杂质散射的作用。

氢终端金刚石FET的发展有微波功率器件和电力电子器件两个方向，彼此密切相关。国际上，日本早稻田大学、NTT公司和德国乌尔姆大学、美国陆军研究实验室、意大利技术研究院等机构都有成功的报道。早稻田大学在2007年报道了2 W/mm@1 GHz的特性（Hirama et al., 2007）后，转而致力于提高器件的关态击穿电压。在电力电子器件的研究方向上开发出100～400 nm厚的高温原子层沉积-Al_2O_3耐高压栅介质兼钝化层制备工艺（Kawarada et al., 2017），并于2019年报道了最高连续波输出功率密度为3.8 W/mm@1 GHz

（Imanishi et al.，2019）和 1.5 W/mm@3.6 GHz 的微波功率器件。最近，早稻田大学报道了另一种通过栅压调控可以导电的金刚石表面终端结构，即硅终端（Fei et al.，2020）。硅终端场效应管为增强型器件，其沟道电导特性与氢终端相当，并且在 400℃时的开关比仍可达 10^6，表现出很好的高温稳定性。佐贺大学研发了氢终端表面吸附 NO_2 获得高密度空穴的技术，并基于这种技术制备出高压金刚石 FET，获得了 2608 V 的关态击穿电压和 345 MW/cm^2 的巴利加优值功率指数，还预测了最大直流功率密度将达到 21 W/mm（Saha et al.，2021）。中国电子科技集团公司第十三研究所和中国电子科技集团公司第五十五研究所近年来也在氢终端金刚石微波功率器件上获得了大于 2 W/mm@2 GHz 和 1.26 W/10 GHz 的高性能指标。

与氮化物高电子迁移率晶体管器件相比，氢终端金刚石微波功率器件的研究进展相当缓慢，主要原因在于输出电流不够大、跨导较低，严重制约了器件功率增益。从更基础的层面比较，氢终端金刚石表面的 2D 空穴气面密度和氮化物异质结的 2D 电子气面密度基本相当，因此影响氢终端金刚石器件输出电流的主要原因是 2D 空穴气迁移率和沟道载流子有效速度。氢终端金刚石高迁移率特性的突破将有利于提高器件的输出电流和跨导，积极推动基于该结构的微波功率器件的性能提升。

3. 金刚石辐射探测器研究进展

金刚石辐射探测器以匀质体电导型（无结型）结构为主流结构。这种结构对金刚石材料在核辐射后产生的载流子的收集特性提出了极高的要求，在电学特性上表现为载流子输运特性好、复合中心和陷阱少、载流子复合寿命长。这些特性决定了金刚石辐射探测器的电荷收集效率、能量分辨率等指标和长期探测性能的稳定性。材料制备方面则要求单晶金刚石具有超高纯、低缺陷、应力小且分布均匀的特性。在快响应特性要求较高的场合，则需要缩短金刚石的载流子复合寿命。

金刚石辐射探测器在国际上已有商业产品，厂家包括 CIVIDEC 公司和美光公司等，器件价格也非常昂贵。由于可探测的射线和粒子种类众多，并且符合未来核能装置的辐射场更强、能量更高、时变更快的发展趋势，国际上广泛开展了金刚石辐射探测器研究。具体机构包括欧洲核子研究中心、美国布鲁克海文国家实验室、法国原子能委员会电子与信息技术实验室、日本北海道大学、日本产业技术综合研究所、日本国立研究所等。目前金刚石辐射探测器的电荷收集效率可达 90% 以上（甚至 100%），对 α 粒子和中子的能量分辨率最好结果分别为 0.4% 与 1.5%（Shimaoka et al.，2016），证明了其对辐射粒子 / 射线的能谱测量能力。对 γ 射线 / 中子 / 质子 / 重离子等的探测证明了其抗辐照特性，经受 10^{15} 质子 /cm^2、250Mrad 光子辐照以及 3×10^{15} 中子 /cm^2 辐照后，其探测性能只有轻微的变化。对脉冲形式的 X 射线 /β 粒子 / 中子的探测可证明其具有快响应能力，辨别时间达到 100 ps。对 X 射线的剂量测量证明了信噪比、线性度、响应度等方面的性能。

西安电子科技大学提出了一种金刚石表面终端调制辐射探测器结构，将国产金刚石辐射探测器的电荷收集效率提高到 99%，并且对电子与空穴的电荷收集效率具有很好的一致性。脉冲电子束的测试结果表明该探测器具有快速的时间响应，上升沿为 347.4 ps。

（四）其他（超）宽禁带半导体材料与器件

1. 氮化铝研究现状

氮化铝（AlN）是典型的Ⅲ - Ⅴ族化合物，有着优异的物理化学性质如高热稳定性（熔点 2100℃）、高热导率［2 W/（cm·K）］、高化学稳定性等。AlN 还具有良好的压电和介电性能。六方纤锌矿晶体结构使该材料在某些晶体方向上具有固有的极化和压电特性，不需要额外极化就具有较大的压电系数（d_{33} 可达 6 pm/V），因此在能量转换、声波和 MEMS 等器件上具有很大的应用价值，已被用于微机电系统，如高频滤波器、能量采集器、超声波传感器和谐振器等。此外，从电子学的角度来看，AlN 具有直接带隙、大的禁带宽度（6.2 eV）、高击穿场强（大于 10MV/cm）、高电子迁移率［大于 1000 cm^2/（V·s）］、高饱和速度（大于 10^7 cm/s）等特性，同时 AlN 相对容易与 Si 进行 N 型掺杂，其供体电离能相对较小。从半导体的品质因数（如巴利加优值等）来看，AlN 在高频高功率电子元器件领域具有巨大的应用潜力。从光电子学的角度来看，AlN 由于大带隙、高折射率（2.0）和低吸收系数（小于 10^{-3}），可提供短于 200 nm 的发射波长，即进入紫外 C 波段，可用于光电子应用。

在自然界没有发现天然的 AlN 晶体。1862 年，Briegled 和 Geuther 首次制备出 AlN 粉末，AlN 材料才逐渐被人们所认识和研究。目前来看，比较有效的 AlN 晶体制备方法主要有金属铝直接氮化法、液相生长法、氢化物气相外延法和物理气相传输法。由于块状单晶 AlN 晶体的生长条件比较严苛，最常用的方法是在衬底上外延生长 AlN 薄膜。AlN 薄膜的生长方法主要有射频和脉冲直流磁控溅射、脉冲激光沉积、CVD、MBE 和 HVPE 等。对于使用 MOCVD 和 MBE 工艺的 AlN 生长，生长温度通常很高（大于 800℃），基材通常是（0001）取向的蓝宝石，制造的薄膜厚度为 0.5～2 μm。磁控溅射技术可用于在低至室温的温度区间沉积 AlN 薄膜。溅射沉积的薄膜通常为多晶体，虽然薄膜的压电极化特性非常接近相应的单晶，但由于较差的结晶质量，只适合应用于能量转换和 MEMS 器件领域。

纤锌矿晶格结构的 AlN 沿 *c* 轴方向 Al 面与 N 面交替分布，在该方向上具有压电极化特性，压电系数 d_{33}=6 pm/V。由于 AlN 薄膜的声波速较高（纵波速约为 11 000 m/s），可用于制作高频滤波器、高频谐振器等。此外，由于 AlN 薄膜可在 Si 或蓝宝石衬底上择优取向生长，因此可采用与 MEMS 工艺兼容的低温生长工艺制备薄膜。同时，AlN 在高达 1200℃的环境下仍具有压电极化特性，可以在高温环境下使用，并且 AlN 薄膜具有良好的化学稳定性，使得制备的器件在极端恶劣的环境下仍能工作。

利用溅射可以直接在低温下生长得到和单晶材料压电特性相差不大的 AlN 薄膜。Sharma 等研究了一种在 SOI 晶圆上的 AlN 能量收集器，该能量收集器在 114 Hz 下工作，并在低水平的加速度下产生 54 mW 的功率。Dow 等设计了一种基于 AlN 薄膜的微机械能量收集器，在 186 Hz 的谐振频率下获得了 10 μW 的功率，在 572 Hz 的谐振频率下获得了 34.78 μW 的功率。

低沉积温度使 AlN 可以在柔性基材上沉积，因此 AlN 在柔性可穿戴领域具有很大的应用价值。Guido 等研究了基于压电 AlN 薄膜的柔性能量收集器，该薄膜能够以非常低的频率从人体运动中获取电能。该收集器尺寸为 4 mm × 6 mm，在手指运动 1 Hz 的情况下，可以产生的最大电压为 0.7 V。

受益于其优异的物理特性，如超大的直接带隙、固有的日盲范围、耐辐射、重量轻等，AlN 可用于开发下一代深紫外、真空紫外和极紫外光电器件。在光电探测领域，与基于 AlGaN 的金属－半导体－金属（metal-semiconductor-metal，MSM）和肖特基光电探测器相比，由于具有低位错密度、低光生载流子合金散射和最小掺杂诱导缺陷等优势，基于 AlN 的光电探测器表现出更好的性能。Dahal 等利用蓝宝石和 SiC 衬底生长了高质量 AlN 外延层，并分别研究了基于 AlN 的 MSM 和肖特基光电检测器（Dahal et al.，2008）。这些基于 AlN 的探测器在 200 nm 处产生峰值响应，MSM 的截止波长短至 207 nm，击穿电压高，深紫外到紫外、可见光的抑制率超过 4 个数量级。肖特基探测器则表现出非常高的零偏压响应性，为 0.078 A/W。这些结果均表明，AlN 可以成为下一代 DUV 光电子器件应用的优秀候选者。

2. 氮化硼研究现状

氮化硼是由氮原子和硼原子构成的材料，是典型的Ⅲ - Ⅴ族化合物。氮化硼常见的有三种结晶态，分别为层状氮化硼、金刚石状的立方氮化硼以及纤锌矿结构的氮化硼。

在这几种相中，h-BN 具有与石墨一样的层状结构，层内 B、N 之间以强共价键连接，而层间以范德瓦耳斯力连接，其 *c* 面有主要的裂纹，并且很容易被机械扰动而产生塌陷，导致 h-BN 层沿着表面滑行，因此常被用作润滑剂。h-BN 带隙宽且容易制备出单层薄膜，因此其或可作为异质外延的插入层，该特性在 2D 电子学的研究中引起了人们的广泛兴趣。w-BN 是发生在高压环境下的一种超硬状态，它的化学和热稳定性好，多年来被广泛用作电绝缘体和耐热材料。w-BN 可以与 AlN 或 GaN 合金化，以获得更宽的带隙。c-BN 与金刚石是等电子的，因此 c-BN 可作为金刚石材料生长的插入层。c-BN 的带隙为 6.4 eV，预测其击穿场强大于 15 MV/cm。它是一种硬度仅次于金刚石的材料，具有所有材料中第二高的热导率［理论上热导率为 2145 W/（m · K）］。

由于 BN 是一种宽禁带半导体，掺杂可使其原始物理性质发生改变。如何在保证其蜂窝状结构的同时使 BN 带隙得以收窄是目前的一大热门研究方向。掺杂 C、O 原子在理论上和实践中都可以使其带隙得以调控。这种掺杂在 BN 材料的生长和后处理过程中均可实现。

六方氮化硼在微电子领域的应用具有很大的潜力。由于其具有光滑的表面，不导电并且无悬键，因此可用作生长高性能器件的衬底材料。同时，h-BN 还是 2D 半导体器件中最广为应用的介电材料，被称为白色石墨烯，可轻易与其他 2D 半导体形成界面洁净的范德瓦耳斯异质结并用于构筑高性能 2D 晶体管器件。

立方氮化硼具有非常宽的带隙，是制造紫外光电器件的理想材料。同时，立方氮化硼具备优异的力学、化学、电学以及光学性质和超高热导率，可广泛应用于大功率、高温或高光子能量相关器件。

第三节 需进一步解决的难题

一、低缺陷、大尺寸（超）宽禁带半导体材料外延生长技术

目前 SiC 基 GaN 异质外延材料缺陷密度普遍偏高，材料均匀性有待进一步提高，缓冲层背景载流子浓度偏高，载流子限域性较差，限制了进一步提升工作电压。采用 Si 材料作为衬底是降低成本的主要方式，同时 Si 衬底材料也有利于与 CMOS 工艺兼容。但是，由于 GaN 与 Si 存在较大的晶格失配和热失配，在 Si 衬底上生长的 GaN 材料容易发生开裂现象，严重影响材料质量与良率。另外，面向 3000 V 以上的 GaN 高压垂直器件需要 GaN 衬底单晶，目前生长 GaN 单晶仍存在生长成本高、剥离较困难等问题。

外延材料的均匀性是实现电学性能可控的 6 in SiC 外延材料所面临的重要问题。随着衬底尺寸的增加，整个反应腔中的气体流速发生变化，从而改变了反应腔中的温度梯度和气流分布，材料的厚度和掺杂均匀性必然受到明显影响。降低 SiC 材料缺陷密度也是提升 SiC 电力电子器件性能的关键方法。

氧化镓和金刚石难以获得高质量的单晶衬底，目前普遍采用异质外延衬底或者衬底拼接等方法得到大尺寸外延材料，因此会导致器件内部缺陷过多，大大降低器件的工作效率和使用寿命，更无法大批量生产。由于掺杂剂的钝化现象，大于 10^{20} cm^{-3} 的高掺杂激活浓度很难实现。同时，氧化镓和金刚石 P 型掺杂很难实现，尤其是高载流子浓度的 P 型掺杂。究其原因主要有三个：① N 型背景载流子的影响；②缺少有效的浅能级受主杂质；③受主杂质离子

易钝化、激活率低。因此，急需突破（超）宽禁带半导体材料生长技术，为（超）宽禁带半导体技术整个链条的发展奠定基础。

二、（超）宽禁带半导体高性能器件关键技术

我国在宽禁带微波/毫米波器件方面取得了长足的进展，5G用微波/毫米波器件设计与制作工艺的关键技术实现了突破。GaN微波/毫米波器件实现了材料、器件、电路、关键设备、封测和可靠性较为完善的产业链，为推动国产5G用高性能微波/毫米波器件、保障5G的自主可控夯实核心技术基础。未来的方向是进一步解决硅基GaN射频器件、高线性、低工作电压等GaN射频器件的科学和技术问题，以适应更加广泛的应用需求。

在电力电子器件方面，目前国产SiC功率器件主要是低电压等级、低电流容量的碳化硅肖特基二极管和MOSFET，电压集中在650～1700 V，芯片面积较小，电流只有几十安，总功率容量难以满足高端领域的应用。工作温度仅能提高到175℃，与SiC材料本身的潜力工作温度600℃相差甚远。需要突破电力电子器件的可靠性、一致性和良率等问题，建立完善的功率器件设计方法、可靠性测试及失效分析方法，并且在器件制备过程中优化工艺参数，控制工艺误差，提升工艺稳定性及建立完善的工艺过程监控体系，培养完善的高端电力电子器件设计及工艺能力，从而支撑国产电力电子器件向高端、高性能产业化攻关，保障战略性产业的高质量发展。

三、（超）宽禁带半导体芯片集成与应用

功能模块集成和器件异质集成是宽禁带半导体器件集成化多功能高端产品的发展方向，要解决模块功能的集成、串扰抑制和材料的异质集成科学和技术难题，尤其是GaN毫米波单片集成电路工艺技术，高集成度、高功率密度SiC集成技术与应用技术。

第四节 科学问题与发展建议

一、（超）宽禁带半导体材料高质量大尺寸外延生长技术

材料问题是宽禁带半导体器件急需解决的核心问题之一，攻关大失配异质外延核心材料制备技术，解决器件所需的低缺陷、高电学特性、高稳定性和高可靠性的外延片生长问题。研究突破 GaN 基半导体材料大直径、低缺陷外延生长技术，探索 AlN、高 Al 组分 AlGaN、极化场调制掺杂等材料物理、生长与结构设计技术，突破 GaN 材料 N 型 /P 型高效掺杂技术和绝缘缓冲层生长技术，获得具有自主知识产权的高质量大尺寸 GaN 半导体材料外延生长技术。

深入研究 SiC 生长动力学与缺陷转化机理，突破 SiC 外延材料缺陷湮灭机制及控制技术，实现 SiC 大尺寸、低缺陷、厚膜外延生长关键技术，尽快完成由 4 in 向 6 in、8 in 晶圆的跨越。为满足大电流器件对更大有源区面积的要求，为航空航天、核能、高铁等领域急需的高温、高压、抗辐射、抗腐蚀应用奠定基础。

针对氧化镓大尺寸单晶易开裂、P 型掺杂难、本征衬底热导率低、载流子迁移率低、功率器件击穿低与导通电阻高、光电器件串扰严重等关键问题，研究大尺寸氧化镓单晶生长技术、缺陷形成机制及其抑制方法，研究单晶掺杂和电阻率调控技术，以及晶片整形、晶面调制和衬底加工技术；研究氧化镓薄膜的外延生长、缺陷抑制和背景载流子调控技术，研究氧化镓物相调控技术；研究 N 型和 P 型双性可控掺杂技术和高效激活机制，探索异质结构制备、能带剪裁及界面控制工程。

金刚石体掺杂的激活和电导调控是世界级难题。既需要寻找新的掺杂剂和掺杂方法，降低杂质的形成能和激活能，又需要寻找体掺杂电导有效的激活方法。材料杂质设计的理论指导与 CVD 设备创新和工艺能力升级相结合，

探索金刚石体掺杂在室温下实现高效稳定电导调控的可能性。开展 MPCVD 原位生长金刚石和其他（超）宽禁带半导体异质结研究，从机理和实验方面双管齐下，获得新形式的金刚石异质结面电导，既能避免体掺杂带来的金刚石晶体质量退化和室温难以激活的问题，又能避免氢终端表面电导的不稳定性问题。

二、（超）宽禁带半导体微波功率器件设计与工艺技术

针对未来通信和雷达感知等领域对（超）宽禁带半导体材料和结构的特殊要求，解决高频低损耗材料生长问题、完善器件结构和芯片拓扑结构的理论，实现高频 / 超高频射频芯片的设计和应用。

攻关宽禁带半导体微波功率器件的外延设计与关键结构设计技术，重点解决高频率、高功率和高效率问题，主要解决器件面临的诸如短沟道效应、亚阈值特性退化、器件击穿特性降低等关键技术问题。建立关键结构参数对器件阈值电压、输出电阻、频率特性的调制模型，有效抑制器件短沟道效应。针对外围结构在高频微波 / 毫米波段寄生严重的问题，开展高频器件有源区特征尺寸及外围布局尺寸研究，建立有源区及外围尺寸与寄生参数的对应关系，提高器件的工作频率，最终实现毫米波器件结构设计。

突破宽禁带半导体微波功率器件关键工艺技术，如短栅长、低势垒、T 型栅等。针对纳米级栅条制备过程中存在的拼接问题，采用电子束光刻技术，开展邻近效应及散射效应研究，研制面向毫米波应用的低寄生纳米级栅条。通过工艺优化，解决超薄势垒层欧姆接触较高以及金属合金化过程中的外扩及欧姆接触表面形貌退化等问题，发展具有较高平整度和较低欧姆接触的新型合金化工艺。开展 TiN 叠层金属研究，实现良好导电性能且与 CMOS 兼容的无金工艺技术。研究新的介质表面支撑技术，对金属侧墙绝缘介质进行加固，减小栅寄生电容，提高器件栅良率和可靠性。

为了实现具有高工作频率、高增益和高功率的 GaN 毫米波功率器件，需要进行低损耗栅结构、短沟道效应抑制、寄生电阻抑制等关键技术研究，为高性能宽禁带半导体微波功率器件的研究和产业化奠定科学技术基础。

三、（超）宽禁带半导体高端电力电子器件设计与制备技术

严苛环境下的高压、超高压大功率密度工作条件是高端电力电子器件的主要应用情景。解决器件的耐高压、大电流，耐高温、抗辐照设计与制备，低器件功率耗损，长时间电、热应力工作条件下的器件参数稳定性设计，高器件产品良率和电学参数一致性设计方案与工艺节点控制等关键技术难题，满足我国高端电力电子器件的高性能、高可靠性应用需要。

（超）宽禁带半导体高端电力电子器件设计与制备技术主要解决宽禁带半导体电力电子器件面临的诸如增强型、高压、器件的稳定性和应用验证等关键技术问题。通过研究极化诱导能带工程与阈值电压调制、大失配强极化外延生长动力学、同质外延生长动力学、低缺陷密度材料局域化效应、高场下功率器件电子输运与击穿机制、器件的动态导通电阻退化机理，以及常关型平面器件和垂直器件结构关键设计等问题，建立宽禁带功率半导体电力电子器件基础理论，解决宽禁带功率半导体器件材料外延、制备工艺、器件物理与模块封装等方面的关键问题，形成新一代能量转换系统的核心器件技术，为高性能宽禁带半导体电力电子器件研究和产业化奠定科学技术基础。

深入研究 SiC 半导体非平衡载流子输运机理与调制增强行为规律，探索高压大容量电力电子器件耦合场能量高效变换和控制机理，奠定 SiC 高压、高效率电力电子器件的理论和技术基础，突破材料掺杂、刻蚀、金属化工艺技术瓶颈，制造万伏级功率器件及超快开关器件。研究 SiC 集成电路的机理、结构和关键工艺技术，实现 SiC 基高温集成电路。

可靠性是制约微波功率器件全面应用的关键指标。可靠性的核心问题是高输出功率下的热、强电场下应力以及不同偏置条件下的热力耦合效应。要深入研究器件的工作原理、电场和温度分布，建立电场、温度和应力分布模型，探索提高器件可靠性的有效途径。提出新的复合绝缘栅介质作为表面钝化和栅介质材料，减小界面态密度和大功率工作状态下的栅泄漏电流，研究器件不同材料界面间的热阻和热扩散问题，建立热传导模型，探索新的材料界面结构、器件热设计和封装技术，使宽禁带半导体功率器件达到工程实用化水平。

围绕高质量氧化镓和金刚石等（超）宽禁带半导体材料，研究更高频率、

更大功率和更高击穿电压的新型功率和高频器件。通过对金刚石和氧化镓基材料的外延生长动力学与生长方法、器件制备机理与方法、材料与器件特性表征方法等关键科学问题的研究，建立新型（超）宽禁带半导体材料、异质结构材料以及电力电子器件的基础理论与方法，突破材料与器件关键技术，实现（超）宽禁带半导体功率器件和高频器件的制造，使（超）宽禁带半导体领域的研究处于国际前沿水平。

四、（超）宽禁带半导体固态微波 / 毫米波芯片设计关键技术

（超）宽禁带半导体固态微波 / 毫米波芯片设计关键技术用于解决宽禁带半导体 5G 毫米波通信、探测雷达、精确制导的固态器件与电路集成化问题。毫米波频段将成为 5G 系统中的重要工作频段，实现 24.75～27.5 GHz、37～42.5 GHz 及以上频段毫米波通信的毫米波单片集成电路研制技术。面向 5G 产业，提升基于宽禁带半导体器件的低噪声、高增益和宽频带毫米波集成芯片性能，满足我国 5G 产业升级需要。

面向新一代高频 / 超高频固态射频功率芯片设计对毫米波器件参数提取、精确建模等提出的更高要求，探索微波 / 毫米波射频微波器件电、磁、热、力等多物理场耦合设计方法，满足新一代半导体材料器件、电路设计的方法学需求，构建自主完善的射频微波器件电路设计开发生态，满足未来军民通信的固态微波器件设计方法和工具需求。

聚焦系统芯片与微系统的技术前沿和关键“卡脖子”科学问题，开展低功耗系统芯片和 3D 异质异构系统设计与工艺实现、模拟前端系统芯片与微系统等技术的基础理论和关键技术研究，研制满足国家重大需求的系统芯片与微系统产品，解决高性能系统芯片与微系统设计的科学问题。

五、（超）宽禁带半导体光电器件与探测器件技术

鉴于 GaN 半导体器件在半导体照明、生物医疗诊断、波谱分析和环境与质量监测等方面的应用，重点发展（超）宽禁带深紫外 LED、激光和日盲紫外探测器技术。针对 GaN LED/ 激光器件，需要有效抑制光谱展宽效应，解

决外延材料生长过程中的量子阱界面粗糙度、组分、阱宽不均匀、晶体和应用畸变、P 型掺杂的激活等关键问题，围绕提高流明效率、降低热阻、延长使用寿命、增加显色指数、降低制作成本，从材料外延、芯片制作、器件封装和应用等方面进行研究，着力开发其关键技术，早日实现半导体照明路线图和高质量图像显示等目标。针对 GaN 光电探测器件，从结构参数和工艺参数优化等方面，结合材料生长控制和器件重要性能参数表征，以及器件数值仿真、关键工艺优化和器件结果分析，寻找提高器件灵敏度并降低暗电流的有效方法，以满足极微弱信号甚至单光子信号的探测需求，并满足对探测器件的微型化、集成化、阵列化的要求。

六、前瞻布局（超）宽禁带半导体新型应用技术

在（超）宽禁带半导体新型应用技术方面，重点开展宽禁带半导体太赫兹固态器件与电路技术。探索基于宽禁带半导体材料的单片太赫兹器件与系统，重点研究 GaN 基非线性高电子迁移率器件、负微分电阻振荡器件的新型外延结构和平面兼容工艺，提高太赫兹信号的输出功率密度，突破传统宽禁带半导体太赫兹器件毫瓦级输出功率瓶颈，实现高输出功率的氮化物器件及其与无源元件、天线系统的片上集成，研制实用型太赫兹电路与系统。

面向能源、生物领域重要特征参数的高获取与信息化集成，研究宽禁带半导体参数的敏感机理，探索开展高能辐射粒子探测、气敏传感、生化传感等新型传感与探测器件。

第十一章

量子芯片

第一节　战略地位

量子科学是20世纪最伟大的科学成就之一，已成为现代科学的支柱。量子技术具有很高的战略价值，美国、澳大利亚、欧洲等地在量子技术的研究和产业化方面投入了大量资金。2016年，为了在量子技术革命中占据领先地位，欧盟委员会发布了《量子宣言》，随后启动了10亿欧元的量子技术旗舰路线，并发布了量子技术到2035年的发展规划。同年，为了抢占半导体量子芯片制高点，澳大利亚政府成立了硅基半导体量子芯片实验室。英国设立了英国国家量子技术计划，并投资2.7亿英镑以支持量子信息技术的长期发展。2018年，白宫召开量子峰会，联合政府、商业界、学术界讨论如何推动量子信息科学发展，发布了《量子信息科学国家战略概述》，以确保在"下一场技术革命"中成为全球领导者。2020年，白宫科学技术政策办公室、国家科学基金会和能源部宣布将斥资6.25亿美元建立5个量子信息科学中心。

量子计算的概念最早由美国著名物理学家理查德·费曼在1982年提出。多年来，科学家对量子计算的架构、算法、编程语言和物理实现进行了广泛而深入的研究。量子计算机是一类遵循量子力学规律进行高速数学和逻辑运算、存储、处理量子信息的物理设备。当一台设备处理和计算的是量子信息，运行的是量子算法时，它就是量子计算机。近年来，科学家正在利用量子效应对单电子晶体管进行量子计算和量子信息技术研究，希望开发出通用量子计算机。

截至 2022 年，国际上最先进的集成电路芯片制造工艺处于 3～5 nm 技术节点的量产阶段，而更小尺寸的技术还处于试制或研发阶段。由于量子隧穿效应的存在，在不久的将来终将会逼近器件尺寸的物理极限，而量子计算是突破经典物理极限芯片尺寸的产物，也是后摩尔时代具有标志性的技术。

量子计算利用量子纠缠和叠加的特性，可以实现算力的大幅提升。传统计算机的信息基本单元是二进制比特，通过控制晶体管电压的高低决定一个数据到底是“1”还是“0”。量子计算机的基本单元是量子比特，它是｜0＞和｜1＞两种状态的叠加，通过量子纠缠能让一个量子比特与空间上独立的其他量子比特共享自身状态，从而创造出一种超级叠加，实现并行计算，因此其计算能力随着量子比特位数 n 的增加以 2^n 方式增长。此外，量子计算的信息处理过程是幺正变换，幺正变换的可逆性使得量子信息处理过程中的能量消耗低，从理论上可以解决现代信息处理的另一关键技术难题——高能耗问题。

未来，通用量子计算机将极大地满足现代信息技术日益增长的需求，在海量信息处理、重大科学问题研究等方面产生巨大影响，甚至对国家的国际地位、经济发展、科技进步、国防军事和信息安全等领域发挥关键性作用。大规模通用量子计算机的实现将会有效支撑先进武器装备发展和国防安全对高性能计算的需求。首先，利用量子计算可以快速破译现有的密码系统，将对经典计算可能需要数千年才能破译的密码的破译时间缩短至几分钟。其次，量子计算可以用于海量数据的实时分析和处理。此外，在需要大量算力的研究领域（生物、材料、大数据检索等），量子计算也有着极其重要的商业价值。

量子计算机通常包括量子处理器和电子控制器。由于大多数量子处理器是在极低温度条件下工作的，而控制电路放置在室温下，这样的互连方式不利于信号的降噪和运算保真性。此外，考虑到实际量子算法需要大量的量子比特，这会导致整个系统非常复杂和庞大，与可伸缩、紧凑、成本可控的量子计算机的目标不符（Gao et al.，2020）。超低温量子处理器与先进 CMOS 控制电路的片上集成可以解决这一问题。片上集成的方式不仅可以有效解决传统架构中逻辑控制模块和量子处理器模块的复杂互连问题，而且在降噪、保真性、可扩展性方面具有显著的优势。

硅基量子计算芯片及相关器件的开发和技术验证不仅会推动量子信息技术的快速发展，也会加速量子效应下其他半导体器件和集成电路的突破。特别是在半导体量子计算机上发展起来的超低温半导体技术，将极大地推动超低温电子学等应用方向的发展。

第二节　国内外进展

一、国外进展

硅基半导体材料可以实现大规模量子芯片的生产，并且各个方面均已满足量子计算的条件，被认为是最有希望实现量子计算机的物理体系之一。国际上，美国桑迪亚国家实验室、普林斯顿大学、休斯研究实验室，澳大利亚新南威尔士大学，荷兰代尔夫特理工大学，日本东京大学等诸多著名大学和研究机构均已开展了基于硅的量子计算研究。同时也吸引了英特尔、IBM 等公司的大量投资。

目前，国际上几个主要的领先量子计算研究机构如 IBM 公司、谷歌公司、Rigetti 公司、英特尔公司、荷兰代尔夫特理工大学（Huang et al.，2019；Yoneda et al.，2018；Chan et al.，2018）等陆续实现了多比特的量子计算集成系统。2019 年，英特尔公司与荷兰代尔夫特理工大学合作设计了一种低温 CMOS 集成控制电路（Huang et al.，2019），在温度为 3 K 的 22 nm FinFET 工艺技术的芯片上实现了包含 4 个控制器、128 个量子比特的控制电路。

近年来国际上硅基自旋量子比特研究进展迅速，使得半导体量子计算研究迈上了更高的台阶。其中的关键进展主要集中在三个方面：首先是材料体系的优化，核自旋较小的硅基材料取代了核自旋较大的GaAs材料。核自旋扰动的减少使得电子自旋的退相干时间从10～100 ns增加到1～10μs（Bluhm et al., 2011）。利用同位素纯化技术将不含核自旋的^{28}Si含量提升到了99.9%以上，从而进一步延长了退相干时间。其次是量子点结构工艺的优化，采用重叠栅电极的增强型量子点器件取代了分立栅电极的耗尽型量子点器件，结构更加紧凑，各电极的功能独立、调节性更强，并且较小的量子点尺寸可以减小电荷噪声的扰动，提升量子比特的性能。最后是比特操控方式的优化，梯度磁场下的交变电场调制自旋翻转取代了电流天线产生的交变磁场调制自旋翻转，导致自旋翻转速度提高了10倍以上。以上各项技术进展的有机结合促成了硅基自旋量子比特研究的快速发展。

近年来，在自旋量子比特读出、逻辑门控制、远程量子比特耦合、高温量子比特等领域取得了一系列重要的研究进展。2014年至今，硅基自旋量子比特的单量子比特和两量子比特操控、三量子比特纠缠、单自旋和光子的强耦合、单自旋快速高保真度射频读出、两自旋的毫米级远距离共振和自旋量子比特的高温操控等相继得到实现。在比特质量方面，硅基量子芯片单量子比特操控的保真度已经达到99.9%，两量子比特操控的保真度达到了98%，三量子比特纠缠保真度达到了88%，自旋量子比特读出保真度达到99%，而读出时间缩短到1 μs，满足了逻辑比特编码的阈值需求（Takeda et al., 2021）。在工作温度方面，1 K温区以上的硅基量子比特操控也得到实现，摆脱了对稀释制冷机等极低温设备的依赖，大大降低了热功耗对集成度的限制，不仅使得量子比特数可以实现高度集成，也使得量子比特控制电路可以与量子比特阵列集成在同一芯片上，为实用化量子信息处理器提供了扩展方案。

基于锗异质结和锗量子线构建的空穴单自旋量子比特同样得到了广泛关注。2018年至今，奥地利维也纳科技所和中国科学院物理研究所首先在锗量子线中实现了空穴单自旋量子比特（Watzinger et al., 2018），尔后荷兰代尔夫特理工大学的研究组在锗异质结上先后实现了空穴自旋单量子比特、两量子比特、四量子比特的操控和纠缠，其单量子比特操控保真度达到了99.9%。2020年，瑞士巴塞尔大学的研究组和中国科学技术大学研究组同期实现了基于锗纳米线空穴体系超快的自旋量子比特操控，中国科学技术大学研究组创造了 540 MHz 的单量子比特操控速度的世界纪录（Wang et al.，2022）。

除了实验室的研究工作，一些基于硅集成电路代工厂的量子比特结构也正在开发中。2018 年，英特尔公司报道了一种基于 22 nm 鳍型场效应晶体管制程技术的新型双嵌套栅极集成工艺，用于加工 Si 量子点。2019 年，他们展示了量子点中的库仑阻塞和量子点之间的可调隧穿耦合，表明这种新的栅极结构可以用来形成自旋量子比特（Xue et al.，2021）。2020 年，有研究小组报道了在法国原子能委员会电子与信息技术实验室基于 28 nm 完全耗尽型绝缘体上硅晶体管制程技术制造的 2D Si 量子点阵列的单电子控制。2021 年，英特尔已经将产线技术量子比特的相干时间等技术指标提升到与实验室水平相当的地步（Xue et al.，2021），而研究人员使用法国原子能委员会电子与信息技术实验室的产线技术通过射频栅极反射技术在两个器件上获得了（9 ± 3）s 的电子自旋弛豫时间。这一系列成果标志着量子比特产线工艺技术已逐渐走向成熟。

然而，在适配量子处理器的低温 CMOS 集成电路方面，尤其是先进工艺节点 CMOS 器件及电路在超低温下的工作特性、机制、参数提取以及模型方面，相关的研究仍相对匮乏。在量子芯片的测控功能器件方面，以英特尔公司、谷歌公司、法国原子能委员会电子与信息技术实验室三家为代表的国际研究小组开展了量子比特经典控制电路低温集成的研究。2019 年，谷歌公司发布了基于 28 nm Bulk-CMOS 的低温控制系统，实现了 3 K 环境下由波形存储器和脉冲调制器组成的量子位控制系统，功耗为 2 mW/ 量子比特。随后基于 22 nm FinFET 工艺和 40 nm Bulk-CMOS 工艺，英特尔公司推出了一种名为 Horse Ridge 的低温控制芯片（Xue et al.，2021）。2020 年，法国原子能委员会电子与信息技术实验室也在国际晶体管电路讨论会上发布了最新的量子集成电路方案。基于 28 nm FD-SOI 工艺首次实现了经典模拟 / 数字电路和量子点在 CMOS 芯片上的集成，在 110 mK 的温度下总功耗只有 295 μW。荷兰代尔夫特理工大学则基于 Cryo-CMOS 的电路设计需求开展了相关的电路层面的建模仿真工作（Charbon，2019）。系统性的低温电子学探索（如输运及退化特性的表征及机制机理研究、缺陷及涨落特性、自热特性等）却仍然处于有待研究阶段。

二、国内进展

国内量子计算研究取得了快速发展。2018 年 7 月中国科学技术大学首次实现 18 量子比特的纠缠，刷新了所有物理体系中最大纠缠态制备的世界纪录。在硅基单电子自旋量子比特方面，中国科学技术大学与中国科学院物理研究所和中国科学院微电子研究所合作，先后实现了硅衬底上高质量和高纯度（99.97% 的硅）硅材料的生长制备、硅基量子点的制备与调控、自旋量子比特的单发读出和自旋寿命的测量以及自旋量子比特的操控。通过在样品上施加面内旋转磁场，该研究组在国际上首次发现了调控自旋寿命的新机制，可以将自旋量子比特的寿命提升 100 倍以上，进一步实现了单电子自旋的电偶极自旋共振，并根据其各向异性给出了提高自旋量子比特逻辑门操控品质因子实验方案。

在锗纳米线量子点单空穴自旋量子比特方面，中国科学技术大学与中国科学院物理研究所合作，先后实现了单、双空穴量子点的制备，并在国际上率先报道了空穴量子点和超导微波腔的耦合以及空穴自旋量子比特的超快逻辑门操控。该合作团队还进行了 Si/Si 通用电气异质结和通用电气 /Si 通用电气异质结的量子点材料生长和量子比特构建研究。

与国外蓬勃发展的硅基量子计算相比，我国以前主要对 GaAs 基量子计算进行研究。近几年才开始了硅金属氧化物半导体量子点中单电子自旋量子比特的制备与操控、棚顶型锗纳米线量子点单空穴自旋量子比特的超快普适逻辑门操控和多量子比特扩展架构的研究。总体来看，国内半导体量子计算研究起步晚，基础相对薄弱，离世界顶尖水平尚有一定距离。

第三节 发展规律与研究特点

量子芯片的研发正逐步从实验室的原理研究阶段向工程实践研究阶段迈进，同时也面临诸多难点与挑战。

（1）高可扩展、高保真度、高速度的量子比特读出。尽管基于硅基自旋量子比特已可以构建高保真度的单量子比特和双量子比特操作，甚至可以实现三量子比特纠缠，但这些都是基于外加电荷探测器的结果。一般情况下，电荷探测器只能探测到其附近的两个自旋量子比特，其响应速度在毫秒量级。硅基自旋量子比特的探测范围小和探测带宽低的特点限制了其扩展。为了解决上述问题，基于比特栅极的射频检测电路成为未来的选择。国际上的主要研究小组实现了自旋比特探测，保真度为73%～99.7%。这种大跨度参数反映了该技术效果良好但技术难度较大的特点，至今尚未应用于多比特操控和比特保真度测量。然而，对于可扩展的多量子比特实现来说，栅极探测器是必然发展趋势。

（2）低核自旋噪声、低电荷噪声、高均一性的衬底制备。得益于纯化硅衬底材料的发展，衬底核自旋噪声被降到了很低的水平，超过99%的高保真度量子比特操控得到实现。然而，最近的一项研究发现，电荷噪声作为低频噪声阻碍了硅基自旋量子比特保真度的进一步提高。在降低电荷噪声方面，欧美的一些团队在硅锗材料上取得了一些进展，特别是澳大利亚新南威尔士大学团队提出了一种新的量子比特远离金属栅极的方法，可以有效降低电荷噪声，创造了新的低电噪声纪录。

（3）低温读出和操控电路的设计与制造。目前国际主流的量子比特测量主要基于室温模拟和数字控制电路，通过制冷机电路连接到芯片单元上。随着量子比特数量的增加，现有的制冷机不太可能支持这种巨大的布线。在与量子比特相同的基底上设计读出和控制电路将是未来的解决方案，因此引起了国际社会的广泛关注。2019年，谷歌公司与台积电公司合作生产基于工业28 nm技术的低温控制芯片。2020年，英特尔公司制备了一个基于工业22 nm技术的低温控制芯片；同年，法国原子能委员会电子与信息技术实验室基于SOI技术，尝试把一些控制线路和硅量子点集成在同一芯片上。目前，这些技术尝试还处于探索阶段，短期内还没有形成适合大规模可扩展量子比特控制和读出的方案。

（4）量子芯片CMOS标准工艺的研发。相对于现有的实验室制备工艺，集成电路CMOS标准工艺技术具有更高的精度和稳定性，适用于量子芯片的先进制程技术开发是量子芯片往高集成度发展的必然要求和保障。国际上的大型企业和研究机构在量子芯片产线化上已有布局，并且经过了数年的发展取得了一定的成果。在目前相对领先的超导量子计算方面，IBM 公司和谷歌公司数年前已经使用产线技术对超导量子芯片进行了工艺升级，推动了超导量子芯片比特数目和运算能力的提高，如美国 Rigetti 公司等量子计算初创企业也投资兴建了自己的量子芯片产线，支撑超导量子集成电路的研究。在硅基半导体领域，英特尔公司基于 22 nm FinFET 制程技术和法国原子能委员会电子与信息技术实验室基于 28 nm FD-SOI 技术分别对量子芯片的制程工艺进行了开发。国内基于量子芯片制程的工艺和产线正在快速发展。

（5）量子芯片电子设计自动化技术。少数量子比特可以通过人工作业完成，但当比特数目达到数百以上时，必须依赖 EDA 工具完成。现有 EDA 工具需要拓展器件低温模型，需要考虑量子比特及量子芯片中新型量子器件效应（相干性、纠缠度等）。目前，美国的新思科技公司等 EDA 企业已经开始介入相关领域的研发，IBM 公司也于 2021 年发布了其第一款量子 EDA 软件 Qiskit Metal，用于量子芯片的设计与仿真。2022 年，本源量子发布了量子 EDA 软件本源坤元系列工具的第一款，填补了该领域的国内空白。量子 EDA 技术研发竞赛正在展开。

半导体量子计算已经发展了 20 多年，主要是基于 GaAs 量子点，从单量子点和双量子点的调控到单、双自旋量子比特的读出和操控。随着硅基材料低核自旋噪声优异性能的发现，硅基量子计算得到了迅速发展。未来我国在硅基量子计算应该投入更多的精力和资源，主动引领创新技术的研发和发展，为推动我国乃至世界固态量子计算事业发展做出贡献。

第四节 发展建议

一、加强量子芯片材料研究

高质量材料是量子计算研究的关键，需要满足量子比特长量子退相干时间和快速全电学操控。Ga 和 As 都不存在稳定形式的无核自旋同位素结构，导致量子退相干时间难以延长，因此基于 GaAs 材料量子计算的研究近年来逐渐淡出了人们的视野。Si 和通用电气材料均存在稳定的无核自旋同位素，如 ^{28}Si、^{30}Si、^{70}Ge、^{72}Ge、^{74}Ge、^{76}Ge。同时，Si 和通用电气材料具有与现有先进半导体工艺兼容的特点，因此被认为是半导体量子计算材料的最佳选择。用于量子比特编码的材料根据载流子类型可以分为电子型和空穴型。电子型量子比特材料主要包括 SiGe/Si/SiGe 2D 电子气、Si MOS、Si 纳米线；空穴型量子比特材料主要包括 SiGe/Ge/SiGe 2D 空穴气和通用电气 /Si 1D 纳米线。电子型量子比特和空穴型量子比特各有优势。电子型量子比特相对简单且在 ^{28}Si 材料中实现了长量子退相干时间，前期研究主要集中于电子型量子比特。空穴型量子比特相对复杂但是具有和核自旋弱的超精细相互作用和强的自旋轨道相互作用，有利于实现全电学操控以及比特间的强耦合，近期在 1D 通用电子气量子线中实现了最快操控速度的量子比特以及在 2D 空穴气中实现了百微秒的退相干时间，因此空穴型量子比特越来越受关注。位错、应力、原子空位和台阶、同位素纯化纯度、量子线的按需定位生长等都是影响量子比特性质和集成的关键因素，因此量子计算芯片材料研究的主要目标是实现 SiGe 量子材料原子尺度的可控制备。Si 和通用电气量子计算材料可以通过 MBE 和 CVD 方式进行生长。为了发展电子和空穴编码量子计算，应对以下材料结构进行研究。

（一）电子编码量子计算材料

1. SiGe /Si/SiGe 2D 电子气

相比于零维（0D）和 1D 材料，2D 薄膜具有大规模集成的优点。Si/SiGe 异质结薄膜是Ⅱ型能带结构，电子限制在 Si 中。根据是否掺杂，SiGe/Si/SiGe 通用电气 2D 电子气结构可分为非掺杂型 2D 电子气结构与调制掺杂型 2D 电子气结构。然而即使是远离 2D 电子气应变硅层的调制掺杂，掺杂原子依然会影响量子比特的退相干时间。目前，量子比特器件普遍使用的是非掺杂型 2D 电子气材料。

通过引入 SiGe 帽层，可降低 2D 电子气的电子密度，而增加电气帽层的厚度会提高迁移率，例如，Si 通用电气帽层的厚度分别为 55 nm 和 27 nm

时，最低的电子密度为 $4.9\times10^{10}\ cm^{-2}$ 和 $1.1\times10^{11}\ cm^{-2}$，最高的迁移率为 $4\times10^{5}\ cm^{2}/(V\cdot s)$ 和 $2\times10^{5}\ cm^{2}/(V\cdot s)$。报道显示，在电气帽层厚度大于 65 nm 时实现了 $1.6\times10^{6}\ cm^{2}/(V\cdot s)$ 的最高迁移率纪录（Lu et al.，2009）。然而，过厚的电气帽层会影响量子点量子比特的质量和顶栅对量子点的有效调控，需要尽量减小电气帽层的厚度。实际上，量子点量子比特的性质并不依赖 2D 电子气的迁移率，但是高迁移率能反映出低的缺陷密度和高的界面质量，有利于实现高质量量子比特。改善 2D 电子气材料质量需要进一步降低甚至完全消除 Si、通用电气晶格失配产生的位错，降低了界面处的互扩散，消除了原子台阶以及空位等原子尺度的缺陷，最终实现了原子尺度完美的表面和界面。

2.Si MOS 和 Si 纳米线

影响 Si MOS 量子比特性能的最大因素是界面态密度，基于现有成熟和先进的 Si MOS 半导体工艺，SiO_2/Si 界面态密度已降低至 $10^{11}\ cm^{-2}$ 的水平，进一步提高界面质量需要探索没有原子台阶和单原子缺陷的表面，探索 Si 原子表面的原位氧化等材料制备工艺。在 Si 纳米线材料方面，使用纳米加工的方法制备的纳米线表面缺陷密度较高。使用气－液－固的 CVD 法自组装制备的 Si 纳米线会引入金属催化剂等杂质原子，同时难以精准控制 Si 纳米线的位置，因此对 Si 纳米线制备的量子比特器件研究相对较少。在该研究方向需要对大规模自组装生长位置、结构可控的 Si 纳米线的新方法和新工艺进行探索。

（二）空穴编码量子计算材料

1. SiGe/Ge/SiGe 2D 空穴气

在 SiGe/Ge/SiGe 2D 空穴气结构中，空穴被限制在应变 Ge 薄膜中。同样，根据是否掺杂，SiGe/Ge/SiGe 2D 空穴气可分为非掺杂型与调制掺杂型。考虑到即使是调制掺杂型结构，其掺杂原子也可能影响空穴量子比特的性能，因此量子比特研究中使用的是非掺杂型结构。早期硅衬底上生长高通用电气浓度的 Si 通用电气材料采用的是固定组分或者线性渐变组分逐渐提高通用电气含量的缓冲层生长技术，其低温空穴迁移率只能到 $10^{4}\ cm^{2}/(V\cdot s)$ 量级。通过采用逆向组分渐变的缓冲层生长技术，即先在硅衬底上生长纯通用电气层然后降低通用电气含量获得高通用电气组分的高质量 Si 通用电气层生长技术，非掺杂型 2D 空穴气低温下的迁移率达到 5×10^5 cm^2/（V・s）（Sammak et al.，2019），调制掺杂型 2D 空穴气低温下的迁移率超过了 1×10^6 cm^2/（V・s）（Dobbie et al.，2012）。2D 空穴气的研究在过去几年取得了很大的进展，同硅的 2D 电子气一样，进一步改善和提高 2D 空穴气薄膜材料的质量需要采用新的生长方法和技术进一步降低或完全消除失配位错，消除原子台阶和空位等缺陷，抑制界面扩散，实现具有原子尺度完美表面和界面的 2D 空穴气。

2.Ge/Si 核 / 壳纳米线和 Ge/Si 棚屋量子线

相比于 2D 电子气和 2D 空穴气薄膜材料，1D 纳米线（量子线）材料可以减少构筑量子点的电极数目，形成高质量量子点，难点是 1D 纳米线材料的可控制备。1D 纳米线材料主要有 Ge/Si 核 / 壳纳米线和 Ge/Si 棚屋量子线。

（1）Ge/Si 核 / 壳纳米线。利用气 – 液 – 固的生长机制在金属纳米颗粒催化下可以获得直径几到几百纳米、长度几十微米的单晶 Si 和 Ge 纳米线（Morales et al.，1998）。在 Ge 纳米线上气相沉积 Si 层可以获得 Ge/Si 核 / 壳纳米线，并且可以观测到数百纳米长度的弹道输运（Lauhon et al.，2002）。纳米线的取向影响其迁移率，＜110＞取向的 Ge/Si 核 / 壳纳米线在低温下的迁移率为 4200 cm^2/（V・s）（Conesa-Boj et al.，2017）。尽管 Ge/Si 核 / 壳纳米线发展了 20 多年，然而，这种结构的材料存在两个难题，一是金属催化剂的使用会污染通用电气纳米线，二是 Ge 纳米线是以非面内方式生长的，难以实现大规模转移和可控组装。因此，进一步的研究需要克服这两个难题，实现晶圆尺度纳米线的位置、结构、成分等的精准控制。

（2）Ge/Si 棚屋量子线。利用 MBE 生长技术，在合适的生长条件和退火温度下，硅衬底上沉积的 Ge 2D 浸润层薄膜会自组装演化成 3D 面内生长的通用电气棚屋量子线（Zhang et al.，2012），有效克服了气 – 液 – 固机制对金属催化剂的依赖。然而，该量子线的位置是随机分布的，再结合纳米加工技术实现了锗量子线沿沟槽边缘的位置、长度、周期的自组装可控生长（Gao et al.，2020）。进一步的研究需要实现量子线结构、成分、形貌等可控制备。

3. 同位素提纯

Si 和 Ge 同位素提纯方法有以下几种：低温蒸馏法、激光照射法、气体离心法、选质离子束沉积法和同位素交换法等。适合大规模生产的是同位素交换法和气体离心法。低温蒸馏法成本最高。目前 Si 和 Ge 同位素材料主要是通过气体离心法获得的，尚不清楚国内是否有单位可以开展这方面的研究工作。

二、部署硅基量子比特的构造和调控研究

构造高质量的硅基量子比特单元是当前的研究重点。其一是硅基量子比特器件的设计和制作。半导体量子点器件从诞生开始，其结构和制作工艺就一直在不断优化。针对不同的硅基材料体系，我们需要开发相应的量子比特制作工艺，获得高质量的量子点器件，减少工艺引入的噪声，增强电极的控制和调节能力，减小电极之间的信号串扰。其二是硅基量子比特的控制和读出，对硅基量子点中的电子（空穴）自旋态进行精确控制与高效率读出，实现高保真度的单比特和多比特逻辑门。此外，对于更大规模的硅基量子比特，需要发展多比特控制技术，这是构造大规模量子芯片以及实用量子算法的基础。其三是研究硅基量子比特控制相关的基础理论，优化比特控制参数空间和微波脉冲序列，设计最优化的态层析方案和量子算法方案。

（一）硅基量子比特器件的设计和制作

在较早期的研究中，人们通常利用掺杂的 GaAs/AlGaAs 异质结制作耗尽型量子比特器件（Petta et al.，2005，van der Wiel et al.，2003）。耗尽型量子比特器件的制作工艺相对简单，但器件尺寸较大，栅电极的调节能力较弱。随着硅基材料的开发和广泛应用，非掺杂的增强型量子比特器件逐渐占据主流。非掺杂的增强型硅基量子比特器件以重叠栅电极结构为主，使得器件结构紧凑，各栅电极的功能独立且调节能力较强，易于大规模扩展（Hendrickx et al.，2021）。

最新研究结果表明，继续提高硅基量子比特的性能需要优化硅基量子比特的制作工艺和绝缘层介质生长，减少界面态密度和缺陷。针对重叠栅之间

的绝缘层以及串扰问题，一方面采用性能更好的绝缘介质，减少漏电流和电荷噪声；另一方面采用更高精度的栅电极制作工艺，减小电极宽度、提高套刻对准精度，以减小电极重叠面积和串扰，最终突破大规模硅基量子比特器件的设计和制作技术。

（二）硅基量子比特的控制和读出

1. 高保真度的单比特与两比特门控制技术

单比特与两比特门操作是构建普适量子门操作和量子算法的基础。目前硅基自旋量子比特的单比特和两比特门的控制保真度分别达到了 99.9% 和 95% 以上（Huang et al.，2019；Yoneda et al.，2018），已经十分接近容错量子计算的阈值，但这对于实用化的量子计算而言仍然不够，更高的控制保真度可以降低容错量子计算方案对比特规模的要求。因此我们需要从硅基材料、比特工艺结构、比特读出和控制技术等不同角度入手，尽可能地提高量子比特控制的保真度。

2. 大规模硅基量子比特的高保真度读出技术

当前硅基量子比特的信息读出主要是利用集成在量子比特附近的电荷探测器，通过自旋 - 电荷转换技术来实现的，其读出保真度只有 90% 左右，这对于实用化量子计算而言仍然不够。一方面，电荷探测器本身会对邻近的量子比特产生反作用，破坏比特的相干性。另一方面，当量子比特的数目增加，特别是向 2D 扩展时，电荷探测器的集成就变得越来越困难。首先，对于传统的电荷探测技术，我们可以进一步改进电荷探测器的结构，采用机器学习等技术优化信号分析过程，提高探测灵敏度。其次，为了减弱电荷探测器对量子比特的反作用，我们将开发基于栅电极射频信号的探测技术，减少对电荷探测器的依赖。此外，针对更大规模的硅基量子比特，我们需要设计新的探测方案，如自旋非破坏性读出技术、自旋态顺序读出技术等。

3. 高保真度的硅基自旋量子比特可寻址控制技术

能够对每个量子比特进行独立的高保真度的操控，是实用化量子计算的基本要求。当前主要是通过在量子比特附近制作微磁体来构建梯度磁场区分不同比特的频率。这种方式在比特数目较少时比较有效，而当比特数目增加时，通过微磁体产生大范围的梯度磁场将遇到困难，因此我们需要突破大规模硅基量子比特的独立可寻址控制技术，使所有量子比特的操控保真度均达到容错量子计算的最低要求。

（三）硅基量子比特的基础理论研究

1. 硅基量子比特的退相干机制

量子态的退相干是限制量子比特性能的最主要因素。对于硅基量子比特而言，利用同位素纯化技术剔除硅基材料中的 ^{29}Si、^{73}Ge 等净核自旋不为零的成分之后，核自旋对量子比特相干性的影响变得很小，电荷噪声会成为导致量子比特退相干的主要因素之一。因此，需要研究电荷噪声的来源以及引起退相干的物理机制，从而针对性地提出优化和解决方案。此外，硅基材料中固有的谷能级以及自旋谷能级相互作用也是造成量子比特退相干的重要因素。特别是随着量子比特数目的增加，不可控的谷能级劈裂大小将对量子比特性能产生极大的影响。因此，需要深入研究自旋谷能级的相互作用机制，从材料生长、量子比特控制等多个角度解决这一问题（Zhang X et al.，2020）。

2. 验证并演示特定的量子算法

尽管硅基量子比特远没有达到可以实现普适量子计算的能力，但在有限的量子比特数目条件下，设计演示特定的量子算法是完全可行的，同时这也将为未来的实用化量子计算积累技术经验。因此，我们要突破多量子比特的同步控制技术，设计在硅基量子比特芯片上实现量子算法的技术方案，并成功演示特定的量子算法。

三、量子比特扩展与集成

实现量子比特扩展是通用量子计算的前提，但量子比特扩展不是量子比特数目的简单叠加，更为重要的是能够实现量子比特间相干耦合。因此，一方面需要发展量子比特制备的微纳工艺，集成化制备多量子比特单元；另一方面需要构建有效扩展架构，实现量子比特间相干耦合与连接。另外，随着量子比特数目的增多，需要进一步研发量子计算所需的测控电路，实现多量子比特高精度操控与测量。

（一）多量子比特耦合架构

在多量子比特耦合架构方面，量子比特间的相干耦合主要可以利用近邻耦合（Mills et al.，2019）、微波谐振腔长程耦合（Borjans et al.，2020）、近邻+长程复合结构及其他长程耦合方式实现。

1. 近邻耦合

利用库仑相互作用或交换相互作用可以实现近邻量子比特间的耦合，但由于相互作用距离较短，非近邻量子比特间只能通过级联的方式实现长程耦合，因此这两种方法的拓展效率较低。

2. 微波谐振腔长程耦合

利用微波谐振腔具有实现量子比特长距离和大规模耦合的优势，可以通过微波谐振腔构建工业化技术量子芯片扩展架构模型。半导体是一种固态体系，量子比特所处环境复杂，比特信息容易受到外界破坏，低损耗的超导微波谐振腔中的光子提供了一种良好的信息载体。需要指出的是，半导体自旋量子比特工作在强磁场环境中，这会对超导微波谐振腔的性能提出新的要求，需要利用高质量的超导薄膜材料实现微波谐振腔高动态电感（Samkharadze et al.，2016）和耐磁场兼容（Yu et al.，2021）。

由于自旋成分很难与微波谐振腔直接耦合（Mi et al.，2018），目前半导体量子计算的方案主要是通过构建非均匀磁场，将自旋态与轨道态杂化后，利用比特的电荷分量实现其与微波谐振腔的耦合（Mi et al.，2018），而电荷态的引入势必会带来较为显著的退相干过程，因此如何抑制噪声，提升杂化系统的退相干性能，进而实现非近邻量子比特间的高保真度耦合与操控是目前该领域的一个重要问题。同时，自旋量子比特的谐振频率需要通过磁场进行调节，对于单个自旋态与谐振腔的耦合，只需改变外部磁场强度便可调节量子比特频率使其与腔频一致，实现共振耦合（Mi et al.，2018）。对于两个自旋量子比特同时与谐振腔耦合的情况，为了实现寻址编码，两个量子比特的频率通常不同，而外部励磁线圈在两个量子比特上产生的磁场相近，调节外部磁场强度会同步改变两个量子比特的频率而无法使它们同时与腔谐振。

制作方向不同的微磁体，利用其产生的局域磁场，并通过调节外磁场的强度和方向，便可以实现两量子比特和腔的同时谐振，从而利用腔光子实现两自旋量子比特的长程耦合（Borjans et al.，2020）。这种扩展方案在两量子比特耦合上取得了成功，然而对于三量子比特或更多量子比特的扩展，很难找到磁场大小和方向以外的其他可调参数，单纯利用频率固定的微波谐振腔扩展多自旋量子比特仍然面临较大挑战。寻找一种可扩展性更好的和适用于任意量子比特数目的自旋量子比特长程耦合方案，无疑是当前自旋量子比特迈向实用量子计算道路的核心问题。

3. 近邻 + 长程复合结构的模式

近邻 + 长程复合结构的模式可能是与工业兼容且有效提高扩展效率的一种重要方法。利用工业化设备生长 Nb 基等二类超导体薄膜，通过设计特殊谐振腔结构，可以制备阵列化微波谐振腔（Pitsun et al.，2020）。与实验室制作的器件相比，利用工业产线技术制备的量子芯片单元结构变化较大，量子比特波函数分布发生相应改变，这就要求重新调整和设计微波谐振腔与器件的耦合结构，重新设计微波谐振腔的布线方式，优化微波谐振腔工艺并实现与量子比特工艺兼容，实现工业产线技术制备的量子比特与微波谐振腔之间的有效耦合。通过微波谐振腔的长程耦合可以进一步实现比特阵列和比特阵列之间的数据传输，从而构建大规模半导体量子芯片。

4. 其他长程耦合方式

继续研究探索量子比特大规模扩展所需的量子数据总线架构，可以为未来大规模硅基量子点量子计算研发打下坚实的基础，包括表面声波辅助输运（Hsiao et al.，2020）、固态飞行量子比特（Kurpiers et al.，2018）、阿哈罗诺夫 - 玻姆干涉仪（Aharonov-Bohm interferometer）（Zeng et al.，2016）、共振隧穿耦合（Cristofolini et al.，2012）、超导媒介（Pitsun et al.，2020）等其他长程耦合方式，以及采用小芯片通信互连实现量子数目的外部扩展，进一步提高量子比特耦合数目（Kannan et al.，2020）。

量子比特本身的几何布置和线路布置会对量子比特的大规模扩展产生重要影响。主流的 2D 网格设计结构纵然可以实现局部量子比特耦合，但无法实现所有量子比特的有效耦合与操控。如果采用制作互连电容耦合量子比特的方法，当量子比特数目扩展时，电容数目会指数性增长，进而抑制了量子比特数目的进一步增加。因此需要进一步探索量子比特的拓扑布局，同时还需要考虑与逻辑门及纠错之间的关系。对于大规模量子比特芯片，发热会破坏量子现象，大量布线会产生串扰等问题，这些都需要考虑并一一解决。结合其他量子计算物理体系（如超导、离子阱等）形成量子芯片异构互连（Benito et al.，2020）。通过谐振腔等手段作为接口实现不同物理体系的扩展结合以进行量子比特信息的传递和存储，进而能够实现更大规模的量子比特扩展及应用。

量子比特数目的增加会引起高效测控问题。在现阶段，半导体量子芯片同样可以借鉴与融合现代半导体行业先进的测控封装技术。结合机器学习以及可编程逻辑硬件快速读出的方法，进一步提高量子芯片的测控能力，能够快速、有效、精确地表征量子比特以及调控多个量子比特之间的共振耦合（Czischek et al.，2021）；采用闭环反馈（Cerfontaine et al.，2020）、频分复用（Jerger et al.，2012）、射频测量等技术，多路高速数据同步并发输出，实现超快操控（Ryan et al.，2017），并进一步提高量子比特逻辑门操控的保真度，实现操控能力随量子比特数目的同步增长；采用新型封装技术（如3D立体封装和倒装焊、量子插座等技术）能够解决量子比特数目增加后传统引线键合技术的弊端，提高集成和封装水平，有效保证焊点的连接稳定性。

（二）量子比特扩展的半导体集成技术

半导体量子点系统可以很好地结合和利用现代半导体微电子制造工艺，通过纯电控的方式制备、操控与读取量子比特更具稳定性。与现代大规模集成电路类似，半导体量子点系统具有良好的可扩展和可集成特性，被认为是未来实现大规模实用化量子计算的最佳候选体系之一。目前，英特尔公司是该技术路径的主导者之一，鸿海科技公司、台积电公司、法国原子能委员会电子与信息技术实验室也意图凭借强大的半导体制造基础参与半导体量子点技术的竞争。以下是两种不同的半导体集成方案。

1. 基于SOI工艺的集成方案

以法国原子能委员会电子与信息技术实验室为代表的基于SOI工艺的量子芯片制备与集成工艺是在基于SOI的纳米线晶体管的标准工艺流程上

稍作修改而成的。具体是采用了 SOI 纳米线场效应晶体管技术（Hutin et al., 2016），本质上形成的是一个紧凑的双栅 p-FET。与标准的 SOI 纳米线晶体管流程相比，基于 SOI 的量子芯片工艺主要是增大了氮化硅隔离层的宽度，用以保护 SOI 膜，使其免受自对准离子注入的影响，并且能限定隧穿势垒，将源极和漏极与栅极下方形成的量子点隔离开。然后沿着硅纳米线以密集的间距（小于等于 8 nm）排列，形成由隧道结耦合的量子点的线性阵列。利用 MOSFET 的栅极电势和库仑阻塞效应调控量子点电荷。量子位被编码在由其中一个栅极定义的空穴量子点的自旋自由度中。相干自旋操纵是通过施加到栅极本身的射频电场信号来实现的。在操纵自旋之前，首要要求能够将单电子电荷通过隧穿势垒和载流子库隔离开，从而将其限制在势阱中。为了进一步减小纳米线的直径，在台面形成图案后要进行热氧化。在栅极堆栈沉积前形成 7 nm 厚的 SiO_2，以限制噪声和电荷波动。

2. 基于 FinFET 工艺的集成技术

英特尔研究了在 ^{28}Si-MOS、Si/GeSi、Ge/GeSi 叠层三种不同平台中制造量子点的技术，其核心工艺是相似的。器件中使用重叠栅极集成方案，利用钛钯（Ti : Pd）作为栅极，其中每层栅极沉积 3 nm 厚的 Ti 来辅助黏合。通过原子层沉积生长 Al_2O_3 进行栅极层间隔离。欧姆接触是通过注入磷，定义高掺杂的 N 型区域来实现的。通过在氢气中 400℃退火来修复电子束对 SiO_2 的损伤并降低电荷陷阱密度。使用双栅极来调整量子点的电势，从而在限制势垒之间形成一个双量子点。最后的工艺步骤是淀积量子位控制层。通过简单地将微波脉冲施加到量子点栅极上，Ge 中空穴的自旋轨道耦合就可以进行量子位操作。在硅中，可以通过集成片上带状线（使用 Al 或 NbTiN 制造）或微磁体（使用 Ti : Co 集成）来实现量子位驱动。

目前，代尔夫特理工大学使用量子点的 2D 阵列执行一个四量子位的量子电路，实现了通用电气的四量子比特的半导体量子芯片的制备（Hendrickx et al., 2021）。利用双层栅极在硅衬底上应变锗量子阱中定义量子点，并通过 Al 的欧姆接触进行接触。此外，由于空穴量子点能表现出很强的自旋轨道耦合，不需要集成诸如微波带状线或纳米磁铁之类的组件来进行量子位操作。

四、低温电子学与测控电路研究

低温电子学是未来微电子学的重要发展方向之一。将带动低温工程、凝聚态物理、超导电子学、强辐照电子学等交叉学科的协调发展，进一步促进电子学的发展与应用。荷兰代尔夫特理工大学、瑞士洛桑联邦理工学院、澳大利亚新南威尔士大学、澳大利亚悉尼大学、美国麻省理工学院等高校，英特尔公司、谷歌公司、微软公司等企业，美国国家航空航天局、美国国家标准与技术研究院、DARPA、澳大利亚量子计算卓越中心等研究机构，均投入大量经费与资源用于启动低温电子学的研究与应用项目。

（一）低温电子学在量子计算中的应用

1. 低温量子计算测控电路

量子计算机在特定问题的求解上，拥有经典电子计算机无法比拟的优势。现有的量子比特测控系统是由室温下的RF/DC设备通过同轴电缆控制和读出信号，在极低温与室温环境之间的通信不可避免地会引入大量噪声（如热噪声、磁场噪声、相位噪声、线路低频和高频噪声等），严重降低信噪比。同时我们还需要在稀释制冷机每一个温区加入匹配降噪电路和热沉，这会使得单个量子比特的控制/读出线路更加复杂。另外，随着量子比特个数的增加，由于制冷设备的限制，现有的测控系统和通信方案将不再可行。此外，对于主动量子纠错协议而言，测量与控制需要快速得到反馈，现有系统在距离量子芯片1.5 m处，线缆会增加至少30 ns的延迟，这与两量子比特门交换相互作用的时间相当，会极大地限制带宽。

2017年，荷兰代尔夫特理工大学研究组Charbon等（2017）提出集成化低温控制系统方案，该方案选择极低温集成化的测控系统，将原来的室温测控系统的主要功能单元移至4.2 K及更低温度下工作，减少极低温与室温之间的信号传输，提高信号质量，减小系统体积和成本。此外，还通过多路复用技术，减少低温下系统内部连线，进一步优化了空间、功耗、成本。

未来量子计算机将实现量子芯片与经典芯片共集成的一体化方案。一方面，需要不断提高量子比特工作温度，即热量子比特（Yang et al.，2020）；

另一方面，需进一步降低经典电路测控系统的工作温度，使二者能够在同一温度下运行。同时，解决量子芯片与经典芯片之间的工艺兼容、射频通信、封装等难题，从而实现真正意义上的一体化可扩展量子计算机。

2. 量子集成电路（quantum integrated circuit，QIC）方案

以荷兰代尔夫特理工大学、英特尔、瑞士洛桑联邦理工学院合作组织，美国马萨诸塞大学阿默斯特分校，法国原子能委员会电子与信息技术实验室等为代表的各个研究组展开了低温电子学和经典芯片 / 量子芯片集成化的研究。2019 年，谷歌公司发表了基于 28 nm Bulk-CMOS 的低温控制系统（Bardin et al.，2019）。随后英特尔公司和法国原子能委员会电子与信息技术实验室在 2020 年分别发表了基于 22 nm FinFET&40 nm CMOS 的低温测控芯片 Horse Ridge Ⅰ，以及基于 28 nm FD-SOI 的量子集成电路方案（Patra et al.，2020）。2021 年，英特尔公司和荷兰代尔夫特理工大学又分别发表了基于 22 nm FFL 工艺的量子比特极低温控制芯片 Horse Ridge Ⅱ，以及基于 40 nm Bulk-CMOS 的量子比特控制系统。

我国低温电子学器件的研究起步较晚，东南大学和天津大学等开展了 77 K 下 CMOS 技术的研究，南京大学对 0.25 μm 低温 CMOS 工艺进行了表征和建模方面的研究，尚未有 4 K 温度以下电子学器件特性的研究报道。未来随着量子计算的发展，测控系统与量子芯片集成一体化到 4 K 以下是必然趋势，这会对低温电子学器件的物理研究提出更多需求，而低温电子学器件的物理研究也将更好地推动量子计算的发展，因此，面向量子计算的低温电子学器件的物理基础研究、极低温器件、电路应用研究将越来越重要。

（二）需要突破的关键技术

1. 极低温器件物理特性研究与器件建模

对于极低温电路设计而言，适用温度范围为 230～430 K 的模型需要重新开发和修正。首先，极低温下晶体管会出现载流子冻析效应（对结构 / 轻掺杂漏（lightly doped drain，LDD）结构的影响尤其明显）和非线性的 Kink 效应（场效应晶体管的漏极电流与漏极电压的非饱和特性），这会导致晶体管 Ⅳ 特性与室温时相比有很大差别；其次，在极低温下由于禁带变宽，载流子

密度变小和杂质电离不完全，阈值电压 V_{th} 增加。低温下晶格振动减弱导致声子减少，载流子迁移率会提高，这能在一定程度上缓解 V_{th} 增加带来的不利影响。尽管如此，为了减小 V_{th} 漂移带来的影响，设计者应尽量选择低 V_{th} 或者背栅 SOI 技术做极低温电路设计；由于热电压 kT/q 的减小，MOSFET 的亚阈值区摆幅在液氦温度下降低到约 10 mV/dec.，意味着在低温下器件的动态功耗可以进一步下降。但是低温下的亚阈值摆幅离玻尔兹曼极限还很远（0.8 mV@4.2 K，20 μV@100 mK），这是由于 $Si\text{-}SiO_2$ 界面处缺陷密度随温度降低呈指数增加，导致温度降低的同时亚阈值摆幅不会一直下降，而是会饱和至与浅缺陷态相关的导带尾成比例的值。最后，开关电流比（I_{on}/I_{off}）和 G_m/I_D 等品质因数在极低温下显著改善，这可以提高数字电路和模拟电路在极低温下的性能。同样，无源器件在极低温下的性能同样有所改善。然而，极低温环境会导致阻抗失配恶化，而且由于热噪声减少，极低温下 $1/f$ 噪声会成为主要的噪声来源。建立先进的极低温 CMOS 集约模型，是整个极低温电子电路研究的基础。

2. 极低温 SoC 设计

主动量子纠错协议要求测量和控制信号之间的快速反馈。当利用室温下经典的处理单元来处理读出信号并确定门序列来纠正错误时，在距离量子层约 1.5 m 处，信号线带来的最小延迟时间为 30 ns，与交换相互作用介导的两量子位门时间相当。这会极大地限制带宽，影响信号同步性。

低温测控系统将极大减小与量子芯片之间的信号线长度，从而减小延迟对主动量子纠缠协议效率的影响。然而，由于电路的工作环境由制冷机提供，受限于当前的制冷技术，制冷机在 10 mK 层冷率为几百微瓦，在 4K 层冷率为几瓦。考虑到晶体管必须在无线电或微波频率下才能产生控制和读出信号，要实现架构和功能复杂的低温集成控制系统，就对系统各部分提出了十分严格的功耗预算限制。电路设计首要考虑的因素就是系统动态功耗问题，否则电路无法进入低温环境工作，也就无从谈起实现功能。因此如何在苛刻的动态功耗预算限制下，克服极低温下晶体管性能变化对电路功能带来的影响，选择合适的晶体管类型参数，设计新的电路结构和策略，实现集成在一个芯片上的极低温量子芯片测控 SoC 是整个低温电子学研究的关键问题。

3. 量子 EDA 工具开发与应用

在低温器件模型建立和修正的基础上，量子 EDA 软件应当一方面与经典 EDA 软件兼容，实现量子芯片经典器件性能的仿真，另一方面需要建立起一套对量子电路、量子芯片、量子器件特性评价的体系，并建立相应的模拟仿真工具集对设计的量子芯片进行性能评估和调试。目前，国际上英特尔公司推出的自旋量子比特模拟器 Spine，IBM 公司的超导量子芯片设计仿真工具 Qiskit Metal 可以看做早期的量子 EDA 工具，可以初步实现部分设计仿真功能。从长远来看，量子 EDA 的开发是规模化量子芯片设计的必然要求。

（三）低温电子学和量子测控电路研究

需要探索解决外围测控系统与量子芯片的信号传输和链接互连、低温集成化等基本问题。

（1）极低温测试平台搭建。主要研究实现 4 K、100 mK 等多种极低温平台的搭建，提高制冷功率，为极低温测控系统设计提供更高的功耗预算。

（2）极低温器件物理特性研究与器件建模。主要研究极低温器件物理特性，定量分析各种低温效应对器件电学特性的影响，并实现极低温器件建模，提供精确的极低温 CMOS 集约模型。

（3）极低温应用电路设计。主要研究量子比特测控所需的各种极低温应用电路设计，包括模数转换、数模转换、低噪声放大器等，并研究测控系统的集成化。

（4）极低温封装技术。主要研究极低温下的射频信号互连、多路复用、测控系统的封装。

第五节　预 期 目 标

考虑到当前国内硅基量子比特研究水平不高，建议制定以下阶段性研究目标。2021～2025 年：实现硅基单量子比特和两量子比特逻辑门操控，操控保真度分别达到 99% 和 90% 以上；完成 4～6 个硅基量子比特的器件设计集成与制备，并实现对每个量子比特的自旋态读出和独立可寻址操控，使每个量子比特的操控保真度均达到 90% 以上。2026～2030 年：进一步提升单量子比特和两量子比特逻辑门操控保真度，分别达到 99.9% 和 99% 以上，以满足容错量子计算的阈值；提升多量子比特中每个量子比特的操控保真度到 99% 以上，并完成 4～6 个量子比特的纠缠态制备，演示简单的量子算法；完成 10～20 个量子比特的结构设计与制备，验证量子比特的读出与操控技术方案。2031～2035 年：优化硅基量子芯片控制技术与操控方案，利用 20 个量子比特演示特定的量子算法；完成 50 个硅基量子比特的设计与制备，并实现对每个量子比特的高保真度操控，利用其中部分量子比特演示量子算法。

围绕量子计算领域中低温电子学器件与电路的相关问题进行研究，建议制定以下阶段性研究目标。2021～2025 年：完成低温平台搭建，完成极低温器件物理特性分析和极低温器件物理模型建模，并在此基础上设计实现一系列极低温功能电路，实现经典电子测控系统的部分低温化。2026～2030 年：完成更加复杂的 SoC 设计，实现低温测控系统的集成化，研究实现测控系统 ASIC，探索新器件对 CMOS 器件及电路的替代方案，以实现性能更加优秀的测控系统；进行经典芯片与量子芯片的集成化研究。2031～2035 年：实现功能更加复杂、全面的极低温测控系统，并实现与量子比特的集成，初步实现经典 / 量子集成的量子计算机。

第十二章 柔性电子芯片

第一节 科学意义与战略价值

柔性电子是一种将有机 / 无机电子器件制作在柔性 / 可延性塑料或薄金属基板上的高度交叉融合的科学技术，能够提升在特殊领域的信息感知、存储和显示等能力。柔性电子芯片横跨半导体、封测、材料、化工、PCB、显示面板等产业，可协助传统产业（如塑料、印刷、化工、金属材料等）的转型，提升产业附加值，在柔性可穿戴设备、柔性仿生设备、柔性脑机接口、柔性便携设备及柔性通信设备等方面潜力巨大，有望在万物互联、移动健康及智慧城市等未来场景得到应用。

国际上先后制定了针对柔性电子领域的重大研究计划，如美国的柔性显示中心（亚利桑那州立大学）计划、日本的新一代移动显示材料技术研究协会计划、欧盟的第七框架计划等。欧盟的第七框架计划重点支持柔性显示、柔性电子器件等方面的研究。韩国公布“绿色 IT 国家战略”，在 2010 年投资了 720 亿美元发展有源矩阵有机发光二极管。日本 TRADIM 计划决定在 2011 年成立先进印刷电子技术研发联盟。继日韩之后，美国在 2012 年的《总统报告》中，将柔性电子制造作为先进制造中 11 个优先发展的尖端领域之一，同年美国国家航空航天局制定了柔性电子战略，并且在 2014 年成立了柔性混合电子器件制造创新中心。欧盟的第七框架计划以及“地平线 2020”计划将印刷技术用在柔性塑料基底上进行制备（甘晓，2016）。英国提出“抛石机”计划，将塑料电子作为制造业的主要发展领域。德国投资数十亿欧元建立柔性显示生产线。我国也非常重视该领域的发展，《电子信息制造业“十二五”发展规划》将新型显示器、太阳能光伏等作为重点发展方向，国家自然科学基金委员会将柔性电子作为微纳制造的重要研究领域。

国内外柔性芯片发展均处于起步阶段，未来将促进医疗监测、可穿戴设备、机器人等领域的颠覆式变革。在新一轮科技革命和产业变革中，柔性电子芯片领域将是我国自主创新引领未来的重要战略目标。我国应提早布局，加强基础研究与原始创新，掌握关键核心技术，不断催生新经济、新业态、新模式。

第二节　前沿领域的形成及其现状

柔性电子芯片采用特殊的晶圆减薄工艺或直接将电子芯片制作在柔性基底上，通过可延展力学结构设计及封装工艺制作而成，能够适合多种形变环境，带来新一代人机交互体验。2018 年 1 月美国半导体公司和美国空军研究实验室利用 3D 打印创新技术共同研发了全球首个柔性 SoC，这是史上最复杂的柔性集成电路，存储能力是其他柔性器件的 7000 倍。2019 年 7 月，我国浙江荷清柔性电子技术有限公司发布由柔性芯片组成的柔性微系统——运放芯片和蓝牙 SoC 芯片，厚度仅为 25 μm。运放芯片可用于放大模拟信号，蓝牙 SoC 芯片则集成了处理器和蓝牙无线通信功能。

制备柔性电子器件的一种方式是通过技术工艺将晶硅的厚度进一步减小到 50 μm 以下，因为在 50 μm 的厚度，硅片的柔韧度和稳定度进一步提升，如果可以将硅基底做到 10 μm 以下，硅片几乎可以光学透明，这样的超薄硅片是制造柔性芯片的理想基板（张文斌等，2011）。另一种方式是通过有机半导体的制备工艺来实现，有机半导体具有低成本和可在任意衬底上进行低温加工的关键特性，因此可以被大面积地制造，并且由于有机半导体材料具有原料易得、廉价、重量轻、制备工艺简单、环境稳定性好以及可制作成大面积柔性器件等优点，能够实现更为廉价以及更适合高通量的制备，以满足不断增长的大面积需求（陈海明等，2010）。此外，一些具有良好的生物相容性或生物降解性的特定有机半导体使有机柔性电子阵列能够与生物系统无缝对接，从而催生出许多人类友好的应用，如电子皮肤、智能假肢和可穿戴式人体活动 / 健康监测设备。

一、国外研究现状

在柔性电子电路和显示器研究领域，斯坦福大学提出了有机电子材料的设计概念，使得柔性电子电路和显示器成为可能（Jehanno et al.，2019）。2010 年 9 月，该团队公布了一种能够感知微小压力的人造皮肤，这种人造皮肤是一种柔软塑料电子传感器件，有望在假肢、机器人、手机和计算机的触摸式显示屏、汽车安全和医疗器械等诸多方面获得应用。随后，该团队研制出了可拉伸太阳能电池、可拉伸塑料电极、可穿戴电子器件。最近，该团队开发了皮肤启发的有机电子材料，使得柔性材料在医疗设备、能源存储和环境应用中实现了前所未有的应用前景。赛兹材料研究实验室基于适形电子学、纳米光子结构、微流体器件和微机电系统等软材料的研究，开发了可穿戴集成系统和植入式集成系统，他们融合柔性材料、柔性设备、功率传输和通信方案，成功将复杂触摸感融合到 VR 和 AR 中；他们发展了一种无线传输、无电池能源的电子系统平台和触觉界面，将柔性层压在皮肤的曲面上，并实现信息传递；此外，该团队将柔性探测与人体力学和电学特性结合，从人类日常活动中获取心率、呼吸频率、能量强度、个体化电磁辐射、汗液收集、标志物分析、温度记录等基本生命体征的实时记录，以及说话的时间和节奏、吞咽的次数和模式等非常规生物标记。近年来，美国西北大学设计了一些类微型柔性生物光电植入装置，如用于光谱表征生理状态和神经活动的生物可吸收光子装置、用于体内光遗传学 / 药物学治疗的轻质无源无线注射式微系统等，这些新型装置给生物医学和临床实践带来了新的启示。该团队对软材料（如聚合物、液晶和生物组织等）的研究极具创新性，可以实现控制和诱导这些材料中的新型电子和光子响应，并开发新的“软平版印刷”和仿生方法来对它们进行图案化并控制它们的生长，实现柔性电子技术的广泛应用（Song et al.，2020）。

柔性芯片发展方面，日本东京大学已经成功研制出世界上最轻、最薄的柔性集成电路、发光器件和有机太阳能电池，并在可穿戴电子产品中实现应用（Matsuhisa et al.，2017）。2017 年 4 月，维也纳技术大学研究者使用二硫化钼研制柔性微处理器。2018 年 1 月，美国半导体公司和美国空军研究实验室采用 3D 打印技术制备出柔性系统级芯片。

二、国内研究现状

目前，我国柔性电子在很多方面引领世界科技前沿。中国科学院北京纳米能源与系统研究所在纳米能源技术和自驱动纳米系统技术、纳米压电电子学以及氧化锌纳米材料的合成、表征、生长机理和应用等方面的研究做出了极大的贡献。同时，该团队结合自身对于自驱动电子系统的技术优势，将其与柔性可穿戴设备的需求结合，开发了一系列可以进行自驱动的多功能柔性可穿戴设备（Chen B et al.，2018；Wu C S et al.，2018）。在柔性电子学领域，南京工业大学等单位实现了有机半导体的高性能化与多功能化，可精准控制光致变色、多级防伪印刷技术、柔性电致发光器件、多彩聚合物室温磷光，以及刺激响应性圆偏振有机超长室温磷光。

深圳市柔宇科技股份有限公司研制了最薄彩色全柔性显示屏、折叠屏手机 FlexPai、Micro-LED 弹性屏，以及 0.01 mm 最薄彩色全柔性显示屏。2018 年，中兴通讯股份有限公司推出折叠双屏手机中兴天机 Axon M。2021 年，华为海思柔性 OLED 驱动芯片实现了量产。

三、发展趋势

柔性电子可与人工智能、材料科学、泛 IoT、空间科学、健康科学、能源科学和数据科学等关键核心科学技术深入交叉融合。例如，柔性芯片应用到VR/AR领域，可以创造一种全面的、身临其境的体验。这种多维度的体验不仅包括交互式图像和声音，还包括触摸感。这类多感官体验涉及的领域包括社交媒体、通信、游戏、娱乐，甚至临床医学、健康护理等。柔性电子与人工智能深度融合，进一步促进了IoT"生长"新型互连关节、拓扑结构，使得万物智能更进一步。同时，可发挥其可弯曲特性和低成本优势，使其与IoT和智联网协同发展起来，是未来柔性电子领域的一个重要应用方向和发展趋势。

第三节　关键科学问题与技术发展路线

一、关键科学和技术问题

（一）柔性电子芯片"功能介质"的理性设计与可控制备

实现在不损坏本身电子性能基础上的伸展性和弯曲性的发展对电路的制作材料提出了新的挑战和要求。柔性电子制造过程通常包括材料制备、沉积、图案化、封装。材料是柔性电子发展的基础。目前的材料主要分为三大类。第一类是有机或聚合材料（Owczarek et al.，2016），这些材料具有柔韧性，可以通过化学改性或与增塑剂或弹性体复合来提高其弹性，也可以通过分子结构工程轻松调节聚合物的特性和功能。第二类是开发纳米级材料，许多纳米尺寸的无机材料可以具有高柔韧性（Kamyshny et al.，2019）。第三类材料是离子凝胶（Moon et al.，2014），可以拉伸且具有离子导电性。有机聚合材料、纳米材料及离子凝胶已被广泛应用于柔性 / 可拉伸电子系统（Tee et al.，2018）。

图案化技术的突破使柔性电子制造技术得到了长足的发展。目前图案化主要有三种方法：一是转移印刷，利用中间转印载体将线路图案转移到柔性承印物上（Wang C J et al.，2020）；二是喷墨印刷，直接沉积功能性材料以在基材上形成图案（Nayak et al.，2019）；三是基于纤维结构的柔性电子器件制作方法（Zhang L S et al.，2018）。柔性电子理想的图案化工艺应满足低成本、大面积/批量化生产、低温、非接触式、可实时调整、3D结构化、易于多层套准、可打印有机物和无机材料等特性。

（二）柔性电子芯片的性能提升与多功能集成

当前的柔性电子器件性能相对于传统的电子器件来说仍显不足，必须下力气改善器件的性能。通过提升器件密度、增强单个器件的性能、采用多值逻辑器件等来提高器件的数据密度，从而提高器件的性能。采用微光电子集成系统芯片，在同一片半导体芯片上，将光元件和电子元件单片集成（Chen et al.，2013），包括有源光器件（激光器、探测器、光电二极管、光调制器等）与无源光器件（波导、分离器、透镜、光栅）和电子元件（晶体管、二极管、电阻、电容）的集成，充分发挥出微电子技术的逻辑处理和存储能力以及光子集成技术的高速高密度并行操作和输入输出能力。在未来的光互连、光交换、光通信、图像信号处理、模式识别、神经网络、光信息处理和存储等领域具有广泛的应用前景。

（三）柔性电子芯片材料与元器件的设计、制备、加工技术

柔性器件要求衬底材料必须具备可弯曲、可拉伸的基本特性。相较于传统的硅基电子器件，有机聚合物薄膜是一类本征柔性材料。以聚二甲基硅氧烷（Zhou et al.，2018；Guan et al.，2020）、共聚酯（Ryu et al.，2015；Bai et al.，2019）、聚氨酯（Zhang S D et al.，2019）为代表的可拉伸衬底和以聚酰亚胺（Hua et al.，2018）和聚对苯二甲酸乙二醇酯（Bhat et al.，2019）为代表的可弯曲衬底都由于其自身独特的延展性、透光性、耐温性、生物兼容性等优势在柔性电子器件领域得到了广泛的关注与应用。柔性电子器件的功能元件主要包括柔性导体（电极、电路）和半导体元件（晶体管、显示器、存储器、传感器等）。其中，柔性导体所使用的材料主要有液态金属、导电聚合物和碳基纳米材料（Yang et al.，2019）。半导体元件是柔性集成电路中不可或缺的部分，硅、锗、砷化镓等无机半导体材料具有很高的电子迁移率，是制备高速高性能柔性器件晶体管单元的首选。但这些材料的弹性模量大、拉伸率低，在柔性器件中必须通过结构设计来实现柔性和可延展性。并五苯等柔性有机半导体材料可直接用于柔性电子器件的大面积制造，并且生产成本较低。但

其缺点在于：载流子迁移率低、对水和氧比较敏感，对防水隔氧的条件要求高。此外，半导体型碳纳米管具有良好的电学性能、传热性能、可通过打印的方式制备柔性高频的晶体管器件。为了得到效率稳定、使用寿命长的柔性电子芯片，今后面临的关键问题在于改善有机聚合物材料的结构稳定性和化学惰性，同时通过掺杂、界面修饰等手段，解决材料低迁移率的问题，缩小有机聚合物材料与无机半导体材料之间的性能差距。

在元器件的设计方面，通过将电路板上互连导线、电阻、电容等电子元件设计成具备可延展性的岛－桥结构，如蛇形、褶皱形等，可以极大地增强器件的柔性。柔性电子元件在功能上与传统微电子器件没有本质性的差别，但由于其自身对弯曲性和延展性的需求，会产生结构设计和制造工艺方面的一些差异。有待解决的关键问题在于如何在传统微电子工艺的基础上制造出兼容的柔性电子元件，同时尽可能地提高延展性、保持力学的可靠性。

（四）柔性电子芯片的封装技术

柔性电子芯片封装中最具挑战性的是将芯片上的触角焊点连接到基板上的扩展焊盘。此外，伸出柔性电子芯片平面的封装线增加了厚度，并影响形状系数。目前常见的柔性器件封装层主要通过溅射、真空蒸镀、等离子体增强 CVD 等技术来实现。根据封装膜的类型又可以分为单层薄膜封装和多层薄膜交错封装。不断改善封装材料的化学稳定性、耐腐蚀性和机械稳定性，发展有机－无机交错封装膜、有机－无机杂化聚合物封装膜等封装工艺，是柔性电子芯片封装技术重要的研究方向。

二、发展思路与目标

（一）发展思路

柔性电子发展的重点在于柔性电子＋、人工智能、材料科学、泛 IoT、空间科学、健康科学、能源科学和数据科学等领域的超前布局、政策倾斜和资源配置。柔性微电子和光电子技术是电子技术和材料技术结合而成的交叉技术，涉及材料物理、材料科学、加工工艺技术、半导体、器件设计等学科。发展柔性微电子和光电子技术，发展新材料、新架构、新功能柔性芯片是仿自然过程计算直接的硬件保障之一。

（二）发展目标

（1）优先发展柔性电子材料。一是有机半导体材料（如并五苯、异丙基硅炔基并五苯、噻吩低聚体和聚噻吩等）具备光吸收、光电导、可掺杂等特性，是极具潜力的新型半导体材料，在光电子器件（如光晶体管、光传感、存储忆阻器等）上有强大的应用潜力（黄维等，2011）。开发具备高效载流子迁移、光吸收等特性的有机半导体材料，将实现有机半导体光电器件的飞跃式发展。二是有机/无机杂化半导体材料，因有优越的光吸收系数、可调节的带隙、长的载流子扩散长度、快的离子迁移速度、高的载流子迁移率等优点，被广泛应用于下一代光电器件，如太阳能电池、发光二极管、人工神经网络、逻辑电路等。三是发展低维材料与器件。以石墨烯、有机/无机卤化物钙钛矿量子点为代表的低维材料各具优势，在柔性屏幕、可穿戴设备、太阳能电池等领域具有广阔的发展前景。

（2）支持柔性电路集成制造技术发展。柔性制造技术将不同功能元件集成到柔性电路的构建层中，实现电子系统的高集成度和高功能密度，是柔性电子芯片制备的基础。开发基于印刷加工工艺、研磨切割技术和元件嵌入技术的先进印刷加工工艺，结合微通孔钻孔、溅射沉积、电镀和金属的光刻结构等电路互连技术，形成一套柔性电子芯片加工工艺。发展包含超薄芯片的柔性封装，可以使用槽孔或微通孔技术将其集成到柔性印刷电路中。进一步发展折叠技术，形成小型紧凑的模块，这些模块可以安装并互连到密度较低的载体板上，形成高密度芯片。

（3）布局研发多种柔性电子芯片，拓展柔性电子芯片在医疗健康、人体和智能机器等领域的应用。一是发展柔性智能传感系统，针对特殊环境与特殊信号下气体、压力、湿度的测量需求，发展具有良好的柔韧性、延展性、可自由弯曲甚至折叠的柔性传感器。另外，柔性电子芯片和新型柔性传感器结合形成智能检测系统，在电子皮肤、医疗保健、电子、电工、运动器材、纺织品、航天航空、环境监测等领域得到广泛应用。二是发展柔性智能健康芯片。其一，开发可穿戴的人体监控系统，可以进行人体健康指标（如血压、血糖、体温、周边电磁辐射、核辐射等）的监控。其二，开发无创半定量检测生理状态监控系统。例如，植入式人体化学实时分析系统、无源无线式比色分析内嵌于计时微流控平台。该平台集微流体的驱动、操控、监测、反应、检测与分析等功能于一体，能同时检测出汗率、汗液流失、pH、乳酸盐、葡萄糖和氯化物。其三，开发芯身互溶、芯机互溶芯片，助力人工智能、智能机器人的发展，为其提供多种感知、数据分析等功能。其四，开发环境高适应柔性电子芯片，在自动控制、通信、语音、图像、军事装备、医疗、家用电器、城市交通、航空等多种形变环境得到应用。

第十三章

混合光子集成技术

光子集成回路（photonic integrated circuit，PIC）技术是将功能不同的光学元件集成到单一芯片上的技术。光子集成芯片已经广泛应用于通信、信息处理、传感技术等领域，集成度不断提高。芯片集成也逐渐从单一功能的元件扩展至光源、调制、无源波导、探测和处理等多种功能的元件，并呈现出快速发展的趋势。

目前光子集成主要依赖Ⅲ - Ⅴ族化合物半导体、硅基、氮化硅 / 二氧化硅（Si_3N_4/SiO_2）这三种集成材料体系来实现芯片集成。这三种集成材料体系虽然都有独特的优点，但也有很大的缺点，难以达到像单一硅基材料体系就能支撑微电子集成的高度。高速发展的信息社会对光子集成器件在速率、功耗、尺寸、集成度等方面都提出了更高的要求。当前仅仅依赖现有的光子集成单一材料体系难以满足这些要求，必须研究新的材料体系，包括薄膜铌酸锂、2D 原子晶体材料、有机、硫系等材料体系，并发展多材料体系的融合集成，充分发挥不同材料自身特长，提升光子集成器件性能，为信息技术的高速发展奠定坚实的基础。

本章将介绍混合集成涉及的不同材料体系及测试封装，包括Ⅲ - Ⅴ族化合物半导体、Si_3N_4/SiO_2、薄膜铌酸锂、2D 原子晶体材料、有机、硫系、混合集成及测试封装，分析其现状、挑战、需要解决的关键问题，并提出发展思路以及未来发展的有效资助机制与政策建议。

第一节　研究范畴和基本内涵

目前的光子集成还没有形成像集成电路那样仅仅依赖硅基平台就能支撑整个光子集成的局面。光电子片上系统芯片往往涉及多种功能材料，包括SOI、铌酸锂、聚合物、光学玻璃、SiO_2、SiN以及Ⅲ - Ⅴ族化合物半导体等系列材料体系，这些集成材料体系都有各自的特长。

Ⅲ - Ⅴ族化合物半导体材料是目前光发射和探测的主要材料，该材料是直接带隙材料，其发光效率高，是当前产生高质量光源的最佳材料。Ⅲ - Ⅴ族半导体光电子器件一般是基于GaAs和InP衬底的半导体激光器、探测器、调制器、放大器等的统称。依据所采用的材料结构又分为量子阱、量子点以及量子级联等激光电子器件，其波长覆盖从可见光到中远红外的范围。目前，Ⅲ - Ⅴ族光子集成是以InP材料体系为主的功能器件集成。根据应用需求，将若干个光电器件集成在半导体基底上，可实现光信号产生、调制、传输、探测、处理等功能，具有带宽大、损耗和功耗低、尺寸小、重量轻和抗电磁干扰等显著优势，是信息半导体技术的发展方向。Ⅲ - Ⅴ族光子集成研究始于光纤通信应用，目前已经延伸至激光雷达、光传感、生物医疗等领域。

基于Si_3N_4/SiO_2的光子集成具有材料损耗低、加工工艺成熟可靠等优点，是目前实现无源光子集成的重要技术，其主要研究多种结构掺杂Si_3N_4/SiO_2光波导集成，利用特定功能光无源芯片的光传输、干涉、衍射和衰减等性能，实现光功率均匀分配、多波长复用与解复用、光功率可调衰减等功能。目前，基于Si_3N_4/SiO_2的光无源芯片已经广泛应用于光纤到户、高速骨干网、数据中心、相干通信等领域。主要器件包括：光分路器芯片、阵列波导光栅芯片、可调光衰减器芯片、光混频器芯片等无源芯片。该方向下一步将主要研究Si_3N_4/SiO_2材料与芯片制备及性能优化，包括研究基于Si_3N_4/SiO_2材料的热光开关、延迟线、偏振分束、波长选择开关等芯片的高性能工作机理。在设计上，研究大工艺容差波导结构芯片仿真设计、基本单元波导结构器件标准化仿真。在产业上，当前 SiO_2 应用更为广泛，其工艺发展就显得尤为重要，新发展的工艺研究有 SiO_2 材料与 GeO_2、B_2O_3、P_2O_5 掺杂致密化工艺、材料生长应力控制机理，波导结构高精度光刻、刻蚀工艺等。

铌酸锂材料是重要的光学和声学材料，在光波导、电光调制器、非线性光学、压电传感器等领域有着广泛的应用。铌酸锂材料器件一般采用质子交换或钛扩散的方法制备弱限制波导结构，波导截面尺寸大，波导转弯半径大，难以集成。通过切割技术结合键合工艺，将铌酸锂材料薄膜化，制备出硅基绝缘体上单晶铌酸锂薄膜（lithium niobate on insulator，LNOI）。LNOI 结合了铌酸锂材料优异的光学特性和集成光子学的优势，克服了铌酸锂材料器件的诸多缺点，成为新一代集成光子学平台。LNOI 的出现是铌酸锂器件发展史上的重要里程碑，也带来了新的挑战，包括 LNOI 亚微米波导及集成器件工作机理和设计方法、LNOI 成套高精度加工技术、LNOI 高速调制器中相位匹配与阻抗匹配、LNOI 波导与光纤高效耦合方法、超高带宽调制器的封装与测量技术等。若突破上述关键技术，LNOI 光子集成将走上快速发展的道路。

中红外是重要的研究波段，中红外光子器件主要包括中红外光源、集成光波导以及光探测器。量子级联激光器是目前中远红外波段（3～300 μm）最具前景的电泵浦固态激光光源之一。其打破了传统 PN 结型半导体激光器的电子－空穴复合受激辐射机制，利用半导体耦合量子阱的尺寸量子限制效应在导带形成分离电子态（能级），在选定的电子态之间产生粒子数反转。受激辐射过程只有电子参与，可以通过改变量子阱层的厚度来改变发光波长。量子级联激光器的优势还在于它的级联过程，电子从高能级跳跃到低能级的过程中，不仅没有损失，还可以注入下一个重复单元再次发光。级联过程使电子“循环”起来，实现单电子注入多光子输出。在中红外波导方面，硫基中红外集成光波导是重要方向，它将硫基材料及窄隙半导体等材料通过微纳加工技术手段构建中红外平面光子器件，并利用其实现中红外光子系统，显著降低成本功耗以及增大集成密度，构建更高性能及可靠性的应用功能模块。中红外探测是通过探测目标与背景环境红外辐射强度的差异，按照一定规律转换为电信号，以获得被探测目标的信息。中红外探测具有环境适应性好、隐蔽性好、抗干扰能力强、能在一定程度上识别伪装目标的优势。锑化物多波段集成红外成像芯片研究内容主要围绕在单一锑化物红外成像芯片上实现紫外至太赫兹光谱内多波段、多模式、智能化、高灵敏、高工作温度等探测功能展开。研究方向包括不同带隙晶格匹配的锑化物低维半导体材料外延集成、不同功能的表面低维超结构光学材料工艺集成以及感存算一体的数字读出电路片上集成等方向。

有机聚合物光子集成是一种利用有机聚合物作为涂膜加工基质，制作低损耗光波导和高性能有源器件（掺杂型）的平台技术。相对于 InP 和硅基光子平台等成熟平台，有机聚合物由于其成本低、加工集成能力强等优点而成为混合异质工艺的极佳选择。其中，有机（聚合物）电光材料可以通过有机薄膜在玻璃化温度附近施加极化电场使发色团分子沿电场有序取向从而产生电光效应。利用线性电光效应是实现高速电光调制的有效方法之一（保证高线性）。因此，一种极具潜力的策略就是将有机电光材料与硅基纳米光波导相融合，构建一种优势互补的硅基混合异质集成平台，充分发挥各自的天然优势。

在光芯片 / 器件之间的光耦合方面，光子引线键合（photonics wire bonding，PWB）技术提供了一种全新的技术方案。PWB 利用空间聚合物波导实现Ⅲ - Ⅴ族、硅基或 LNOI、Si_3N_4/SiO_2 以及光纤等目前几乎所有材料体系的光子器件之间的高效光耦合，从而实现大规模光子混合集成。具体研究面向光互连的高速混合集成芯片与收发模块、用于干线网络的相干光子集成收发芯片，以及用于大规模智能计算、集成相控阵激光雷达等诸方面的集成芯片，以及在此技术上的大规模高速封装技术。由于 PWB 采用 3D 双光子打印技术，即使在信道数目大幅增加的情况下，依旧可以实现低成本的自动化制造。由于大幅降低了装配精度要求，制造极为灵活，有望实现大规模光子集成芯片的产业应用。

随着通信技术、物联网、超级计算、大数据、人工智能等信息技术的高速发展，光子集成器件需要在速率、功耗、尺寸、集成度等方面进行大幅度的提升。由于光独特的特性，发展统一材料体系来实现比较完整的光子集成架构困难极大，混合光子集成器件能够发挥不同光子集成材料体系各自的特长，通过多材料体系的混合集成，来实现高性能的光子集成器件，被认为是解决当前光子集成瓶颈的重要途径。

第二节　研究的重要性

半导体光电子器件是构建当代信息网络的基石，通信网络、大型数据中心、5G、光成像、光传感等都离不开高性能的光电子器件。全球信息技术正处于创新活跃期，在新型业务及应用的驱动下，数据流量呈爆发式增长，新型应用对信息系统和器件在带宽、容量、速度、功能、成本及功耗方面均提出了严峻挑战。

目前，基于单一硅材料的光子集成平台已逐渐接近其极限，难以突破100 GHz。Ⅲ - Ⅴ族化合物半导体材料也受到成本和工艺复杂度的限制。5～10年后，信息传输需要更大的带宽，亟须寻找新一代高性能光子集成平台，以期满足信息社会发展对光通信技术提出的刚性需求。基于LNOI的电光调制器拥有极高的理论带宽极限（理论带宽超过500 GHz），可以长期支撑后摩尔时代光通信网络的发展。

此外，有机电光聚合物材料在高速调制以及柔性器件方面有独特的优势，主要包括：

（1）电光系数大，通过分子设计，新型材料的电光系数不断提高（几百甚至上千pm/V），不仅有望显著降低调制偏压（小于1 V），还可极大缩短调制区长度（毫米甚至微米），实现超高速电光调制的同时保证低能耗（fJ/bit）。

（2）响应速度快，响应时间通常在几十到几百飞秒量级，响应带宽可达吉赫兹甚至太赫兹量级。

（3）具有低介电常数，易实现光波与微波相速匹配，因此在高速大带宽（百吉赫兹量级）器件方面具有天然优势。

（4）薄膜工艺简单，通过旋涂法就可以在硅基的各种纳米光波导上成膜。

（5）与硅光器件加工工艺、CMOS工艺等兼容，有望实现低成本、大规模加工生产，以及无源有源器件的片上集成。

有机聚合物电光材料具有可设计、可剪裁性，这使得电光系数突破

500 pm/V 甚至更高不是梦想。基于新型有机材料的硅基混合电光调制器可以在微小尺寸上（微米量级）实现超高速电光调制，为大规模制作阵列化、集成化、小型化高性能器件奠定很好的技术基础。

目前的光子器件大多集中在可见至近红外波段，中红外波段的光子器件还相对匮乏。中红外波段在军民领域都有重要的应用，对中红外的光源、光波导、探测器都有急迫的需求。

量子级联激光器是目前中红外波段的重要激光源，它通过创新的方式将材料结构化，颠覆了原有材料属性的限制，是半导体带隙工程和先进外延生长技术相结合的产物。因此，量子级联激光器的发明被视为半导体激光理论的一次革命和里程碑。量子级联激光器除了结构紧凑外还具有波长覆盖范围广、电光转换效率高、超高速工作等特点，有望在定向红外对抗、激光雷达、自由空间通信、生化遥感、痕量气体传感等方面发挥重要作用。

硫基中红外集成光波导技术可以通过芯片集成方式将传统中红外光谱仪、高灵敏气体吸收池传感器、自由空间收发模块及红外对抗设备、激光雷达等设备芯片小型化。可在保证甚至提高性能的前提下极大地降低成本，提高产量，在工业 4.0、现代农业、物联网、智能机器人、红外伪装、红外对抗、未来星地通信等领域具有广阔的应用前景。

中红外探测器是成像系统的核心器件，在过去 50 多年间，美国、法国、德国等一直斥巨资进行碲镉汞、锑化铟、Ⅱ类超晶格等低温制冷型探测器的研发，在探测器工作方式、提高像元密度和减小像元尺寸等方面取得了长足的进步，推动了侦测、遥感、光通信、智能化检测等产业的发展。多波段集成红外成像能力是第三代红外成像芯片的重要标志，是半导体物理、集成电路、红外光学等多学科交叉融合的产物。它将为空间、海洋、医疗、遥感、物联网、人工智能、制导、预警等领域提供高性能成像感知芯片，从根本上打破国内红外成像芯片长期受制于人的尴尬局面。

大规模异质 / 异构光子混合集成必须解决异质 / 异构波导之间的高效光耦合以及对应的规模化低成本制造和可靠稳定性等问题。PWB 技术制造灵活，适用于各种材料体系，能自动化制造。该技术可以广泛用于各种大规模光子集成芯片，如硅基的光收发芯片、人工智能芯片以及片上光互连与超级计算机等。PWB 技术的突破有望促进光子芯片的实用化甚至本学科的发展。因此，研究 PWB 技术并开发相应的混合集成技术具有重要的科学意义。

大规模光子集成芯片可以实现光电信息系统超大的存储容量，突破目前系统的高功耗、框架复杂可靠性差的瓶颈，是未来信息领域的核心支撑性技术。基于不同材料体系的异质 / 异构光子混合集成是目前认为最有希望实用化的技术方案，其在信息与通信、国防安全、能源、健康医疗等多领域具有深远意义。世界各国，特别是发达国家争相抢占光子集成芯片产业的战略制高点。尤其是美国科技巨头，如 IBM、英特尔等公司已经投入大量的资源研究混合光子集成技术。而我国在这方面相对落后，只在单一材料光子集成功能元件方面有所进展，在混合光子集成技术方面与国外先进技术差距明显。我国应尽快跟上并在此方面进行创新，依托国内市场，把握光子集成技术的制高点，在国际光子集成芯片产业竞争中行稳致远。

第三节　国内外发展现状

基于不同材料体系的光子集成技术在这些年取得了长足的进步，促进了信息技术的快速发展。其发展现状概括如下。

在Ⅲ - Ⅴ族光子集成研究领域，发展趋势将从现在的标准化代工制备平台向光电混合集成乃至纳米光子集成发展。我国的Ⅲ - Ⅴ族光电子器件与光子集成技术总体是跟跑状态，高端光电芯片还处于追赶阶段。中国科学院半导体研究所在高速激光器和探测器方面有较多积累，实现了直调带宽 25 GHz 激光器、32 GHz 电吸收调制激光器，以及带宽达 60 GHz 的探测器。在光子集成方面，完成了集成有 30～50 个单元部件的光子集成光发射芯片以及多波长锁模激光器集成芯片等。清华大学在高速电吸收调制激光器和高速探测器方面，华中科技大学在可调谐激光器集成芯片和高速激光器方面也有较好的成果。

总体而言，我国与欧美日之间差距较大，特别是在高端芯片的产业化以及光子集成研究方面。从科学研究角度来看，国外高速直调激光器以及电吸收调制激光器的调制带宽已经达到 100 GHz（Diamantopoulos et al.，2020），光电探测器可用带宽也已经达到太赫兹波段。InP 基光子集成规模已经达到单片 2000 个部件的集成水平，单片传输带宽也达到了 1.2Tbit/s，集成规模及带宽随时间演进以指数规律在增长。美国在光电芯片以及相关光子集成方面全方位布局，联合知名研究机构和专业公司参与光子器件和光子集成技术的多项研究计划，在美国建立端到端光子生态系统，包括国内代工制造、集成设计工具、自动封装、组装与测试以及劳动力培训等，并服务于与国防应用相关的高速信号处理、电子战、信息传输及计算、传感、成像和目标锁定等，同时为数据中心、高性能超级计算机、自动驾驶、毒品检测装备、临床诊断及大量消费产品等众多商业应用提供关键组件。

欧洲也具有良好的光子技术与产业发展环境，德国、荷兰、爱尔兰、英国等的 12 个研究机构，在欧洲区域发展基金的支持下，建立了基于 InP 基器件和光子回路的标准化光子集成平台（平台名称为 JePPIX），实现欧洲中小企业乃至全世界共享使用，降低开发新光子产品的门槛，为光子集成沿用微电子标准代工模式发展思路奠定了基础。

在基于二氧化硅的无源光子集成方面，日本、英国、美国等在 20 世纪 80 年代就开始在光纤预制棒制造工艺的基础上，研究基于硅衬底的 SiO_2 材料及无源芯片的制备，研究最多、最成熟的是分路器和阵列波导光栅。随后，新飞通、日本电信等公司实现了分路器或阵列波导光栅的产业化。中国科学院半导体研究所及武汉光迅科技股份有限公司在 2000 年开始研究基于 SiO_2 材料的阵列波导光栅芯片，并制备出 71 个通道阵列波导光栅芯片。2010 年后，在光纤到户光分路器需求的驱动下，中国科学院半导体研究所产业化企业河南仕佳光子科技股份有限公司开始了光分路器及阵列波导光栅产业化，目前已实现了 20 种分路器和 10 余种阵列波导光栅的国产化。

在 LNOI 光子集成方面，2018 年，美国哈佛大学在 *Nature* 上报道了电光调制带宽超过 100 GHz 的 LNOI 调制器芯片（Wang C T et al.，2018），引起了广泛关注，并引起全球范围内的研究热潮。

值得指出的是，迄今为止，我国在薄膜铌酸锂晶圆片方面技术领先，国外的 LNOI 研究工作也是基于从我国购买的薄膜铌酸锂晶圆片。济南晶正电子科技有限公司和中国科学院上海微系统与信息技术研究所均具备生产薄膜铌酸锂晶圆片的能力。华中科技大学、中山大学等单位也具备器件设计、铌酸锂高精度加工等技术，已形成自主的完整技术链条。中山大学团队通过将薄膜铌酸锂键合至 SOI 芯片，成功制备出了混合集成的高速调制器，3 dB 带宽超过 60 GHz（He et al.，2019）。该方案继承了硅光芯片的技术积累，同时拥有 LNOI 的高带宽优势。华中科技大学的研究团队基于常规半导体工艺在 LNOI 平台上研制了全无机固体材料水平端面模斑转换器，实现了 LNOI 波导与光纤的高效率光耦合，耦合损耗降低至 0.54 dB/ 端面，解决了 LNOI 光子器件走向应用的关键瓶颈。该团队进一步整合模斑变换器与薄膜铌酸锂调制器工艺，研制出了光纤到光纤插损小于 3 dB，3 dB 带宽大于 70 GHz 的 LNOI 电光调制器及阵列芯片。

国内各团队在 LNOI 材料制备、光子器件设计、LNOI 波导高精度加工等方面处于国际先进水平，在器件插入损耗上处于国际领先水平。我国拥有世界上最大的电信市场，市场容量足以支撑我国独辟蹊径，发展自己独有的光电子器件与芯片产业。薄膜铌酸锂是我国发展新一代超高速光子器件、建立我国自主高性能光子器件及芯片产业的重要机遇。

在基于有机聚合物的光子集成方面，美国已开始布局有机电光材料产业化，并与德国、瑞士、日本等进行活跃的联合研究。他们所研制的金属等离子基元－有机混合电光调制器 3 dB 带宽大于 500 GHz，能耗小于 0.07 fJ/bit，半波电压长度积（$V_{\pi}L$）小于（27 ± 4）V · μm，实现了超紧凑、超高带宽和超低能耗的电光调制（Ummethala et al.，2019；Ayata et al.，2017）。另外，基于硅－聚合物的混合电光调制器也实现了 3 dB 带宽大于 100 GHz、$V_{\pi}L<$ 0.14 V · mm 的优异性能。日本学者所研制的高稳定聚合物电光调制器已达到电信行业网络设备构建系统（Telcordia）可靠性测试标准（500 h 85℃）。目前国内侧重于材料的基础研究和传统聚合物电光调制器方面的研究，尚无有机电光材料与硅基、金属等混合集成的研究报道，与国外研究水平差距较大。2012 年，中国科学院理化技术研究所报道了电光系数高于 300 pm/V 的电光材料（Wu et al.，2012）；2018 年，电子科技大学团队报道了电光系数高达 248 pm/V 的高稳定有机电光薄膜，2020 年他们演示了石墨烯电极用于波导极化，获得了 110 pm/V 的器件内电光系数（Wang W et al.，2020；Wu et al.，2020）。中国科学院理化技术研究所和吉林大学在全聚合物电光调制器研究方面进步显著，但器件综合性能与国外差距较大。

在基于 2D 原子晶体的光子集成方面，从 2004 年石墨烯发现以来，基于 2D 原子晶体的光子集成就成为研究的热点。美国的 DARPA、欧盟 2020 战略旗舰计划都明确指出重点支持 2D 原子晶体光子器件研究，涌现出众多的重大发现。在光源方面，国际上多个小组先后基于微腔技术实现了多种 2D 半导体从可见到近红外低阈值激射，中国科学技术大学也首次在 2D 单层半导体中发现单量子发射，2D 材料特有的高可集成性和规模化特性为量子光学和光子量子信息技术核心关键技术奠定了基础。在光电探测器方面，基于石墨烯的光电探测器在实验室实现的 3 dB 带宽可达 110 GHz，理论上可达 262 GHz。南京大学实现了基于 2D 异质结的弹道雪崩探测器（Gao et al.，2019）。在调制器方面，2D 材料调制效率（$V_{\pi}L$）达到 0.7 V · mm，插入损耗为 0.1～1.2 dB/mm（Romagnoli et al.，2018）。此外，2D 材料在光忆阻器与光子神经网络芯片、超快机器视觉等新型光子器件方面也有重要突破。

在中红外光子集成方面，主要就半导体激光源、集成光波导、探测器进行介绍。中红外波段的半导体光源主要是量子级联激光器，其材料体系主要包括 InGaAs/InAlAs/InP、GaAs/AlGaAs、InAs/AlSb 等。材料制备技术已经从 MBE 向更利于规模化生产的 MOCVD 过渡。国际上，InGaAs/InAlAs/InP 体系量子级联激光器在 3～12 μm 波段实现了室温瓦级功率输出（Faist et al.，1994）。其中，3～7 μm 波段最高室温连续波功率超过 5 W，电光转换效率达到 21%；8～12 μm 波段最高室温连续波功率为 2 W，电光转换效率达到 10%（Razeghi，2020）。在欧美国家和地区，敏感分子的探测与成像、保护飞机免受导弹攻击的中红外量子级联激光器的市场需求快速增长。我国与国际同步开展量子级联激光器研究，已经研制出最高室温连续波功率超过 2 W 和功耗低于 1 W 的不同种类中红外量子级联激光器，实现了频率为 2.5～5 THz 的系列太赫兹量子级联激光器（刘峰奇等，2020）。

中红外光波导技术从 2010 年兴起，目前还处在概念验证向原理样机发展的阶段。国际主要的研究机构包括美国麻省理工学院（Lin H T et al.，2018）、美国海军研究实验室、英国南安普敦大学、澳大利亚国立大学（Eggleton et al.，2011）等单位。我国总体上已经具备了较好的研究基础，但同国际顶尖研究机构还存在着差距和不足。近年来，我国已在中红外硫基材料制备技术上实现自主可控。在无源低损波导方面，中山大学取得了 2 μm 波段损耗小于 1.5 dB/cm 的成就（Shen W et al.，2020）；在有源器件方面，浙江大学联合美国麻省理工学院，制备高性能中红外调制、探测等多型器件（Lin et al.，2017），相关成果也入选美国光学学会所评“Optics in 2018”。

高性能红外探测器（如碲镉汞、锑化铟、Ⅱ类超晶格红外探测器）都需要低温制冷以抑制俄歇复合过程中引起的噪声。探测材料从经典的锑化铟、碲镉汞向Ⅲ - Ⅴ族元素和低维材料发展是发展方向之一。从原理机制上看，出现了各种利用半导体异质结和低维结构中的量子效应工作的新型红外探测器，如量子点红外探测器、超晶格红外探测器和 2D 材料等低维红外探测器。例如，西班牙的研究人员发现将石墨烯与硫化铅结合可实现非常高灵敏度的非制冷红外探测（Konstantatos et al.，2012）。石墨烯在可调谐的多色多光谱红外探测方面（第四代红外探测器的特征之一）也展现出了巨大的潜力。石墨烯的电子浓度可通过外加电压动态调节，当石墨烯中激发红外等离子激元后，通过调节电子浓度可实现红外光谱的选择性吸收。另外，石墨烯的光热电效应可将吸收红外光高效转化为电信号，实现光电探测。目前，石墨烯可调谐多色红外探测器已经取得了重要进展。美国中佛罗里达大学研究组利用石墨烯实现了可调谐红外探测（Safaei et al.，2019）。英国曼彻斯特大学研究组基于类似原理实现了远红外的可调谐多色探测（Bandurin et al.，2018）。

美国在 2014～2017 年设立的关键红外探测器技术加速计划集中美国所有红外机构解决第三代锑化物红外焦平面芯片本土产业链技术问题，成功实现了中远红外光谱千万像素级规模的单波段和百万像素级规模的双波段红外焦平面芯片商用化生产和装备，相关的表面和电路集成技术也已取得突破。以中国科学院半导体研究所为代表的国内科研机构实现了 4 in 晶圆 2～20 μm 锑化物超晶格红外材料的商业外延。在此基础上已经实现了 640 × 512 规模的单/双波段红外焦平面芯片。其中 16 μm 以上波段的红外焦平面芯片能工作在甚远红外波段的光伏型红外焦平面芯片（Jiang et al.，2017）。

在光子混合集成实现方法方面，光子混合集成技术目前还处于发展的初级阶段，具体包括材料混合生长、芯片直接键合、苯并环丁烯键合、倒装焊、转移印刷、PWB 等方案。在过去十年里，光子混合集成技术发展非常迅速，但仍没有哪一种方案能够获得市场的一致认同。目前较为一致的认识是要充分利用成熟的 CMOS 工艺，将光子芯片通过一定的技术方案与现有的微电子芯片整合到一起，利用 TSV 实现多层芯片之间光电互连，目前已经实现了大于 100 Gbit/s 的光电混合集成收发芯片。PWB 是近年来提出的一种新的技术，但是发展迅速，目前已经有工业应用的自动化制造设备。PWB 技术最早在 2011 年由德国卡尔斯鲁厄理工学院的 Christian Koos 教授领导的研究组提出（Lindenmann et al.，2011），借助 3D 双光子曝光技术在芯片与芯片之间制作了波导结构，实现了芯片之间的光互连。2012 年，该研究组 Lindenmann 等正式采用了光子引线代替之前的光波导结构，将 C 波段的平均损耗降低到了 1.6 dB，并实现了 5.25Tbit/s 的高速数据传输。2019 年，该研究组的 Billah 等在 *Optica* 上发表了实现硅基光学器件与铟磷基激光器互连的文章。2016 年，Christian Koos 教授成立了德国 Vanguard 光子公司进行技术的产业化，并在 2017 年推出工业应用的自动化制造设备。2020 年，该团队实现了波长 1.5 μm 的 InGaAsP 激光器和硅传输器组成的 8 信道数据传输系统。实验中获得了低至 0.7 dB 的插入损耗，实现了 0.8Tbit/s 的高速数据传输（Blaicher et al.，2020）。PWB 技术目前主要是 Christian Koos 教授团队在研究。南京大学团队与德国也开展了硅光混合集成发射芯片的合作研究，共同促进大规模光子集成技术的发展。

第四节　关键技术问题

随着数据中心、云计算、智能社会对信息需求量的急剧增长，承载信息获取、传输与处理的光电子集成器件面临容量与功耗的巨大挑战，提升带宽、降低功耗、提高集成度、扩展工作波段成为光电子集成器件发展的必然趋势。

在集成激光源方面，高效发光是提升光信号质量、降低芯片发热和提高集成度的关键。目前发光主要采用Ⅲ - Ⅴ材料，传统量子阱材料是当前的主流。量子点激光器与量子阱激光器相比，拥有更好的激射特性，会达到更低的阈值电流、更高的发光效率。当前在高效发光上面临的挑战和需要解决的关键问题包括Ⅲ - Ⅴ族核心材料的设计生长、不同功能单元的协同设计及生长、精确波导加工工艺以及综合热管理等问题。光子集成最终会演变成微电子集成与光子集成融合，多材料体系集成融合，实现信息获取、处理以及传输为一体的片上系统。

在光调制方面，调制器是信号电光转化的必不可少的元器件，其调制速度和调制效能是其最关键的性能指标，对集成光芯片的性能影响颇大。

铌酸锂材料是性能极为优越的电光材料，是高速调制器的理想材料。LNOI 光子集成研究主要围绕高性能电光调制器展开。LNOI 光子集成研究目前仍处于早期阶段，但是借鉴了硅光的发展经验和积累，在电光调制器核心器件方面发展比较快，已向实际应用逐步逼近，但是要实现实际应用，面临的挑战包括：

（1）提高 LNOI 电光调制器的调制效率，如进一步降低调制器 $V_{\pi}L$ 至 0.3 V・cm，实现器件尺寸小于 3 mm，V_{π} 小于 1 V；

（2）提高 LNOI 光子芯片集成度，如当前 LNOI 光子芯片中单元器件数量仍处于 10 个的量级，需突破单片集成技术，实现 100～1000 个量级单元器件数量的光子集成芯片；

（3）LNOI 光子芯片批量制备技术，如当前 LNOI 的研究主要依靠电子束曝光系统，成本高、效率低，需要突破基于 DUV 的标准化流片技术和低成本 LNOI 晶圆技术；

（4）超宽带 LNOI 光子芯片光电合封技术，如随着带宽的增加，系统性能对射频链路损耗和信号劣化越来越敏感，需要突破高速光子芯片与高速电芯片间的光电合封技术。

有机聚合物调制器也被证明是一种调制性能很高的调制器，并兼顾柔性器件的特点，但受有机电光材料固有的材料缺陷，其实用化面临比较大的挑战。与硅基、金属等混合集成将有助于其扬长避短并实现超紧凑、超高带宽和超低能耗电光调制，这是有机聚合物电光调制器未来发展的必然趋势。

基于 2D 原子晶体材料的光子集成技术将仍然继续围绕 2D 材料本身特有的性质展开，发展基于摩尔晶格异质结光电子、能谷光子、应力光子、光子忆阻器与光电混合光计算技术等的新型概念性器件。主要挑战与需要解决的问题包括：提高材料品质的同时提升器件的稳定性和可靠性，发展硅基兼容的规模化器件制备与芯片集成技术等。如何将 2D 材料的新性能、新概念与当前关键核心器件的不足联系起来，实现真正可以实际应用的混合光子器件及集成芯片是下一步研究的重点方向。

在无源光波导方面，低损耗波导是实现高性能集成光芯片的重要保障。以 SiO_2 材料为例，基于 SiO_2 材料体系来实现无源光波导在技术上相对成熟，但随着目前 5G 网络、数据中心、大容量光接入网络等应用需求的不断发展，在低损耗方面仍然存在一些挑战。损耗已经成为制约当前光波导芯片器件的主要问题之一。作为与光纤相同材质的 SiO_2 材料波导器件，当前的最低损耗在 0.05 dB/cm 左右，与当前同材质的光纤损耗（0.2 dB/km）相比，还有很大的提升空间，如何实现超低损耗（传输损耗小于 0.005 dB/cm）波导成为挑战的关键。通过掺杂材料体系、波导结构、波导制备工艺等方面的研究，理论上 SiO_2 材料体系波导器件的损耗确实还具有较大的提升空间，传输损耗的降低将大幅提升 SiO_2 材料波导器件的性能和应用空间，因此超低损耗 SiO_2 材料及波导器件的研究也是下一步 SiO_2 材料及波导器件的重要研究发展方向之一。

在高集成度方面，要进行超高折射率差（折射率差在 2% 以上）、高集成度（波导最小弯曲半径小于 1 mm）SiO_2 材料及其器件方面的研究。当前主流的 SiO_2 材料波导的折射率差主要集中在 0.3%～2.0%，这导致当前 SiO_2 波导的最小弯曲半径大于 1.5 mm，从而也导致了当前基于 SiO_2 材料体系的波导器件尺寸大、集成度低等问题，因此研究开发超高折射率差的 SiO_2 波导材料，制备高集成度的 SiO_2 波导器件是下一步 SiO_2 材料及波导器件的重要研究发展方向之一。

集成电路发展到今天的大规模应用，和其标准化的工艺平台和统一的设计制备器件库有着密不可分的关系，这也成为光芯片、器件发展壮大必将要走的一条道路。作为目前成熟度高、应用范围相对较广的 SiO_2 材料体系光芯片和器件，未来要进一步发展壮大，并实现更多的功能应用，也必然需要走这样的道路。而目前国际上尚没有 SiO_2 材料体系标准工艺平台及标准器件库的应用，这些是其进一步应用发展的主要障碍之一，也是 SiO_2 材料体系工艺和器件下一步应该重点研究发展的方向。

在中红外光子集成的光源方面，理论研究表明量子级联激光器在中红外波段实现 30%～35% 的效率是有可能的，因此高功率、高效率依然是最重要的发展方向。在太赫兹领域，未来几年将可能开发出室温工作的量子级联光器。目前存在的挑战还包括扩展光谱宽度、实现高性能光频梳、开发锁模皮秒脉冲量子级联激光器、制造短波长（2～3 μm）和甚长波（20～50 μm）高性能量子级联激光器，实现系统级单片集成等。未来，设计理论上需要解决电子、声子、光子的多场耦合精细量子过程的调控，大幅提高量子效率；材料上要融入新的材料体系，改善和创新制备方法；器件上要突破混合集成等关键工艺，提高器件重复性、稳定性和批量生产良率。

在中红外光子集成的光波导方面，硫基中红外光波导技术一方面将作为替代性技术，将传统成像感知等传感系统芯片小型化，增强性能、降低成本、提高部署能力；另一方面将开拓领域应用新方向，拓展信道容量，发展出更多全新独特通信系统技术。为实现以上目标，主要还面临着如何利用光波导拓展中波红外激光光源频谱，如何实现片上高灵敏传感及光电转换，如何实现光信号的高速调制及快速开关，如何实现有源器件集成和整体光电芯片及系统构建等问题。解决这些问题的关键在于解决色散工程与非线性相互作用、极端尺度光与物质相互作用、新型光场与多物理场调控、中波红外有源光电子混合集成等科学与技术问题。

在中红外光子集成的探测器方面，室温工作（非制冷）或半导体制冷模式、超高速响应、高灵敏度、超宽响应波段、响应波段可调谐和多色多光谱方向是发展趋势；此外，进一步增大面阵规模和减小像元尺寸也是发展的趋势。

在各种集成元器件得到充分发展的情况下，如何实现高效连接成为混合光子集成的关键。当前还没有一个公认的成熟的连接技术能实现大规模集成，这也成为混合光子集成最大的挑战和困难之一。

PWB 技术是其中可能的解决方案之一。目前当耦合目标不在同一平面上时，通常采用光栅耦合器进行耦合，光栅耦合器的耦合方案中主要存在接近 90°的高耦合角、波长范围受限等问题。PWB 技术可以提供波长为 1270～1580 nm，共 310 nm 以上带宽的耦合范围，并且平均损耗在 2.5 dB 左右。采用 PWB 技术进行片外光耦合有望实现速度高至 5.25Tbit/s 且空间结构灵活的高速传输。在芯片上混合集成多个异质 / 异构光子器件可同时结合光学介质材料、金属、半导体等多种材料的优势，可助力未来低能耗、高密度、多功能混合光子集成芯片的发展。一直以来，异质 / 异构芯片间的高效耦合是制约混合光子集成技术发展的重要瓶颈，尤其是多通道阵列之间耦合时，对加工和对准精度都提出了严苛的要求。PWB 技术有望有效解决以上问题，实现异质 / 异构芯片之间的高效耦合。

但是 PWB 技术还需要解决可靠性以及制造的均匀性等面向工业大规模制造应用所需要的性能中存在的问题，并且需要降低成本。主要面临如下三个具体实用化挑战：

（1）PWB 光刻胶问题。光刻胶直接决定了聚合物波导的质量，PWB 技术由于基于聚合物材料，光学、机械等性质与温度、湿度、老化、振动、辐射等因素有关。长期的可靠性问题需要进一步的验证或者改善。在 PWB 聚合物所用的光刻胶材料方面，需要根据芯片需求在波导控制精度、机械强度等方面进行改善。而我国目前技术薄弱，需要研究材料的固化动力学以及各种因素对光固化的影响，如光引发剂、单体、低聚物、填料以及光强、温度、光照时间、固化气氛等对光固化的影响。

（2）PWB 自动化大规模制造问题。目前虽然已经有自动化制造设备，但是大规模低成本制造尚需要解决制造性能均一性、制造的便捷性等问题。还需解决制造设备的高精度定位问题，其对波导界面光耦合的影响很大。提高设备定位精度或提高误差容忍度，在自动化大规模制造的同时保持较高的良率，将有利于提高实验成功率和降低未来生产成本。

（3）针对应用背景的基于 PWB 技术的光子混合集成技术问题。具体包括基于 PWB 聚合物波导键合情况下混合集成光子芯片的高速、一体化封装技术。解决不同信道和功能层之间的微波信号的串扰问题；分析集成芯片的热产生机理与热分布状态，研究热控制方案，减小单元芯片之间相互串扰以及对聚合物波导性能的影响；研究实际封装过程中不同材料的物理和机械特性，以减小因热应力或机械应力所引起的各功能层间的组装失配效应。

第五节　发展建议

混合光子集成需要以应用为导向，根据光子集成的发展规律，从通用工艺代工平台建设、项目资助、人才培养、产学研体系建立等方面进行全方位的考虑，以建立通用工艺代工平台为抓手，以资助项目为牵引，推进我国混合光子集成的总体发展。具体建议如下。

一、建设高标准产学研创新性的混合光子集成平台

国内除了硅基光子有几条在建的标准化通用工艺代工平台之外，其他材料体系（包括Ⅲ - Ⅴ族化合物半导体、薄膜铌酸锂）缺乏标准化的通用工艺代工平台，迫切需要建立除硅基光子集成之外的其他光子集成平台，如Ⅲ - Ⅴ族化合物半导体平台、薄膜铌酸锂平台、Si_3N_4/SiO_2 平台、中红外的硫系材料平台等，或者建立一个能够将这些材料体系都涵盖的光子集成平台，实现先进科研成果向实用化转化。

二、建立系统性的项目资助体系，保障混合光子集成的发展

铌酸锂材料是成熟的光电材料，在薄膜铌酸锂集成方面，将研制出各种新概念、新功能的多物理场耦合光子集成芯片。在有机聚合物光子集成方面，形成具有自主知识产权和特色的有机混合集成电光调制器产业链。在中红外光子集成方面，保障我国在中红外传感、成像、通信系统芯片小型化技术需求的发展。首先，针对硫基中红外光波导集成技术所面临的关键科学问题，系统性地创新研究，推动光谱仪、传感器、超表面成像系统、中波红外通信系统研发，推进原理样机到装备应用发展。在中红外量子级联激光器方面，加大对量子级联激光器基础理论、材料、芯片、封装及混合集成等共性技术的研发支持，集中突破核心关键技术，为高端量子级联激光芯片及其混合集成技术的研发生产提供技术支撑和服务。在中红外探测器方面，碲镉汞、锑化铟、铟镓砷和Ⅱ类超晶格等材料结合新型低维材料（石墨烯、量子点等），发展新结构，提出新机理，实现更多的功能，探测更多新型目标，朝着智能化和可调谐方向发展。多波段集成红外焦平面芯片要整体考虑芯片全产业链。

三、支持光子连接研究，培育混合光电子集成封装技术平台

开发基于 PWB 技术的统一光电子混合集成技术，针对性地设计相关的聚合物波导及优化算法，加强 3D 聚合物波导材料基础性能的研究，改善材料制备工艺和双光子曝光工艺，获得光学损耗低、热稳定性好、可靠性高、寿命长的聚合物波导。加强混合集成波导 3D 打印自动化设备研究，提高 PWB 设备定位的精度和灵活性。增加混合集成标准接口，发展一种新的光子集成材料体系，依靠标准化的制备工艺，实现高性能的光电子集成器件。

第十四章

硅基光电子集成技术

第一节 战 略 地 位

硅基光电子集成技术，就是研究和开发以光子和电子为信息载体的硅基大规模集成芯片。即利用硅或与硅兼容的材料，基于 CMOS 工艺，在同一硅衬底上同时制作光子和电子功能器件，形成一个具有完整综合功能的新型混合大规模集成芯片，能充分发挥微电子先进成熟的工艺技术、大规模集成带来的低廉价格，以及光子器件与系统所特有的极高带宽、超快传输速率、高抗干扰性等优势。近十年来，基于硅光平台的光调制器、光探测器、光开关和异质激光器相继被验证，部分器件性能甚至超越传统Ⅲ - Ⅴ族和平面光波导回路（planar lightwave circuit，PLC）平台，为大规模光子集成奠定了基础。随后，在业界多家微电子与光通信知名企业的共同推动下，硅基光互连、光传输、光交换的商用化器件与方案被相继推出。在英特尔和 IBM 两大巨头公司的推动下，硅光学技术很快就会在数据中心、超级计算机领域普及。

硅基光电子成为大国博弈的重要技术领域。进入 21 世纪以来，国际上围绕硅基光电子（或光子）技术部署了许多重大的研究计划。2014 年 10 月开始，美国投入 6.1 亿美元打造光子集成器件研发制备平台。2018 年，美国 DARPA 宣布了第二阶段电子复兴计划项目：极端可微缩性封装中的光子学（Photonics in the Package for Extreme Scalability，PIPES），目的是实现硅基光电子在人工智能、相控阵、传感器和数据处理等领域的突破性发展。2016 年 11 月，法国原子能和替代能源委员会的 CEA-Leti 研究中心宣布启动基于硅光子技术的光模块计划 Horizon 2020，瞄准数据中心和超算系统的需求。该计划集中部署光电子集成研究项目，旨在实现基于半导体材料或 2D 晶体材料的光电混合集成芯片。日本也先后实施了世界尖端 IT 国家重点研究开发项目——光电子元器件技术开发项目、驻波纳米技术革新平台项目、下一代高效率网络器件技术开发项目等，目前正在实施的世界领先的科技创新研发资助计划部署了光电子融合系统技术开发项目。2020 年，英国发布了光子长期研究计划，确定了 70 个光电子研究主题。研究内容涵盖了光电子材料、光学和物理现象、加工工艺、光电子器件和系统等重要研究领域，其中硅基光电子是最重要的研究主题之一。我国多年来通过各类国家计划（973 计划、863 计划、NSFC 等）一直关注和支持光电子技术研究。国家启动了光电子与微电子器件及集成重点研发计划，其中硅基光电子是最重要的研究方向之一。

2021 年以来，元宇宙从概念走向现实，与现有的移动互联网相比，元宇宙最大的特点是低延时和沉浸感，同时，利用硅基 CMOS 技术可以将巨量的微米甚至亚微米级显示像素直接集成在驱动电路上。现已出现的技术路线包括硅上液晶、硅基有机发光半导体和硅基微米发光二极管等。可以预见，21 世纪的这项创造性的新技术必将为人类信息社会的产业革命带来又一次巨大的飞跃。

第二节　发展规律与研究特点

硅基光电子集成技术将光电子技术和微电子技术融合，其技术发展规律和研究特点与硅的微电子技术或传统Ⅲ - Ⅴ族的光电子技术之间不仅存在一些同性，也存在一些独有的特点。基于能带理论、器件物理学、波动光学、热力学理论，可以进一步降低核心器件尺寸，提高工作效率，提高器件带宽，降低噪声，降低器件的热损耗，拓宽器件工作波长，提高灵敏度，降低插入损耗，降低误码率等，并集成系统内各个器件之间的耦合损耗，降低多通道和多维度复用所引入的模式和传输损耗，提高系统并行通道数，提高系统信息容量。硅基光子学的研究特点鲜明，旨在围绕与CMOS工艺的兼容性，开展相关单元器件的研究，提升器件的性能，并不断扩展新功能，同时考虑器件的可集成性，提出硅基光子集成发展的摩尔定律，实现从单元器件到功能集成器件再到单片高密度集成器件。

硅基光电子集成技术以最初的硅基波导等无源器件为起点，到逐步将调制器、探测器、片上光源等有源独立器件集成。与传统Ⅲ - Ⅴ族的光电子技术类似，该阶段的硅基集成芯片仍然以硅基光电子器件的片上集成为主，硅基光电子集成芯片所需的微电子芯片（如驱动芯片、跨阻放大器、时钟恢复电路等）仍然无法与硅基光电子集成芯片实现真正意义上的片上集成。随着集成度的提高，硅基光电子集成技术需要涉及的技术领域也越来越广，对研究人员和研究团队也提出了更高的要求。光子作为信息的载体，可以充分地发挥出其不同波长的复用能力，从而大幅扩大通信容量。在过去的几十年中，硅基光电子集成技术的主要研究仍然集中在光纤传输损耗最低的1.3 μm和1.55 μm波段，并依靠硅基高精度的加工技术在这些波段实现了高密度的波分复用。然而，随着波长信道密度的进一步提高，对波长更长光信号的应用也符合其发展的规律。事实上，硅不仅在近红外波段透明，在2～8.3 μm波段同样具有很低的光吸收，而该波段在气体传感、生物医学等方面有广阔的应用前景。因此，硅基光电子集成技术在中红外波段的研究和应用也将会是一个发展趋势。

由于硅本身无法实现高效发光和近红外波段的光吸收，需要借助其他材料来实现硅基光电子的集成，因此硅基光电子集成技术的材料体系也向着多元化方面快速发展。从最初的纯硅体系，到引入同族元素的锗和锡，利用锗或者锗锡来实现近红外波段有效的光探测；对于硅基的片上光源，则有赖于硅上键合技术以及硅上Ⅲ - Ⅴ族材料、GaN材料外延技术的发展。然而，随着器件性能要求的提高，硅基光电子集成技术现有的材料系统需要进一步扩容来满足要求。例如，可用于中红外波段探测，同为Ⅳ族材料的硅基锗锡，是当前研究的一大热点。硅基材料多元化的发展为硅基光电子集成技术的发展注入了新的活力，但是也带来了更为严峻的硅基工艺兼容性问题。如何更好地解决兼容性问题，是后续发展的关键技术之一。

第三节　技术现状

硅基光电子集成技术虽然最早于 20 世纪 70 年代末提出，但是受工艺和设计上的限制，在早期很长一段时间内并没有获得足够的关注和投入。直到 2004 年，英特尔公司研制出第一款速率为 1 Gbit/s 的硅光调制器之后（Liu et al.，2004），对硅基光电子的研究才逐渐兴起。其后，在 IBM 公司、康奈尔大学、贝尔实验室、麻省理工学院等单位的共同推动下，硅光芯片的工作速率在 2012 年左右达到了 50 Gbit/s（Akiyama M et al.，2012），首次超越当时主流的光电子器件。硅基光电子迎来蓬勃的产业化发展，其应用领域也开始从传统的光通信领域，向传感、量子技术、人工智能、微显示等领域渗透。当然，目前硅基光电子技术最主要的应用仍然是高速光通信产品。根据法国咨询公司 Yole Développement 的预测，2025 年全球硅光产品市场将达到 39 亿美元，其中，硅光收发模块占比高于 90%。受益于硅基光电子大规模集成和成熟的 CMOS 工艺等优势，硅基光电子技术适用于数据中心内部短距光互连用低成本光收发模块，以及数据中心之间连接或电信城域网、骨干网远距离通信用中长距离相干通信光模块。随着硅光产业规模逐步扩大，硅基光电子技术方兴未艾。如今，在英特尔、思科、格罗方德、比利时微电子研究中心等领军企业的持续大力投入之下，硅光产业链不断完善，技术标准相继形成，已逐渐从学术研究驱动转变为市场需求驱动的良性循环。

一、国外发展现状

2000 年，美国光电器件供应商奥兰若科技公司推出阵列波导光栅和收发器，首次实现了硅光组件的商用（Day et al.，2002）。但 2016 年以前，只有 Kotura 和 Luxtera 两家公司量产硅光产品。移动互联网和大数据时代的到来成为硅光产业发展的持续推动力。在早期的几年中，Acacia 取得了巨大的成功，贡献了其中一半以上的销售额。Luxtera、Mellanox 以及英特尔公司发售的并行单模 4 通道（parallel single mode 4 lanes，PSM4）产品也为 2014～2017 年硅光模块的销售增长做出了重大贡献。2018 年，Luxtera 和英特尔公司则推出了新的 100 千兆位以太网产品。随着 400GbE 模块的开售，2020～2024 年，硅光模块将保持其增长势头。伴随着市场的变化和技术的突破，硅光初创公司不断涌现，硅光产业的资本市场也非常活跃。围绕硅光产业的一系列收购重组，体现了不同公司对硅光产业越来越重视。以思科为例，2012 年，思科收购了 Lightwire；2018 年，思科收购了 Luxtera；2019 年思科收购了 Acacia。思科的竞争对手 Juniper 也在 2016 年收购了 Aurrion 布局硅光子。此外，2013 年，Mellanox 收购了 Kotura。2016 年，Ciena 收购了 TeraXion。2020 年，诺基亚宣布收购美国硅光子公司 Elenion，Marvel 宣布收购拥有硅光技术的 Inphi 公司，可见大型通信厂商和半导体公司进一步加重了在硅光产业中的砝码。

（一）数据中心用硅光技术

对于数据中心光模块，100 Gbit/s 出货量爆发，400 Gbit/s 逐渐成熟，硅光在 100 Gbit/s PSM4 短距和 400 Gbit/s 高速应用方面优势明显。以英特尔公司为代表的厂商可提供 100 Gbit/s 粗波分复用（coarse wavelength division multiplexing，CWDM4）及 PSM4 硅光模块的批量供货。2019 年，英特尔公司累计销售 300 万支硅光模块，到 2020 年底，硅光模块的销售数量已经超过了 400 万支。2018 年的欧洲光通信会议（European Conference on Optical Communications，ECOC）展会上，Finisar 展示了其第一款基于硅光技术的产品，400 Gbit/s 双密度四通道小型可插拔（quad small form factor pluggable-double density，QSFP-DD）DR4 光模块。2018 年，SiFotonics 则推出 400 Gbit/s

DR4 硅光全集成芯片 MP5041。MP5041 芯片集成了超过 30 个有源 / 无源硅光器件。2019 年，SiFotonics 批量出货 4 × 25 Gbit/s PIN（用于大容量 100 Gbit/s 数据中心光互连，主要在美国的超大规模数据中心部署）以及 4 × 100 Gbit/s PIN（用于下一代 400 Gbit/s 数据中心光互连）。2019 年 4 月，英特尔公司在技术活动“互联日”展示了其基于硅光的 400 Gbit/s QSFP-DD 光模块。

除了光模块之外，基于共同封装光组件技术的硅光引擎逐渐崛起，被视为业界急需的替代封装方案。LightCounting 预测，与交换专用集成电路共同封装的光引擎可能会为大型数据中心中的可插拔光收发器提供替代方案。2020 年 3 月，英特尔公司通过整合其硅光技术及旗下 Barefoot Networks 部门的可编程以太网交换机芯片技术，成功将 16 个 1.6 Tbit/s 的硅光子引擎与 12.8 Tbit/s 的可编程以太网交换机集成在一起。这 16 个 1.6 Tbit/s 的硅光子引擎在英特尔公司的硅光平台上设计和制造，每个硅光子引擎内含 16 个 1310 nm 光通道，每个通道支持 106 Gbit/s PAM4。在 2020 年的光纤通信博览会及研讨会上，加拿大高速光组件供货商 Ranovus 宣布其 Odin 平台通过共同封装光交换机的途径，可提供比英特尔公司所提供的方案高 2 倍的容量。Odin 的 100 Gbit/s 硅光子引擎可在单芯片中从 800 Gbit/s 扩展到 3.2Tbit/s，相较于现有解决方案，Odin 平台的功耗降低 50%，成本减少 75%。Rockley Photonics 也在 OFC2020 展示其 25.6 Tbit/s OptoASIC 交换系统，共同封装 Rockley LightDriver 硅光子引擎和铜缆连接 400 Gbit/s 模块，声称可节省 40% 的功率以及 60% 的成本。2020 年底，英特尔公司在 Intel Labs Day 2020 上展示了光电共封装的首款 12.8 Tbit/s 交换芯片 Tofino2。

1. 长距相干用硅光技术

对于中长距离相干光模块，硅光方案的优势主要体现在相干调制以及合分波等无源器件的高度集成化上，而高度集成化芯片的规模商用有望降低相干技术的成本，进而使相干光模块下沉到核心与汇聚层。Acacia、MACOM、Si Photonics 等公司均推出了相干硅光芯片产品。ECOC 2019 上，Acacia、Ciena 以及 Inphi 均表示正在研发硅光 400 Gbit/s ZR 相干产品。Acacia 在相干领域处于业界领先地位，2014 年就发布了首款 100 Gbit/s 相干收发器硅光芯片，至今已经发售超过 20 万个相干硅光芯片（Doerr et al.，2014）。该公司产品利用硅光工艺，基于堆叠技术将数字信号处理和激光器驱动、跨阻放大器（trans-impedance amplifier，TIA）等封装到一起。在2020年的光纤通信博览会及研讨会上，该公司宣布包括400 Gbit/s ZR、OpenZR+和Open ROADM MSA的多种400 Gbit/s可插拔相干模块开始送样。Acacia目前已发布的100～400 Gbit/s的硅光相干模块采用CFP-DCO、CFP2-DCO、CFP2-ACO、OSFP、QSFP-DD等多种封装格式，传输距离为80～2500 km，支持数据中心互连（data center inter-connect，DCI）和电信网络等不同应用需求。

2. 其他应用硅光技术

除数据中心和长距相干光模块外，硅基光电子技术及器件也可用于5G承载网、量子通信、传感、人工智能等领域。

英特尔公司的100 Gbit/s硅光收发器在满足5G无线前传应用带宽需求的同时符合工业级温度要求，适用于蜂窝塔的恶劣户外条件，支持光学传输到最近的基带单元或中心局（最长10 km），最大功耗仅为3.5 W（Yu et al.，2019）。在量子技术领域，研究人员通过在硅光芯片上集成数百个光量子器件，已研制出集成度最高的光量子芯片，实现了高维度、高精度、高稳定性和可编程的量子纠缠、量子操控、量子传输和量子测量。在传感领域，麻省理工学院、Voyant Photonics等多个团队推出基于硅基光学相控阵芯片的全固态激光雷达，具有集成度高、扫描速度快、体积小、成本低等优势，成为下一代激光雷达的重要革新（Dostart et al.，2020）。在AI领域，AI处理器芯片需进行的高通量、大规模矩阵运算可由硅光神经网络运算单元来完成。研究显示，光神经网络芯片与传统电子计算机相比有2个数量级的速度提升，并且功耗降低达3个数量级（Shastri et al.，2021）。在新型微处理器技术上，美国DARPA、英特尔公司、Ayar Labs等国外研发机构正在致力于实现硅光芯片与高性能微电子芯片的融合，并已验证了集成硅光I/O芯片的新一代FPGA、CPU和专用集成电路芯片（Nakamura et al.，2019），预计可将处理的吞吐速率提升100倍，同时能耗降低为原来的1/10，为“超越摩尔”开辟了新路径。

二、国内发展现状

目前我国在硅基激光器 / 调制器 / 探测器等高性能单元器件、硅光片上复用技术、硅光量子芯片、硅光芯片传输功能研究和系统应用验证等核心技术方面取得了重要进展，在硅光技术基础研究方面接近国际一流水平。2018年，中国信息通信科技集团有限公司和国家信息光电子创新中心联手实现了100 Gbit/s 的硅光芯片，标志着国内硅光芯片产业化的突破。次年又完成每秒拍比特量级的光传输系统实验，基于自主研制的硅光芯片和特种光纤，将传输容量提升至目前商用光纤传输系统的 10 倍。2019 年，国家信息光电子创新中心实现了单波 220 Gbit/s 的超高速硅基 LNOI 调制器（Zhang Y G et al.，2019）。2019 年，完成了 800 Gbit/s PAM4 硅基光电子集成发射机原型（Zhang Y G et al.，2019），以及单波 220 Gbit/s 硅基微环调制器。2019 年，苏州旭创科技有限公司展示了 400 Gbit/s QSFP-DD DR4 硅光模块样品。同年，阿里巴巴发布其面向下一代数据中心网络、基于硅光技术的 400 Gbit/s DR4 光模块。该光模块将用于阿里巴巴数据中心网络中交换机和交换机之间的连接，距离可达 1 km。在 2020 年的光纤通信博览会及研讨会上，海信宽带推出了基于硅光方案的 400 Gbit/s DR4 产品；亨通洛克利科技有限公司也发布了其 400 Gbit/s 模块，该 400 Gbit/s QSFP-DD DR4 硅光模块采用 7 nm 数字信号处理芯片以及板上芯片封装技术，用于下一代数据中心网络中交换机和交换机之间的连接。

国内硅基光电子产业链仍未完全成熟，特别是硅基光电子工艺平台处于起步阶段。目前中国科学院微电子研究所的硅光平台、联合微电子中心有限责任公司的硅光平台、中国科学院上海微系统与信息技术研究所的硅光平台具有芯片加工能力。2020 年，联合微电子中心有限责任公司的硅光平台发布 180 nm 成套硅光工艺 PDK，具备了硅基光电子领域全流程自主工艺制造能力。

在硅基 GaN 光电子技术和产业方面，国内南昌大学、中国科学院半导体研究所、苏州纳米技术与纳米仿生研究所、中山大学、中国电子科技集团公司第五十五研究所、香港科技大学、华南理工大学等科研机构都长期开展硅基 GaN 光电子器件的研究。我国的硅基 GaN LED 研究处于国际领跑水平，实现了硅基 GaN 蓝光 LED 大批量生产。近年来，我国基于硅基 GaN 技术还突破了高效率的黄光 LED（Jiang et al.，2019），以及高效率的 GaN 基橙红光

LED（Zhang S G et al.，2020），为硅基 GaN 微米发光二极管全彩微显示技术的实现打下了良好的基础。我国硅基 GaN 半导体激光器 2016 年实现了室温连续电注入条件下激射的铟镓氮基激光器。目前，晶能光电有限公司、南昌硅基半导体科技有限公司、三安光电股份有限公司、英诺赛科、苏州晶湛半导体有限公司等企业已经初步构建了我国硅基 GaN 光电子产业生态链。

第四节　发 展 建 议

一、硅基发光及光源

硅基光电子提供了大规模单片集成的可能性，但其瓶颈仍然是光源。硅材料由于其是直接带隙，发光效率极低，自身无法成为光源材料。因此要通过材料改性（如纳米硅、锗硅、硅锡等能带工程）、掺杂（如稀土离子掺杂等杂质工程）、键合或外延生长Ⅲ - Ⅴ族直接带隙发光材料等方法，实现硅芯片上的发光和激射。一旦硅基光源这一瓶颈问题获得突破，使大规模光子集成和光电子集成成为现实，将给半个多世纪以来单纯由微电子技术构筑的集成芯片产业带来飞跃式的发展。目前光电子与微电子器件及集成国家重点研发计划安排了部分硅基发光器件的研究，研究方向主要集中于硅基纳米硅、锗锡、硅基量子点激光器等，更偏重器件性能的提升；而且体量偏小，无法根本解决硅基发光目前面临的瓶颈问题。建议今后布局的研究更偏重能够与 CMOS 工艺兼容的硅基发光材料和器件的研制，特别是新型硅基光源材料的研制。一旦这些研究获得突破，将加速硅基光电子集成，实现硅基光电融合以及和光电子与微电子相关专项研究的协同创新。

（一）硅基Ⅳ族高效发光材料

1. 纳米硅及其掺杂

纳米硅结构由于量子限制或其表面与氧相关的表面态可发出较强的可见

光，并有可能形成光增益，有望作为硅基光源。近来的研究发现，纳米硅晶中硼磷共掺可得到 1.46 μm 的发光。磷掺杂可获得 1.3 μm 的硅量子点发光，使得硅纳米结构成为硅基光源更为有利的选项。但目前在这一研究领域中，对硅基纳米结构材料的掺杂等特性仍不清楚；基于硅纳米结构及其掺杂的硅基电致发光器件的发光强度（或效率）仍比较低。如何通过硅基纳米结构构建机制和掺杂调控机制调控其光学性质，探索出提高硅基纳米结构电致发光效率的途径，是今后应关注的主要问题。目前国际上参与纳米硅及其掺杂技术研究的机构主要有日本神户大学、意大利特伦特大学，以及中国的南京大学、浙江大学等。

2. 硅锗、锗锡合金

因为锗的能带结构中直接带隙导带底 Γ 点与间接带隙导带底 L 点在室温下仅相差 136 meV，通过引入张应变和 N 型高浓度掺杂等方法，可以调控硅基锗材料的能带结构，期望实现锗的直接带隙发光。但是硅锗合金目前可达到的最大应变值仅为 0.25%，仍无法实现准直接带隙结构；同时，高浓度掺杂也存在阈值电流大、自由载流子吸收引起的效率低等问题。因而，目前主要研究方向是通过制备具有低维量子效应的硅基锗量子点阵列结构、硅基锗多量子阱结构和引入一定组分的锡元素等方法，期望形成具有直接带隙结构的硅基 Ge 和 GeSn 发光材料与器件。

目前已经可以实现光泵浦激光器和电泵浦激光器的制备。而以砷化镓为模板外延生长得到的直接带隙可调的六方硅锗合金，性能可与Ⅲ - Ⅴ族半导体相媲美。但报道的锗锡激光器仅限于低温工作，其中电泵浦锗锡激光器最高发射温度为 100 K，光泵浦锗锡激光器虽然能够在 0℃下工作但需要 100～300 kW/cm^2 的泵浦功率。因此，如何通过调控锡含量和设计低缺陷的器件结构获得室温、低功率、高质量硅锗激光器是今后应关注的主要问题。开展该方向研究的课题组主要有德国尤里希研究中心，法国国家科学研究中心，美国阿肯色大学，中国科学院半导体研究所、浙江大学、南京大学和厦门大学等。

3. 非金刚石相硅同素异构体

近年来非金刚石相硅同素异构体及其合金被发现可呈现直接带隙或准直

带隙，进而有望实现高效的发光。目前，实验室已经成功合成了直接带隙的BC8-Si（30 meV）和Si^{136}（1.9 eV）以及准直带隙的Si^{24}（1.35 eV）等非金刚石相硅材料。针对直接带隙硅材料的需求，基于第一性原理计算提出了大量的直接带隙异相硅结构和硅锗合金材料。同时，研究发现施加应力可以调节硅的带隙结构，当双轴应变达到4%时六方硅可转变为直接带隙半导体，禁带宽度位于光通信波段。近期，不断有通过计算模拟的方法提出的新的直接带隙异相硅结构的报道，虽然离真正合成以及商业化应用还有很长的路要走，但这些新结构的提出为高效硅基光源的研发提供了新的思路和理论基础。

4. 基于键合工艺的硅基激光器

目前通过键合工艺的解决方案有多种，但所采用的设计理念都是通过直接带隙Ⅲ－Ⅴ族半导体材料提供有源光增益的，利用倏逝波耦合的方法将直接带隙半导体材料产生的光增益与无源硅波导进行耦合，利用在硅波导处设计反馈[分布式布拉格反射镜（distributed Bragg reflection，DBR）、微环结构等]形成激光器外腔，从而最终实现硅基激光器。从键合的技术方案来看，有源材料均事先由金属有机化合物CVD或MBE生长好带有牺牲层的激光器结构，通过不同键合手段将拥有半导体激光器结构的材料与硅进行键合，去除衬底后通过微纳加工工艺制备硅上有源光增益器件。利用键合实现的硅基Ⅲ－Ⅴ族激光器避免了解决直接带隙Ⅲ－Ⅴ族半导体材料与硅基衬底材料晶格不匹配等材料生长问题，易于实现高质量光增益材料与硅材料的集成，但由于需要将Ⅲ－Ⅴ族发光材料与硅光芯片进行选区键合，很难实现晶圆级别的大规模集成和高密度集成，限制了该方法未来在高密度、大范围片上集成的集成度和可扩展性。目前主流的键合方法有金属键合、苯并环丁烯聚合物键合、直接键合等。

（二）硅基异质外延激光器

1. 硅基Ⅲ－Ⅴ族激光器

将发光特性优良的Ⅲ－Ⅴ族化合物半导体材料直接外延生长到Si衬底上，并制作高性能硅基半导体激光器被业界视为实现大规模、低成本、高性能硅基光源和光电子集成芯片的关键核心技术途径。硅材料与Ⅲ－Ⅴ族化合物半导体材料晶格不匹配，导致位错密度高、外延质量差、激光器质量不高，具有较大难度，成为硅基光电子发展的瓶颈，是国际上热门的攻关技术。在硅基上生长Ⅲ - Ⅴ族激光器主要有量子点激光器和量子阱激光器两种技术路线。量子点对于材料穿透位错不敏感的材料特性使得硅基量子点技术制作的激光器相比硅基量子阱技术有着更低的工作阈值电流、更高的工作温度和更长的寿命。近年来，基于硅基量子点的一系列不同种类的激光器被相继开发，如硅基量子点微环激光器、锁模激光器、分布式反馈激光器、可调激光器等。另外，量子点激光器本身对反馈不敏感的性质也引起了学术界和产业界的广泛关注，有望通过优化量子点激光器的结构设计使得在商用光通信模块中无须使用光隔离，从而降低了器件封装成本，同时能解决单片集成不易集成隔离器的难题。

2. 硅基氧化物稀土掺杂发光材料及器件

由于稀土离子 4f 壳层电子的长激发态寿命，并且受到 5s5p 轨道电子的屏蔽作用，跃迁辐射复合发光受基体和温度等外因影响较小，硅基氧化物稀土掺杂发光器件的发光峰位稳定性好，纯度高，谱线窄；并且能级结构丰富，可以发出不同波长的光满足不同需要，所以其被认为有望实现高效的硅基光源甚至硅基激光。目前对掺二氧化硅 / 氮化硅薄膜和铒的硅酸盐化合物这两种体系研究较多。在这一研究领域中，稀土离子掺杂的硅基发光器件可在 6 V 的直流偏压驱动下实现较长时间的稳定电致发光。但基于稀土离子自身的激发截面小、缺乏合适的掺杂基体、激发方式为热电子碰撞离化等问题，稀土掺杂硅基发光在如何通过稀土掺杂基体的选择，器件结构的设计，提高器件的发光效率、使用寿命并降低器件的开启电压等方面需要被关注。目前对稀土掺杂硅基发光进行研究的机构主要有意大利卡塔尼亚大学、西班牙巴塞罗那大学、美国波士顿大学和亚利桑那大学、浙江大学、南开大学、北京大学等。

3. 其他硅基新型发光材料及器件

除了在硅材料之中构建发光中心之外，将具有优越发光特性的直接带隙半导体材料与硅材料集成，也是实现高效率硅基光源的一个重要思路。近年来在这方面的研究尝试包括有机发光材料、2D 半导体材料及卤素钙钛矿材料等。其中有机发光材料具有较高的荧光量子效率，由于其无定形的特点且与硅衬底间无晶格失配的问题，目前已实现外量子效率大于17%的硅基有机电致发光器件。但是有机材料具有较低的载流子迁移率，限制了其载流子注入能力，从而在电泵浦激光的实现上存在较大难度，并且材料稳定性相比无机材料也较为逊色。2D半导体材料具有优越的载流子传输能力，并且发光波长覆盖可见、近红外区域，同时易于制备微纳器件实现硅基集成，也是硅基光源材料的重要候选之一。目前基于2D材料的硅基发光器件的发光效率仍然较低，后续有待通过材料体系选择及器件结构优化加以提升。卤素钙钛矿材料结合了有机材料与无机材料各自的优势，拥有较高的双分子辐射复合系数、优越的载流子传输特性以及独特的“缺陷免疫”特性，因此在硅基光源领域具有较大的应用潜力。目前已有外量子效率大于14%的硅基钙钛矿电致发光器件见诸报道，同时基于光泵浦激射的硅基钙钛矿光子集成电路也已经实现。然而要想将钙钛矿材料真正应用于硅基光源，仍然有一系列关键的科学及技术问题需要解决，包括材料制备方法与CMOS工艺的兼容性、发光波长与硅基光波导的匹配性以及电泵浦激光的实现等。目前在新型硅基发光材料与器件方面进行研究的机构主要有美国麻省理工学院、德国夕资工业设备有限公司、香港城市大学、南京大学、浙江大学等。

（三）硅基GaN发光器件

1. 硅基GaN MicroLED

尽管MicroLED全彩显示产业前景备受期待，其技术有着十分显著的潜在优势，但是它距离实用化尚要突破不少瓶颈技术。当LED芯片尺寸缩小到10 μm或更小时，其发光效率会明显下降，该现象称为尺寸效应。这是由于随着尺寸缩小，器件的侧壁面积占比越来越大，侧壁缺陷的非辐射复合增强，导致器件的发光效率降低。为了满足高分辨率、低功耗的微显示应用要求，必须消除尺寸效应，提高MicroLED的发光效率。对于红光来说，这一问题尤其严重。照明等普通应用领域的红光LED都是使用AlGaInP材料制备的，其外量子效率在芯片尺寸百微米量级时可高达55%甚至更高，但当芯片尺寸缩小到10 μm左右时，在微显示用的工作电流密度1 A/cm^2附近，AlGaInP基红光MicroLED的外量子效率将降到约1%。相比之下，用GaN基半导体材料制作红光MicroLED潜力更大。首先，GaN基材料的载流子扩散长度比较小，随着芯片尺寸缩小，发光效率降低要慢得多；其次，GaN 基发光量子阱的能带偏移较大，其发光效率随着工作温度的升高而下降较慢；最后，其力学性能较 AlGaInP 好，在发光层转移到 CMOS 驱动电路的过程中不易碎裂，可以获得高合格率。由于在硅上生长的 GaN 承受张应力，有利于提高发光层中的 In 组分，在硅上制备高 In 组分的 GaN 基红光 MicroLED 材料比蓝宝石衬底更为有利。因此采用 GaN 技术路线制备红绿蓝三光 MicroLED，是实现全彩色 MicroLED 微显示很有优势的一种方案。

2. 硅基 GaN 与 CMOS 电路集成

VR/AR 显示作为近眼显示技术，要求具有极高的分辨率（8K 或更高）。而作为可穿戴设备，它们又被要求非常轻便，因此体积要做得很小。这就需要将数百万甚至上千万 MicroLED 像素集成到 1 cm^2 左右甚至更小的驱动芯片上。目前只有采用硅基 CMOS 电路可以达到如此高的集成度。因此研究 GaN MicroLED 阵列与 CMOS 电路的异质集成，是通往高性能 VR/AR 显示器的必由之路。国内已有不少单位开展了 GaN MicroLED 与 CMOS 电路的集成研究，但目前在集成度、全彩化、光串扰隔离、合格率以及制造成本等方面还存在诸多难题。基于硅基 GaN 外延技术与硅基 CMOS 电路单片集成的方案，由于原生衬底与接收衬底均为硅，不存在热失配，在大晶圆面积高密度像素转移等方面具有明显优势，是重点发展方向。

二、硅光波导及器件

（一）硅光耦合技术

硅光波导具有低损耗和亚微米截面尺寸，是实现多种器件的基础，包括阵列波导光栅、马赫-曾德尔干涉器、微环谐振器、定向耦合器、波长复用器和解复用器等。当前在 C 波段使用的硅单模波导尺寸通常为 500 nm（宽）× 220 nm（高）。常规光纤的芯径尺寸约为 9 μm，远大于硅光波导尺寸，因此光纤到硅光波导模斑尺寸失配严重，导致从外部光纤到片上波导的直接耦合损耗可达 30 dB 以上。如何实现光纤和波导之间的高效低损耗耦合是硅基光电芯片发展急需解决的一个问题。目前一般采用以下两种方式实现光纤和硅光波导之间的低损耗耦合：端面（边缘）耦合和光栅耦合。端面（边缘）耦合中光在耦合界面前后传播方向相同，而光栅耦合往往是从芯片表面上方入射，因此需要调整光的传播方向，从而高效耦合进入平面硅光波导。

1. 端面（边缘）耦合

端面（边缘）耦合中比较常用的是基于倒锥形的端面耦合器，这种耦合器一般包含一个倒锥形波导结构，波导宽度沿着光传播方向逐渐减小，有效折射率降低，对波导模式的束缚能力变小，因而光模斑逐渐扩大，从而可以和光纤模斑更好匹配。为了减小倒锥形耦合器的尺寸，2003 年康奈尔大学（Almeida et al.，2003）提出一种小巧的锥形耦合器，波导宽度从 470 nm 沿 40 μm 长的抛物线逐渐减小到 100 nm，横电波（transverse electric，TE）和横磁波（transverse magnetic，TM）偏振光的耦合效率分别为 25.1% 和 46.8%。这种基于倒锥形的端面耦合器结构简单、易于制作，但是它的耦合效率不高，而且非常依赖光的偏振状态。可以采用多尖端倒锥形结构提高耦合效率。2014 年，日本光子电子技术研究协会（Photonics Electronics Technology Research Association，PETRA）（Hatori et al.，2014）提出一种新型的三叉结构，耦合器包含三根波导结构，中间一根硅波导两边对称地放置着两根辅助波导，可以通过调节两根辅助波导和它们尖端的距离来改变模斑尺寸；2016 年，华为（Wang et al.，2016）提出了一种基于双尖端倒锥形的端面耦合器，双波导通过多模干涉合成单根波导；2019 年，清华 - 伯克利深圳学院的 Mu 等（2019）提出了一种基于氮化硅和硅双层波导的三叉型结构绝热端面耦合器。该结构采用超材料设计，具有更高的灵活性，可用于实现高效端面耦合器。传统的倒锥形结构对于不同的偏振模式（如 TE 和 TM）需要有不同的尖端尺寸，因此会有很高的偏振相关损耗。但是对于这种超材料耦合器，可以通过改变亚波长光栅结构来调节波导不同偏振的有效折射率，从而减小偏振相关损耗。近年来亚波长光栅耦合器研究得到了进一步发展，例如，2020 年，美国纳米电子设计中心（Teng et al.，2020）将它与多个倒锥形波导结构相融合。为了实现更高的耦合效率，波导垂直方向结构也可以优化设计。波导高度沿光传播方向逐渐减小，可以生成一个 3D 的锥形波导。然而它所需的灰度掩模和紫外灰度光刻技术相当复杂，并且与现行的 CMOS 工艺不兼容，实现起来比较困难。一种更简单的方法是在硅倒锥形结构外沉积一层低折射率材料，从而生成一个2D模斑转换器。低折射率包层材料可以是高分子聚合物材料、氮氧化硅（SiO_xN_y 或 SiON）、富硅氧化物（SiO_x）以及氮化硅（Si_3N_4）等。2015年，日本产业技术综合研究所（Maegami et al.，2015）用这种方法设计了一种低损耗且偏振不敏感的模斑转换器，倒锥形硅波导逐渐过渡为SiON辅助光波导，与单模光纤的耦合损耗只有1.5 dB。除了上述方法外，也可以采用多层级联锥形结构改变垂直方向光模斑大小，它包含多层同方向的锥形结构，长度从上到下依次增加。2016年，加拿大国家研究委员会（Picard et al.，2016）设计了一个基于多个辅助波导结构的端面耦合器，通过在倒锥形硅光波导上方增加多个折射率低于硅的辅助光波导，使得硅光波导外的光被限制在上方，模场区域变大，易与和光纤模式相匹配，减小耦合损耗。

水平端面耦合器的一个主要缺点是无法用于整个晶圆的光路测试。为了解决这个问题，2013年，日本产业技术综合研究所（Yoshida et al.，2013）提出了一种新型的垂直端面耦合器，通过对硅光波导注入离子实现微米尺度弯曲，从而将水平端面耦合转变为垂直端面耦合。这种耦合器可以设计在晶圆内部的任意位置，因而能更加方便地测试芯片内部光路。

2. 光栅耦合

可以通过在一个或者多个维度上周期性地改变波导的折射率来实现衍射光栅，如果折射率仅仅沿着光传播方向变化，则为1D光栅。折射率的变化可以是周期的，也可以是非周期的，折射率周期性变化的光栅称为均匀光栅，而折射率非周期性变化的光栅称为切趾或者啁啾光栅。2007年，麻省理工学院（Fan et al.，2007）提出了双刻蚀深度的均匀光栅耦合器，它通过干涉减弱向下辐射的光，从而达到了增强向上输出光的目的。2007年，比利时根特大学（van Laere et al.，2007）在硅光波导上设计了一种带有倾斜角发射单元的均匀光栅耦合器，其倾角为10°，工作波长为1.55 μm，理论上光出射方向性为83%，其耦合效率高达64%。光栅耦合器的设计也可以扩展到2D。2010年，香港中文大学（Chen X et al.，2010）将超材料概念引入光栅耦合器设计中，实现了一个耦合角度为8°的纳米圆孔2D光栅耦合器，TE偏振模式光波耦合效率为34%，在工作波长为1.46 μm时，其3 dB带宽为40 nm。2016

年，华中科技大学（Zou et al.，2016）设计并制作了一种偏振不敏感的2D光栅耦合器，其偏振耦合损耗仅为0.25 dB。光栅耦合器在设计上可在硅光波导末端延伸出一个逐渐变宽的区域，覆盖周期性沟槽，其尺寸与光纤模斑相匹配。根据光栅具体结构可分为呈矩形的直沟道光栅和呈扇形的聚焦沟道光栅。由于普通光栅衍射上下方向都有，为了重新收集并利用往下衍射的光，可以在芯片背面增加反射镜。例如，比利时根特大学（Selvaraja et al.，2009）在距离硅光波导层1.48 μm处使用$\lambda/4$厚的非晶硅/二氧化硅叠层作为后反射器，实验得到了较高的耦合效率和带宽。2017年，苏黎世联邦理工学院电磁场研究所（Watanabe et al.，2017）设计的垂直光栅耦合器实现了大于97%的出射方向性，实测耦合效率为−1.5 dB。目前耦合器还向着多结构组合的方向发展。2018年，天津大学（Zhang M et al.，2018）将传统光栅耦合器和模式转换器结合，其耦合效率和转换效率之和可以达到50%。2018年，日本九州大学（Hong et al.，2018）设计了分段光栅耦合器，3 dB带宽达71.4 nm，在1550 nm波长处可以获得51.7%的耦合效率。

总之，光栅耦合器与晶圆测试兼容，当需要对晶圆中的芯片进行筛选时，通过光栅耦合对光，能快速检测出每个芯片的基本光学性能；但是由于光栅结构固有的衍射和散射特性，耦合效率较低，同时由于要满足相位匹配条件，只有特定波长的光才可以通过光栅耦合进入波导，因而它的工作带宽较窄。相对于光栅耦合器，端面耦合器耦合效率高、带宽大，对偏振的依赖小，但是耦合被限制在了芯片截面上，限制了晶圆层面的测试。在未来，耦合器会与偏振、模式等复用技术相结合，用于大容量光信号传输。当硅光芯片封装成器件和模块后，将更多采用端面耦合形式，通过优化端面波导模斑转换器来提高与普通单模光纤的耦合效率和对准偏差容忍度。波导和光纤之间需要通过紫外固化胶来固定，在耦合时考虑紫外固化胶在固化时的收缩特性，通过预补偿等方式来纠正耦合偏差。为了提高硅光集成的密度，基于硅光集成平台的多层氮化硅结构近年来也得到快速发展。将机器视觉应用于波导耦合也是未来的发展趋势，它能在耦合性能和封装成本之间取得平衡。

（二）硅光调制技术

硅光调制器是硅基光子平台中的一个重要有源器件，其作用是实现电信号到光信号的转换，进而在硅光子芯片上进行处理和传输。可集成化、易于加工、低成本是硅光调制器区别于其他材料调制器的主要特征。

传统的基于纯硅光波导的电光调制器大多利用硅的等离子体色散效应来实现。通过在硅基光波导上集成不同的电学结构可以实现自由载流子的注入、积累、耗尽或反转，使载流子浓度发生改变，从而引起折射率（或吸收系数）的相应变化。

从纯硅调制器的电学结构来分，主要可分为 PIN 型结构、反向 PN 结和 MOS 电容型结构三种。具体特点和研究进展如下：

（1）PIN 型结构是一种载流子注入结构，因其掺杂工艺简单而成为最早实现的硅光调制器结构。通过外加正向偏压，即可向本征区（即波导核心区）注入大量载流子，实现高效的折射率变化，其调制效率因子 $V_{\pi}L$ 为 0.01～0.1 V · cm。但其注入过程中主要是载流子的扩散运动，较慢的载流子注入过程限制了器件的响应速度，通常带宽小于 1 GHz。对 PIN 型结构的硅光调制器施加预加重驱动信号，可大幅提升载流子的输运速率，是一种常用的调制器加速方案。2007 年，IBM 便利用预加重驱动的方式实现了 10 Gbit/s 的 PIN 型硅光马赫－曾德尔干涉仪调制器（Green et al.，2007）。另一种方式是在芯片上集成电容和电阻，构成被动带宽均衡器，以产生较宽的 3 dB 带宽。2020 年，日本富士通公司就利用集成带宽均衡器，研制出带宽达 43.9 GHz、调制速率达 90 GHz 的硅光调制器（Sobu et al.，2021）。

（2）反向 PN 结则是一种载流子耗尽型结构，其工作原理是：对波导中的 PN 结施加反向偏压，结区附近的空间电荷区便会展宽，在空间电荷区内的自由载流子浓度极低，折射率随之减少。反向 PN 结属于电压调制的结构，在调制过程中载流子的输运以漂移运动为主，调制速率通常为 10～40 GHz（Yu et al.，2019）。但是由于反向 PN 结的空间电荷区会随掺杂浓度的降低而变窄，只分布在结区附近几百纳米的范围内，因此调制效率较低，其 $V_{\pi}L$ 为 0.5～3 V · cm（Yu et al.，2019）。目前，Acacia、Inphi、英特尔、Luxtera 等公司开发的大部分商用硅光产品中的调制器均为反向 PN 结型。2019 年，美国 Neophotonics 公司基于该类调制器实现了 100 Gbaud 32 QAM 相干光调制。2020 年 ECOC 会议上，国家信息光电子创新中心利用反向 PN 结型硅光微环调制器成功实现了 120 Gbit/s 二进制振幅键控（OOK）和 200 Gbit/s PAM4 的硅光调制，带宽超 67 GHz，为该类硅光调制器的最佳水平。

（3）MOS 电容型结构基于载流子积累机制，其工作原理是：外加栅极电压的变化导致自由电荷在栅极氧化层的附近进行积累或耗尽，从而引起栅极附近空间电荷区内硅材料折射率的变化，其 $V_{\pi}L$ 为 0.1～1 V · cm。由于同样基于载流子在电场下的漂移运动，因此 MOS 电容型调制器也能达到较高的速度，是一种效率和速率较为适中的调制器结构。该类调制器最早由 Lightwire 公司提出，其被思科公司收购之后进行了性能优化，在 2014 年将速率提升到 40 Gbit/s（Webster et al.，2014）。近期，英国南安普敦大学也利用 MOS 电容型结构研制出 35 GHz、70 Gbit/s 的硅光调制器（Zhang et al.，2021）。MOS 电容型结构的缺点在于：栅氧层必须做在光场中心，对工艺提出了极高要求，难以控制调制效率和速率的一致性，与其他硅光波导器件的工艺兼容性也不佳，所以至今并未获得广泛应用。

由于纯硅调制器的速率受限于硅材料的载流子迁移率，而调制效率受限于硅材料中的等离子色散效应，经过 20 年的发展，其性能已经遇到瓶颈，很难获得大幅提升。因此，近年来，基于硅基异质材料的新型硅光调制器已经取得较大进展，主要的硅基异质集成调制器类型如下：

（1）锗硅电吸收调制器。在硅上生长锗或硅 / 锗硅量子阱结构可在特定波长形成陡峭吸收带边，通过施加电压可调谐该带边实现强度调制。2020 年，日本技术研究组合光电子融合基础技术研究所（PETRA）研制出了带宽超 67 GHz 的锗硅电吸收调制器，其结构和工艺与传统锗波导探测器兼容。

（2）硅基Ⅲ - Ⅴ族调制器。通过键合等手段实现Ⅲ - Ⅴ族材料和硅晶圆的集成，并在Ⅲ - Ⅴ族材料上实现电吸收调制、干涉调制、谐振调制和激光器直调等功能。由于Ⅲ - Ⅴ族材料的载流子迁移率和调制效应要比硅高数倍，因此该方案更易于实现高速功能。2020 年，日本电报电话公司将直调薄膜 DBR 激光器与高热导率的碳化硅衬底集成，同时采用光子谐振作用，实现了 3 dB 带宽高达 108 GHz 的异质集成直调激光器。

（3）硅基聚合物调制器。将电光聚合物材料填充到两个相距很近的脊型硅光波导之间的狭缝波导中，其电光调制效率相比传统的聚合物调制器增强了一个数量级。2014 年，德国卡尔斯鲁厄理工学院就研制出带宽大于 100 GHz 的硅基聚合物调制器（Alloatti et al.，2014）。2019 年，苏黎世联邦理工学院利用 20 μm 长的金属等离子狭缝波导进一步增强了电光聚合物材料的调制效应，将调制器带宽提高到了 500 GHz（Burla et al.，2019）。

（4）硅基铌酸锂调制器。通过在硅基芯片上混合集成具有优越线性电光效应的 LNOI 材料，充分发挥硅和铌酸锂这两种重要光子学材料各自的优势，可实现性能极其优异的电光调制器。2019 年，中山大学蔡鑫伦团队制备了硅与铌酸锂混合集成的电光调制器，3 dB 调制带宽为 70 GHz，低插入损耗为 2.5 dB，并验证了 100 Gbit/s OOK 和 112 Gbit/s PAM4 的高速调制（He et al.，2019）。

此外，硅基石墨烯、硅基 ITO、硅基 $BaTiO_3$ 等新型异质集成调制器也有报道，新型硅光调制器技术有望在大容量、大带宽、低成本的信息互连技术方面发挥重要作用。

（三）硅光探测技术

高效、高速、高灵敏度的硅光探测器是实现光通信和光互连等硅光集成系统的核心器件。由于锗材料具有与硅 CMOS 工艺同样良好的材料和工艺兼容性，目前硅基锗探测器在硅光子学系统中已得到了广泛应用，已成为硅基光子集成系统中探测器件的最优选择。但面对未来光子系统发展的性能需求，其性能提升仍面临三个主要瓶颈：一是器件的暗电流密度居高不下，严重影响探测器的灵敏度；二是光吸收效率低且探测波长不能有效覆盖整个通信波段，更无法满足硅基光子学向红外发展的新趋势；三是探测器的带宽仍不能满足高速传输的需求。

因此，未来硅光电探测技术的研究应聚焦于以下几个方面：①硅光探测器件的暗电流控制及灵敏度提升；②硅基探测器件的带宽突破与性能优化；③硅光探测效率的提升及波长范围的扩展。通过对器件关键工艺和材料结构的创新，改善暗电流特性以及通过能带调控和新材料的结合提升探测器在宽光谱波段内的吸收效率，全面提升探测器性能是未来探测器研究的重要方向。

第一，硅光探测器件的暗电流控制及灵敏度提升。探测器的灵敏度直接决定了集成系统中链路的损耗预算控制，具有高灵敏度的探测器可以实现对更为微弱信号光的探测，有助于降低对光源及其他器件插入损耗的要求。硅基锗探测器应用一直面临着一个重要瓶颈就是暗电流较大，严重影响探测器的灵敏度。之前国际上报道的硅基锗探测器暗电流密度普遍约为 100 mA/cm^2（−1 V 偏压下），因此降低锗探测器的暗电流是器件实现实用化的重要一步。外延界面失配位错、工艺过程中引入的晶格损伤、杂质扩散以及界面态都是引起锗探测器暗电流大的重要原因。发展新型的选择外延方法，实现对穿透位错的有效控制，将现有锗外延的位错密度由 10^7 cm^{-2} 降至更低将是改善器件暗电流最重要的方法（胡炜玄，2012）。同时优化探测器件的器件结构，发展基于硅 / 锗材料的吸收倍增区分离（separate absorption，charge and multiplication，SACM）结构的 APD 器件，实现更高灵敏度的硅基锗探测器件。

第二，硅基探测器件的带宽突破与性能优化。探测器的响应速率（或带宽）主要由载流子渡越时间和 RC 常数共同决定，传统的面入射 PIN 探测器中由于光吸收路径与载流子输运路径同向，因此带宽提升与响应度之间存在制约，难以获得高速、高响应度的器件。波导性器件虽然将光吸收的路径与载流子输运路径解耦，消除带宽与响应度之间的矛盾，可以实现高速、高响应度的目标，但目前传统的消逝场耦合方式实现的探测器受到器件面积和锗外延厚度的限制，带宽一般在 50 GHz 以内，未来光子集成系统的发展需要面向超高速的信息传输，进一步提升探测器的带宽也成为硅基光探测研究的重点。采用电感增益峰值技术，通过在器件的制备过程中集成螺旋电感可以进一步扩展光电探测器的带宽，目前利用此项技术已可以将硅光探测器的带宽提升至 75 GHz，未来进一步开展其性能优化及集成技术，可望进一步提升探测器的带宽性能。

第三，硅光探测效率的提升及波长范围的扩展。虽然锗具有带隙小、吸收系数大、载流子迁移率高等特点，同时，其吸收波长可扩展到 1.3 μm 或 1.55 μm，是实现长波长探测的重要材料，但锗材料的吸收带边在 1.55 μm 左右，锗材料作为吸收区，其吸收效率有限同时不能有效地覆盖整个通信波段。对硅基锗材料进行能带调控是提升探测效率和扩展波长的重要手段。目前，利用应变和组分调控都可以实现锗材料向长波方向的扩展，例如，在锗中引入张应变或者引入 Sn 组分构建锗锡合金材料都是硅光探测波长扩展的重要发展方向（Tran et al.，2019）。在锗中引入较小组分的 Sn 即可增加材料在 1550 nm 的光吸收（Ye et al.，2015），为探测器的设计提供更大的设计容差，实现 1550 nm 的高效探测。利用锗锡合金已经将硅光探测的波长进一步扩展到了 2 μm 及以上，但材料的质量需要进一步的优化。发展硅基材料与 2D 材料的集成，实现多材料体系的融合应用，利用两种材料各自的优势构建宽光谱的探测器也是硅光探测发展的重要方向。

（四）硅光多维复用技术

纵观光通信技术的发展历程，为实现超大容量，除了不断提升单通道比特率之外，基于先进复用技术发展多通道并行传输一直扮演着至关重要的角色，其关键在于高性能复用－解复用器件。随着硅基光子学的兴起，硅基波分复用器件以其超小尺寸的特点引起了国内外研究人员的极大兴趣。例如，国内外团队2005年至今已成功研制了系列超小型硅纳米线阵列波导光栅器件，包括尺寸仅为 40 μm × 50 μm 的超小型硅纳米线阵列波导光栅（Dai et al.，2006）、反射式硅纳米线阵列波导光栅（Dai et al.，2010）等。随着加工工艺水平的不断提升，目前硅纳米线波分复用器件的相关研究已取得了长足进展，获得了优良的性能指标。

随着波分复用技术日趋饱和，其他复用技术也逐渐兴起，特别是模式复用正成为近年来复用技术领域的新一轮研究热点，作为其关键核心器件之一的模式复用器件也得到了重点研究。国内外研究团队提出并实现了基于非对称耦合器的级联结构，以及基于超模缓变演化原理的多种新型多通道模式解复用器，具有结构简单、易于扩展等优点。

很显然，仅仅研究单一的复用技术（波分复用或模式复用）是远远不够的，如何综合利用波长、模式、偏振等多个光学参量，将模式复用、偏振复用、波分复用等技术相结合形成多维复用技术才能满足未来的超大容量需求，正是亟须发展的关键技术。近年来，国内外研究团队先后研制了偏振－模式混合复用器件、波长－模式混合复用器件以及偏振－模式－波长混合复用器件，包括 4 种模式、16 种波长等具有代表性的混合复用器件，从而比较充分地验证了多维复用的可行性，为构建多维复用系统提供了核心器件基础。

更进一步地，随着多维复用－解复用技术的发展，亟须发展构建多维复用收发芯片、可重构路由芯片等核心功能芯片模块。此时，需将多维复用－解复用器件与激光器、调制器、探测器、光开关等其他功能器件相集成。由于器件数量众多，集成架构日益复杂、集成规模日益扩大，全面发展大规模集成硅光芯片正是未来的重要发展方向。研究多维复用技术兼容性问题，实现全新的硅基模式－偏振－波长多维混合复用器件，探索复用－解复用器件与光调制器及阵列、光电探测器及阵列的单片集成以实现多通道发射芯片与接收芯片；研究芯片布局设计与制作工艺规划的全局优化，解决过多波导交叉、元件间相互干扰、制作工艺复杂等问题，保障芯片品质。

（五）硅基混合光电子集成技术

其他材料体系与硅基平台结合的混合集成已成为目前大规模电子集成和光子集成发展的一个重要方向。包括英特尔等在内的国际龙头企业都推出了硅基 InP 混合集成 100 Gbit/s 波分复用光收发模块。除此之外，最近还涌现出硅与其他材料的混合集成器件，如硅－铌酸锂混合集成调制器、硅－2D 材料调制器和探测器、硅－钇铁石榴石铁氧材料光隔离器等。

从技术上来说，混合集成的方案主要有三类。第一类是直接在硅基上沉积或外延生长其他光电功能材料。沉积工艺不受材料种类限制，灵活性高。IBM 公司、比利时根特大学分别通过在硅光波导上沉积钛酸钡和 PZT 材料实现了高速高效率电光调制器，美国麻省理工学院通过沉积钇铁石榴石实现了硅基光隔离器等。但通过沉积工艺制作的薄膜材料通常为多晶，因此损耗仍然较大。此外，外延生长工艺可以实现高质量的单晶薄膜，但需要匹配衬底材料的晶格常数，因此限制较多。硅基外延锗材料探测器是一项比较成功的技术，已成为硅基大规模集成芯片中探测器的首选方案。除此之外，国际上在硅基外延激光器方面也取得了一系列成果。比利时微电子研究中心通过选区外延的方法，在国际上首次实现了硅基 InP 量子阱 DFB 激光器及其阵列。美国加利福尼亚大学圣巴巴拉分校和英国伦敦大学学院分别通过硅基直接生长量子点结构实现了 O 波段硅基激光器。

第二类是将分立的器件和硅器件通过倒装焊接、端接等方式进行多片封装。该技术通常用于集成度较低的器件集成，如高功率激光器与硅基芯片的集成。Luxtera、Finisar、Kotura 等硅光企业均推出了基于多片封装技术的光发射接收芯片。Oracle 和 NEC 等研究单位还实现了外腔式硅基可调激光器。我国北京大学的冉广照教授课题组也通过一种基于倒装焊接的金属键合方法实现了硅基激光器。荷兰艾恩德霍芬理工大学研制了硅基和Ⅲ - Ⅴ族半导体光子器件混合集成的光开关器件，利用半导体光放大器（semiconductor optical amplifier，SOA）与马赫－曾德尔干涉仪串联补偿马赫－曾德尔干涉仪的插入损耗和消光比缺点。

第三类是通过晶圆键合的方法将其他光电材料薄膜集成到硅基芯片上。该方案中，各种光电材料首先在原生基材上生长，然后通过键合等薄膜转移的方式贴合到硅芯片上，因此薄膜质量很高。同时，各种光电材料上的结构是在转移之后，通过光刻对准的方式制作，也具有高对准精度和高集成度。美国加利福尼亚大学圣巴巴拉分校以及比利时微电子研究中心分别使用等离子表面激活和苯并环丁烯聚合物辅助黏合的低温键合方法，成功地将材料键合的方法应用到Ⅲ - Ⅴ族半导体与硅的混合集成上。通过该方法，各种高性能、高集成度的硅基激光器、光放大器、探测器、调制器、光信号处理器等都得以实现。我国科研单位（包括浙江大学、中国科学院半导体研究所）也通过该工艺技术实现了硅基 InP 微腔激光器以及硅基波分复用光收发模块等功能器件。中山大学和华南师范大学还将该方法扩展到薄膜铌酸锂与硅波导的集成，实现了超高带宽硅基铌酸锂混合集成调制器。

随着光电子片上系统芯片功能多样化、复杂化及智能化的发展，亟须将更多功能材料融合，形成材料、结构和工艺兼容的光电子集成多材料体系，进一步推动光电子片上系统的发展。

（六）硅基单片光电子集成技术

硅基光电子技术诞生的初衷是希望采用标准硅半导体工艺来制作光子线路，并由工艺平台自身的优势形成一种具有大规模、低成本制造潜力的通用光电子集成技术。21 世纪初，随着微加工技术的改进和器件原理的突破，硅基片上光学器件库得到了不断的扩充。一方面，硅调制器、探测器、复用器、耦合器等众多器件能够由硅波导连通并系统集成在同一硅衬底上，这些都为硅基单片光电子集成技术的发展打下了基础；另一方面，通信网络和光互连的潜在应用也驱动着硅基单片集成技术在商业化过程中不断演进。实现片上光器件与微电子器件的共集成成为发展整个硅基单片光电子集成技术的重要途径。硅基单片光电子集成技术按照制备片上光器件所使用的工艺步骤主要分为两种方案：一种是利用 CMOS 前端工艺集成光器件，特点是能够减少额外的工艺步骤和掩模层；另一种是利用 CMOS 后端工艺来制备光器件，特点是能够与标准体硅工艺所使用的材料体系、工艺步骤和温度要求兼容。

首先，采用前端工艺沉积光器件是最直接的方案，光器件与微电子器件的尺寸差异，会导致芯片集成度下降，因此必须尽可能限制光器件的尺寸或采用最紧凑的环形谐振器来作为光器件的基本结构。在光通信应用方面，早在2008年，Luxtera公司就成功研制了世界上首个硅基单片集成的4 × 10 Gbit/s波分复用光收发器（Pinguet et al.，2008）。Luxtera公司采用飞思卡尔 130 nm CMOS 绝缘体上的硅平台，在前端工艺集成了除激光器外的所有片上光器件，并最终和包括调制器驱动、跨阻放大器在内的一系列微电子器件集成在同一硅片上。2015 年，IBM 公司推出 90 nm 工艺节点的 CMOS 9GW 硅光平台同样选择在前端工艺集成光器件，并实现了单片集成 16 Gbit/s 全收发链路的演示。2018 年，IBM 公司又利用相同的工艺平台，基于 PAM-4 调制实现了单片集成 56 Gbit/s 无误码传输的光发射机。除此之外，在大规模集成电路应用方面，2015 年，由加利福尼亚大学、麻省理工学院、科罗拉多大学、IBM 公司和美国国家标准与技术研究院组成的联合课题组报道了首个基于硅基单片光电子技术实现的光电一体化处理器，他们在同一块芯片上同时集成了 7000 万个晶体管和 850 个光电子器件，工作性能达到了“英特尔 奔腾”系列处理器的水平（Sun et al.，2015）。2018 年，他们又在 65 nm CMOS 体硅的前端工艺中添加了少量额外的步骤，融合了波分复用技术并实现了 10 Gbit/s 通信速率的光收发整套系统的单片集成（Atabaki et al.，2018）。在 45 nm 工艺节点，麻省理工学院于 2016 年基于商用 CMOS 绝缘体上硅平台的前端工艺集成了 11 个通道的微环调制器，并实现了芯片间密集波分复用链路的通信互连（Sun C et al.，2016）。这些工作对于未来硅基光电子技术在存储系统（Beamer et al.，2010）、网络交换芯片（Binkert et al.，2011）及多核处理器（Joshi et al.，2009）等方面的应用提供了良好的扩展性。

相比之下，基于后端工艺开发的硅基单片集成平台将光集成与微电子集成分离开，前者是完整的模块，不会干扰或依赖前端 CMOS 工艺的处理步骤，同时具有更好的垂直扩展性和光电之间工艺节点的兼容性。不过，不能引入高温过程所导致的光学损耗是必须考虑的问题。

总体来说，硅基单片光电子集成技术需要同时考虑片上光器件与微电子器件的协同设计，发展硅基单片光电子集成技术能够借助 CMOS 的优势实现光子系统的低成本集成，而从长远来看，将降低传统微电子芯片的功耗并极大地丰富其功能，形成性能优异、用途多样的新型芯片。

（七）硅光工艺和封测技术及平台

目前，基于硅光工艺已经能够成熟加工的器件主要包括光波导、耦合器件、合分波器件、外调制器件、PD/APD 接收器等，但各主流厂商的设计和工艺路线仍然有较大差异，存在多种技术路线。从这个角度也可以看到，硅光技术还处在百家争鸣的发展初期阶段，性价比和技术稳定性最高的方案尚未出现，硅光技术仍需要一段时间的沉淀和发展，才能向最终胜出的主流技术聚焦，进而更大程度地发挥 CMOS 工艺的规模效应，成本和良率才能持续优化。

根据不同的流片模式和定位需求，硅基光电子工艺平台可以分为科研线、中试线和工业线三种类型。科研线主要涵盖电子束光刻、刻蚀、生长等基本制备工艺，但这类平台一般无量产能力，很少具备有源光电器件的加工能力，一般用于科研生产、功能性实验和单元器件的快速原理验证，无法转型到批量生产。中试线又称先导线，规模介于科研线与工业线之间，一般具备完善的工艺和设备能力，能够通过多晶圆流片进行关键技术研发和小批量生产，是目前硅基光电子工艺研发和生产的主要工艺平台。工业线一般进行大规模生产，产能在每月万片量级以上。由于看到硅基光电子未来的爆发趋势，近年来越来越多的 CMOS 代工厂逐渐开始发展硅基光电子业务。目前，硅基光电子产品的市场应用还有待开发，未能走到大规模生产的阶段，无法完全享受 CMOS 大规模制造带来的巨大成本优势。

现阶段，国际上硅基光电子领域已形成了多种重要的技术平台，按照材料体系可以分为绝缘体上硅技术平台、氮化硅技术平台以及长波硅光技术平台等，绝缘体上硅技术平台又分为薄绝缘体上硅技术平台和厚绝缘体上硅技术平台，薄绝缘体上硅技术平台的硅层厚度为 220～500 nm，而厚绝缘体上硅技术平台的硅层厚度在 1 μm 以上。在产业界，大型代工厂多数采用薄绝缘体上硅技术平台来提供流片服务，如 AMF、CompoundTek、格罗方德、IBM、

TowerJazz 和台积电等。

纵观全球硅光制造工艺平台布局，全球硅光子中试到量产平台已经形成，国内也逐步完成了硅光子中试平台的布局，但国内硅光子中试线在无源器件和有源器件方面都与国外技术存在较大差距。

比利时微电子研究中心与根特大学合作，在 220 nm 薄绝缘体上硅技术平台上利用 130 nm CMOS 工艺形成了一系列高性能的有源器件和无源器件。新加坡的 AMF 采用 220 nm 薄绝缘体上硅衬底，在无源器件中，波导损耗达 2 dB/cm，也能够提供高性能的有源器件（如热相移器、调制器和光探测器等）。美国的 AIM Photonics 硅波导传输损耗为 1 dB/cm，其他无源器件（如边耦合、光栅耦合等）都有较低的损耗。法国原子能和替代能源委员会的 CEA-Leti 研究中心利用 CMOS 兼容的工艺，在 305 nm 薄绝缘体上硅技术平台上实现了有源器件和无源器件的大规模集成，此平台还集成了 SiN、Ge/SiGe 和 Ⅲ - Ⅴ族材料。德国 IHP 公司利用 SiGe BiCMOS 技术在 220 nm 绝缘体上硅技术平台上形成了单片集成的光电平台，将集成光路与 SiGe 异质结双极型晶体管集成在同一块芯片上。芬兰 VTT 利用 3 μm 厚绝缘体上硅技术平台，实现了超低损耗（0.1 dB/cm）、高集成度以及偏振不敏感的无源器件和高性能的热光相移器。美国的 AMO 和 Cornerstone 利用绝缘体上硅技术平台提供快速原型服务。瑞士的 Ligentec 采用氮化硅波导，降低了传输损耗（小于 0.1 dB/cm），微环谐振器也能具有超高的 Q 因子。

国内硅基光电子领域也得到了巨大的发展，已具备了较好的研发设备和工艺条件；中国科学院微电子研究所和上海微技术工业研究院可以提供部分流片服务；联合微电子中心有限责任公司也对外发布了 180 nm 硅光 PDK，开始对外流片服务。

（八）硅基光电子技术的主要应用

硅基光电子技术诞生伊始主要用于解决电子芯片内光互连的问题，并逐渐扩展到通信和数据中心等领域。与传统微电子技术相比，硅基光电子技术不仅继承了微电子方面尺寸小、耗电少、成本低、集成度高等特点，也集成了来自光电子的多通道、大带宽、高速率、高密度等优点。硅基光电子技术发展至今，得益于大容量数据通信场景的日益增加以及新需求、新应用的出现，已逐渐从学术研究驱动转变为市场需求驱动。从目前来看，硅基光电子技术的主要应用包含以下领域。

1. 数据通信

以数据中心、超算中心为代表的数据通信光模块是硅基光电子技术目前最重要的应用领域，根据法国咨询公司 Yole Développement 的预测，2020 年，基于硅基光电子技术的光模块市场达到了 7.4 亿美元，至 2024 年硅光模块市场容量将达到 40 亿美元，年复合增长率为 44%，在整个光通信模块市场上的占比达到 1/4 以上，在高速成长的大数据中心光网络中占比更高。随着大数据中心对连接带宽需求的不断提高，多通道技术成为必需，高集成、高速硅光芯片成为性价比更高的选择。从以 4 × 25 Gbit/s 为代表 100 Gbit/s 大数据中心光互连时代开始，英特尔公司、Luxtera 公司的硅光产品崭露头角，规模化进入市场。当前，100 Gbit/s 已进入成熟应用阶段，400 Gbit/s（4 × 100 Gbit/s）正在规模商用，同时，800 Gbit/s（8 × 100 Gbit/s）也已开始在大规模人工智能及高密度交换机互连方面试商用。硅光解决方案具有高集成度、低功耗、小型封装、大规模可生产性强的竞争优势。

2. 电信行业

硅基光电子技术在电信行业的应用主要基于 5G 与相干下沉。在 5G 应用中，无论是前传、中传还是接入，硅基光电子技术都可以发挥重要作用。5G 前传 25 Gbit/s 应用，传输超过 20 km，回传汇聚应用，现在市面上用的 100 Gbit/s 40 km 主流方案是 100 Gbit/s 4 WDM-40 或 ER4-lite，硅基光电子技术均可以有效解决。5G 应用中，调制技术从 NRZ 演进到 4 电平（PAM4）成为主流。PAM4 对信噪比要求较高，因此具有较高信噪比的 Ge/Si APD，在 50 Gbit/s 40 km、200 Gbit/s 40 km（4 × 50 Gbit/s PAM4）中将成为有效的解决方案。除了 5G 应用，相干下沉将促进硅基光电子技术的应用。在长距城域，高速相干检测波分技术将成为主流，100 Gbit/s、200 Gbit/s 相干技术已经成熟并大规模商用，400 Gbit/s 相干技术也已接近商用。2020 年，相干收发模块产值为 8 亿美元，预计在 2024 年会达到 15 亿美元。5G 移动光网络演进、回传汇聚需求升级也会推动低成本、低功耗、小尺寸 100 Gbit/s 相干解决方案。随着相干技术的发展，硅光集成芯片技术也开始占据越来越大的份额。在产品形态上，也主要分为两种：集成相干接收器与集成相干收发器。

随着5G与大数据、IoT、人工智能技术的发展，万物互联将进一步得到推动，硅基光电子技术将大幅助力万物互联的实现，在通信与互联、感知与传感等领域都有广泛应用。

3. 激光雷达

在未来几十年里，智能设备和产品将会爆炸式地涌现，对周围环境信息的摄取和分析是智能产品的必备要求。激光雷达可以测量距离、速度、物体轮廓、形状变化等特征，是未来智能产品不可取代的组成部分，并且在国民经济中具有重要地位，它的市场规模将达到千亿元以上，尤其是在车载激光雷达领域。智能车作为人类未来的“第三生存空间”，已成为全球汽车产业发展的战略方向。2020年2月，国家发展改革委等11个部委联合发布《智能汽车创新发展战略》，提出到2025年实现有条件自动驾驶的智能汽车达到规模化生产。

2019年3月，法国咨询公司Yole Développement对激光雷达技术的发展趋势进行了预测，认为微机电系统（micro-electro-mechanical system，MEMS）和泛光这两种技术将会最先商用，而光学相控阵技术由于难度最大，预计在2025年前后才能成熟落地。微机电系统激光雷达的微振镜基于硅基加工技术；闪存激光雷达所使用的单光子探测器阵列一般是由硅基雪崩光电二极管组成的；光学相控阵（optical phased array，OPA）激光雷达的光学相控阵芯片主要采用硅基光电子集成技术，尤其是它可以将控制系统的集成电路与集成光路实现单片集成。2009年，比利时微电子研究中心报道了第一个硅基OPA芯片，验证了它的扫描原理，随着不断改进，目前横向扫描角度可以接近全角，即180°（Phare et al.，2018），通过拼接技术，纵向扫描角度可以接近30°。2019年，美国麻省理工学院用硅光OPA芯片和调频连续波（frequency modulated continuous wave，FMCW）方法测量到200 m远的距离，是目前光学相控阵芯片激光雷达报道过的最远距离（Poulton et al.，2019）。

2025年前后有望将激光雷达的控制电路和集成光路实现单片集成。探测技术从脉冲式的飞行时间（time of flight，TOF），到相干式的FMCW，再到更新颖的游标卡尺式的双光频梳激光雷达，2035年前后有可能发展出我们目前想象不到的某种新技术，使激光雷达精度更高、体积更小、质量更轻、功耗更低。在应用方面，激光雷达将会与其他传感器进行深入融合，机械学习技术和类脑芯片的加入将使激光雷达更聪明，成为“智慧之眼”的一个重要组成部分。激光雷达的应用也将会得到爆发式的推广普及，它将离我们越来越近，从飞机到汽车，到家庭，到进入口袋，对它的安全性要求也会越来越高。

4. 微波光子学

微波光子学的主要研究内容是如何利用光电子器件和光子技术实现微波信号的产生、分配、传输和处理。通过硅基集成技术和微波光子技术的结合实现微波光子学系统芯片的集成化，从而降低整个系统的成本、缩小尺寸、降低功耗，是微波光子学发展的必然趋势。硅基光电子技术在微波光子学领域有着重要应用，例如，硅基微波光子雷达，将高集成化硅基微波光子芯片应用于雷达领域，高频率的光波按需搜索、探测和跟踪不同方向和不同高度的多批目标，能够显著减小设备的尺寸和重量，提高雷达的敏捷性。随着微波光子学和硅基光子器件的发展，集成化微波光子雷达必将成为军事领域的研究热点。除此之外，还包含硅基可重构微波光子前端等。硅基可重构的微波光子前端是采用光域多波段、广覆盖的微波模拟信号处理方法，基于硅基光子加工手段构成多波段、高线性与可重构的微波光子前端片上系统，可以在全波段范围内实现宽带、多波段可调谐与可重构信号处理，并且具有可预见大动态范围和抗电磁干扰等优势，能够有效解决民用频谱资源紧张的问题，在光电对抗与雷达方面均有重要应用。

5. 硅基光计算

硅基光计算采用光子作为传输信息和处理信息的载体，并由于光信号具有超高速、大带宽、抗干扰等优势，在特定的计算应用场景中，能够突破传统微电子处理器的局限，实现更高的能效，并解决微电子处理器不能解决的复杂算法问题。硅基光计算是目前学术界的研究热点，包含：①人工智能的矩阵运算，基于光的相干特性和并行处理优势，实现快速低能耗的光学矩阵处理，为人工智能神经网络的应用提供可行的加速解决方案；②光电模拟计算，通过光的灵活操控和超宽频带实现复杂问题的数值求解、低延迟的光学变换和模拟计算、高时间分辨率的宽带模拟器件等；③电控的光量子处理器，发挥光的多维调制优势，使片上集成可拓展、稳定可靠的多量子态操控和量子信息处理成为可能；④光电神经拟态芯片，发挥光电子器件的复杂多样化组合以及片上光互连通信的优势，使得低损耗、小延迟的光电神经元和系统实现成为可能。

除了上述主要应用领域之外，硅基光电子技术在生物与化学传感、光学频率梳及芯片光钟、芯片光谱仪等方面也有重要应用，是未来信息社会向智能社会转变过程中至关重要的使能技术。

第十五章

微波光子芯片与集成

第一节　战 略 地 位

微波光子是融合了微波（射频）技术和光子技术的新兴交叉学科，基于光域实现对高频宽带微波信号的产生、处理、传输及接收，以此为基础实现微波光子系统融合。微波光子技术充分发挥了无线灵活泛在接入和光纤宽带低耗传输的优势，可以实现单纯无线技术和光纤技术难以完成甚至无法完成的信息接入、处理与传输组网功能，具有带宽大、传输损耗低、重量轻、快速可重构及抗电磁干扰等优点，是未来信息处理与接入的必然发展趋势与有效解决途径。随着微波光子学的发展，其在通信、传感、生物、医学、军事和安全等领域都有发展潜力，尤其在 5G/6G/B6G 与无线接入、多波束光控相控阵雷达以及电子战系统中有着广泛的应用前景。

由于可利用光子技术的大带宽来突破传统射频系统的带宽瓶颈，微波光子学使高速感知和操控微波信号的时、频、空分布成为可能。随着智能社会的到来，人类对射频信息系统能力和性能的需求不断提高，亟待在光波和微波的相互变换与操控机理、非线性的产生机理与抑制方法，以及光电磁热等多物理场的作用机理与调控方法上取得新进展和新突破。对于无线通信、雷达、电子侦测、测量和传感等重点应用方向，关键技术挑战和需求包括以下几个方面。

（1）无线通信不断向更高频段、更大带宽、更密集布站和更广域协同发展，迫切需要发展阵列微波光子互转换器件、阵列信号光纤稳相传输方法、阵列微波光子频率变换、分布式光控波束成形等微波光子新技术。

（2）雷达正朝着高分辨率、高实时性、多功能一体、抗干扰、抗截获和高集成度等方向发展。但受电子瓶颈限制，目前工作带宽受限，实时信号处理困难，因而对低相噪基准信号产生、宽带微波光子可重构波形产生、大动态模拟光链路、全光射频采样、全光模拟信号处理等微波光子技术提出新的发展需求。

（3）电子侦测、测量与传感等对测量范围、分辨率、误差、实时性提出更高要求，需要发展微波参量与光学参量单调映射机理、光电互转换中的非线性抑制方法、实时光傅里叶变换等微波光子新方法和新技术。

然而目前基于微波光子的链路和系统大部分都由分立的光电子器件和光纤构成，存在价格昂贵、功耗高、可靠性及稳定性差等缺点。克服这些缺点最为有效的途径之一就是采取类似集成电路的方法进行光子回路片上集成。通过集成和小型化，系统体积和功耗将大幅降低，既避免了对每个器件单独进行封装的成本，也减小了器件间的耦合损耗，使系统稳定性得到大幅提升。此外，集成化与小型化的微波光子器件 / 模块更能满足大规模阵列化应用需求。

集成化是微波光子技术发展的主要方向之一，也是微波光子技术走向实用化的前提，可以满足未来无线通信、仪器仪表、航空航天及国防等领域应用对带宽、安全性、探测精度、测量范围、体积、重量、功耗等的要求。对集成微波光子技术从理论、关键技术到系统应用进行体系化研究，可有效降低本领域对国外的依赖性，完善国内产业链，实现本领域的创新突破和自主可控。

第二节　发展规律与研究特点

集成微波光子致力于研发宽带微波光子信号产生、传输、处理、接收的核心光电芯片与集成模块，提供小尺寸、低功耗、阵列化以及快速可重构智能化的微波光子系统实施方案，是微波光子学走向全面实用化的关键，也将成为未来空天地信息一体化网络、下一代宽带无线接入网以及雷达、电子对抗系统等的硬件基础和核心技术。

一、面临的主要科学与技术问题

经过 30 多年的发展，微波光子学在理论方法和系统方案层面都取得了长足进展，目前规模化工程应用的瓶颈主要集中在器件及系统的集成化方面。因此，微波光子面临的主要科学与技术问题集中在芯片化与集成化领域。

（1）微波光子单元芯片与单片集成技术。目前，功能单元基本上都有相应芯片原型器件的报道，如窄线宽半导体激光器芯片、高转换效率光电探测器芯片和高线性电光调制器芯片，少量研究成果已实现产业转换。一旦实施多类异构器件单片集成，无论是单元器件还是片上系统的性能与分立器件和系统相比均处于劣势；而且单片集成度较低，亟待加强技术与应用迭代。

（2）异质异构微波光子集成技术。当前仍缺乏面向微波光子集成的新材料、新结构、新器件的系统性探究，以及缺乏片上多物理场（如光/电/热场）的相互作用方法与有效调控机理等支撑。一般意义上，多物理场的相互作用与调控是微波光子学的理论基础，极限指标包括分辨率、动态范围、线性度、带宽、噪声、稳定性等，这几乎都需要利用这些基础理论去寻求解决途径。尤其是在微波光子集成芯片流片制备过程中，光信号产生、传输、调控、处理和接收器件的最佳衬底材料和制造工艺差异很大，传统的单一材料和单一工艺体系无法满足未来微波光子集成与芯片的发展要求。因此，迫切需要发展微波光子系统单片集成、异质集成、混合集成、微组装等工艺技术，并解决不同材料体系的兼容与高效耦合问题，以及实现多种材料芯片的兼容制造与封装测试等。

（3）面向泛在接入与一体化系统需求的微波光子集成技术。单一或固定功能的微波光子芯片可能无法满足未来泛在接入与一体化需求，因此多波段、多通道、多功能、高重构性、高集成度、智能化的微波光子芯片设计、制备与封装也是当前面临的巨大挑战。

二、未来发展趋势

未来微波光子芯片和系统在军事领域和民用市场都有巨大应用前景，尤其是军事领域。现有微波光子系统（大多由分立器件组成）在体积、功耗、稳定性、成本等方面相比电子解决方案尚处于劣势，因此，集成化是微波光子实现追赶和超越传统电子系统的必由之路。针对未来主要应用场景（超宽带无线通信、空天地信息一体化、高性能新体制雷达以及电子战等），迫切需要解决微波光子集成器件和功能芯片乃至集成系统在仿真与设计、流片与封测等阶段的关键问题。

（1）单一功能器件的集成。微波光子系统的核心器件包括半导体激光器、电光调制器和光电探测器。进一步提升这些核心器件在功率、噪声、带宽、插入损耗方面的性能，并提高芯片集成度和产业化水平，是未来研究工作的关键所在。例如，亟须研发高功率、低噪声、窄线宽的半导体激光器芯片，宽带、低半波电压、高线性度的电光调制器阵列芯片，以及宽带、高饱和光功率和高响应度的光电探测器阵列芯片。这些将有助于集成微波光子芯片的功能单元种类增加、性能提升，从而替代传统系统中的各类核心电子组件，为微波光子集成芯片的实用化和产业化奠定坚实基础。

（2）光电融合的功能芯片集成。在集成化微波光子芯片研发过程中，必须高度重视光电子与微电子融合集成。结合强大的微电子集成技术基础，构建从单一材料体系向多材料体系混合集成的高集成度微波光子集成芯片研发模式（Marpaung et al.，2015），从光子集成向光子－微波混合单片集成的微波光子功能芯片推进。重点研发异质混合集成的微波光子芯片，实现高功率低噪声激光源、高效电光调制器和高饱和光电探测器的单片集成，实现光电混合封装与测试、大规模芯片驱动与控制关键技术等。与此同时，大力研究新材料、新结构、新机制，抑制或消除片上的光、电、热串扰，大幅度提升集成化规模。

（3）多功能、多通道、可重构的系统化集成。研发面向不同应用场景的功能集成芯片，包括集成化波束形成、光子模拟信号处理、光电振荡器、光频梳、任意波形产生、混频与对消、光模数转换、模拟信号光电收发、光纤稳相稳时传输芯片与模块等；提升不同功能的芯片和单元组件的集成化程度，实现微波光子多功能集成发展。同时，逐步研发多通道多波段的芯片和阵列化封装技术，满足大规模阵列化需求。在此基础上，通过多芯片微组装的混合集成实现小型化微波光子系统，推进微波光子模块的系统应用。此外，为提高芯片的通用性，通过众多有源或无源可调谐单元器件大规模网络化集成，研发功能可重构的微波光子集成芯片，实现片上通用微波光子信号处理和运算功能（如光子 FPGA、模拟光子计算机等）。

（4）智能化的微波光子集成。在多功能、阵列化和可重构集成的基础上，微波光子集成芯片还可以与人工智能深度融合。基于人工智能算法和方案赋能微波光子集成芯片和系统，从而推动微波光子技术综合性能提升和实用化进程。

第三节 国内外发展现状

微波光子集成芯片研究大致可以分为建模与设计、流片与封测、验证与实用化三个阶段。针对建模与设计、流片与封测阶段，目前欧美已联合构建了基本完善的仿真与设计工具软件体系、流片工艺平台与测试封装平台，并依托这些联合平台开发了一系列微波光子集成芯片，替代微波光子系统中部分分立器件进入实用化阶段。目前我国建模与设计的自主工具软件几乎空白，而在流片与封测方面，国内的工艺平台在数量、水平以及完整性方面与国外仍有较大差距，同时也缺乏较为完整的微波光子芯片测试封装研发平台。

一、微波光子单元器件发展现状

（一）高功率低噪声半导体激光器发展现状

在高功率低噪声分布式反馈激光器方面，国外主要研究机构有美国安科、英飞朗、EM4、欧洲化学工业委员会的分支机构、安科特纳、3SP Technologies 以及日本古河电气工业株式会社等。针对微波光子传输应用的连续低噪声分布式反馈激光器，美欧等进行了大量研究工作，美国安科实现了输出功率不小于 100 mW，RIN（relative intensity noise，相对强度噪声）≤ −163 dB/Hz 的半导体激光器；欧洲化学工业委员会的分支机构实现了输出功率不小于 200 mW，RIN ≤ −165 dB/Hz 的半导体激光器；法国泰雷兹实现了输出功率不小于 200 mW，RIN ≤ −163 dB/Hz 的半导体激光器；美国林肯实验室报道了输出功率不小于 370 mW，RIN ≤ −163 dB/Hz 的半导体激光器。目前，国内的Ⅲ - Ⅴ族外延片制造技术主要集中在部分高校和科研院所，如中国科学院半导体研究所、中国科学院长春光学精密机械与物理研究所等。激光器研发以及产业化主要包括华为海思、海信宽带、南京大学、福建中科光芯、华兴激光等。探测器研发包括清华大学、中国科学院半导体研究所、中国电子科技集团公司第四十四研究所等，但是其主要产品还是光通信器件，微波光子领域专用的高功率低噪声半导体激光器、宽带高饱和光电探测器的研发较少。在高功率低噪声半导体激光器方面，福建中科光芯成功研制了输出功率不小于 120 mW，RIN ≤ −163 dB/Hz 的高功率低噪声半导体激光器；在高功率激光器阵列芯片领域，南京大学基于重构等效啁啾技术成功研制了 8 通道高功率激光器阵列芯片，输出功率不小于 100 mW。

（二）宽带低半波电压电光调制器发展现状

在宽带低半波电压电光调制器方面，国外主要的研究机构包括美国波威科技、法国 Photline、美国奥兰若、日本富士通、日本电报电话公司、德国 HHI、美国哈佛大学等。目前商用的传统铌酸锂电光调制器 3 dB 带宽可以达到 40 GHz，对应的半波电压 $V_\pi \leqslant 5$ V，$V_\pi L$ 为 −20 V · cm；通过采用新型薄膜铌酸锂波导可以将电光调制器的 $V_\pi L$ 降低一个数量级，至 ~2 V·cm，同时极大地提高了调制器带宽。目前已报道了超过 100 GHz 的薄膜铌酸锂调制器，然而其商用化还需要解决规模化生产工艺以及低插入损耗、超宽带、高稳定的封装技术难题。另外，结合超高电光系数聚合物材料和表面等离激元纳米光波导，可以将电光调制器的 $V_\pi L$ 再降低两个数量级，至 ~0.01 V·cm，并且已有带宽大于等于 500 GHz 的电光调制器芯片见诸报道（Burla et al.，2019），但该技术的商用化还需解决聚合物稳定性、规模化生产工艺以及低插入损耗、超宽带的封装技术难题。针对微波光子模拟应用的高线性度需求，国际上开展了基于 InP 的量子限制斯塔克效应和 SOI 波导非线性吸收效应的高线性度电光调制器研究，链路无杂散动态范围（spurious free dynamic range，SFDR）可达到 120 dB·$Hz^{2/3}$。对于传统铌酸锂调制器，国内主要研制单位有中国电子科技集团公司第四十四研究所和北京世维通科技股份有限公司，产品目前能覆盖 18 GHz，并且已具备 30 GHz 调制器芯片研发能力。对于薄膜铌酸锂调制器芯片，目前国内有关研究单位有中山大学、华中科技大学、济南晶正电子科技有限公司（主要从事薄膜铌酸锂材料制作）等机构。

（三）宽带高饱和光电探测器发展现状

在宽带高饱和光电探测器方面，国外主要的研究机构包括美国菲尼萨、朗讯科技、欧洲化学工业委员会的分支机构、迪思科科技、日本电报电话公司、法国阿尔卡特公司以及美国弗吉尼亚联邦大学等。目前，美国菲尼萨商用化的高饱和光电探测器已经达到带宽 100 GHz、饱和光功率 20 mW 的指标，实验室研发芯片指标已经达到带宽 200 GHz，未来传统的 InP 光电探测器带宽将覆盖 200 GHz 以上，同时平衡光电探测器带宽也将覆盖 100 GHz 以上。为了与硅基光电子集成融合，未来还将发展集成在绝缘体上硅的磷化铟和集成在绝缘体上硅的锗宽带高饱和光电探测器技术。目前，集成在绝缘体上硅的磷化铟和集成在绝缘体上硅的锗光电探测器带宽已覆盖 70 GHz 和 40 GHz。国内宽带高饱和光电探测器研发机构包括清华大学、中国科学院半导体研究所、中国电子科技集团公司第四十四研究所等，中国电子科技集团公司第四十四研究所已成功研发带宽覆盖 40 GHz、饱和光功率为 100 mW 的光电探测器产品。

（四）微波光子集成芯片发展现状

1. 微波光子波束控制与形成芯片

微波光子波束形成芯片主要用于相控阵天线的波束扫描，其真延时特性可以解决宽带应用场景下传统微波移相器引入的“斜视”效应。目前，集成微波光子波束控制与形成芯片主要有两种结构：一是基于路径选择的延时切换；二是基于微环色散调控的延时调谐。

对于基于路径选择的延时切换结构，其优点是调制方案相对简单、瞬时带宽大、延时精度高，缺点是只能切换延时量，无法实现延时的连续调谐。Morton Photonics 公司推出了宽带可调波导光延时线器件（延时 535 ps@20 GHz 带宽，632 ps@10 GHz 带宽）；2019 年 1 月，美国加利福尼亚大学圣巴巴拉分校通过将光开关和延时波导集成，实现了 4 通道氮化硅 5 bit 光开关切换延时芯片（Liu et al.，2019），用于 93 GHz（W 波段）波束控制，可以实现 ±340°的波束角度偏转；2017 年，东南大学基于低损耗的大截面 SOI 光波导，实现了光开关切换延时波导的 8 通道 7 bit 光开关切换延时芯片，用于 8～12 GHz（X 波段）波束控制，可以实现 ±52.50°的波束角度偏转；2019 年 7 月，东南大学通过将二氧化硅 AWG 和延时波导集成实现 8 通道 5.5 bit 的波长选择切换延时芯片（Hu et al.，2019），用于 8～12 GHz（X 波段）波束控制，可以实现 ±52.50°的波束角度偏转；2020 年 9 月，上海交通大学通过将调制器、分束器、光开关、可调衰减器、探测器等单片集成，实现了硅光集成 8 通道 5 bit 波束控制芯片（Zhu C et al.，2020），用于 8～18 GHz 波束控制，可以实现 ±75°的波束角度偏转。

对于基于微环色散调控的延时调谐结构，其优点是延时可以连续调谐，缺点是调制方案较复杂、带宽受限、驱动控制复杂。2014 年 10 月，荷兰特文特大学基于低损耗氮化硅平台，通过级联微环实现了 8 通道可调延时芯片（Burla et al.，2014），用于 2～10 GHz 信号波束形成，瞬时带宽达到 8 GHz，结合波分复用技术可以实现 4×4 天线阵列的接收；2017 年 10 月，美国加利福尼亚大学圣巴巴拉分校基于低损耗氮化硅平台，通过级联微环实现了 4 通道可调延时芯片（Liu Y et al.，2017），用于 80 GHz 信号的波束控制，瞬时带宽达到 6 GHz，结合波分复用技术可以实现 1×4 天线阵列的信号发射；2018

年 11 月，美国的得克萨斯农工大学基于 SOI 平台，通过将调制器、分束器、级联微环和光电探测器单片集成，实现了 4 通道波束控制芯片（Choo et al.，2018），用于 30 GHz 信号的波束控制，可以实现 ±300°的波束角度偏转。

2. 集成微波光子滤波芯片

集成微波光子滤波芯片是将微波信号调制到光频域，通过集成光子芯片对光载宽带微波信号在光域内进行滤波，再经光电转换到微波域从而实现滤波功能。相比传统的电学滤波器，微波光子滤波器具有可重构性的优势，但在滤波精细度和稳定性方面有待提高。2016 年 1 月，清华大学基于低损耗氮化硅平台，报道了基于可调微环实现了频率调谐范围为 1～110 GHz、带宽约 420 MHz 的可调谐微波光子滤波器（Yu et al.，2016）；2015 年 1 月，悉尼大学采用 As_2S_3 波导的窄带受激布里渊散射效应实现了带宽调谐范围为 32～88 MHz 高频率分辨率的微波光子滤波器，频率调谐范围为 0～30 GHz（Marpaung et al.，2015）；2016 年 12 月，瓦伦西亚大学在 InP 平台，将激光器、调制器、微环、光电探测器等有源 / 无源器件单片集成，实现了首个全单片集成的微波光子可重构滤波器（Fandiño et al.，2017）；2017 年 12 月，渥太华大学在硅基平台上，将调制器、微盘谐振器、光电探测器单片集成，实现了频率调谐范围为 3～10 GHz，带宽为 1.93 GHz 的微波光子可调谐滤波器（Zhang et al.，2017）；2018 年 2 月，悉尼大学采用 4 个级联氮化硅微环，结合优化控制算法调控微环的耦合系数和相位，实现了带宽调谐范围为 300 MHz～25 GHz 的可编程滤波器（Jiang et al.，2018）。

3. 集成微波光子信号产生芯片

集成微波光子信号通过片上集成光电系统产生，可以产生诸如频率可调谐微波信号、任意波形微波信号、宽带线性调频微波信号等。相比传统电学微波信号的产生，具有结构简单的优势。美国 OEwaves 公司研制出小型光电振荡器（频率范围为 28～36 GHz，输出射频功率为 5 dBm，相位噪声为 −110 dBc/Hz@10 kHz），已经在无人机等小型军用平台上得到应用。2015 年 1 月，普渡大学基于 SOI 平台，将调制器和微环阵列集成，实现了可重构的任意波形产生芯片，信号频率可以达到 40 GHz（Wang et al.，2015）；2016 年 5 月，渥太华大学基于 SOI 平台，将电光可调的线性啁啾波导光栅引入片上迈克耳孙干涉仪中，通过结合频谱整形和波长－时间映射实现了线性调频信号产生芯片（Zhang W F et al.，2016）；2018 年 4 月，中国科学院半导体研究所基于 InP 平台，将直调激光器、延时线和光电探测器单片集成，实现了输出频率约为 7.3 GHz 的集成光电振荡器芯片，相位噪声约为 −91 dBc/Hz@1 MHz（Tang et al.，2018）；2018 年 4 月，渥太华大学基于 SOI 平台，将相位调制器、可调谐微环和光电探测器单片集成，实现了输出频率范围为 3～7 GHz 的可调谐光电振荡器芯片，相位噪声约为 −80 dBc/Hz@10 kHz（Zhang W F et al.，2018）。

4. 集成微波光子变频芯片

集成微波光子变频芯片是通过片上光电子集成实现微波信号上 / 下变频的芯片，相比传统电子变频系统，具有大瞬时带宽、高线性度和抗电磁干扰的优势。2016 年 5 月，麻省大学达特茅斯分校基于 InP 平台，将分布式反馈半导体激光器、耦合器、非线性相位调制器、光电探测器单片集成，制备了集成微波光子变频芯片（Jin et al.，2016），实现了 200 MHz～4 GHz 微波信号到 20 MHz 的下变频，SFDR 约为 112 dB · $Hz^{2/3}$；2020 年 4 月，美国佐治亚理工学院基于 SOI 平台，将双平行马赫－曾德尔调制器和平衡探测器单片集成，制备了集成微波光子变频芯片，实现了带宽为 11.2 GHz 的微波光子下变频，SFDR 约为 92 dB · $Hz^{2/3}$（Bottenfield et al.，2020）。

5. 光模数转换芯片

2012 年 2 月，麻省理工学院通过将调制器、滤波器阵列、探测器阵列单片集成，并和多通道低速 ADC 模块化封装实现了硅基集成光模数转换器，实现了对 10 GHz 信号的模数转换（Khilo et al.，2012）；洛克威尔柯林斯公司在 DARPA 的支持下研制高性能光子 ADC；Photonic Systems 公司推出了基于光子射频对消技术的高隔离度收发模块和光子辅助的 ADC。

6. 可编程微波光子信号处理芯片

微波光子信号处理芯片基本上是特定应用导向的专用微波光子信号处理芯片，其实现的微波光子信号处理功能是固定不变的，大大增加了芯片功能验证的成本。借鉴集成电路中的 FPGA，开发可编程微波光子信号处理芯片可以在同一个光电芯片上通过光路径的动态调控实现各种微波光子信号处理功能的片上重构，从而大大降低了芯片功能验证的成本，同时可以实现具有多功能重构的微波光子信号处理。2017 年 9 月，瓦伦西亚理工大学基于 SOI 平台，通过将 30 个可调 2×2 马赫－曾德尔耦合器按照六边形拓扑结构单片集成，实现了可编程微波光子集成芯片，并实现了滤波、延时等多种功能的重构（Pérez et al.，2017）；2020 年 1 月，渥太华大学基于 SOI 平台，通过将 32 个可调谐微盘谐振腔和交叉波导耦合成网络拓扑结构，实现了可编程微波光子集成芯片，并实现了滤波、延时、微分器、频谱整形等多种微波光子信号处理功能的重构（Zhang W F et al.，2020）。

二、国外系统与应用发展现状

集成微波光子系统的研究包含架构设计、芯片制备、封装测试等，是一个非常复杂的系统性工程，难以由少量单位完成。目前国际上大多采用类似集成电路的发展模式，有专门机构从事芯片加工、封装技术的研究，采用多项目晶圆的模式进行流片。欧盟和美国都已围绕微波光子集成芯片与器件构建了芯片设计、制造、测试、封装的一体化研发平台，同时构建了完善的研发机构联盟。

美国 DARPA 在 2004 年推出硅上电子和光电子集成电路（Electronic and Photonic Integrated Circuits on Si，EPIC）计划，研究硅基光电子集成回路，并从 2007 年开始实施超高性能纳米光子芯片内通信（Ultraperformance Nanophotonic Intrachip Communication，UNIC）计划，继续对高性能硅基集成光互连进行研发。2015 年成立的美国集成光子研究所（制造集成光子研究所，原称 IP-IMI）旨在开发新型快速的光子集成制造技术和工艺方法，促进光子集成电路的设计、封装、测试与互连，构建从基础研究到产品制造的全产业链集成光子学生态平台，从而解决高动态范围、超低损耗、宽带光子集成芯片和微波频率电集成芯片的大规模制造难题。制造集成光子研究所由 55 家公司、20 所综合性大学、33 个学院和 16 个非营利性组织构成。欧盟的 Jeppix 和 ePIXfab 也打通了芯片设计、制造、封装与测试的工艺流程，实现了一体化的微波光子集成芯片与器件研发平台。

在面向雷达系统的集成微波光子技术研究方面，美国、欧洲、日本、俄罗斯等均展开了研究，其中意大利基于光子学的全数字雷达（Photonics-based Fully Digital Radar，PHODIR）项目于2009年底启动，研制出首台全数字微波光子雷达系统，已在微波光子雷达技术方面处于国际领先地位。而后在2015年2月，PHODIR项目小组基于一个锁模激光器（mode-locked laser，MLL）将激光雷达系统和微波光子雷达系统进行集成，减小了硬件和功耗负担，提供了多角度环境感知的能力。同期，欧盟设立了电子战光控子系统（Electronic Warfare Optically Controlled Subsystem，EWOCS）项目，由BAE系统公司牵头，成功研制出微波光子电子战吊舱。

面向无线通信的微波光子集成技术也一直是欧洲重点发展的领域之一。欧盟连续资助了一系列项目用于支持微波光子的通信技术研究，在元器件、关键技术和系统架构方面均取得了显著的成果。欧空局在基于微波光子技术的新型卫星载荷方面进行了大量研究。针对提升星上数据交换能力，欧空局开展了以光子技术为基础的基于硅平台的超快信号处理光学技术（Optical Technologies for Ultra-fast Signal Processing on Silicon Platforms，OTUS）计划，目的在于实现支持每秒太比特级容量的交换技术，以支持星上包交换和突发交换应用。针对多波束的大容量通信卫星信号处理能力，欧空局进行了“微波和数字信号的光学处理”项目研究，利用微波光子技术实现卫星转发功能，目前欧空局已经完成了系统级的地面演示验证实验，即将进行在轨实验。

三、我国发展现状

（一）我国集成芯片发展现状

对于微波光子集成芯片设计仿真平台，国内起步较晚。华大九天多年积累研发的Aether设计工具具有微电子芯片的全链条仿真设计能力；山东大学研究团队开发完成了光电子集成仿真设计工具；西南交通大学开发了微波光子系统传输仿真平台（闫连山，2016）；但国内目前还无完善的微波光子芯片仿真与版图设计软件。

对于微波光子集成芯片流片平台，目前国内Ⅲ - Ⅴ族外延片制造技术主要集中在中国科学院半导体研究所、中国科学院长春光学精密机械与物理研究所等高校和科研院所，但缺乏能实现基于 InP 材料体系的微波光子单片集成公共流片平台；国内铌酸锂高速电光调制器研究规模较小，仅能够小批量提供调制器产品，以中山大学为代表的 LNOI 调制器研究单位的研究水平已达到国际先进水平（He et al., 2019；Xu et al., 2020）；对于 SOI 硅光集成芯片平台，目前国内流片平台主要集中在科研院所，如上海微技术工业研究院的 8 in 硅光工艺平台等（上海微技术工业研究院，2021），但有源硅光芯片有待突破。

对于微波光子封装测试平台，主要集中于激光器、探测器、调制器等单元器件的封装，目前已有一些封装企业，如苏州旭创科技有限公司、中国电子科技集团公司第四十四研究所等；在硅光集成芯片的封装领域，国内刚刚起步，主要研究机构有中国电子科技集团公司第三十八研究所、清华大学等。但微波光子芯片封装仍局限在基于单个材料平台研发芯片的封装，无法提供多个材料体系芯片的混合封装。另外，在模拟高频封装、高速光电封装领域也与国外有较大差距。

（二）我国系统与应用发展现状

在我国，微波光子技术在宽带无线接入、国家重大工程、军民融合等领域的应用已经初具规模。

基于光纤无线融合传输的集中式基带池技术、面向大规模协作阵列天线的多域复用光载射频传输技术、大规模协作配置下时变光纤信道与空间信道联合信道估计技术等被认为是未来 5G 网络的关键技术，华为等企业已推出相应的技术方案，代表性平台包括分布式智能光载无线通信与接入平台、面向高移动场景（高铁等）的宽带光载无线接入平台及 5G 外场基地等（Zou et al., 2018；Lim et al., 2019）。

面向支撑多波束、多功能、可重构的通用卫星转发器应用需求，北京邮电大学与中国电子科技集团公司第五十四研究所合作，研制了信道带宽可变的微波光子混合柔性转发系统，并进行了地面演示验证。南京航空航天大学联合中国空间技术研究院、上海航天技术研究院构建了基于微波光子技术的多通道通信卫星载荷演示系统，实现了四路无压缩高清视频信号的交换（Pan et al., 2015)。

微波光子雷达方面，中国科学院空天信息创新研究院研究团队对雷达总体光子架构设计、雷达信号光子产生和光子压缩处理，以及成像算法等关键技术进行了攻关，在经过实验平台原理验证、微波暗室转台试验、系统集成联调和外场试验等一系列测试后，成功实现了对空中随机目标的快速成像（Li et al., 2017）。

在稳相高精度微波光子天线阵列测控系统方面，北京邮电大学微波光子学团队搭建了集成化、小型化、软硬件结合的高精度时频传递原理样机。该样机在北京航天飞行控制中心的相关平台进行了相关验证，成功采集了嫦娥三号卫星X波段信标信号（Zhang A X et al., 2014）。

（三）基础条件与存在问题

近年来，国内在核心器件、关键模块、子系统和整体系统架构等方面开展研究，不少方面已初步建立特色或优势，特别是子系统和整体系统架构方面。同时，国内微波光子平台和科研基地建设也取得了阶段性成果，包括微波光子柔性卫星转发验证平台、微波光子雷达信号发生模块与全光宽带雷达的系统架构、军民融合外场测试基地等。

目前，国内基于分立器件已实现了一系列微波光子系统并验证了其先进性，同时开发了相关微波光子集成器件与功能芯片，但仍存在如下一些短板和不足。①在设计软件方面，国内尚未形成良性市场，并且存在技术封锁的风险。②在微波光子集成器件方面，我国已实现20 GHz以下微波光子器件，但相比欧美已具备40 GHz以上器件，我国在频率、带宽、阵列化规模、光电子集成度等方面仍有较大差距。③在集成芯片制造方面整体有较大差距。④在系统应用方面，国外不断涌现基于微波光子技术的医学成像、环境监测等方面的报道，在微波光子学所蕴藏的潜力与适用领域应进一步挖掘开发。

第四节　发展布局建议

一、单元器件级

（一）微波光子无源核心器件

微波光子无源核心器件主要包括光耦合器、光滤波器、光衰减器、光隔离器、光环形器、模斑变换器、阵列波导光栅、光延迟线、光偏振控制器、光偏振片等，实现连接、滤波、衰减、隔离、环路、波分复用、延时、偏振控制等光域调控功能。具体而言，光耦合器需要实现高耦合效率、小尺寸、低偏振敏感度等性能；光滤波器拟实现超宽带、可调谐、高带内带外抑制比、可重构等性能；光衰减器拟实现高衰减精度、低插入损耗等性能；光隔离器拟实现低正向损耗、高反向隔离度、高回波损耗、小尺寸等性能；光环形器拟实现低插入损耗、高隔离度、高回波损耗、低偏振模色散等性能；模斑变换器拟实现小尺寸、低端面反射损耗、低偏振敏感度等性能；阵列波导光栅拟实现低插入损耗、低串扰等性能；光延迟线拟实现大时延、连续可调、低损耗、小尺寸等性能；光偏振控制器拟实现大工作波长范围、低插入损耗、高偏振态调整准确度等性能；光偏振片拟实现高透过率、高偏振度等性能。

（二）微波光子有源核心器件

激光器、调制器和探测器等有源器件是微波光子系统的核心器件，往往决定着系统的关键性能指标（如动态范围、饱和功率等）。目前国内仅能实现 20 GHz 以下微波光子有源器件的自主可控生产。为了尽快具备 40 GHz 及以上器件的生产能力，我国应建立针对不同材料体系和工艺特征的加工平台，争取在激光器、调制器、探测器等核心光电器件上取得重大突破。

激光器方面需要实现高功率、窄线宽、高速率、低噪声、高光谱纯度、大波长调谐范围、波长精准调控及长期稳定等性能。调制器方面需要进一步提高工作带宽、工作频段、消光比，降低半波电压（尤其是高频段的半波电压）和插入损耗。探测器的发展重点是提高量子效率、响应度、响应带宽、饱和功率、线性响应范围，以及降低噪声和暗电流等。

（三）微波光子阵列化器件

器件的阵列化可以显著提高稳定度和灵敏度，降低噪声、线性范围，以及减小体积和降低功耗等，是未来的重要发展方向。

需要大力发展的微波光子核心阵列化器件包括：高性能激光器阵列、光放大器阵列、调制器阵列、光电探测器阵列、滤波器阵列和光开关阵列等。需要综合提高阵列化器件的整体性能，包括激光器阵列的高功率、低噪声、低通道串扰性能；光放大器阵列的高增益和增益均衡性能；调制器阵列的大宽带和半波电压均衡性能；光电探测器阵列的高线性响应度和低串扰性能；滤波器阵列的可重构和高精细度性能；光开关阵列的低损耗、高速率和高隔离度性能。微波光子阵列化器件的产业化必将促使其更好地满足通信、雷达、信息网络等多种应用场景需求。

二、集成芯片级

单片光电子集成主要包括同片集成和异质异构集成两种。同片集成基于同一材料体系，即在一个晶片上同时加工出光器件与电器件。异质异构集成是通过键合和垂直互连技术将光子芯片和电路芯片堆叠集成到一起。异质异构混合集成的材料选择更加灵活，更能发挥每种材料本身的优势。需要提升我国光电子器件的设计、制造和封装测试能力，以及新型材料和器件的创新能力。

单片微波光子芯片可以提高其可重构性和硬件利用效率，如宽带射频信号的编程处理芯片、光子 FPGA 芯片等。灵活可重构的芯片功能可大幅提高数据处理速度，突破传统光电互连方案中在传送距离、功耗、端口密度、成本和电路板复杂度上的限制，为高速数据处理系统提供通用硬件支撑。应大力发展可集成的有源和无源可调谐单元器件，利用可调谐单元器件和网络化集成构成实现可重构微波光子集成芯片，满足多功能微波光子信号处理和复杂计算等方面的发展需求。

要关注人工智能赋能微波光子技术方向，实现光子模数转换、瞬时频谱测量和集成光神经网络，提供超高能效比计算能力。利用微波光子学的大宽带、灵活可调性和高速处理能力与人工智能的失真校正与补偿、失配与噪声抑制以及智能学习与判决，实现信号系统的优化与自主学习。

三、系统与应用

（一）光载无线通信系统

光载无线（微波、毫米波、太赫兹波等）技术是实现宽带无线接入与泛在互连的有效途径之一，同时具备光纤通信的大容量和无线通信的高灵活性等优势，对于国家 5G/B5G 等宽带信息网络和新基建至关重要。要发展低成本的多通道光电收发模块，并实现高速光载无线接入和海量用户宽带接入。以光载毫米波和光载太赫兹波的系统架构为突破口，以高频的毫米波和太赫兹波为载波（如 60 GHz、70～80 GHz、110 GHz、280 GHz 等），大幅度提升数据速率（如单用户数据速率大于 10 Gbit/s），满足未来数据流量需求（如 4K、8K 高清等），以及为特殊地形（山脉、河流等）和应急保障（地震等自然灾害）提供高速数据链路。综合光载无线技术的宽带、灵活、分布式特点，探索高速移动高效切换在轨道交通等行业中的特色应用。

（二）高性能雷达电子战系统

高性能孔径成像雷达、光控相控阵雷达等都需要生成大时间带宽积的超宽带高质量稳相信号，并实现大范围参数调谐，作为信号源。实现大带宽高频段信号的高精度采集与处理，如高有效比特的光模数转换技术。实现稳定低相噪基准信号光生成、大动态模拟光链路、全光射频采样、全光模拟信号处理。要提高雷达的抗杂波、抗干扰能力，需要提升微波光子信号产生、采集、处理等各方面的性能，不断完善微波光子集成芯片和大规模光电混合集成技术。

（三）空天地一体化信息网络系统

微波光子技术能够助力超宽带、多频段、多业务微波信号的一体化传输、处理等。通过不断完善不同网络之间微波光子信号产生、传输和接收等相关技术，实现空、天、地、海等多维信息的有效获取、协同、传输和汇聚，实现时空复杂网络的一体化综合处理和最大化有效利用，为各类用户提供实时、可靠、灵活的泛在、机动、高效、智能、协作信息基础设施和决策支持系统。

四、基础技术链条平台能力

（一）微波光子芯片仿真与版图设计软件平台

对于微波光子芯片仿真设计平台，需要发展新方法、新模型和新架构，以及仿真设计工具。重点发展以Ⅲ - Ⅴ和硅基材料为基础的光电联合仿真与版图绘制软件，设计高性能集成单元器件 IP 库和 PDK。此外，要建成全流程的芯片仿真与版图设计软件平台，实现光电子设计自动化全链条仿真能力。

（二）微波光子集成芯片流片平台

微波光子器件主要包括Ⅲ - Ⅴ族、硅基（SiO_2、SOI、Si_3N_4、硅基铌酸锂）以及铌酸锂三大主流材料体系，需要建立公共流片平台，发展铌酸锂材料体系的大规模加工流片平台。重点瞄准 40 GHz 微波光子核心器件与功能芯片，并为下一步 80 GHz 及以上微波光子器件及芯片研发打好基础。解决多通道微波光子集成芯片的宽带光电混合封装和配套高速数字 / 模拟驱动芯片等问题，最终实现微波光子集成芯片流片平台。

（三）微波光子集成芯片封装测试平台

微波光子集成芯片封装测试平台的发展规划包括：激光器、探测器、调制器等核心单元器件的封装、大规模硅光集成芯片封装等。鼓励相关研究所、企业研究和发展倒装焊技术、多维度封装技术等，降低封装寄生效应。突破模拟高频封装、高速光电一体化封装。最终实现一个完整的微波光子生态系统，为我国微波光子快速应用提供必需的器件与模块。

第十六章

光电融合与集成技术

第一节　技 术 简 述

信息技术的发展依赖微电子和光电子技术的突破，微电子和光电子器件是宽带通信、高性能计算、传感技术、智能技术的基石。这两方面技术经过数十年相对独立的发展，已逐渐呈现出各自的弱势。

微电子技术经过 70 多年的发展，提升了速率、降低了功耗、提高了可靠性。但随着通信速率的持续提升，微电子技术仍不可避免地遭遇速率和能耗两大技术瓶颈，而高速率和低能耗正是光电子技术的突出优势。

自半导体激光器诞生以来，光电子带来了通信和网络技术的革命。为了满足日益增长的高速率的需求，光电子技术正向集成化方向发展，并已经成为突破速率和能耗瓶颈的必由之路。可是光电子技术不能解决信息存储和处理的问题，而采用微电子技术很容易解决这两方面的问题。目前，微电子技术和光电子技术正逐渐走向融合，以实现光电子技术和微电子技术的优势互补，为突破信息技术面临的高速率、低功耗、智能化等问题提供有效的解决方案。

本章将简要介绍微电子技术（集成电路）和光电子技术的发展历程、面临的挑战、关键核心技术，结合一些具有代表性的技术发展案例，分析光电子技术和微电子技术进行深度融合的意义，最后对该技术的发展趋势进行展望。

一、光电子与微电子的关系

人类对光的感性认知要早于对电的了解，然而人类对电子技术的认识要早于光电子技术，在一个世纪前，电子技术就进入了人们的日常生活。所以许多光电子技术都是借鉴微电子技术的概念发展起来的。例如，激光器（振荡器）、调制器、放大器、探测器（检波器）、环形器、耦合器、滤波器等功能器件，其测试和分析主要依赖微电子技术的基础，封装方式也基本照搬微电子技术，如同轴封装、双列直插、蝶型封装、球栅阵列（ball grid array，BGA）技术等，光电子技术也正在按照集成电路的路径向集成化方向发展。经过几十年的发展，各种问题和局限性逐渐凸显出来，光电子技术要实现根本性的突破，还需要走出一条适合光电子自身特点的道路。

光电子与微电子器件在物理尺度和工作波长方面都存在较大的差异，光电子器件纵向（光学谐振腔方向）的尺度为百微米量级。对于工作波长为微米量级的光电子器件，微电子器件尺度在 10 nm 量级，比光电子器件尺度小 2～5 个数量级。微电子器件和光电子器件在尺度上的巨大差异不但给融合集成芯片制备工艺技术带来了巨大的挑战，尺度差异引起的光和电模场失配也导致电信号发射功率增大，光电作用效率降低，信号之间串扰加剧。对于光电子集成器件，其内部光电相互作用过程中，粒子性与波动性并存，既有电子、光子、声子相互作用的量子效应，又有电场与光场相互作用、相互转换的电磁场理论。

二、光电子与微电子技术的优势

由于单个光电子器件的工作波长范围一般为数十纳米，即达到数千吉赫兹，比微电子技术几十吉赫兹的工作频率范围高出两个数量级，所以光电子技术具有较宽的带宽，可实现较高速率。电子学具有较高的频谱分辨率，如高精度和高稳定的滤波技术，使得微电子技术在信号处理的精度可达到赫兹量级，甚至兆赫兹量级，凸显了微电子技术的优势。

微电子技术的另一个突出优势是具有大容量数据的快速存储 / 读出技术。而光存储技术仍然是一个未解决的世界难题，虽然已经提出了各种各样的技术方案，但是仍然没有获得实质性的进展。微电子技术还具有很强的计算与处理能力，并且具有集成度高、集成电路技术成熟等优势。

光电子技术的工作频率范围比微电子技术高出两个数量级，使得光传输具有较宽的频带，还可以利用波分复用等技术大幅度提高传输速率。通过采用多维调制技术，可以实现单根光纤每秒数千太比特的大容量传输。单模石英光纤的损耗低至 0.2 dB/km，传输速率达到每秒数千太比特，是理想的数据传输介质。半导体激光器从 20 世纪 60 年代诞生以来，由于具有功耗低、效率高、体积小等突出优点，现在已经成为高速光通信和宽带网等信息系统中不可替代的光源。掺铒光纤放大器具有高增益、大输出功率、低噪声、低串扰、偏振不灵敏、对环境温度不敏感等突出优点，成为长距离宽带光通信系统中光放大的核心器件。石英光纤技术、半导体激光器技术和掺铒光纤放大技术解决了信息系统中宽带低损耗传输、高速激光发射和高效光放大等关键技术问题，成为光通信和宽带网的三大支柱技术。

三、光电融合的重要内容

光电融合集成与微电子和光电子混合集成有着根本性的差异。微电子和光电子混合集成更侧重器件封装层面，是将微电子与光电子芯片独立开发后按照功能需求封装在一起，实现模块化的系统功能。而对于光电融合集成来说，主要考虑多层面融合，包括：

（1）多材料体系（硅、Ⅲ - Ⅴ族、有机、铌酸锂、光纤）融合集成，利用不同材料的特性，提高集成芯片的综合性能，但是需要解决硅基发光问题；

（2）多维材料结构融合集成。典型的不同维度的材料有：0D 材料——量子点、纳米晶，1D 材料——量子线、碳纳米管，2D 材料——量子阱、石墨烯，3D 材料——硅、光子晶体；

（3）多维度物理参数（幅度、偏振、频率、时间、相位、空间等）调控与资源利用，可大幅度提高调制带宽和传输速率；

（4）微电子与光电子融合集成，从混合集成技术（通过引线电路、焊接等方式进行 IC 与光芯片连接），发展成为融合集成技术，在设计时综合考虑微波阻抗与光波模场的匹配，避免阻抗变换和模场变换过程中的信号反射和损耗，提高效能；

（5）多频段（微波、毫米波、太赫兹波、光波（红外、可见、紫外））融合，开发利用各个频段的资源；

（6）多功能（信息产生、获取、传输、存储、显示、放大、处理）集成，实现多功能的片上系统集成；

（7）能量光电子和信息光电子融合，发展单光子探测技术，以实现超高灵敏信息感知与处理，瓦级发射功率高速光发射技术，实现数万公里超长距离信息传输。

光电融合集成的突出优势还体现在，能利用成熟的 CMOS 工艺技术，发展工艺兼容的光电子器件制备技术，在硅基加工平台上完成微电子和光电子芯片的制备，而不是分别在两个不同体系工艺平台上单独加工，再通过组装实现系统集成，最终实现光电融合集成的系统功能芯片。

四、研究状况与发展战略

“十二五”期间的 863 计划和“十三五”期间的国家重点研发计划“光电子与微电子器件及集成”对光电子集成芯片技术进行了重点部署。国家自然科学基金委员会也将光电子集成技术作为重点项目优先资助领域。

我国在光电子领域的发展具有一定的优势：①巨大的人才资源，在国外，很多华人在光电子领域占据重要地位。②巨大的市场需求牵引，研发产品直接在企业应用，技术水平提高快。③在没有实验条件和足够经费进行流片的情况下，通过 863 计划等的支持，在分析建模、优化设计、测试封装及标准化和可靠性方面有雄厚的基础。光电融合集成需要重点发展集成芯片制备工艺技术及标准化研发生产平台。目前，各个国家开始重视该技术的发展，但基本都处于起步阶段，虽然各有优势和特色，但发展思路不清晰，目标不明确。主要是由于缺乏工艺固化的标准化技术和元器件库，没有稳定运行的工艺技术平台。

第二节　集成技术发展历程

一、微电子技术发展历程及启示

（一）从单晶体管到集成电路发展

集成电路的发展经历了电子管、晶体管、集成电路、大规模集成电路、超大规模集成电路等。在摩尔定律的推动下，集成电路制造业水平不断攀升，从 10 μm、8 μm，直到现在的 5 nm 芯片量产。集成电路封装技术也发生了巨大变化，从原来的单芯片封装发展为多芯片平面封装、2.5D 多芯片封装、3D 多芯片封装、TSV 多芯片封装以及 Chiplet 封装技术。

（二）微电子技术（集成电路）的优势

微电子技术是现代化电子、信息高科技战争的关键技术。经过几十年的高速发展，其在技术实力、研制生产与应用市场等方面都形成了独特的优势。

（三）集成电路面临的挑战

在应用市场对电子系统性能、成本、功耗、体积要求持续提升的情况下，商用工艺线批产加工能力达到 5 nm，单片 SoC 集成度超过 100 亿个晶体管，TSV 先进叠层工艺可以实现微米级通孔、30 余层芯片的堆叠，CPU、GPU、NPU 等各种处理器架构层出不穷，集成电路单通道端口速度达到 56 Gbit/s。但是，仍面临以下挑战。

（1）新器件、新材料、新结构、新工艺的开发挑战。集成电路处理信息是一个物理过程，受电磁学、量子力学测不准、热力学等物理规律限制，存在着难以逾越的技术物理极限；同时，传统的微电子材料硅衬底、high-κ 介质材料、金属导电材料等已无法满足技术发展需求，并且光学光刻工艺、粒子注入工艺等已日益接近物理极限。

（2）处理器性能持续提升的挑战。传统的冯·诺依曼计算架构采用处理器和存储器分离的方式，处理器与存储器速度发展的不均衡造成了当前内存的存取速度严重滞后于处理器的计算速度，出现“存储墙”现象；同时，处理器制造工艺的更新与工作性能的提升导致其单位面积集成规模激增、工作频率快速升高、功能复杂度急速增加，处理器芯片的功耗升至几十瓦，出现“功耗墙”现象。

（3）多功能芯片系统融合设计技术挑战。微电子与集成电路发展到后摩尔时代，2.5D、3D 及 TSV 等先进封装技术成为延续摩尔定律的一种有效手段，但是芯片之间的高速互连、高密度连接以及异质异构堆叠等核心技术的进一步发展面临着极大困难。如何将硅基器件、光电器件、射频器件、微波与太赫兹器件等各个领域的先进技术进一步有效系统融合，也是微电子技术与集成电路发展面临的重要挑战之一。

二、光电子集成技术发展的历程

20 世纪 60 年代末，伴随着激光的发明以及光纤光学和集成电路的出现，光电子集成技术应运而生。相比于传统分立晶体光学元件和光电系统，光电子集成芯片体积小、重量轻、成本低、稳定性高；相比于微波集成电路，光电子集成芯片带宽大、复用能力强、损耗低、抗电磁干扰能力强。由于以上突出优势，光电子集成技术随即受到广泛关注并迎来快速发展。

光电子集成芯片发展初期的诸多技术方案中，铌酸锂马赫－曾德尔电光调制器和铌酸锂电光 TE/TM 模式转换器均为铌酸锂波导体系的代表性工作（Alferness et al.，1980）。在此基础上，通过多种封装技术将Ⅲ－Ⅴ族半导体激光光源和探测器件等与铌酸锂集成光波导耦合，即可实现完整的光电混合集成器件与系统。

光纤通信系统的关键部件是光发射机和光接收机。光发射机可采用激光器直调或外调等方式，具有调幅、调强、调频、调相、调偏等多种调制技术。光接收机则是实现光－电转换的光端机，由光探测器和放大器组成。随着高阶调制格式的发展，相干探测器被广泛使用。

随着微纳加工技术的进步，所制备器件越来越小，片上集成规模越来越大。在众多光电子集成材料当中，InP 有着独特的优势。首先，其透明窗口宽度大（0.95～12 μm），适合制备低损耗波导；其次，InP 平台上可生长不同Ⅲ - Ⅴ族半导体材料和量子阱，从而引入增益、非线性等特性；此外，InP 上可通过 P 型和 N 型掺杂制备超高速光电子器件。因此，InP 平台可单片实现放大、传输、调制、探测等多种功能（Smit et al.，2019），从而使之成为光子集成中的主流平台。迄今为止，InP 集成规模仍呈现类似摩尔定律的指数上升趋势，目前已达到单片约 1000 个器件的集成规模。在应用方面，InP 光子集成已经发展出众多高性能产品，如阵列波导光栅、大规模光开关阵列、（相干）光发射 / 接收机芯片、多波长激光器阵列芯片、波分复用通道选择器、波分复用路由器等。

近年来，硅基光电子集成逐渐兴起，已成为学术界和产业界瞩目的主流方向。硅材料在近红外通信波段具有低损耗和高折射率差，适合研制超小尺寸光子集成器件；其制作工艺与 CMOS 工艺具有兼容性，可与集成电路相集成，有望大幅提高芯片性能，并具有大规模低成本生产潜力。20 世纪 90 年代，美国的 Soref 首次提出了硅基光电子集成的概念。2004 年，英特尔公司研制出第一款 1 Gbit/s 的硅光调制器。之后，以加利福尼亚大学圣巴巴拉分校为代表的多个团队陆续发展了硅 / Ⅲ - Ⅴ族混合集成激光器、锗硅光电探测器等，进一步推动了硅基光电子的发展。2016 年，英特尔公司实现首个 100 Gbit/s 硅光收发器并投以商用。2019 年，英特尔公司实现了 400 Gbit/s 的硅光收发模块。此外，硅基光电子集成技术还可应用于硅光人工智能芯片（Shen et al.，2017）、硅光量子集成芯片（Wang J W et al.，2018）等新兴领域，展示了其作为光电融合平台的巨大发展潜力。

三、光电子集成技术的瓶颈与发展趋势

（一）光电子集成技术瓶颈

集成化是光电子技术发展的必由之路。美国 NRC 的报告 *Optics and Photonics：Essential Technologies for Our Nation*、美国国家纳米技术计划组织

发布的 *Nanoelectronics for 2020 and Beyond*、欧洲的 *Towards 2020—Photonics Driving Economic Growth in Europe* 都明确了光电子技术对未来信息产业和国家/地区经济发展的重大作用，并指出了当前和未来五到十年内光电子研究的趋势。大容量多维光纤及空间光传输、光互连、光交换与处理的硅基和多材料混合光电子集成芯片和器件成为国际研究的热点。为了让光电子集成技术走向成熟，亟须在光源、调制、探测、封装、融合集成等方面突破技术瓶颈。

（1）光源。硅基平台本身提供了几乎完整的光电子功能元件，包括调制器、探测器、滤波器、复用/解复用器。然而，由于硅是一种间接带隙材料，硅发光依然是一项重大挑战。目前的发光方案基本都利用Ⅲ - Ⅴ族技术平台，包括Ⅲ - Ⅴ族芯片键合、利用缓冲层外延生长Ⅲ - Ⅴ族层等。

（2）调制。马赫－曾德尔硅光调制器的成熟度已经满足商业化要求，但目前依然存在如下技术挑战：①提高调制深度需要较大驱动电压；②提升调制效率需要增加器件长度，器件长度的增加需要设计行波电极，增加了器件损耗、提升了功耗。

（3）探测。①探测器噪声进一步降低，提升了灵敏度；②在不增加工艺复杂度的情况下，同一硅片上集成锗探测器和硅调制器。

（4）封装。①光纤的封装，尤其是光纤阵列的封装，应确保高耦合效率和快速的光纤到波导对准过程；②光源的封装，包括无源光学组件的封装，如微透镜和隔离器；③控制电路的集成（如驱动器和放大器），以及连接电子元件的高频线缆；④热效应的管理；⑤快速、自动化和大容量的封装设备。

（5）融合集成。当前的光电子集成技术成熟度类似于 20 世纪 80 年代的电子工业技术，分立的组件和集成系统之间正在过渡。在硅 CMOS 工业中，器件性能的提高和新功能来自尺寸的缩放。而光子器件由于受限于波长，不能通过尺寸缩放来改变性能，因此工艺集成的可能性就显得尤为重要，光子与电子的集成需要符合 CMOS 技术路线图。

（二）光电子集成技术的发展趋势

数据通信容量需求的快速增长（约 60%/ 年），对相关器件的带宽增长也提出了重大挑战（大于 10%/ 年）（Winzer et al.，2017），高速大容量光电子器件尤其是多材料阵列集成芯片成为各种解决方案中的重中之重。相对于微电子集成技术起步早（20 世纪中期）、技术体系相对单一（以硅基为主）的快速发展趋势而言，光电子集成从 21 世纪才开始取得相对快速的发展，集成度逐步提高（Bowers，2016）。与微电子动辄上亿个元器件的集成度相比，光电子目前尚处于数千或上万个元器件的集成度，具有极大的发展空间。

随着 5G、人工智能、无人驾驶等新型信息技术的发展需求不断增加，光电子技术已逐渐成为不可替代的核心支撑技术。在 5G 领域，5G 网络的出现将导致通信容量的急剧增加和网络拓扑的复杂化。天线数量和传输速度急剧增加，对降低能量消耗和减少空间占用的要求也越来越高。要满足这些要求，光电子集成技术是其中的关键之一。

在人工智能领域，带有人工神经网络的深度学习是促进人工智能爆炸式增长的关键驱动力。神经网络算法包含大量的乘法、累加计算，而传统冯・诺依曼架构的中央处理器很难执行这些操作。另外，在实现大规模并行信号处理时，内存和处理器之间的数据流受带宽限制会影响计算效率。此外，电互连的能耗和带宽已经成为当前人工智能硬件的主要瓶颈。而光电子器件具有低损耗、低功耗、并行处理、低计算时延、高带宽等特性，显示出很好的潜力来解决这些瓶颈问题（Peng et al.，2018）。一方面，光子神经网络使用光子执行计算和数据交换，为人工智能硬件加速提供了一种有希望的替代方法；另一方面，硅光技术利用兼容的成熟微电子工艺同时集成光子和电子设备，成为光子神经网络硬件的理想制造平台。

在无人驾驶领域，激光雷达能快速、准确地识别前方障碍物目标。目前成熟的激光雷达技术普遍为机械式或者微机电系统式。机械式激光雷达占用空间大、价格高昂、机械部件寿命短，大规模应用受到限制。微机电系统式激光雷达能把机械部件集成到单个芯片并利用半导体工艺生产，存在光路复杂、扫描效率受限、环境适应较差、通过车规标准难等问题。而利用光子集成技术的全固态相控阵激光雷达具有尺寸小、指向灵活、扫描速度快、功耗低、成本低、精度高、易于单片集成等优点，已成为激光雷达领域的重要发展方向（Park et al.，2021）。

（三）相关技术发展现状与基础条件

光电融合集成呈现出巨大的发展前景和潜力，世界主要发达国家和地区已经在光电融合与调控研究领域部署了研究计划。

欧洲 21 世纪光子研究计划提出四项重大技术来推动光电子发展，一是光电子与 CMOS 技术之间的融合；二是晶圆级集成，实现无透镜与滤波器的高效耦合；三是高集成度光电子与 CMOS 微电子芯片互连；四是光电融合嵌入式处理与协同设计。四项重大技术支撑云计算与光互连，实现光电融合芯片。

日本光电子融合系统基础技术开发研究计划联合了 5 所大学、1 个研究所和 5 个公司共同开发光电融合技术，解决现有大规模集成电路的高速数据连接瓶颈问题，实现片上光互连的芯片级数据中心。

美国 DARPA 的光电融合嵌入式微处理器计划的主要研究内容包括：超低噪声窄线宽激光器以及高质量光电信号源；硅基光电子芯片与Ⅲ - Ⅴ族光电子芯片的异质集成；硅基光电子芯片与微电子芯片集成；相干光传感与传输系统，其核心也是光电子与微电子融合。

我国在光电融合集成研究领域起步较晚，目前仍处于光电子与微电子分别发展的阶段，仅在高速光通信芯片方面开展了光电融合集成光互连芯片的研发工作。另外，在光电融合集成工艺平台方面也较为欠缺，目前我国已经初步建成的硅光平台以纯硅光为主，光电融合集成工艺仍处于规划阶段，有待技术突破和市场需求牵引。

第三节　光电子集成的关键技术

一、集成材料的特性及制备工艺

光电子和微电子目前所依赖的集成材料体系和工艺平台有较大的差异。微电子主要依赖基于 CMOS 工艺的硅基集成平台，采用的是标准制备工艺，集成材料体系也较单一。光电子所涉及的集成材料体系较多，所采用的工艺不尽相同。

目前，光电子的主要集成材料体系包括：Ⅲ - Ⅴ族、Si_3N_4/SiO_2、硅基。

Ⅲ - Ⅴ族材料是目前光发射和探测的主要材料，其波长覆盖范围从可见光到中远红外。基于 Si_3N_4/SiO_2 的光子集成具有材料损耗低、加工工艺成熟可靠等优点，是目前实现无源光子集成的重要平台。硅基光子集成制备工艺与CMOS 工艺兼容，被认为是实现高密度、低功耗、低成本的光电子集成理想技术。但由于硅是间接带隙材料，难以实现产生激光所需要的高效率直接能级跃迁，硅基激光成为制约硅基光子集成发展的主要瓶颈，也是目前研究的热点。铌酸锂材料是重要的光学和声学材料，在光波导、电光调制器、非线性光学、压电传感器等领域有着广泛的应用。传统铌酸锂材料器件波导截面尺寸大，难以集成。通过将铌酸锂材料薄膜化，制备出绝缘体上单晶 LNOI，结合了铌酸锂材料优异的光学特性和集成光子学的优势，成为新一代集成光子学平台。目前，铌酸锂波导损耗已低至 0.1 dB/cm，与氮化硅波导相当，铌酸锂电光调制采用线性电光效应，理论带宽极限超过 500 GHz，是实现高速光电融合集成的理想材料平台之一。

光电融合最迫切的需求之一是实现高速电光调制。高速电光调制依靠微波与光波的相互作用来实现，因此必须综合研究材料与结构中微波与光波之间的高效高速相互作用机理，解决微波与光波之间传播速度失配问题，实现二者间相位匹配，提高转换效率以降低能耗，并考虑场相关性以及噪声对相干性的扰动等多种复杂因素。

有机光子集成是一种利用有机聚合物作为涂膜加工基质，制作低损耗光波导和高性能有源器件（掺杂型）的平台技术。相对于 InP 和硅基光子平台等成熟平台，有机聚合物具有成本低、加工集成能力强等优点。其中，有机聚合物电光材料可以通过有机薄膜在玻璃化温度附近施加极化电场使发色团分子沿电场有序取向从而产生电光效应，利用线性电光效应可以实现高速电光调制。

近年来，基于 2D 原子材料的光子集成器件已成为国际上的研究热点。以石墨烯为例，石墨烯光调制及探测器件具有宽波段、高速调制 / 探测、有源区尺寸小等特点，有望在高密度集成及片上光通信中发挥重要作用，目前还需要增强 2D 材料集成器件中的微波和光波相互作用，克服 2D 材料在大面积制备和转移中的缺陷，提升集成器件在调制深度、开关比和响应度等方面的性能。

由于目前集成材料本身特性各异但也存在局限性，还难以通过一种集成材料就能完全实现高性能的光电子集成器件。要实现高性能的光电子集成器件，需要采用混合集成方式，充分发挥各自的特长，每种功能元件都由最合适的材料制成，然后通过混合集成来实现高性能器件。

二、光电融合建模仿真

在光电融合互连环境中，光电系统硬件规模、信息传输和处理复杂度将显著增加。光电协同仿真分析平台自顶向下应包含以下四个平台：系统应用算法建模及功能仿真验证平台、硬件结构性能分析与优化平台、链路级电光设计和交互仿真平台、器件物理设计和参数建模分析平台。

在物理仿真方面，其挑战在于：研究新架构中电、磁、热、机械场的耦合仿真引擎，从第一性原理出发，对材料的各种性能进行准确建模。并针对高性能计算进行优化，搭建软硬件混合仿真平台，实现仿真效率数量级的提升。

在器件建模方面，其挑战在于：研究新的器件设计方法，通过分析光信号、电信号的描述参量，开展频域与时域下光学参量与电学参量映射关系的研究，建造统一的光电器件模型架构。开发基于机器学习的逆向设计方法在硅光器件设计中的应用，分析光电芯片中的各类功能器件，建立器件性能参数与工艺结构的映射关系，实现准确可靠的器件模型建造。

在链路仿真方面，其挑战在于：研究支持光电信号联合仿真的高效仿真器。分别针对无源和有源器件的频域和时域模型，开展光学器件模型到SPICE/Verilog-A模型转化的研究。进一步研究光/电仿真器高速信号交换技术，提升光电反馈速度，从而提升联合仿真效率。

在版图设计方面，其挑战在于：开发基于人工智能的自动版图生成工具。开展参数化光电器件库构建技术，根据定制参数自动生成器件结构，并进行容差分析；构建强化学习框架，提高布局和布线指标，包括但不限于降低版图局部拥挤度、减少布线总线长、删减不符合规则的布线方案、缓解布线后的拥塞程度。以此为基础建立真正的原理图驱动版图设计流程，将设计层级提升至原理图设计，缩短芯片开发周期，加快芯片迭代速度。

三、表征与测试

表征与测试分析是评价和检验光电子芯片与器件性能的关键技术环节。光电融合集成将在单个晶圆上同时实现微电子和光电子芯片，具有光发射、光接收、电驱动、电处理甚至光传输和光处理等多种功能。测试要求：尽量避免解理晶圆，以提高芯片产率；尽量避免片外电 / 光和光 / 电校准，以便在片测试；尽量减少或避免光纤耦合，以便自动化在片测试。晶圆级在片测试是光电融合集成必须突破的关键技术之一，也是自动化测试和规模化制造中不可或缺的环节。美国制造集成光子研究所和欧洲 PhotonDelta 基金会的光电子集成平台就在集成光子发展路线图中，将器件参数的测试前移至芯片制备的晶圆阶段，将晶圆级在片测试及内建自测试技术作为未来光电子集成的支撑性技术，增加芯片可测性设计，计划 2025 年实现在片功能性测试和内建自测试。

针对未来光电融合集成，建议分如下几个层次对晶圆级在片测试进行探索。①从光电测试方法上，研究光谱和电谱多域协同分析方法，特别是能够实现光域电域互换且具有超宽频段、超高分辨率和光电自校准能力的晶圆级在片测试方法；②从光电测试架构上，研究光电融合集成芯片的可测性设计和内建测试结构，摆脱片外光耦合的限制；③从自动化测试技术上，研究光电融合集成芯片的内建自测试技术和测试资源配置技术，实现电光和光电芯片的自动化配置测试，并在晶圆在片表征、良率筛查、封装优化等方面进行验证；④从光电一体化测试体系上，研究融合电芯片和光芯片的通用测试技术和测试标准，完善光电融合集成芯片测试方法和技术体系。

四、CMOS 工艺兼容的集成芯片技术

光电子集成芯片技术是将光电材料和功能微结构集成在单一芯片上实现光电子集成芯片系统功能的新技术。硅基光电子芯片作为光电子集成芯片的代表，同时集成了电子芯片尺寸小、耗电少、成本低、集成度高和光子芯片多通道、大带宽、高速率、高密度的优势，利用 CMOS 工艺兼容的技术和方法，将不同材料体系中的微纳米量级光子、电子及光电子器件异质集成在同一硅衬底上，形成一个完整的具有综合功能的新型大规模光电子集成系统。

硅基光电子集成芯片已成为未来信息技术发展的重要方向，是成功突破集成电路产业瓶颈的关键技术，是实现我国半导体信息产业跨越式发展的重要机遇。

（一）芯片分类与功能

现阶段市场上成熟的硅光芯片主要包括光收发模块芯片和激光雷达芯片两大类。光收发模块芯片主要集成了光电转换和传输模块，电流从计算核心流出，到转换模块通过光电效应转换为光信号发射到电路板上铺设的超细光纤中，到另一块芯片后再转换为电信号。激光雷达芯片主要集成了硅光光学相控阵列和调频连续波测距模块，硅光光学相控阵列模块主要用于探测信号的发射扫描，调频连续波测距模块主要用于反馈信号的接收分析，同时满足测距和测速需求。

CMOS 工艺兼容的光电子集成芯片目前最接近商用的功能是光收发引擎，可以缩小光引擎的尺寸，同时提升高速互连的速率密度和复杂性。美国 Ayar Labs 2015 年在 *Nature* 上发表了硅光微环调制器、探测器等光芯片与驱动器、跨阻放大器、CPU、RAM 等电芯片的单片集成的成果。2018 年，欧洲光通信会议演示了 TeraPHY 硅光 I/O 套片（Wade et al.，2019）。2020 年，在光 I/O 的基础上集成了先进互连总线，单片支持 2.56Tbit/s，并与英特尔公司的高速 FPGA 共封装进行了演示。

在光电子集成中的电芯片设计方面，Acacia 等国外硅光器件和模块公司都制定了配合自己硅光芯片的 driver、tia 芯片（Sun et al.，2021）。2020 年，南安普敦大学 Reed 教授组报道了协同设计的 driver 和硅光调制器成果，driver 基于台积电 28 nm CMOS 工艺制作，并实现了无均衡的 100 Gbit/s OOK 的调制。国内国家信息光电子创新中心与中国科学院半导体研究所合作，采用双通道驱动芯片同步加载信号到 2 段级联的硅光调制器上，组成光域合成 PAM4 的光电子集成架构，实现了 50 Gbit/s PAM4 光信号调制（Liao et al.，2020）。

在光收发应用之外，光电子集成也被广泛地应用于光学信号处理领域。Luxtera 和 OEwaves 公司合作，通过将硅光芯片和射频放大、滤波单元单片集成，研制了小型化的光电振荡器。处于研发阶段的硅光芯片还涉及光子人工智能、光量子、微波光子等。

（二）CMOS 兼容的光电子集成工艺

硅基光电子和微电子都是基于硅材料的半导体工艺，因此使用硅晶作为集成光学的制造平台将是硅光子工艺平台的最佳选择。然而，硅光子相对于微电子工艺有其特殊性，其工艺节点尺寸较大但工艺敏感性高，不做任何修改的微电子工艺平台无法制备出高性能的硅光子器件。从标准 CMOS 工艺到硅光子工艺流程的过程，至少需要对标准 CMOS 工艺增加 3 个工艺模块：部分刻蚀、Ge 外延生长和光窗成型，同时需要针对硅光子器件进行大量的工艺参数优化设计。

目前，基于硅光工艺已经能够成熟加工的器件主要包括光波导、耦合器件、合分波器件、外调制器件、光电探测器、光电二极管接收器等。在光电子集成方面，硅光器件与电子器件单片集成存在如下几个主要难点：光器件和电子器件对衬底要求不一致；光器件和电子器件对工艺节点、工艺控制要求不一致；光器件和电子器件互相影响，协同设计困难。目前最可行的方案是前端集成方案。许多公司和研究机构已经成功验证了光电单片集成的可能。例如，IBM 开发的体硅上的多晶硅光波导，三星的固相外延的局部单晶硅波导，IHP 的 BiCMOS 光电单片集成工艺等。

（三）CMOS 兼容的工艺平台

纵观全球硅光制造工艺平台布局，全球硅光子中试到量产平台已经形成，国内也逐步完成硅光子中试平台的布局。根据不同的流片模式和定位需求，硅基光电子工艺平台可以分为科研线、中试线和工业线三种类型。科研线一般无量产能力，其优点是生产周期很短。中试线规模介于科研线与工业线之间，一般具备完善的工艺和设备能力，能够通过多晶圆流片 MPW 进行关键技术研发和小批量生产，目前是硅基光电子工艺研发和生产的主要机构。工业线一般进行大规模生产，产能在每月万片量级以上。

单片集成的光电套片的优势是不需要额外的封装工艺，但是需要在传统 CMOS 和硅光工艺的兼容性上兼顾两方的需求，光元件库不完整，不能达到最佳的性能。

3D 光电子集成方案中的硅光芯片和集成电路芯片分别单独流片，驱动、跨阻放大器、时钟数据恢复等电芯片通过倒装焊贴装在光芯片上实现集成。

该方案最早由Luxtera应用在其100G硅光收发组件中，在STMicroelectronics的工艺平台制作。近年来，3D堆叠式光电子集成套片被越来越多地应用到光收发模块产品中，Acacia公司的400G DR4收发套片就是采用3D光电子集成的架构。

为了进一步提升连接密度，新加坡微电子研究所、法国电子与信息技术实验室、比利时微电子研究中心等单位在硅光interposer中引入了TSV工艺，专用集成电路芯片中的多路高速信号经印制电路板通过TSV连接到硅光引擎。

3D光电子集成套片虽然需要额外的倒装贴片工艺，但是该工艺可以在晶圆级完成，能够规模化生产。其中的光芯片和电芯片都可以采用各自最好的工艺制作，不用考虑工艺兼容的问题，可以实现更好的性能。

将光电子集成与异质异构集成工艺相结合，将是未来最为完美的技术方案，能够最大化地发挥各种材料的优势，并能将电芯片的复杂逻辑运算能力和光芯片的高速传输、处理以及高精度感知能力都发挥出来。2021年，Intel Lab Day发布了“one-silicon”工艺概念，在原生CMOS工艺制作的硅光芯片中引入了键合集成的Ⅲ - Ⅴ族激光器、SOA等元件，并演示了其基于微环调制器和探测器的112 Gbit/s光收发眼图。

在国内，由于国家和地方的大力支持，硅基光电子领域也得到了巨大的发展，形成了以上海交通大学、中国科学院半导体研究所、华中科技大学等为代表的先进研发机构，已具备了较好的研发设备和工艺条件；以联合微电子中心有限责任公司、中国科学院微电子研究所和上海微技术工业研究院为代表的中试平台，可以提供流片服务；还有以华为海思、中兴、海信等为代表的模组系统厂商。

五、多功能集成技术

（一）工艺技术与技术挑战

无论是通信、传感，还是智能应用等领域，都需要实现某些系统功能的模块，因而需要将不同功能的微结构、器件、芯片集成在一起。例如，在通信领域常见的有光模块，包括光发送模块、光接收模块、收发一体模块、光转发模块等。光模块主要包含激光器、调制器、探测器、信号处理器、电路控制器和光电接口等功能性元件。在传感领域常见的有激光雷达，同样包含激光器、探测器、电路控制器等元件。不同的功能性元件都有其对应的优势材料体系，因而具有不同的工艺技术。

在光源领域，Ⅲ - Ⅴ族材料由于是直接带隙材料而成为目前发光的主要材料，硅基由于是间接带隙材料不能直接发光，而只能在硅片上通过键合直接带隙材料或者外延生长Ⅲ - Ⅴ族量子点来实现发光。在调制器领域，Ⅲ - Ⅴ族、硅基、铌酸锂等材料均已实现光调制。Ⅲ - Ⅴ族材料价格较贵，难以与集成电路 CMOS 工艺兼容；硅基材料价格便宜，能与 CMOS 工艺兼容，但硅基材料具有自由载流子效应，导致硅基电光调制器的带宽、半波电压、插入损耗等关键指标受限，难以应对通信容量的提升对带宽的需求；铌酸锂是理想的电光调制材料，具有极高的理论带宽极限，传统的铌酸锂波导尺寸大、弯曲半径大，难以集成。近年来通过将铌酸锂材料薄膜化并键合到硅衬底上制备出绝缘体上薄膜铌酸锂材料，使得基于薄膜铌酸锂的集成光电器件成为可能。在探测器领域，目前有Ⅲ - Ⅴ族材料、硅基锗材料、2D 材料等。基于Ⅲ - Ⅴ族材料的探测器目前工艺比较成熟，但是难与 CMOS 工艺兼容，无法与微电子元件单片集成；基于硅基锗材料的探测器具有与 CMOS 工艺兼容、载流子迁移率高、通信波段光吸收能力强等优点，但是其暗电流噪声需要进一步降低才能使其性能达到Ⅲ - Ⅴ族探测器的水平；基于 2D 材料（如石墨烯、过渡金属硫化物、黑磷等）的探测器由于具有工作波段广和易于解决晶格失配的问题最近得到了广泛的研究，但是工艺上仍面临良率低、大规模生产难的问题，性能上面临调制深度小（开关比小）、插入损耗大和能量消耗大等问题。在信号处理和电路控制领域，目前采用的是传统的微电子加工技术。由于需要对采集的信号进行处理以应对各种复杂的环境，信号处理的运算能力直接取决于 CMOS 工艺的发展。因此，带宽、功耗和摩尔定律的失效成为信号处理元件未来发展的挑战。

目前，光电子集成主要包括硅光集成、以 InP 基为主的混合集成、光波导集成以及光电融合集成。不同材料体系的光电子集成技术具有各自的优势和缺点。近年来，硅基光电子集成芯片技术由于可以与 CMOS 工艺兼容而被学术界和产业界广泛关注，被认为是下一代光电子集成技术发展的关键技术。然而，硅基光电子技术目前还无法解决发光与放大等问题，必须依赖混合光子集成技术，将光源与放大器通过键合或者异质生长方式与硅基器件进行混合集成，进而研究光电异构集成机理与工艺（包括 3D），通过与微电子深度融合发展光电融合集成。总体来说，光电子集成与基于单一硅材料的微电子集成有着巨大的差别，涉及异质（材料）、异构、异维及调控等关键科学问题。

除了将不同功能的光电子微结构、器件、芯片集成在一起实现系统功能的模块外，光电子集成还应面对日益增长的通信容量需求。在光通信系统中，可采用多波段的方式进一步提升通信容量（Hamaoka et al.，2019）。除了波长维度的提升，在空间维度提升通信容量也有极高的需求（Agrell et al.，2016）。

在未来，核心光网络系统所面临的信号维度已经不是传统的单一维度（如波长波分复用、幅度 OOK 等），而是越来越复杂的维度组合（波长、偏振、模式、轨道角动量等），各种复用技术（如波分复用、偏振分复用、空分复用和各种高阶调制格式（如相移键控（phase shift keying，PSK）、四相移相键控（quaternary PSK，QPSK）、正交振幅调制（quadrature amplitude modulation，QAM））等已被广泛应用于光纤通信系统中，因此，集成芯片或器件需要满足多维信号调控需求。另外，光电子集成必须具备可重构或多功能调控能力，在对系统性能没有影响的情况下同时实现多功能集成或完成所需要的快速功能转换（如波长、偏振、频段等）。此外，随着人工智能技术的快速发展，嵌入人工智能特征的智能增强光电子集成技术必将成为重要方向之一，其中包括基于新型光电子器件的集成光子人工智能芯片（如全光神经网络芯片）和光学增强的人工智能集成硬件系统（如编 / 解码器、加速器等）。

（二）多频段、多功能及多维调控技术

1. 多频段技术

为实现复杂背景下多目标捕获、跟踪、分析、识别、态势评估、决策支撑及事件精确溯源，满足地基、空基、天基军事光电装备对焦平面成像组件的多光谱、集成化的迫切需求，需要开展多频段技术研究，实现光谱响应范围覆盖近紫外、可见光、近红外、红外谱段。

基于硅片的 CMOS 图像传感器可实现对近紫外、可见光、近红外谱段的目标探测，基于红外敏感材料的图像传感器可实现红外线的探测，突破 3D 堆

叠型宽波段高集成光电探测技术。结合背照式图像传感器和红外图像传感器的优势，将传统的背照式图像传感器中的载片替换为红外探测器的读出电路，实现单硅片上集成近紫外、可见光、近红外光电探测器和红外读出电路。根据近紫外、可见光、近红外、红外的波长，优化 3D 堆叠层次，将近紫外、可见光、近红外敏感的硅基图像传感器置于接近光源的方向，将红外敏感材料堆叠于远离光源的方向。实现可探测光谱范围覆盖 300 nm～3 μm 波长的超宽光谱探测器件，满足星体追踪（Qian et al.，2015）、目标识别、深空探测等复杂光照环境的高灵敏度成像需求。

2. 多功能技术

光电融合互连芯片按功能组成主要分为光互连前端处理芯片、电芯片接口 PHY 电路和接口控制器三部分。光互连前端处理芯片（简称光 IO 芯片）主要负责高速电信号预处理 / 后处理以匹配外部光芯片互连传输，分别与电芯片接口 PHY 电路和光芯片相连，主要追求更高速率和误码率性能。对于电芯片接口 PHY 电路和接口控制器，由于光电芯片工艺的差异，光 IO 芯片和 VLSI 电芯片可能彼此分离，两者采取先进封装片内集成。电芯片接口 PHY 电路连接光 IO 芯片和 VLSI 电芯片，对传输速率、互连距离、封装难度、传输能效和穿透延迟均具有较高要求。VLSI 电芯片尺寸通常较大，给高速信号扇出密度和信号传输距离提出较大的挑战。

3. 多维调控技术

随着材料体系的丰富、设计能力的提升及加工技术的进步，多维调控技术有望在最近几年取得突破性进展。在片上多维调控领域，我国已经有了多年的技术积累，在材料种类、器件设计、器件加工等方面达到世界先进水平。以中国科学院半导体研究所、浙江大学、上海交通大学、华中科技大学等为代表的高校院所团队以及济南晶正电子科技有限公司、上海新傲科技股份有限公司等高科技公司等都开展了硅基多维调控材料体系、器件设计、加工技术等方面的研究并取得了重要进展。

（1）面向多维调控的多材料体系。我国已具备多种自主材料体系及应用能力。其中，济南晶正电子科技有限公司生产的高质量 LNOI 积极推动了其大规模集成应用，相关 LNOI 产品在国际市场上占据垄断地位；上海新傲科技股份有限公司可生产 8 in 高质量绝缘体上硅晶圆，同时，其智能剥离技术工艺可定制多种功能材料晶体薄膜。

（2）面向多维调控的新器件设计。我国已具备多维调控系列功能器件设计能力，在单一维度调控光器件的基础上积极开拓了多维调控光器件。所提出的多维调控器件新结构受到国际同行的广泛关注，所研制部分器件的性能处于国际领先水平。其中，浙江大学研究团队 2013 年在国际上率先提出并演示了基于级联非对称定向耦合结构的 4 通道模式复用器，进而先后实现了基于 16 波长 -4 模式协同调控的 64 通道模式波长复用器，以及双偏振－多模式协同调控的10通道双偏振模式复用器，突破了单一复用技术的通道数量限制。上海交通大学研究团队则于 2018 年研制了硅基 1×2 偏振选择光开光，实现了 4 模式－双偏振协同调控的 8 通道复用器。

（3）面向多维调控的器件加工。我国初步具备硅基多维调控器件及芯片微纳加工能力。目前，已建成多条集成光电子芯片流片产线，有望逐渐摆脱对国外流片平台的依赖，甚至逐渐形成特色。其中，重庆联合微电子中心（Chongqing United Microelectronics Center，CUMEC）建立 8 in 130 nm 工艺平台，产能高达 3000 片 / 月。

六、光互连存储网络技术

随着应用需求的多样化和性能需求的提高，片上多核规模逐渐扩展，导致计算单元与存储单元间的通信越来越频繁，原有基于处理器中心网络的系统架构已经无法弥补高性能计算系统的计算性能和访存性能之间的巨大差距，而基于以存储为中心的网络架构能够有效缓解处理器中心网络的非均匀存储访问现象。

现有的片上存储中心网络方案主要基于电互连实现，但是电互连面临着几个不可避免的问题，如高功耗、低带宽密度和电磁干扰现象。随着硅光子技术的兴起和成熟，光互连存储系统有望成为实现大规模高性能片上存储中心网络的技术手段。

七、硅基光源技术

（一）硅基光源的背景

硅具有储量丰富、化学稳定性好、提纯与掺杂工艺成熟等一系列优点，成为目前最重要且应用最广的半导体材料，尤其是，拥有高质量本征氧化物的 SiO_2 是硅区别于锗和镓砷等其他半导体材料成为集成电路基础材料的决定性因素。由于硅作为集成电路的集成材料难以被替代，要发展光电子单片集成技术，必须在硅片上集成光子学器件，发展 CMOS 兼容的硅光子。相对于微电子产业高度集成工艺，当前光子学技术中的各个功能单元无法在同一晶圆上实现大规模高效率集成，把 CMOS 工艺兼容的激光器、光调制器、光波导和光探测器等主要组件整体集成到微电子电路中从而实现光电子混合集成电路，是半导体工业的一个长期愿望。迄今为止，除激光器外的其他关键光子学组件已经可以实现一定程度的硅片上集成。由于间接带隙半导体材料只能通过声子辅助发光，其发光效率较直接带隙材料低 4～5 个数量级，导致兼容 CMOS 工艺的硅基全Ⅳ族电泵浦激光器至今尚未能在室温下实现高效发光，而只能在硅片上通过键合直接带隙材料或者外延Ⅲ - Ⅴ族量子点来做出激光器，兼容 CMOS 工艺的硅片上低功耗激光器的缺少严重阻碍了硅基光电子集成电路的实现和发展。

硅基发光已成为半导体界公认的实现硅光电子集成芯片的最后障碍。过去 30 多年，学术界为实现硅基发光付出了巨大努力，麻省理工学院、斯坦福大学、IBM、英特尔、比利时微电子研究中心、日本电报电话公司等研究机构与产业巨头都在投入大量人力与资金进行研发攻关。在经过几次研究高峰后，学术界提出了三大类（硅基集成高效Ⅲ - Ⅴ族光源、硅基稀土发光离子掺杂光源、硅基全Ⅳ族光源），八小类（Ⅲ - Ⅴ族 / 硅混合晶片集成、稀土元素掺杂发光、硅拉曼激光器、硅同构异形体、硅量子点、硅锗超晶格、硅基异质合金、Ⅳ - Ⅳ族异质外延等）的硅基发光方案。

1. 硅基集成高效Ⅲ - Ⅴ族光源

与间接带隙硅相比，Ⅲ - Ⅴ族化合物半导体是直接带隙材料，能够高效发光，并且Ⅲ - Ⅴ族半导体激光器制备技术很成熟。因此，硅基Ⅲ - Ⅴ族半导体激光器是片上集成硅基光源的重要方案。硅基集成高效Ⅲ - Ⅴ族光源主要是通过硅上Ⅲ - Ⅴ族材料直接外延工艺或晶片键合工艺实现的。传统的直接外延方法是把Ⅲ - Ⅴ族材料通过外延方法直接生长在硅片上，实现室温下的硅基集成激光器（Liu et al.，2010）。晶片键合是在硅片上生长几纳米厚度的非结晶层，然后把Ⅲ - Ⅴ族材料键合在非结晶层上，从而实现硅片上集成Ⅲ - Ⅴ族发光材料（Park et al.，2005）。

近年来，硅上集成高效Ⅲ - Ⅴ族光源中最具代表性的成果包括：2015 年，诺贝尔物理学奖得主 H. Amano 教授实现了硅基 GaN 激光器的光泵浦激射（Kushimoto et al.，2015）。美国加利福尼亚大学圣巴巴拉分校在国际上首次实现了室温连续光泵浦激射的 GaN 基微盘激光器。法国国家科学院于 2016 年和 2018 年先后实现了硅基 GaN 微盘激光器的光泵浦激射及其与波导的集成。中国科学院苏州纳米技术与纳米仿生研究所 2016 年实现了国际首支硅基 GaN 微盘激光器的室温电注入连续激射（Sun Y et al.，2016）。香港科技大学 2019 年在绝缘体上硅衬底上制备了 InP/InGaAs 量子阱纳米线激光器阵列，在室温下实现了可覆盖整个 C 波段的脉冲光致激光激射。

硅基集成高效Ⅲ - Ⅴ族激光器仍然存在Ⅲ - Ⅴ族外延层缺陷浓度高、器件可靠性低、功耗高等一系列问题。例如，直接带隙Ⅲ - Ⅴ族材料和硅之间存在晶格失配（GaAs 4.1%，InP 8.1%）和热膨胀失配（GaAs 120.4%，InP 76.9%）以及极性材料和非极性材料的结合问题，导致外延层位错密度高达 10^8～10^{10} cm^{-2}，严重降低了它的发光效率（Kawanami，2001）。采用特殊表面处理（Xie et al.，1985）、应变超晶格、低温缓冲层（Samonji et al.，1996）和图案衬底生长（Yamaguchi et al.，1989）等方法可以有效降低位错密度，但是仍然要比用于室温连续激射激光器的 InP 和 GaAs 外延晶片的位错密度高两个量级以上。在晶片键合工艺中，非晶键合层的引入导致器件热阻抗增加，散热困难导致激光器性能与可靠性下降。这一系列的稳定性、均匀性和工艺难题仍然没有很好的解决方案，阻碍硅基集成Ⅲ - Ⅴ族激光器在光电子集成领域的大规模应用。

2. 硅基稀土发光离子掺杂光源

为避开硅能带结构对发光效率的限制，学术界尝试在硅中掺杂稀土发光离子实现发光，如在硅中掺杂铒元素。然而在以硅原子为主的基质中，Er^{3+}难以获得合适的晶体场环境以实现高效发光。Stepikhova 等（2001）报道了一种采用升华 MBE 手段生长的铒掺杂硅基薄膜，实现谱线半高宽小于 1 nm 的光致发光。Jantsch 等（2001）利用硅中的 Er^{3+} 发光中心制成可在反向偏置电压下工作的发光二极管。意法半导体公司的 Castagna 等（2004）报道了掺 Er^{3+} 的 MOS 结构发光管并通过微腔结构缩小 Er^{3+} 的本征发光峰，实现外量子效率达 20% 的电致发光。

硅基稀土发光离子掺杂光源的主要问题是稀土元素在单晶硅中的固溶度很低，仅有小部分 Er^{3+} 为有效发光中心（Navarro-Urrios et al.，2006），从而无法实现较高效的发光。基于离子注入工艺，在高纯硅中引入合适的晶体场可实现硅基发光，但所需的共掺离子（如 O^{2-}）的注入浓度较 Er^{3+} 浓度高一个量级，不仅掺杂效率低且会在硅中引入大量的缺陷。基于异质外延的 MBE、CVD 材料制备工艺无法与现有集成电路工艺兼容，难以实现产业化。此外，依靠热电子激发 Er^{3+} 所能实现的光学增益十分有限，Er^{3+} 自身的荧光寿命较长的特点也限制了器件的发光特性。

3. 硅基全Ⅳ族光源

硅基全Ⅳ族光源面临的主要挑战是Ⅳ族半导体材料多为间接带隙，导致Ⅳ族半导体材料激子辐射复合寿命长，易出现发光热淬灭等问题。硅的拉曼系数较氧化硅大 10 000 倍，较小尺寸的硅拉曼激光器便可实现足够大的增益。然而受激拉曼散射只能在强激光光源的泵浦下实现，效率比较低，在激光泵浦的过程中，绝大部分能量转化为热量使器件迅速升温。此外，受激拉曼散射的机制决定了硅拉曼激光器不可能实现电泵浦，无法达到硅基光电子集成的最终目的。

利用硅纳米晶体的量子化效应，理论上，硅纳米晶体的尺寸小于硅的玻尔半径时可使硅间接带隙能带转变为直接带隙，从而提高复合效率与光学增益。实现硅量子点发光主要有两种潜在机制。在第一种潜在机制中，荷兰阿姆斯特丹大学的 Gregorkiewicz 教授认为硅的导带 Γ 点有效质量为负，在量子束缚效应作用下 Γ 谷能级发生显著红移，当硅量子点足够小时将间接带隙转变为直接带隙，实现高效发光。中国科学院半导体研究所的骆军委等理论计算得到的硅量子点光谱与实验测量吻合，推翻了国际上流行的硅量子点可以从间接带隙向直接带隙转变，实现高效发光的观点。另一种潜在机制中认为体相硅的六重简并 X 谷折叠到硅量子点 Γ 后，在量子点微扰势的作用下可与来自 Γ 谷具有相同对称性的电子态发生耦合，混合进入 Γ 组分可使硅量子点实现准直接带隙发光。然而骆军委等的理论计算表明硅量子点发光强度随尺寸减小呈指数增强，但即使最小的硅量子点，其发光强度比直接带隙砷化铟量子点弱 2 个数量级以上，无法实现高效发光。

近年来，在硅基异质合金发光材料上取得了较大的突破。Fadaly 等（2020）在报道了可以利用量子线生长出六方结构锗和硅锗合金实现发光的实验，为研制硅基片上激光器奠定了基础，但在硅基底上生长高质量的六方相硅锗合金量子线难以兼容 CMOS 工艺，并且准直接带隙发光效率低也难以满足硅基片上光源的要求。现有的片上激光器众多方案都难以解决光电子集成技术所需的片上集成低功耗高性能光源问题，硅基发光这一世纪难题并未得到突破。

在众多硅基集成光源方案中，硅上锗锡合金具有较大的应用潜力。Goodman（1982）提出，合适组分的二元锗锡合金可实现直接带隙发光。但因 α-Sn 在锗中的固体溶解度低，晶格失配大，这种材料被认为是一种只存在于假设中的合金。Jones 的研究组通过 MBE 技术获得超过固体中锡溶解度的非平衡锗锡多晶薄膜。Soref 等（2007）首次获得可发光的锗锡合金薄膜并首次报道其发光峰位于 2.2 μm 的红外波段。Wirths 等（2015）在 *Nature Photonics* 上报道首个光泵浦锗锡合金激光器，并成功在低温下实现激射。美国阿肯色大学的 Zhou 等（2019）利用锗锡组分梯度生长的方式将锡组分提高到 20%，成功将光泵激射温度提高到 270 K，并于 2020 年成功实现 100 K 下锗锡的电泵浦脉冲激射。但该技术目前存在锡激活浓度低、材料中存在较高密度的缺陷位错、发光效率低且无法在室温下实现激射等一系列问题。此外，锗锡在硅基片上集成方面存在工艺兼容性问题。

锗的直接带隙只比间接带隙高 0.14 eV，有望通过能带工程转变为直接带隙材料。El Kurdi 等的计算结果表明，在锗晶格中引入 2% 的张应变引起晶格膨胀可实现能带调控并使锗转变为直接带隙材料。Sánchez-Pérez 等（2011）首次利用气压控制纳米锗膜弯曲的方式在 40 nm 厚的锗膜上引入 0%～1.8% 内连续可调的张应变，实现锗在 1.8 μm 的光致发光。目前，已经证明在锗中引入张应变获得直接带隙锗的可行性，但该系列微机电系统结构制备困难，工艺复杂，无法与集成电路的 CMOS 工艺兼容，并且薄膜、微桥从结构上注定无法进行电注入，无法实现有效的电泵浦和激射。

（二）硅基光源未来可能的趋势与发展方向

当前，硅是最重要的半导体材料。目前可实现较高效发光的硅基Ⅲ - Ⅴ族激光器与硅 CMOS 工艺无法兼容，发展硅基光源应从集成电路工艺兼容的技术着手，尽可能应用现有成熟的硅平面工艺实现材料的应变调控与能带工程。在与硅工艺兼容的硅上外延锗材料上实现高效发光，使新一代高效硅基光源与微电子产业紧密联系，从而实现硅基光电子集成芯片的量产。硅基光源与器件一旦取得突破将对集成电路的发展产生深刻的影响。逐渐成熟的硅光电子集成技术可解决当前半导体技术所面临的摩尔定律失效、发展难以为继的技术瓶颈，并在此基础上发展半导体量子集成芯片，为集成芯片领域开拓一片新的天地，届时，半导体技术领域也将迎来一次新的革命。

八、微波光子光电融合技术

微波光子是融合了微波（射频）技术和光子技术的新兴交叉学科，基于光域实现对高频宽带微波信号的产生、处理、传输及接收。微波光子技术充分发挥了无线灵活泛在接入和光纤宽带低耗传输的各自优势，具有带宽大、传输损耗低、重量轻、快速可重构及抗电磁干扰等优点，是未来信息处理与接入的必然发展趋势与有效解决途径。然而目前基于微波光子的链路和系统大部分由分立的光电子器件和光纤构成，因此存在价格昂贵、功耗高、可靠性及稳定性差等缺点。要克服这些缺点，一个最为有效的途径就是采取类似集成电路的方法进行光子回路片上集成。通过集成和小型化，系统体积和功耗将大幅降低，既避免了对每个器件单独进行封装的成本，还减小了器件间的耦合损耗，使系统稳定性得到大幅提升。

借助光电融合集成技术，可实现多材料、多功能、多频段融合的微波光子集成芯片。例如，光电融合集成的微波光子集成芯片可应用在典型的光载无线通信系统中。以 5G/B5G 场景为例，研究低成本的多通道光电收发模块，进而研发低成本的高速光载无线接入方案，奠定大规模商用基础。首先，需研究光载无线技术的海量用户宽带接入技术，研究满足5G/B5G场景等无线通信标准下的高能效、高谱效和低成本的问题。其次，大力研究光载毫米波和光载太赫兹波的系统架构和关键突破点。最后，综合光载无线技术的宽带、灵活、分布式特点，面向探索光载无线技术的行业特色的应用也需要重点关注，如高速移动下的高效切换、轨道交通等应用。

光电融合集成的微波光子集成芯片可应用在高性能雷达电子战系统中。对高性能雷达系统来说，首先，需生成大时间带宽积的超宽带高质量稳相信号。其次，实现大带宽高频段信号的高精度采集与处理。再次，实现稳定低相噪基准信号光生成、大动态模拟光链路、全光射频采样、全光模拟信号处理。最后，实现认知电子战中的认知雷达，即发射端每次都能够根据获取的信息改变发射波形，以实现对目标和环境的最优匹配，提高雷达的抗杂波、抗干扰能力，最终形成一种具有高度目标和环境适应能力的雷达体制。就高性能的雷达系统整体而言，需要提升微波光子信号产生、采集、处理等各方面的性能，不断完善微波光子集成芯片和大规模光电混合集成技术。

光电融合集成的微波光子集成芯片也有望突破空天地一体化的信息网络系统。空天地一体化信息网络通过天基、空基和陆基一体化综合网络实现覆盖全球，形成以IP地址为信息承载方式、智能高速星上处理/交换/路由，信息准确获取、快速处理、高效传输的一体化的高速宽带大容量信息网络，即发展空天地一体化信息网络，微波光子技术能够助力超宽带、多频段、多业务微波信号的一体化传输、处理等。

第四节　技术优势分析

一、超大容量光通信芯片与模块集成技术

光通信系统容量的进一步提升离不开多材料、多功能、多频段、多维度

光电融合集成技术。以下主要利用光电芯片和光电模块这两个方面的经典案例来展现光电融合集成在实现超高速和超低功耗的智能化芯片与模块等方面所具备的独特优势。

（一）超高速光调制与光探测芯片

在超高速信号调制和探测方面，可以将光子和电子两个方面的优势结合起来，有望突破光电互连的速率瓶颈和能耗瓶颈。国内外多个团队通过多材料异质集成已取得突破性进展。在超高速光调制方面，中山大学和华南师范大学合作实现超高速和超低功耗的硅－铌酸锂的混合集成电光调制器，其调制带宽大于 70 GHz，并且具有调制线性度高、热稳定性好等突出优点。瑞士苏黎世联邦理工学院则利用电光聚合物的超高电光系数和表面等离子体激元纳米窄缝波导的超强光场限制能力，实现了 500 GHz 超大电光调制带宽。在超高速光电探测方面，国内外团队已实现 100 Gbit/s 锗硅光电探测器。另外，光电融合技术可以利用光电子器件之间的连接来控制光子、电子的动态运动及相互调节，实现光电信号的快速、稳定和高效处理，发展与超高速光调制及光探测器相匹配的高速驱动电路与跨阻放大电路，从而解决光－电之间的高速连接问题。

（二）超多通道多维复用芯片

在超多通道多维复用方面，多功能光信号处理芯片是实现超多通道光复用的关键技术之一。利用光电融合构成的信号回路，可以对片上的光信号处理功能构成反馈控制，实现更加智能化的自适应反馈调节，同时可以避免环境温度等因素的影响，保障各通道低损耗与低串扰并行传输。浙江大学团队通过偏振和模式协同复用，实现了 10 通道双偏振模式复用器件。香港中文大学团队演示了 7 通道多芯光纤与片上光栅阵列的互连。丹麦科技大学团队利用铝镓砷片上光频梳作为光源实现了强度复用、时间复用、偏振复用、波分复用及空间复用，将 10 GHz 信号的传输速率提升至 661Tbit/s，打破当时光通信容量的世界纪录。

（三）超高谱调制效率技术

在超高谱调制效率方面，相干通信技术通过电域进行载波相位同步和偏振追踪，是提高谱调制效率的关键技术之一。通过光电融合集成，其利用电学反馈控制芯片设计构成闭环反馈回路，通过优化控制算法控制两个偏振分量，保障传输信号质量。上海交通大学团队利用 CMOS 驱动的硅基马赫－曾德尔干涉仪光调制器实现了 4 位强度调制，数据传输速率达 64 Gbit/s。德国卡斯特理工学院团队利用硅基电光聚合物调制器实现了 16 位的正交强度相位调制，把 100 baud/s 的波特率信号扩展到 400 Gbit/s 通信容量。加拿大拉瓦尔大学团队利用全硅 IQ 调制器并结合光数字信号处理，实现了双偏振 32 位正交强度相位调制，并达到 160 km 的传输距离。

（四）超大容量光通信模块

在超大容量光通信模块方面，光电融合在改进模块尺寸、功耗、速率等方面都具有极为重要的作用。英特尔公司通过光电融合已实现插拔式的超小通信速率 400 Gbit/s 光信号发射机和接收机。其核心芯片通过多材料、多功能、多波段融合集成技术，将 4 个异质集成 InP 激光器（波长为 1.3 μm）、4 个硅光调制器、复用 / 解复用器、光开关、偏振选择器、耦合器等构成光发射机，将 4 个锗硅探测器、解调器、光开关、滤波器等构成光接收机。该模块包含 4 个通道，每个通道为 100 Gbit/s PAM4 信号，总速率达 400 Gbit/s。此类融合集成的超大容量光通信模块有望使整体网络成本和功耗都降低 30% 以上。

二、稳时稳相传输技术

射频信号稳相传输是分布式多天线系统实现高效功率合成与高精度参数提取的关键，在雷达监测、射电天文、深空探测等领域具有重要作用。利用光纤传输射频信号，需要将射频信号调制于光载波，经过光纤传输后恢复得到射频信号。然而，外界环境中温度变化、机械扰动等因素将会随机改变光纤链路的传输延时，导致射频信号传输后的相位稳定度下降。为解决以上问题，许多国家的研究机构均开展了射频信号光纤稳相传输技术研究，目前的射频信号光纤稳相传输技术大都通过补偿或消除光纤延时抖动来实现，具体的方法可分为两大类：基于锁相环的延时抖动补偿稳相传输方法与基于混频的相位抖动消除稳相传输方法。

（一）基于锁相环的延时抖动补偿稳相传输方法

早在 20 世纪 70 年代，美国国家航空航天局就采用了基于锁相环的光纤射频信号稳相传输技术（Lau et al.，2014）。美国喷气推进实验室研发并构建了基于锁相环的光纤频率分发网络。其基本原理是通过一个锁相环路使传输后信号与高稳定频标的相位保持锁定。

这些基于锁相环的延时抖动补偿稳相传输方案针对不同的应用场景和不同长度的光纤链路，采用了不同的延时抖动补偿器件。美国国家航空航天局的深空探测网络通过调节光纤卷温度来实现反馈控制（Calhoun et al.，2007; Huang et al.，2006）。除了反馈控制光纤外，还可以通过反馈控制移相器（Shen et al.，2017; Ning et al.，2013）、移频器（Sun et al.，2014）或者压控振荡器（Grosche et al.，2009）来实现锁相式稳相传输。需要注意的是，在环境影响下，光纤链路电长度变化太大时，需要的补偿可能超过可调器件的范围。因此，一般光纤链路还需要物理隔热和保护作为辅助手段以解决可调器件动态范围不足的问题，但代价是系统复杂度、安装难度和成本提高。近几年出现的基于混频的稳相传输技术不需要可调器件，能有效解决锁相环稳相传输方法中补偿范围不足或者响应速度慢等问题。

（二）基于混频的相位抖动消除稳相传输方法

此方法通过携带链路延时抖动信息的辅助频率信号与待传输信号的混频等处理消除链路延时的抖动信息（Pan et al.，2016）。两个频率分别为 ω_1 和 ω_2 的微波信号 RF1 和 RF2 的相位项包含某一时刻光纤链路传输会引入的相同的相移 φ_t。当这两个微波信号混频时，得到的变频信号 RF3 中光纤链路引入的相移 φ_t 将会被抵消掉，因此就可以得到稳相的传输信号。

北京邮电大学的研究团队于 2013 年提出了基于混频的微波信号光纤稳相传输方法，多次混频会引入较严重的额外相位噪声（Wu et al.，2013）。一个改进的方案是将远端回传至中心站的射频信号进行二分频得到辅助参考信号

（Li W et al.，2014；Wei et al.，2014；Zhang F Z et al.，2014）。此外，有研究机构提出了在同一普通单模光纤链路中利用三倍频器以减少辅助信号源的方案（Yu et al.，2014），以及采用两个信号源产生基频信号和三倍频信号，经过一次混频得到二倍频的稳相信号的方案（Yin et al.，2014），还有光频梳拍频以得到相干性良好的基频信号和三倍频信号的方案（Li W et al.，2014）。这些方案均取得了良好的稳相传输性能，传输后信号的延时抖动被控制于皮秒量级。

总体来说，基于锁相环和混频的稳相传输方案各有优缺点。基于锁相环的稳相传输技术较为成熟，但常规的延时补偿器件难以满足补偿范围与补偿速度等方面的需求，限制了锁相环式稳相传输方法的性能。基于混频的稳相传输技术通过混频来消除传输中引入的相位抖动，但面临着混频引起损耗与噪声的问题。实际应用中，需要针对特定的需求，选用哪种技术方案需要从系统成本、指标要求、应用环境、体积功耗等多方面综合考虑。

三、光电融合与集成技术的优势分析

可以通过将光电子技术和微电子技术融合，解决光电子技术和微电子技术都难以解决的问题，如数字信号处理，通过微电子芯片补偿各种信道损伤，实现超长距离光纤通信。在光纤通信中，器件与信道的不理想会对信号造成各种不利影响，从而影响通信容量与距离。为了补偿信道损伤效应，需要使用各种数学模型进行信道估计。例如，多进多出算法技术可以补偿不同模式和偏振间的串扰，数字背向传输（digital back propagation，DBP）算法可以补偿光纤非线性等。这些补偿手段难以用现在的光电子器件来实现，必须借用微电子技术在电域进行处理。因此，光电子和微电子技术的融合才能真正解决实际问题。

四、新型光计算技术

光计算采用光子作为信息处理和传输的基本载体，光所具有的大带宽、低延时、低损耗、并行处理等特性使得光相对于电媒介更能满足计算要求。

此外，光计算技术能够将计算处理功能与非计算的光调控功能有机结合进行智能化的多维光信息处理，这种交叉和融合能产生“1+1＞2”的效果。机器学习算法能提供智能化的理论基础，光调控提供物理层，两者结合以后，光调控的高带宽、低时延、优异模拟计算性能可进一步提升机器学习算法的效率。

五、光电融合显著提升系统性能

光电融合技术的目的在于实现信息传输、感知、处理一体化，支撑系统集成化和微型化。在高速 IO 互连领域，电信号速率增加可以获得更高的传输带宽，但会造成误码率上升、互连延迟增加等问题。在误码率和互连延迟方面，高速电互连印制电路板设计困难大，电信号传输可靠性不断降低。在交换能力方面，单芯片串行器和解串器数量难以增加，限制了交换端口数量。在互连功耗方面，长距串行器速率提升的同时功耗倍增。另外，互连系统光模块功耗较大，光模块在 100 Gbit/s 发展至 400 Gbit/s 的过程中采用 PAM4 码型，增加了大量信号补偿恢复算法电路，造成了功耗增加约 4 倍的代价。在互连密度方面，目前结构设计中交换芯片和光模块两者仍然相互分离，单个印制电路板工程密度难以提升，相当数量的交换机和光纤已经成为不利于网络工程化的主要因素。

当前光电子集成仍采取分离器件组装，良率低、成本高、性能受限。硅基光单片集成和芯粒技术不断成熟，现在逐步具备了构建光电子与微电子融合的客观条件。通过光电融合集成，将光电收发机直接安装在核心芯片封装内，最大限度地缩短高速电信道长度，电接口由高功耗长距离变化为低功耗超短距离，有助于裁剪光电分立引入的大量电路，改善信号质量，降低延迟，大幅减小信道功耗。光电融合互连芯片可以减少目前专用集成电路芯片内的 IO 芯粒以及光模块内的数字信号处理芯片，这将会显著降低系统互连功耗。可预见，高密度光电融合集成技术将成为未来高性能计算机互连速率迈向 200 Gbit/s 甚至 400 Gbit/s 时代的重要支撑技术。

在内存访问领域，目前最先进的 DDR5 只能提供 2.6 Gbit/s 的速率，8 个 DDR5 通道仅能聚合约 2.6Tbit/s 的带宽，与混合内存立方体之间形成约 100

倍鲜明反差。HPC 领域的大量程序对访存性能敏感。目前采取 2.5D 或者 3D 封装技术可以将先进 HBM 和静态随机存取存储器放置在处理器芯片周围，但无法解决内存容量问题。内存访问需要同时具有超高带宽、低延迟与大容量三个特征，光电融合内存访问能更好地大幅提升内存瓶颈三方面性能。美光曾经推出的混合内存立方体（hybrid memory cube，HMC），其采用堆叠封装技术，将多层动态随机存取存储器和一层逻辑电路采用 TSV 进行互连封装。通过采取将英特尔或格罗方德的光收发单片集成芯片直接替代 HMC 内存中逻辑电路芯片的方式，可以支持处理器芯片对未来大容量、超高带宽、大容量内存的直接访问，有效解决处理器访问“存储墙”瓶颈。

在处理一体化领域，光计算芯片未来定位在专用计算领域。为了进一步发挥光计算的优势，一方面需要将更多运算使用光信号实现，另一方面还需要依靠 3D 或单片集成等光电紧耦合方式来降低光信号和电信号之间转换带来的性能损失。将光计算和光收发器单芯片集成也是光计算作为加速器发展的主要途径。另外，目前互连领域依靠光收发器、模拟转换和数模转换实现了模拟信号互连传输和数字信号算法计算功能。未来将光计算芯片和光收发器传输直接整合在一起，让数据在使用光信号传输时就直接完成计算，则有机会进一步发挥光计算的优势，支持 HPC 和 DC 领域互连网络中的在网加速计算功能。

在信息感知领域，光电融合设计可以减少传感器内部的分离元器件数量，在光传感器内部实现光电协同，更好控制功耗，为应用带来更多可能性并使传感器设备更易于使用。光电融合技术可以支持单片集成数字电路预处理电路和光互连传输等后端器件芯片级集成，实现光传感器芯片化和小型化，极大扩展光传感器的应用场景。在成本方面，光电融合技术在 CMOS 工艺上甚至可以实现传感器件和光电器件的集成，借助 CMOS 工艺线批量化生产，极大地降低了光传感器件的生产成本。

第五节　发展趋势与展望

光电融合与集成目前已呈现出下面三个主要发展趋势：①光子集成晶圆和集成电路晶圆通过 3D 集成方式实现的晶圆级光电子集成；②硅基光子集成回路和硅基集成电路在同一硅基晶圆的光电子集成；③基于多材料异质兼容的光电子集成。长远来看，希望能够在同一种集成材料体系或同一晶圆采用标准制备工艺实现光发射、传输、放大、探测、处理以及配套集成电路的光电子集成。

多功能、高效能、标准化、规模化是光电融合与集成的显著特征。光电融合与集成的发展需要材料、设计、工艺、芯片、封装、系统应用的全链条体系化的多方面融合。

在集成材料融合方面，多材料（硅、Ⅲ - Ⅴ族、Si_3N_4/SiO_2、铌酸锂、有机、2D 原子晶体材料、硫系等）的异质兼容集成是需要解决的基础性问题，其中硅基发光和放大是关键。

在光电融合设计方面，需要逐步完善光电融合与调控基础理论，建立光电融合设计集成环境，开发应用于物理仿真、器件模型、链路仿真、版图设计与验证等设计全流程的专用工具，形成新的设计方法，实现设计层级提升，建立“设计面向制造”流程。结合国内工艺平台，开发面向设计自动化的光电融合 PDK，构建集成光电子应用 IP 库，从而建立自主可控的集成光电子设计生态。

在工艺融合方面，需要充分利用成熟的 CMOS 平台，发展适合不同结构尺度光电子和微电子融合集成的芯片制备工艺，形成工艺固化与工艺标准化技术和元件库，搭建稳定运行的融合集成工艺技术平台。

在光电融合封装方面，通过在高性能集成电路（Switch/CPU/golbalPU/NPU 等）封装模块内集成光接口的方式来大幅提升带宽密度和吞吐量、降低能耗，通过光电共封装将光接口靠近高性能集成电路芯片已经成为业界共识。

因此，需要发展兼容微电子制造流程的光电子封装测试技术，特别是面向规模化制造的晶圆级检测和内建自测试技术，建立光电一体化芯片检测体系和标准，解决光电芯片协同设计、封装工艺整合及功耗散热等问题。

在光电融合与集成应用方面，需要推动多材料、多功能、多频段、多维度光电融合与集成技术，实现超高速和超低功耗的智能化芯片与模块，解决光电子技术的信息传输、感知、处理一体化难题，实现在超大容量光通信系统、5G/B5G 系统、高性能光计算、光电传感网络等领域的大规模应用。研究结果表明，以光子卷积神经网络为代表的智能模拟光计算芯片技术可将智能光计算能效提升一个数量级。采用多维光电融合与集成芯片技术，光传输系统的速率将再提升一个数量级以上。

光电融合与集成技术的应用将大幅度提升信息系统的性能，推动信息技术的变革性跨越式发展。

第十七章

光子智能芯片技术

第一节　战略形势研判

人工智能是新一轮产业变革的核心驱动力和引领未来发展的战略技术，全世界抓紧布局、争相超越引领。近年来，我国人工智能芯片发展势头迅猛，预计到 2024 年市场规模将接近 800 亿元，并且其发展仍处于初始阶段。随着人工智能向各个领域纵深发展，各行各业对人工智能芯片的需求将会越来越大，人工智能芯片逐渐占据战略地位。

随着信息社会的飞速发展，各个产业对信息处理的需求量急剧增加，对芯片算力和内存的要求也呈现指数增长趋势。摩尔定律的放缓甚至失效使得依靠先进半导体工艺提高神经网络芯片性能的难度急剧增加。传统电学处理方法的时钟频率一般在吉赫兹量级，已经无法满足超高速、低延时的海量数据处理需求。由此可见，开发能够提升算力且降低运算能耗的神经网络加速硬件具有深远的科学意义与应用前景。光子技术具有超大带宽、低功耗以及多维度并行运算的优势，可实现 100 GHz 以上的带宽，进一步结合光波的并行特性，甚至可以达到太赫兹的带宽，这使得光子技术成为数据处理极具竞争力的替代手段之一。光子技术和人工智能技术相结合有望实现智能化的光子处理器和光子加速器芯片，已成为国内外科技前沿和研究热点。光子类脑芯片综合了类脑计算、光计算、光互连的多重优势，可以充分发挥光子学多维度、超高速、大带宽、低功耗等优势，显著提升智能计算的速度和功耗性能。但是由于光子类脑计算尚处于研究初期，还未引起足够的重视。

光子人工神经网络和光子脉冲神经网络为实现超高速、低延时、低功耗、高性能的智能信号处理提供了可靠途径，但都是基于监督学习技术范式，需要人工收集数据集以及使用合适的训练算法对神经网络权重进行训练。而且，训练好的网络通常只能实现单一、特定的功能，网络不具备自主学习和自适应能力，因此属于“弱智能”。利用这种技术范式虽有望满足诸如自动驾驶、无人机等应用场景对大带宽与高实时性的需求，但在一些错综复杂的场景下，往往要求神经网络具有自学习和判决能力，“弱智能”显得不够智能。例如，未来6G网络吞吐量高，并且呈现不同架构有机融合、处理功能一体化等重要态势，需要智能处理技术实现频谱资源的动态分配、网络接口的动态切换、网络拓扑的动态调控，实现网络自治化管理的“网络智能”。在国家安全领域，面临的信息环境异常复杂，不仅需要完成多源复杂信号的实时处理与智能决策，并高效地提供目标的探测结果、信号类别的识别结果、多源信息的智能提取结果和态势的感知与决策结果等，还需要研究具有环境自适应、策略自制定、模块自选择、结果自反馈等功能的“强智能”。

基于生物神经拟态的智能光子芯片具有光子宽带处理能力和智能学习决策能力，瞄准人脑智能这一远大目标，利用光子的玻色子物理特性，构建复杂信号在神经元中处理的动态过程，颠覆传统的神经网络数学模型，构筑等效于人脑生物神经网络的智能信号处理中心，大幅度提升复杂信号的处理容错率和效率。从原理上看，智能光子芯片是用光子手段来实现的、仿人脑结构的、从人脑对错综复杂的多维信息高效处理机制中抽象出来的、能够实现多种功能高效融合、协调运作、智能运行的信号处理系统。从结构上看，智能光子芯片类似于人脑的生物神经中枢。未来借助集成技术，将智能光子芯片集成到芯片级别，可以为未来智能系统提供片上智能光子处理中枢，这对未来信息处理系统至关重要。从能力上看，智能光子芯片接近神经拟态的终极形态，拥有具有强大感知和处理能力的“光子大脑”，它能够对环境表现出极强的适应性。在复杂环境中，当输入信号受到自然（如温度）或人为（如干扰信号）的影响时，能够通过各种“传感器”（如频率测量）实现对输入信号的多维评估，并且能够根据不同的输入信号以最简洁高效的途径获取有用信息；能够实现模块之间的协同以实现完整的处理功能，能够从输出结果中学习，识别当前输出结果中的不足，自我学习和分析，进而对处理策略进行修正。

第二节　关键科学问题和重点研究内容

一、关键科学问题

光子人工神经网络和光子脉冲神经网络可统称为光子神经网络，而生物神经拟态的智能光子处理系统和智能光子芯片需兼顾生物神经拟态和光子技术，国内外均处于起步阶段，许多关键科学问题亟待解决。一方面，光子神经网络虽然具有高速、低功耗等优点，但光域激活函数的实现、神经元原理及器件等效、网络训练算法等仍是难题；在目前的器件制造能力条件下，电光互转换与模数互转换的边际消耗是阻碍光子神经网络发挥其速度能耗优势的重要限制，需要在架构与原理上取得重大创新和突破；光波长极短，系统工作的稳定性易受环境影响，如何提升光子神经网络性能的稳定性也是一个难题。另一方面，实现像大脑一样聪慧的智能光子芯片有诸多挑战性问题需要突破，例如，类脑基础理论与算法研究、能够等效生物特性的器件探究等。因此，探究基于生物神经拟态的智能光子处理系统机理和人脑复杂生物机理之间的等效性是关键科学问题之一。与此同时，为了实现实用化、小型化的光子智能芯片，也就是光子神经网络芯片和片上智能光子处理中枢，需要突破一系列的芯片系统架构、单元器件设计、芯片制备工艺、光电混合封装等问题，如何实现低损耗的芯片并保证高效率的智能处理能力也是关键科学问题之一。

（一）完备性和稳定性之间的矛盾

智能算法需要很强的算力，传统的冯·诺依曼计算架构在运算效率和功耗方面受到了巨大冲击，探索一种突破冯·诺依曼的高速低功耗处理架构成为必然。利用光子技术将智能算法与光子神经网络硬件架构协同是实现高速低功耗的信号智能处理的有效途径。光子人工神经网络的基本运算为矩阵相乘、相加、非线性，包括全连接神经网络、卷积神经网络、循环神经网络等不同架构。光子脉冲神经网络通过光子器件等效神经元、突触等，存在光学前馈脉冲神经网络、光学多层/深度脉冲神经网络、光学递归脉冲神经网络、光储备池计算网络等不同架构。不同网络架构对应着不同的硬件实现方式。一方面，需要理解不同人工神经网络和脉冲神经网络的原理，探究如何通过光子手段实现人工神经网络基本运算（如光域实现矩阵相乘、非线性激活函数等），以及借助光子手段探究光子神经元、光子突触等器件；另一方面，要考虑不同光子神经网络架构之间的兼容性问题。要保证光子神经网络算法实现的完备性，意味着更多功能的集成，这必然会给性能稳定性带来冲击。另外，光子学器件的相位抖动、幅度起伏、偏振态串扰、色散等因素也会使光子神经网络架构面临稳定性的挑战。不稳定将会造成智能算法的性能下降，因此还需要在保证光子集成器件精度基础上选取合理的算法模型。

（二）能量效率与智能能力之间的矛盾

为了充分发挥光子计算超高速、流水式、并行化的特点，也为了支撑光子神经网络原型芯片的颠覆性能力验证，光子神经网络和智能光子芯片均需芯片化、小型化，需开展光子硬件架构中关键器件大规模集成技术研究。首先，光子计算关键器件是光子神经网络原型芯片的核心组成部分，其设计方法、互连规模、集成性能将对光子神经网络芯片的智能计算与决策能力起到决定性的影响。以光子脉冲神经网络为例，神经元的不应期指标决定了脉冲计算架构的整体速率上限，进而影响原型芯片的处理能力上限。更进一步，考虑实际集成过程中的工艺误差、人为操作、环境条件等不确定性因素，每一步骤的工艺参数都可能会对最终的波导损耗造成影响，导致集成化关键器件的实际性能与理论性能往往存在一定差异。插入损耗大意味着效率低，而要实现较强的智能处理能力必须要大规模或者多级联，这必然导致效率低，严重制约光子神经网络芯片的智能处理能力。光子神经网络以及智能光子芯片是一个复杂的光电混合系统，包括光学有源 / 无源器件和射频驱动单元。目前存在的光电子集成技术包括单片单质集成、单片异质集成和混合异质集成，探究合适的光电子集成技术，实现既满足低损耗又具有智能信号处理能力的光子神经网络是一个难题。

（三）智能光子处理系统机理和复杂人脑机理之间的等效问题

生物神经拟态智能光子处理系统及智能光子芯片将光子技术和人脑智能结合起来，具有光子宽带处理能力和智能学习决策能力，有潜力实现多维度、全空域、全频谱信号接收和智能处理。光子人工神经网络从数学上对人脑神经网络架构进行简单抽象，而光子脉冲神经网络则从人脑神经网络的生物机理方面进行功能模仿。依靠单个光子人工神经网络或光子脉冲神经网络甚至是多个光子人工神经网络和光子脉冲神经网络结合起来均不能实现自主学习能力、自我决策、自适应环境变化、实时响应等多种高效融合并且协同运作的强智能处理。人脑能够同时接收多维信号、智能有序地对多个事件进行处理，在存在多方干扰的情况下亦可抓取到目标，保证多个功能之间相互协作高效运作。因此，通过深入研究整个人脑生物机理，从人脑生物神经网络之间高效运作的复杂生物机理中抽象出可以借助光子手段实现等效的运行机理，是实现强智能的有效途径。开展基于生物神经拟态的智能光子处理系统和智能光子芯片研究，一方面需要从光神经元、光突触、光类脑架构、脉冲神经网络训练算法等方面入手实现高性能的光子脉冲神经网络作为智能光子芯片的组成单元；另一方面需要从系统角度对人脑生物机理、神经拓扑结构、学习机制、进化原理等方面开展全方位研究，从而实现智能光子芯片和复杂人脑机理之间的等效，这是极具挑战性的科学问题。

二、重点研究内容

（一）架构设计与算法研究

为了实现光子人工神经网络，需要开展以下内容。①针对不同人工神经网络架构的机理、计算过程展开研究。人工神经网络的代表性结构包括全连接型、卷积型、循环型等，这些具备智能化潜力网络的计算机制特点各异。对这些架构的机制和计算过程进行研究，一方面能引领与指导使用光子手段实现计算单元，另一方面掌握不同计算架构的处理特点有利于设计与未来应用场景需求匹配的架构。②利用微波光子信号处理方式与技术，实现神经网络的基本运算，如高效稳定的卷积（矩阵相乘、相加）、非线性激活等。全光激活函数的研究还处于初步阶段，尚未有成熟的方案，是整个光子人工神经网络实现的难点。③设计具有鲁棒性的智能算法以便扩大光子人工神经网络芯片的容错范围。④基于多样化的高速率、高能效光子计算单元，开展光子计算架构设计研究。通过合理的排布、组合、并行或串行设计，综合考虑算力与功耗、编程与学习、控制与测试等因素需求，不断完善光子人工神经网络架构，以支撑低延迟、低功耗的光子人工神经网络原型芯片的实现。⑤探究光域人工神经网络在线训练方法。目前光子人工神经网络的训练是通过在计算机上训练人工神经网络得到权重后加载到光子人工神经网络上。但是受光学器件或物理特性等的影响，电域得到的权重可能并不是光子人工神经网络实现最优性能的权重，因此为了实现光子人工神经网络的最优性能，需要探究光域训练神经网络的方法。

相较于人工神经网络，脉冲神经网络的研究进展需要从更基础的层面着手创新。光子脉冲神经网络的基本组成单元是光子脉冲神经元和光子突触。为了实现光子脉冲神经网络，需要开展以下研究内容：①探索基于不同光学器件的脉冲神经元光学实现方法，实现丰富的类神经元响应，探索突触可塑性的光学实现机制。②探索片上光子脉冲神经元和光子突触的实现方法。③建立光子脉冲神经网络的理论模型，探索全光类脑计算理论体系。④针对不同光子脉冲神经网络架构（如光学前馈脉冲神经网络、光学多层或深度脉冲神经网络、光学递归脉冲神经网络、光储备池计算网络），探索适合光学器件物理动态特性的学习算法。人们对生物脑的运作机理挖掘还不充分，受启发有限，脉冲神经网络训练算法的理论发展还不够成熟，不能很好地训练包含多个隐层的深度神经网络。脉冲时序依赖的突触可塑性是脉冲神经网络最常见的无监督学习算法，但是学习效果与误差改善程度比较有限。⑤和光子人工神经网络一样，需要探索光子脉冲神经网络的在线学习算法。⑥探索光子类脑器件及芯片在自动驾驶、无人平台等实时信息处理场景的潜在应用。

（二）系统与验证

在光子神经网络架构完成原理可行性论证的基础上，需要通过搭建分立系统来验证光子神经网络是否能实现基本运算或等效神经元生物特性进而具备智能信号处理能力。因此需要开展以下工作：①根据设计的光子神经网络架构原理，利用具有实现网络基本运算或神经元生物特性等效的光电器件单元或模块搭建分立系统。②突破分立系统中的关键技术，确保分立系统中的关键器件能够实现卷积、非线性等运算或实现与生物神经元、突触动力学等等效特性的器件。在实际系统中，器件参数设置不合理、器件光学特性不理想、链路损耗大等问题都会导致单个器件不能实现期望的功能。因此需要在实验过程中反复摸索、积累经验，找到各个分立器件能够实现期望功能的最佳设置参数、指标等。③在图像识别、方位判决等具体应用中验证光子神经网络的智能信号处理能力。④通过分立系统，提出关键器件芯片化的设计加工指标。给出的指标应当在确保分立系统能够实现智能处理能力的基础上有一定的误差容忍范围。

（三）等效于人脑生物的机理研究

实现具有环境自适应、策略自制定、模块自选择和结果自反馈等功能的智能光子芯片，需要开展以下研究内容。①深入挖掘生物脑的运作机理。一方面需要研究单个神经元和神经网络的生物运作机理，另一方面需要探究整个大脑神经中枢即神经网络的群协调运作、智能调控机理。②根据人脑生物机理抽象出人脑智能决策和调控机制，如不同功能模块执行的优先级。③探究如何应用该调控机制，高效智能地协调多个光子神经网络（光子人工神经网络和光子脉冲神经网络）有条不紊地同时工作。④基于抽象出来的调控机制，探究实现智能光子芯片架构的光学原理或挖掘实现智能光子芯片潜在的光子技术。⑤思考智能光子芯片的芯片化潜在集成技术和方案，为实现片上智能光子处理中枢做准备。

（四）关键器件集成与原型研制及测试

光子神经网络和智能光子芯片的芯片化、小型化需要光电混合集成技术支撑。集成化性能决定了光子高速率、低功耗等优势能否真正实现。因此需要开展以下工作。①针对多元光电子器件的大规模集成需求，对基于光电混合的集成技术展开研究。②掌握光子计算关键器件与原型芯片架构的设计方法与芯片版图绘制方法，开展集成与封装技术研究。③搭建集成工艺平台，培养光子单元器件的制备与测试能力。④研制大规模集成的光子计算关键器件与光子神经网络原型芯片。⑤进行光电混合封装，并依据所提出的性能指标，对封装完成的光子原型芯片开展相关测试。通过分析导致实际性能与理想性能差异的原因，针对关键器件方案、架构设计方法、集成工艺途径等内容进行优化。⑥在特定的应用场景中选取信息处理任务，开展原型芯片的能力演示验证方法研究，重点针对光子原型芯片的高速计算能力、处理与决策能力等核心功能进行评估。

第三节　国内外发展现状

一、光子人工神经网络国内外发展现状

光子技术和人工智能技术相结合有望实现智能化的光子处理器和光子加速器。人工智能技术在电子学中已经广泛地应用于各个行业，如基于深度学习的语音识别、图像处理等。近几年，人工智能技术在光学领域也得到了飞速的发展，与电学计算相比，光学计算在理论上具有更快的响应速度（约为100 GHz）和更低的功耗（约为 7.2 fJ/bit），光子神经网络成为研究的热点。

光子人工神经网络芯片的核心部分是矩阵计算模块，目前主流的实现方案有三类，即空间平面矩阵核、微环阵列矩阵核和马赫－曾德尔干涉阵列矩阵核（Kitayama et al., 2019）。空间平面矩阵核主要借助光束在自由空间的衍射效应，利用多个空间平面可以构成更加复杂的矩阵计算（Fontaine et al., 2019）。微环阵列矩阵核是基于微环阵列的非相干矩阵计算，其输入矢量 $\boldsymbol{X}$ 加载在不同的波长上，不同波长的光束经过微环调节透过系数，系数矩阵为 $\boldsymbol{W}$，输出的总功率矢量 $\boldsymbol{Y}=\boldsymbol{WX}$（Yang et al., 2013）。马赫－曾德尔干涉阵列矩阵核

是基于马赫－曾德尔干涉阵列的非显式计算，主要依据的是矩阵的旋转子矩阵分解和奇异值分解（Clements et al. 2016；Annoni et al.，2017）。

目前基于光学矩阵计算网络，已有多种光子人工神经网络被提出。牛津大学等多家机构结合片上光频梳发生源和多组波长执行并行计算的光子张量网络，进一步实现光学计算量的成倍增加（Feldmann et al.，2019）。美国麻省理工学院等多家机构联合报道了基于马赫－曾德尔干涉仪网络矩阵计算芯片的光子人工神经网络结构，实现了传统深度学习中的全连接权重矩阵乘法运算。通过引入非线性激活函数来模拟大脑神经元，实现了一个能够识别四种基本元音的光子神经网络，比当时最新的电子芯片要快两个数量级以上，但使用的能量还不到电子芯片的千分之一（Shen et al.，2017）。另外，通过进一步结合延时线，实现了卷积神经网络的功能（Bagherian et al.，2018）。美国加利福尼亚大学洛杉矶分校基于多层衍射光学元件的深度神经网络实现了光学图像识别，进一步利用差分计算提高精度（Li et al.，2019）。采用空间平面方法可以直接在光域实现激活函数，例如，利用冷原子中的电磁感应透明效应可以实现全光的激活函数以及全光衍射神经网络（Zuo et al.，2019）。基于光电倍增管的光电混合系统可以实现大规模光学神经网络模型（Hamerly et al.，2019）。此外，在循环神经网络方面也有较多的研究报道，例如，基于空间元件组的储备池计算网络，以及基于硅基延时线实现的片上储备池计算网络等。

国内在光子人工神经网络方面也有相应的进展，例如，上海交通大学利用声光调制器实现卷积单元、结合微环阵列和光学延时线实现卷积神经网络架构，并发表了针对智能化光子处理系统的特邀综述（Zou et al.，2020）。华中科技大学借鉴深度学习算法实现了具有自配置能力的偏振处理芯片、光学通用矩阵运算器和智能化的多功能光信号处理芯片。浙江大学将深度学习与可编程超表面相结合，实现了智能隐身小车（Qian et al，2020）。这些工作很好地推动了光子芯片智能化的发展。

同时，全光矩阵计算加速也有对应的创业公司成立，例如，法国初创 AI 公司 LightOn 采用的新的基于光学硬件技术可以改进人工智能的数据处理，其利用透镜或者散射系统，对光图像进行随机散射成像，通过多重光学散射的随机投影进行特征提取。又如，英国 Optalysys 公司一直致力于研发光计算解决方案，Optalysys 的光协同处理技术基于衍射光学原理，借助当下高分辨率显示器产业的发展，创造了一种光学计算平台，很好地解决了目前传统计算面临的一些问题。2020 年 4 月 8 日，由麻省理工学院的 Yichen Shen 博士创立的光子计算硬件开发公司 Lightelligence 宣布完成 2600 万美元 A 轮融资，成为目前全球融资额最高的光子计算创业公司。Lightelligence 致力于硅光器件（马赫－曾德尔干涉阵列和微环阵列等）和神经网络的结合，成功与谷歌、Facebook、Amazon、百度等公司合作。国内也成立了相关的初创公司（如光子算数公司、交芯科公司）从事光子人工智能芯片研发，研究方向包括硅基光子集成器件、非线性光学材料、板卡级光电异构计算架构、光电混合神经网络模型等。华为昇腾 AI 处理器、寒武纪思元 AI 芯片等取得了较好的进展。

二、光子脉冲神经网络国内外发展现状

在类脑科学研究中，脉冲神经网络占据核心地位，其低功耗、高性能的特点也是实现人工智能技术的新突破点。光子类脑计算是光电子学、计算机科学、神经信息学、人工智能等多学科交叉的前沿，与冯·诺依曼体系相比，具有超快速、超低功耗等颠覆性创新。

近年来，国内外诸多研究机构都高度关注光子类脑计算这一国际前沿领域，分别从器件级、电路级和系统级开展理论和实验研究。其中脉冲神经元和突触单元的光学模拟实现是国内外高度关注的热点问题。国际上，普林斯顿大学、麻省理工学院、牛津大学、普渡大学等均有大量光子神经形态计算领域的研究成果报道。国内方面，上海交通大学、华中科技大学、西安电子科技大学、清华大学、北京大学、北京交通大学、西南大学、北京邮电大学等均有相关成果报道。基于半导体光电器件的光子神经元兴奋响应动力学和光子突触权重器、光子突触可塑性机制的模拟及其实现均受到高度关注。多种光子仿生神经元被陆续提出，在诸如半导体激光器、微柱激光器、微盘激光器、微环激光器、量子点锁模激光器、电吸收调制器、垂直腔面发射激光器、集成分布式反馈半导体激光器等器件中观察到了类神经元的兴奋动力学响应（Prucnal et al.，2016）。突触权重器方面，基于硅基集成光子学的微环谐振器，基于可编程马赫－曾德尔干涉仪的方案陆续被报道。突触可塑性方面，国内外报道了基于半导体光放大器、垂直腔半导体光放大器等的突触可塑性

机制模拟（Goi et al.，2020）。

2008年开始，普林斯顿大学和洛克希德·马丁公司合作研究光子神经元，先后在光子神经元及光子神经形态系统方向开展了大量理论及实验研究，提出了基于含饱和吸收区的半导体激光器、石墨烯激光器、集成激光器、电吸收调制器等光子神经元模型（Peng et al.，2019；Nahmias et al.，2013）。此外，还有文献提出了基于传统波分复用器件和平衡探测器级联，或基于硅基集成光子学的微环谐振器和平衡探测器级联的多种连续可调谐的光子权重器方案，并成功制备了相应的器件，可实现神经网络中的乘加运算（Lim et al.，2019；Peng et al.，2018；Tait et al.，2017；Toole et al.，2016）。2010年开始，英国埃塞克斯大学Hurtado团队研究了基于VCSEL偏振动力学的光子神经形态系统，先后通过实验证实了VCSEL光子神经元的兴奋响应、脉冲延迟时间编码、不应期特性、模式分类等（Robertson et al.，2020）。2014年以来，法国Sylvain Barbay团队使用微柱激光器，成功模拟了类神经元特性，并演示了神经计算功能（Selmi et al.，2014）。2017年，牛津大学研究团队基于相变材料和集成氮化硅波导的特殊设计集成光子电路，成功制备了光子突触芯片（Cheng et al.，2017）。2018年，普渡大学研究团队提出了结合微环谐振器和相变材料的新型光子脉冲神经元，并基于此提出了光子脉冲神经网络的存内计算模型（Chakraborty et al.，2019）。2019年，*Nature*报道了德国明斯特大学、英国牛津大学联合研发的一种具有自学习能力的全光学尖峰神经突触网络芯片。该类脑光芯片的人工神经元、突触是基于相变材料和波导、环形谐振器实现的。

国内方面，2020年，上海交通大学研究团队先后通过实验证实DFB的类神经元响应，并设计了基于DFB的光子时空模式识别网络。通过速率方程模型和实验测试，研究了分布反馈激光二极管中的时域整合与脉冲演变性质，证明了其与分级输出生物神经元的功能等效。在此基础上，提出并验证了基于分布反馈激光二极管的音源方位角探测、脉冲模式识别、STDP等方案。自2016年开始，西安电子科技大学研究团队通过理论和实验先后研究了VCSEL的光类神经元兴奋与抑制响应，脉冲时间编码、不应期等特性；提出并证实了基于VCSEL的低功耗突触，成功模拟实现光学STDP机制；建立了基于VCSEL的光脉冲神经网络一体化模型（含神经元－突触－学习算法），基于光学 STDP 机制实现无监督学习算法及模式识别（Xiang et al.，2019）；实现光神经网络的偏振复用储备池计算、声源定位功能、赢者通吃竞争学习机制、联想学习等神经计算功能，并初步设计实现了多层光脉冲神经网络的监督学习算法（Xiang et al.，2021）。

三、面向光子智能芯片的光电子集成国内外发展现状

光子神经网络是一个光电混合系统，包括光学有源/无源器件和射频驱动单元。大规模的光电子集成技术为光子神经网络芯片实现低功耗和高速率的信息处理提供了支撑。集成化的智能光子芯片拥有更加丰富的处理单元库以及更强的处理能力，能够解决更复杂的问题，可以用作智能系统的信号处理中枢。按照集成器件是否使用多材料体系分类，光电子集成可以分类为单片同质集成与异质集成。单片同质集成方面，美国麻省理工学院研究团队提出了基于硅基材料构建光电子集成芯片的方法。西班牙瓦伦西亚理工大学研究团队提出了基于 InP 材料的微波光子滤波器的集成方法。异质集成方面，异质集成的优势在于能够发挥各种材料的优势，提升各功能器件的性能。根据是否进行异质材料生长，异质集成可分为单片异质集成与混合异质集成。比利时根特大学研究团队通过外延生长在硅基衬底上成功制备了可大规模集成的单片Ⅲ-Ⅴ族-硅基激光器，在此基础上，中山大学研究团队制备了单片Ⅲ-Ⅴ族-硅基量子点激光器阵列。

相比于电子设备，光电子集成技术为光子神经网络和智能光子芯片提供了更高的能量效率和处理带宽，有效突破了目前的电学瓶颈。对于单片同质集成，较为成熟的材料体系为硅基材料和 InP 材料，其中硅基材料难以集成光源等有源器件，InP 材料成本较高，难以大规模集成。对于混合异质集成，其主要面临的是实现高效光耦合与电路-光路接口的封装问题和由驱动电路带来的散热问题。单片异质集成是实现光电一体的大规模集成的关键技术途径，其避免了混合集成带来的封装问题。但是单片异质集成目前有 3 个问题：多材料的兼容问题、集成度提高带来的光路-电路的检测问题，以及芯片的散热问题。近年来，随着光电子集成技术的不断发展，可以说，大规模光电子集成技术的不断成熟点亮了光子神经网络和智能光子芯片的未来发展之路。

综上，实现光子人工神经网络芯片和光子脉冲神经网络芯片还面临着很多问题，需要人工智能、脑科学与神经科学、集成技术等多个领域共同发展，不断推进。另外，类脑研究还处于初级阶段，目前主要集中在脉冲神经网络的生物机制研究以及寻找具有生物特性的器件方面。在生物神经拟态的智能光子处理系统智能光子芯片方向的研究尚未开展。但是随着类脑技术的不断发展，人们对人脑生物机理研究的广度和深度都会不断增加，研究方向会逐渐从单个神经元、单一神经网络延拓至神经网络群等更综合复杂的生物结构和机理。这些研究将有望发掘出人脑神经中枢的生物作用机理，从而抽象出人脑智能决策和调控机制（如优先级等），进而提出基于生物神经拟态的智能光子处理系统机理。

第四节　发展建议

一、第一阶段发展

第一个五年目标以光子神经网络基础原理、关键技术和芯片原型研究为主。①在光子人工神经网络方面，要进一步深入了解神经网络的基本原理，可以结合现有的光学神经网络技术，制作小规模的光网络核心，如马赫－曾德尔干涉仪矩阵核，通过电学流程控制反复利用该矩阵核完成计算，目标是完成第一代光子人工神经网络芯片雏形，其非线性激活函数主要在电域完成。由于光计算网络规模小，需要大量的光电转换过程，因此并未充分发掘光计算的优势。在此阶段同时要开展光域实现非线性激活函数的研究。②在光子脉冲神经网络方面，研究光子脉冲神经网络的基础原理、关键技术和器件，探索面向大规模光集成的新原理光子脉冲神经元、光子突触器件，研究光子脉冲神经网络的互连机制、片上光路由技术。③在生物神经拟态的智能光子处理系统智能光子芯片方面，深入研究人脑智能决策、高效运行的生物机理。④在光电混合集成方面，掌握光子神经网络关键器件集成的基础原理和相关技术。

二、第二阶段发展

第二个五年目标全面以光子智能芯片的架构设计优化、功能系统研制、强智能性能实现为主。①在光子人工神经网络方面，注重突破光学激活函数，用全光方法实现神经网络的基本单元，突破电子计算的带宽限制，并尽量降低功耗，突破工艺制造技术，实现光子芯片的大规模制造和封装。最终目标是通过完备光学的线性、非线性计算能力和大规模制备、封装能力，尽量减少电子单元的参与，进一步挖掘光计算的能力，完成光电神经网络芯片样机制造。在此阶段同时要开展光子神经网络在线训练算法研究。此阶段已经发挥出光计算的部分优势，可以按照要求完成特定的应用。②在光子脉冲神经网络方面，研究光子脉冲神经网络理论、架构与算法，发展光子脉冲神经网络的理论体系，研究不同光子脉冲神经网络架构的学习算法，尤其是设计实现面向片上光子脉冲神经网络的在线学习算法。③在生物神经拟态的智能光子处理系统智能光子芯片方面，抽象出人脑智能决策和调控机制（如优先级等）。④在光电混合集成方面，完成集成工艺平台搭建，基本形成芯片研制能力。

三、第三阶段发展

第三个五年目标以光子智能芯片的光电子集成器件和芯片原型研制及测试为主。①在光子人工神经网络方面，突破光电芯片的一体化流片工艺，实现单片集成的高集成度光电融合芯片，其集成度和工作频率相比前两个阶段都会有质的提升。对于某些特定应用，可以利用大规模的光学网络直接在光域完成计算，电模块仅用作调节光网络的结构参数，做偏置用，即实现真正意义上的全光神经网络。该阶段已经充分发挥了光计算的优势，可以接入更多的应用，进一步推动光子神经网络芯片的实用化。随着光电一体化技术的成熟，其光电网络规模和运行精度都会有较好保障，可以加载更多的算法，开发更多可重构的神经网络功能，即实现光子神经网络可重构开发平台。②在光子脉冲神经网络方面，研究光子脉冲神经网络大规模集成技术与芯片，研究光子脉冲神经网络、光突触、光互连、光路由等器件的芯片化集成技术，整合各方优势资源，通过合作共享的方式，在我国建立起从芯片设计、材料外延、芯片流片、测试等全链条研发生产能力，解除关键行业的“卡脖子”问题，研制低功耗、超高速的拥有高级认知与感知能力的大规模集成全光类脑计算芯片。③在生物神经拟态的智能光子处理系统智能光子芯片方面，提出光电器件实现智能光子芯片的初步构想和方案。④在光电混合集成方面，完成芯片性能测试、智能能力验证，迭代优化光子神经网络芯片研制，最终实现低功耗、小型化、能够对信号智能处理的光子神经网络。

参 考 文 献

陈海明，靳宝善．2010．有机半导体器件的现状及发展趋势．微纳电子技术，47（8）：470-474.

陈杰．2012．CMOS 图像传感器芯片的应用与发展现状．2012 年（第十届）中国通信集成电路技术与应用研讨会，天津：126.

甘晓．2016．信息经济“换道超车”看今朝．https://news.sciencenet.cn/sbhtmlnews/2016/11/317385.shtm?id=317385 [2016-11-01].

郭进，冯俊波，曹国威．2017．硅光子芯片工艺与设计的发展与挑战．中兴通讯技术，23（5）：7-10.

胡炜玄．2012．硅基锗材料生长与高效发光．北京：中国科学院研究生院博士学位论文．

黄维，密保秀，高志强．2011．有机电子学．北京：科学出版社.

刘峰奇，王占国，张锦川，等．2020．量子级联激光器研究进展．中国激光，47（7）：71-83.

刘亚威．2016．美国政府提出先进制造业优先技术领域．科技中国，（11）：69-74.

毛军发．2018．发展异质集成电路，提升射频电子技术．科技导报，36（21）：1.

上海微技术工业研究院．2021．8 英寸“超越摩尔”研发中试线．https. //www.sitrigroup.com/ platform/micro-fabrication-line/?lang=zh-hans[2021-01-11].

王辉．2012．下填充封装过程的宏介观多尺度建模与计算．武汉：华中科技大学博士学位

论文 .

王树一. 2019. 一亿颗出货量之后，FD-SOI还要翻越哪些山丘？中国集成电路，28（10）：23-26.

王旭东，叶玉堂. 2010. CMOS与CCD图像传感器的比较研究和发展趋势. 电子设计工程，18（11）：178-181.

王阳元. 2021. 掌握规律，创新驱动，扎实推进中国集成电路产业发展. 科技导报，39（3）：31-51.

魏少军. 2020. 抓住机遇，实现跨越. 中国集成电路设计业2020年会，重庆 .

吴立枢，程伟，张有涛，等. 2018. InP HBT/Si CMOS 13 GSps1：16异构集成量化降速芯片. 固体电子学研究与进展，38（1）：1.

吴立枢，赵岩，沈宏昌，等. 2016. GaAs pHEMT与Si CMOS异质集成的研究. 固体电子学研究与进展，36（5）：377-381.

闫连山. 2016. 非线性链路宽带微波光子信号可调控传输研究. 科技创新导报，11：174-175.

姚立斌. 2013. 低照度CMOS图像传感器技术. 红外技术，35（3）：125-132.

张文斌，袁立伟，张敏杰. 2011. 超薄硅片的剥膜研究. 电子工业专用设备，40（11）：8-10.

Agrell E, Karlsson M, Chraplyvy A R, et al. 2016. Roadmap of optical communications. Journal of Optics, 18(6): 063002.

Akiyama S, Baba T, Imai M, et al. 2012. 50-Gbit/s silicon modulator using 250-μm-long phase shifter based on forward-biased pin diode. IEEE 9th International Conference on Group IV Photonics (GFP), San Diego: 192-194.

Akopyan F, Sawada J, Cassidy A, et al. 2015. TrueNorth: design and tool flow of a 65 mW 1 million neuron programmable neurosynaptic chip. IEEE Transactions on Computer-Aided Design of Integrated Circuits and Systems, 34(10): 1537-1557.

Alam A, Hanna A, Irwin R, et al. 2019. Heterogeneous integration of a fan-out wafer-level packaging based foldable display on elastomeric substrate. 2019 IEEE 69th Electronic Components and Technology Conference (ECTC), Las Vegas: 277-282.

Alferness R C, Buhl L L. 1980. Electro-optic waveguide TE-TM mode converter with low drive voltage. Optics Letters, 5(11): 473-475.

Allen N, Xiao M, Yan X D, et al. 2019. Vertical Ga_2O_3 Schottky barrier diodes with small-angle beveled field plates: a Baliga's figure-of-merit of 0.6 GW/cm^2. IEEE Electron Device Letters, 40(9): 1399-1402.

Alloatti L, Palmer R, Diebold S, et al. 2014. 100 GHz silicon–organic hybrid modulator. Light: Science and Applications, (1): 196-199.

Almeida V R, Panepucci R R, Lipson M. 2003. Nanotaper for compact mode conversion. Optics Letters, 28(15): 1302-1304.

Annoni A, Guglielmi E, Carminati M, et al. 2017. Unscrambling light—automatically undoing strong mixing between modes. Light: Science & Applications, 6(12): e17110.

Appenzeller J, Knoch J, Derycke V, et al. 2002. Field-modulated carrier transport in carbon nanotube transistors. Physical Review Letters, 89(12): 126801.

Atabaki A H, Moazeni S, Pavanello F, et al. 2018. Integrating photonics with silicon nanoelectronics for the next generation of systems on a chip. Nature, 556(7701): 349-354.

Au K Y, Kriangsak S L, Zhang X R, et al. 2010. 3D chip stacking & reliability using TSV-Micro C4 solder interconnection. Electronic Components and Technology Conference, Las Vegas: 1376-1384.

Ayata M, Fedoryshyn Y, Heni W, et al. 2017. High-speed plasmonic modulator in a single metal layer. Science, 358(6363): 630-632.

Baedi P J, Maleki A, Davari S N. 2016. Comparing the performance of FinFET SOI and FinFET bulk. Scinzer Journal of Engineering, 2(3): 21-27.

Bagherian H, Skirlo S, Shen Y, et al. 2018. On-chip optical convolutional neural networks. arXiv preprint arXiv: 1808.03303.

Bai F J, Jiang X P, Wang S, et al. 2020. A stacked embedded dram array for LPDDR4/4X using hybrid bonding 3D integration with 34 GB/s/1 Gb 0.88 pJ/b logic-to-memory interface. International Electron Devices Meeting, San Francisco: 6.6.1-6.6.4 .

Bai Z, Zhang Z, Li J Y, et al. 2019. Textile-based triboelectric nanogenerators with high-performance via optimized functional elastomer composited tribomaterials as wearable power source. Nano Energy, 65: 104012.

Bandurin D A, Svintsov D, Gayduchenko I, et al. 2018. Resonant terahertz detection using graphene plasmons. Nature Communications, 9(1): 5392.

Bardin J C, Jeffrey E, Lucero E, et al. 2019. A 28 nm bulk-CMOS 4-to-8 GHz＜2 mW cryogenic pulse modulator for scalable quantum computing. IEEE International Solid-State Circuits

Conference, San Francisco: 456-458.

Beamer S, Sun C, Kwon Y J, et al. 2010. Re-architecting DRAM memory systems with monolithically integrated silicon photonics. International Symposium on Computer Architecture, 38(3): 129-140.

Benito M, Burkard G. 2020. Hybrid superconductor-semiconductor systems for quantum technology. Applied Physics Letters, 116(19): 190502.

Benjamin B V, Gao P, McQuinn E, et al. 2014. Neurogrid: a mixed-analog-digital multichip system for large-scale neural simulations. Proceedings of the IEEE, 102(5): 699-716.

Berdan R, Marukame T, Kabuyanagi S, et al. 2019. In-memory reinforcement learning with moderately-stochastic conductance switching of ferroelectric tunnel junctions. 2019 Symposium on VLSI Technology, Kyoto: 22-23.

Berthet C, Coudert O, Madre J C. 1990. New Ideas on Symbolic Manipulations of Finite State Machines. IEEE International Conference on Computer Design: VLSI in Computers and Processors, Cambridge: 224-227.

Bhat K S, Nakate U T, Yoo J Y, et al. 2019. Cost-effective silver ink for printable and flexible electronics with robust mechanical performance. Chemical Engineering Journal, 373: 355-364.

Binkert N, Davis A, Jouppi N P, et al. 2011. The role of optics in future high radix switch design. Computer Architecture News, 39(3): 437-447.

Biswas A, Chandrakasan A P. 2018. Conv-RAM: an energy-efficient SRAM with embedded convolution computation for low-power CNN-based machine learning applications. IEEE International Solid-State Circuits Conference, San Francisco: 488-490.

Blaicher M, Billah M R, Kemal J, et al. 2020. Hybrid multi-chip assembly of optical communication engines by in situ 3D nanolithography. Light: Science and Applications, 9(1): 1340-1350.

Bluhm H, Foletti S, Neder I, et al. 2011. Dephasing time of GaAs electron-spin qubits coupled to a nuclear bath exceeding 200 μs. Nature Physics, 7(2): 109-113.

Borg M, Schmid H, Gooth J, et al. 2017. High-mobility GaSb nanostructures cointegrated with InAs on Si. ACS Nano, 11(3): 2554-2560.

Borghetti J, Snider G S, Kuekes P J, et al. 2010. 'Memristive' switches enable 'stateful' logic operations via material implication. Nature, 464(7290): 873-876.

Borjans F, Croot X G, Mi X, et al. 2020. Resonant microwave-mediated interactions between distant electron spins. Nature, 577(7789): 195-198.

Bottenfield C G, Ralph S E. 2020. High-performance fully integrated silicon photonic microwave mixer subsystems. Journal of Lightwave Technology, 38(19): 5536-5545.

Bowers J E. 2016. Heterogeneous Ⅲ-Ⅴ/Si photonic integration. Conference on Lasers and Electro-Optics, San Jose: 2511-2512.

Boyd S, Kim S J, Vandenberghe L, et al. 2007. A tutorial on geometric programming. Optimization and Engineering, 8(1): 67-127.

Boyn S, Grollier J, Lecerf G, et al. 2017. Learning through ferroelectric domain dynamics in solid-state synapses. Nature Communications, 8(1): 1-7.

Brunnbauer M, Fuergut E, Beer G, et al. 2006a. An embedded device technology based on a molded reconfigured wafer. 56th Electronic Components & Technology Conference, San Diego : 547-551.

Brunnbauer M, Meyer T, Ofner G, et al. 2006b. Embedded wafer level ball grid array (eWLB). IEEE/CPMT International Electronic Manufacturing Technology Symposium, Penang: 1-6.

Bryant E R. 1986. Graph-based algorithms for Boolean function manipulation. IEEE Transactions on Computers, 35(8): 677-691.

Buck D A. 1952. Ferroelectrics for digital information storage and switching. Massachusetts Institute of Technology Cambridge Digital Computer Lab. A Master's Thesis.

Burelo K, Sharifshazileh M, Krayenbühl N, et al. 2021. A spiking neural network (SNN) for detecting high frequency oscillations (HFOs) in the intraoperative ECOG. Scientific Reports, 11(1): 6719.

Burla M, Hoessbacher C, Heni W, et al. 2019. 500 GHz plasmonic Mach-Zehnder modulator enabling sub-THz microwave photonics. APL Photon, 4(5): 056106.

Burla M, Marpaung D A I, Zhuang L, et al. 2014. Multiwavelength-integrated optical beamformer based on wavelength division multiplexing for 2-D phased array antennas. Journal of Lightwave Technology, 32(20): 3509-3520.

Burr G W, Shelby R M, Sidler S, et al. 2015. Experimental demonstration and tolerancing of a large-scale neural network (165000 synapses) using phase-change memory as the synaptic weight element. IEEE Transactions on Electron Devices, 62(11): 3498-3507.

Calhoun M, Huang S H, Tjoelker R L. 2007. Stable photonic links for frequency and time transfer in the deep-space network and antenna arrays. Proceedings of the IEEE, 95(10): 1931-1946.

Cao K, Zhou J L, Wei T Q, et al. 2019. A survey of optimization techniques for thermal-aware 3D processors. Journal of Systems Architecture, 97: 397-415.

Cao Q, Kim H S, Pimparkar N, et al. 2008. Medium-scale carbon nanotube thin-film integrated circuits on flexible plastic substrates. Nature, 454(7203): 495-500.

Cao Q, Tersoff J, Farmer D B, et al. 2017. Carbon nanotube transistors scaled to a 40-nanometer footprint. Science, 356(6345): 1369-1372.

Cardoso A, Dias L, Fernandes E, et al. 2017. Development of novel high density system integration solutions in FOWLP-complex and thin wafer-level SiP and wafer-level 3D packages. 2017 IEEE 67th Electronic Components and Technology Conference, Orlando: 14-21.

Carter A D, Urteaga M E, Griffith Z M, et al. 2017. Q-band InP/CMOS receiver and transmitter beamformer channels fabricated by 3D heterogeneous integration. IEEE MTT-S International Microwave Symposium(IMS), Honololu: 1760-1763.

Castagna M E, Coffa S, Monaco M. 2004. Si-based rare-earth-doped light-emitting devices. Light-Emitting Diodes: Research, Manufacturing, and Applications VIII, San Jose: 137-148.

Cerfontaine P, Botzem T, Ritzmann J, et al. 2020. Closed-loop control of a GaAs-based singlet-triplet spin qubit with 99.5% gate fidelity and low leakage. Nature Communications, 11(1): 4144.

Chabak K D, Moser N, Green A J, et al. 2016. Enhancement-mode Ga_2O_3 wrap-gate fin field-effect transistors on native (100) β-Ga_2O_3 substrate with high breakdown voltage. Applied Physics Letters, 109(21): 213501.

Chakraborty I, Saha G, Roy K. 2019. Photonic in-memory computing primitive for spiking neural networks using phase-change materials. Physical Review Applied, 11(1): 014063.

Chan K W, Huang W, Yang C H, et al. 2018. Assessment of a silicon quantum dot spin qubit environment via noise spectroscopy. Physical Review Applied, 10(4): 044017.

Chang C Y, Li C H, Chang Y C, et al. 2011. Wafer defect inspection by neural analysis of region features. Journal of Intelligent Manufacturing, 22(6): 953-964.

Chang Y W, Cheng Y, Xu F, et al. 2016. Study of discrete voids formation in flip-chip solder joints due to electromigration using in-situ 3D laminography and finite-element modeling. IEEE Electronics Packaging Technology Conference, Singapore: 141-146.

Charbon E. 2019. Cryo-CMOS electronics for quantum computing applications. 49th European

Solid-State Device Research Conference, Cracow: 1-6.

Charbon E, Sebastiano F, Babaie M, et al. 2017. 15.5 cryo-CMOS circuits and systems for scalable quantum computing. IEEE International Solid-State Circuits Conference (ISSCC), San Francisco: 264-265.

Che F X, Ho D, Ding M Z, et al. 2016. Study on process induced wafer level warpage of fan-out wafer level packaging. 2016 IEEE 66th Electronic Components and Technology Conference, Las Vegas: 1879-1885.

Cheben P, Xu D X, Janz S, et al. 2006. Subwavelength waveguide grating for mode conversion and light coupling in integrated optics. Optics Express, 14(11): 4695-4702.

Chen B, Tang W, Jiang T, et al. 2018. Three-dimensional ultraflexible triboelectric nanogenerator made by 3D printing. Nano Energy, 45: 380-389.

Chen C, Wang T, Yu D Q, et al. 2018. Reliability of ultra-thin embedded silicon fan-out (eSiFO) package directly assembled on PCB for mobile applications. 2018 IEEE 68th Electronic Components and Technology Conference, San Diego: 1600-1606.

Chen H W, Xue X Y, Liu C S, et al. 2021. Logic gates based on neuristors made from two-dimensional materials. Nat Electron, 4(6): 399-404.

Chen L, Sohdi A, Bowers J E, et al. 2013. Electronic and photonic integrated circuits for fast data center optical circuit switches. IEEE Communications Magazine, 51(9): 53-59.

Chen M L, Sun X D, Liu H, et al. 2020. A FinFET with one atomic layer channel. Nature Communications, 11(1): 1205.

Chen S H, Perng D B. 2014. Automatic optical inspection system for IC molding surface. Journal of Intelligent Manufacturing, 27(5): 915-926.

Chen W H, Li K X, Lin W Y, et al. 2018. A 65 nm 1Mb nonvolatile computing-in-memory ReRAM macro with sub-16 ns multiply-and-accumulate for binary DNN AI edge processors. 2018 IEEE International Solid - State Circuits Conference, San Francisco: 494-496.

Chen X, Li C, Fung C K Y, et al. 2010. Apodized waveguide grating couplers for efficient coupling to optical fibers. IEEE Photonic Technology Letters, 22(15): 1156-1158.

Chen Y B, Niu D M, Xie Y, et al. 2010. Cost-effective integration of three-dimensional (3D) ICs emphasizing testing cost analysis. IEEE and ACM International Conference on Computer-Aided Design, San Jose: 471-476.

Chen Y Y, Sun Y, Zhu Q B, et al. 2018. High-throughput fabrication of flexible and transparent all-carbon nanotube electronics. Science, 5(5): 1700965.

Cheng C W, Shiu K T, Li N, et al. 2013. Epitaxial lift-off process for gallium arsenide substrate reuse and flexible electronics. Nature Communications, 4(1): 15771-15777.

Cheng Y, Wang R R, Sun J, et al. 2015. A stretchable and highly sensitive graphene-based fiber for sensing tensile strain, bending, and torsion. Advanced Materials(Deerfield Beach, Fla.), 27(45): 7365-7371.

Cheng Z G, Ríos C, Pernice W H P, et al. 2017. On-chip photonic synapse. Science Advances, 3(9): e1700160.

Chi P, Li S C, Xu C, et al. 2016. Prime: a novel processing-in-memory architecture for neural network computation in ReRAM based main memory. ACM SIGARCH Computer Architecture News, 44(3): 27-39.

Choi B J, Torrezan A C, Kumar S J, et al. 2016. High-speed and low-energy nitride memristors. Advanced Function Materials, 26(29): 5290-5296.

Choo G, Madsen C, Palermo S, et al. 2018. Automatic monitor-based tuning of an RF silicon photonic 1 × 4 asymmetric binary tree true-time-delay beamforming network. Journal of Lightwave Technology, 36(22): 5263-5275.

Clements W R, Humphreys P C, Metcalf B J, et al. 2016. Optimal design for universal multiport interferometers. Optica, 3(12): 1460-1465.

Conesa-Boj S, Li A, Koelling S, et al. 2017. Boosting hole mobility in coherently strained [110]-oriented Ge-Si core-shell nanowires. Nano Letters, 17(4): 2259-2264.

Cristofolini P, Christmann G, Tsintzos S I, et al. 2012. Coupling quantum tunneling with cavity photons. Science, 336(6082): 704-707.

Czischek S, Yon V, Genest M A, et al. 2021. Miniaturizing neural networks for charge state autotuning in quantum dots. Machine Learning: Science and Technology, 3(1): 015001.

Dahal R, Li J, Fan Z Y, et al. 2008. Ain MSM and schottky photodetectors. Physica Status Solidi (C) Current Topics in Solid State Physics, 5(6): 2148-2151.

Dai D X, Fu X, Shi Y C, et al. 2010. Experimental demonstration of an ultracompact Si-nanowire-based reflective arrayed-waveguide grating (de) multiplexer with photonic crystal reflectors. Optics Letters, 35(15): 2594-2596.

Dai D, Liu L, He S, et al. 2006. Design and fabrication of ultra-small overlapped AWG demultiplexer based on α-Si nanowire waveguides. Electronics Letters, 42(7): 400-402.

DARPA. 2017. Defense Advanced Research Projects Agency. https: //www.darpa.mil/ [2020-11-25].

Darringer J A, Joyner W H, Berman C L, et al. 1981. Logic synthesis through local transformations. IBM Journal of Research and Development, 25(4): 272-280.

Davies M, Srinivasa N, Lin T H, et al. 2018. Loihi: A neuromorphic manycore processor with on-chip learning. IEEE Micro, 38(1): 82-99.

Day I E, Roberts S W, O'Carroll R, et al. 2002. Single-chip variable optical attenuator and multiplexer subsystem integration. Optical Fiber Communication Conference and Exhibi, Anaheim: 72-73.

de Lima T F, Peng H T, Tait A N, et al. 2019. Machine learning with neuromorphic photonics. Journal of Lightwave Technology, 37(5): 1515-1534.

Dehouche N. 2021. Plagiarism in the age of massive generative pre-trained transformers (GPT-3): "the best time to act was yesterday. the next best time is now.". Ethics in Science and Environmental Politics, 21: 17-23.

Derakhshandeh J, Capuz G, Cherman V, et al. 2020. 10 and 7 μm pitch thermo-compression solder joint, using a novel solder pillar and metal spacer process. IEEE Electronic Components and Technology Conference, Orlando: 617-622.

Diamantopoulos N P, Yamazaki H, Yamaoka S, et al. 2020. Net 321.24-Gb/s IMDD transmission based on a >100-GHz bandwidth directly-modulated laser. Optical Fiber Communication Conference and Exhibition, San Diego: 1-3.

Dobbie A, Myronov M, Morris R J H, et al. 2012. Ultra-high hole mobility exceeding one million in a strained germanium quantum well. Applied Physics Letters, 101(17): 172108.

Doerr C, Chen L, Vermeulen D, et al. 2014. Single-chip silicon photonics 100-Gb/s coherent transceiver. Optical Fiber Communication Conference and Exhibion, San Francisco: 1-3.

Dong X Y, Xie Y. 2009. System-level cost analysis and design exploration for three-dimensional integrated circuits (3D ICs). Asia and South Pacific Design Automation Conference, Yokohama: 234-241.

Dostart N, Zhang B H, Khilo A, et al. 2020. Serpentine optical phased arrays for scalable integrated photonic lidar beam steering. Optica, 7(6): 726-733.

Dunne R, Takahashi Y, Mawatari K, et al. 2012. Development of a stacked WCSP package platform using TSV (through silicon via) technology. Electronic Components and Technology

Conference (ECTC), San Diego: 1062-1067.

Ebersberger B, Lee C. 2008. Cu pillar bumps as a lead-free drop-in replacement for solder-bumped, flip-chip interconnects. 58th Electronic Components & Technology Conference, Lake Buena Vista : 59-66.

Eggleton B J, Luther-Davies B, Richardson K. 2011. Chalcogenide photonics. Nature Photonics, 5(3): 141-148.

El Kurdi M, Fishman G, Sauvage S, et al. 2010. Band structure and optical gain of tensile-strained germanium based on a 30 band k(centre dot)p formalism. Journal of Applied Physics, 107(1): 013710.

Erp R V, Soleimanzadeh R, Nela L, et al. 2020. Co-designing electronics with microfluidics for more sustainable cooling. Nature, 585(7824): 211-216.

Fadaly E M, Dijkstra A, Suckert J R, et al. 2020. Direct-bandgap emission from hexagonal Ge and SiGe alloys. Nature, 580(7802): 205-209.

Faist J, Capasso F, Sivco D L, et al. 1994. Quantum cascade laser. Science, 264(5158): 553-556.

Fan M, Popovic M A, Kartner F X. 2007. High directivity, vertical fiber-to-chip coupler with anisotropically radiating grating teeth. Conference on Lasers and Electro-Optics, Baltimore: 791-792.

Fandiño J, Muñoz P, Doménech D, et al. 2017. A monolithic integrated photonic microwave filter. Nature Photonics, 11(2): 124-129.

Fang C L, Huang Q C, Fan Y, et al. 2016. Efficient performance modeling of analog integrated circuits via kernel density based sparse regression. ACM/EDAC/IEEE Design Automation Conference, Austin: 1-6.

Fei W X, Te B, Masayuki I, et al. 2020. Oxidized Si terminated diamond and its MOSFET operation with SiO_2 gate insulator. Applied Physics Letters, 116(26): 269901.

Feldmann J, Youngblood N, Wright C D, et al. 2019. All-optical spiking neurosynaptic networks with self-learning capabilities. Nature, 569(7755): 208-214.

Fontaine N K, Ryf R, Chen H S, et al. 2019. Laguerre-Gaussian mode sorter. Nature Communications, 10(1): 1865.

Fossum E R. 1997. CMOS image sensors: Electronic camera-on-a-chip. IEEE Transactions on Electron Devices, 44(10): 1689-1698.

Furber S B, Galluppi F, Temple S, et al. 2014. The spinnaker project. Proceedings of the IEEE,

102(5): 652-665.

Gao A Y, Lai J W, Wang Y J, et al. 2019. Observation of ballistic avalanche phenomena in nanoscale vertical InSe/BP heterostructures. Nature Nanotechnology, 14(3): 217-222.

Gao F, Wang J H, Watzinger H, et al. 2020. Site-controlled uniform Ge/Si hut wires with electrically tunable spin-orbit coupling. Advanced Materials(Deerfield Beach, Fla.), 32(16): e1906523.

Ghosh-Dastidar S, Adeli H. 2009. Spiking neural network. International Journal of Neural Systems, 19: 295-308.

Goi E, Zhang Q M, Chen X, et al. 2020. Perspective on photonic memristive neuromorphic computing. PhotoniX, 1(3): 1-26.

Gong H H, Chen X H, Xu Y, et al. 2020. A 1.86-kV double-layered NiO/β-Ga_2O_3 vertical p–n heterojunction diode. Applied Physics Letters, 117(2): 022104.

Gong H H, Yu X X, Xu Y, et al. 2021. β-Ga_2O_3 vertical heterojunction barrier Schottky diodes terminated with p-NiO field limiting rings. Applied Physics Letters, 118(20): 202102.

Gong H H, Zhou F, Xu W Z, et al. 2021. 1.37 kV/12 a NiO/β-Ga_2O_3 heterojunction diode with nanosecond reverse recovery and rugged surge-current capability. IEEE Transactions on Power Electronics, 36(11): 12213-12217.

Goodman H L C. 1982. Direct-gap group Ⅳ semiconductors based on tin. IEE Proceedings Ⅰ (Solid-State and Electron Devices), 129(5): 189-192.

Goossens S, Navickaite G, Monasterio C, et al. 2017. Broadband image sensor array based on graphene-CMOS integration. Nature Photonics, 11(6): 366-371.

Green A J, Chabak K D, Baldini M, et al. 2017. β-Ga_2O_3 MOSFETs for radio frequency operation. IEEE Electron Device Letters, 38(6): 790-793.

Green W M, Rooks M J, Sekaric L, et al. 2007. Ultra-compact, low RF power, 10 Gb/s silicon Mach-Zehnder modulator. Optics Express, 15(25): 17106-17113.

Gregory C, Lueck M, Huffman A, et al. 2012. High density metal-metal interconnect bonding with pre-applied fluxing underfill. Electronic Components & Technology Conference, San Diego: 20-25.

Grosche G, Terra O, Predehl K, et al. 2009. Optical frequency transfer via 146 km fiber link with 10-19 relative accuracy. Optics Letters, 34(15): 2270-2272.

Grotjohn T A, Tran D T, Yaran M K, et al. 2014. Heavy phosphorus doping by epitaxial growth on the (111) diamond surface. Diamond and Related Materials, 44: 129-133.

Guan H, Lv D, Zhong T, et al. 2020. Self-powered, wireless-control, neural-stimulating electronic skin for in vivo characterization of synaptic plasticity. Nano Energy, 67: 104182.

Gulledge A T, Carnevale N T, Stuart G J. 2012. Electrical advantages of dendritic spines. PLoS ONE, 7(4): e36007.

Gupta S, Navaraj W T, Lorenzelli L, et al. 2018. Ultra-thin chips for high-performance flexible electronics. NPJ Flexible Electronics, 2(1): 50-66.

Hamann H F, Boyle M O, Martin Y C, et al. 2006. Ultra-high-density phase-change storage and memory. Nature Materials, 5(5): 383-387.

Hamaoka F, Nakamura M, Okamoto S, et al. 2019. Ultra-wideband WDM transmission in S-, C-, and L-bands using signal power optimization scheme. Journal of Lightwave Technology, 37(8): 1764-1771.

Hamerly R, Bernstein L, Sludds A, et al. 2019. Large-scale optical neural networks based on photoelectric multiplication. Physical Review X, 9(2): 021032.

Han S J, Cao Q, Tersoff J, et al. 2015. End-bonded contacts for carbon nanotube transistors with low, size-independent resistance. Science, 350(6256): 68-72.

Han S J, Tang J S, Kumar B, et al. 2017. High-speed logic integrated circuits with solution-processed self-assembled carbon nanotubes. Nature Nanotechnology, 12(9): 861-865.

Han S, Liu X Y, Mao H Z, et al. 2016. EIE: efficient inference engine on compressed deep neural network. Computer Architecture News, 44(3): 243-254.

Han S, Wang K K. 1997. Study on the pressurized underfill encapsulation of flip chips. IEEE Transactions on Components, Packaging, and Manufacturing Technology: Part B, 20(4): 434-442.

Hao Y, Xiang S Y, Han G Q, et al. 2021. Recent progress of integrated circuits and optoelectronic chips. Science China Information Sciences, 64(10): 99-131.

Hatori N, Shimizu T, Okano M, et al. 2014. A hybrid integrated light source on a silicon platform using a trident spot-size converter. Journal of Lightwave Technology, 32(7): 1329-1336.

He M B, Xu M Y, Ren Y X, et al. 2019. High-performance hybrid silicon and lithium niobate Mach-Zehnder modulators for 100 $Gbits^{-1}$ and beyond. Nature Photonics, 13(5): 359-364.

Hedler H, Meyer T, Vasquez B. 2001. Transfer wafer-level packaging. U.S. Patent: US6727576.

Hendrickx N W, Lawrie W I L, Russ M, et al. 2021. A four-qubit germanium quantum processor.

Nature, 591(7851): 580-585.

Hills G, Lau C, Wright A, et al. 2019. Modern microprocessor built from complementary carbon nanotube transistors. Nature, 572(7771): 595-602.

Hirama K, Hidenori T, Shintaro Y, et al. 2007. High-performance p-channel diamond MOSFETs with alumina gate insulator. 2007 IEEE International Electron Devices Meeting (IEDM), Washington, DC: 873-876.

Hirsch J E. 1999. Spin hall effect. Physical Review Letters, 83(9): 1834-1837 .

Ho S W, Hsiang-ao H, Lim S S B, et al. 2018. Development of FO-WLP package-on-package using RDL-first integration flow. 2018 Electronics Packaging Technology Conference, Singapore: 612-617.

Honda W, Harada S, Ishida S, et al. 2015. High-performance, mechanically flexible, and vertically integrated 3D carbon nanotube and InGaZnO complementary circuits with a temperature sensor. Advanced Materials(Deerfield Beach, Fla.), 27(32): 4674-8046.

Hong J X, Qiu F, Spring A M, et al. 2018. Silicon waveguide grating coupler based on a segmented grating structure. Applied Optics, 57(12): 3301-3305.

Hsiao T K, Rubino A, Chung Y, et al. 2020. Single-photon emission from single-electron transport in a SAW-driven lateral light-emitting diode. Nature Communications, 11(1): 917.

Hu G H, Cui Y P, Yang Y D, et al. 2019. Optical beamformer based on diffraction order multiplexing (dom) of an arrayed waveguide grating. Journal of Lightwave Technology, 37(13): 2898-2904.

Hua Q, Sun J, Liu H, et al. 2018. Skin-inspired highly stretchable and conformable matrix networks for multifunctional sensing. Nature Communications, 9(1): 244.

Huang C T, Li J Y, Sturm J C. 2013. Very low electron density in undoped enhancement-mode Si/SiGe two-dimensional electron gases with thin SiGe cap layers. ECS Transactions, 53(3): 45-50.

Huang Q, Fang C, Yang F, et al. 2016. Efficient performance modeling via dual-prior Bayesian model fusion for analog and mixed-signal circuits. ACM/EDAC/IEEE Design Automation Conference, Austin: 1-6.

Huang S, Tjoelker R L. 2006. Stabilized photonic links for frequency and time transfer in antenna arrays. 38th Annual Precise Time and Time Interval Systems and Applications Meeting, Reston: 29-30.

Huang W, Yang C H, Chan K W, et al. 2019. Fidelity benchmarks for two-qubit gates in silicon. Nature, 569(7757): 532-536.

Hutin L, Maurand R, Kotekar-Patil D, et al. 2016. Si CMOS platform for quantum information processing. IEEE Symposium on VLSI Technology, Honolulu: 1-2.

Ignatov A, Timofte R, Kulik A, et al. 2019. AI benchmark: All about deep learning on smartphones in 2019. IEEE International Conference on Computer Vision Workshops, Seoul: 3617-3635.

Ikeda S. 2003. Technology for High-Density and High-Performance Static Random Access Memory. Tokyo Metropolis: Tokyo Institute of Technology.

Imanishi S, Horikawa K, Oi N, et al. 2019. 3.8 W/mm RF power density for ALD Al_2O_3-based two- dimensional hole gas diamond MOSFET operating at saturation velocity. IEEE Electron Device Letters, 40(2): 279-282.

Intel. 2022. Over 50 years of Moore's law. https: //www.intel.com/content/www/us/en/siliconinnovations/moores-law-technology.html [2022-11-04].

Iwasaki T, Yaita J, Kato H, et al. 2014. 600 V diamond junction field-effect transistors operated at 200℃ . IEEE Electron Device Letters, 35(2): 241-243.

James D. 2010. Recent innovations in DRAM manufacturing. 2010 IEEE/SEMI Advanced Semiconductor Manufacturing Conference (ASMC), San Francisco: 264-269.

Jantsch W, Kocher G, Palmetshofer L, et al. 2001. Optimisation of Er centers in Si for reverse biased light emitting diodes. Materials Science and Engineering: B, 81(1-3): 86-90.

Jehanno C, Sardon H. 2019. Dynamic polymer network points the way to truly recyclable plastics. Nature, 568(7753): 467-468.

Jerger M, Poletto S, Macha P, et al. 2012. Frequency division multiplexing readout and simultaneous manipulation of an array of flux qubits. Applied Physics Letters, 101(4): 042604.

Jiang D W, Han X, Hao H Y, et al. 2017. Significantly extended cutoff wavelength of very long-wave infrared detectors based on InAs/GaSb/InSb/GaSb superlattices. Applied Physics Letters, 111(16): 161101-161104.

Jiang F Y, Zhang J L, Xu L Q, et al. 2019. Efficient InGaN-based yellow-light-emitting diodes. Phonoics Research, 7(2): 144-148.

Jiang H Y, Yan L S, Marpaung D. 2018. Chip-based arbitrary radio-frequency photonic filter with algorithm-driven reconfigurable resolution. Optics Letters, 43(3): 415-418.

Jiao L Y, Wang X R, Diankov G, et al. 2010. Facile synthesis of high-quality graphene nanoribbons. Nature Nanotechnology, 5(5): 321-325.

Jin S L, Xu L T, Rosborough V, et al. 2016. RF frequency mixer photonic integrated circuit. IEEE Photonics Technology Letters, 28(16): 1771-1773.

Joshi A, Batten C, Kwon Y J, et al. 2009. Silicon-photonic clos networks for global on-chip communication. ACM/IEEE International Symposium on Networks-on-Chip, La Jolla: 124-133.

Julliere M. 1975. Tunneling between ferromagnetic films. Physics Letters A, 54(3): 225-226.

Justice J, Bower C, Meitl M, et al. 2012. Wafer-scale integration of group III-V lasers on silicon using transfer printing of epitaxial layers.Nature Photonics, 6(9): 610-614.

Kamyshny A, Magdassi S. 2019. Conductive nanomaterials for 2D and 3D printed flexible electronics. Chemical Society Reviews, 48(6): 1712-1740.

Kang J H, Matsumoto Y, Li X, et al. 2018. On-chip intercalated-graphene inductors for next-generation radio frequency electronics. Nature Electronics, 1(1): 46-51.

Kannan B, Campbell D L, Vasconcelos F, et al. 2020. Generating spatially entangled itinerant photons with waveguide quantum electrodynamics. Science Advances, 6(41): eabb8780.

Kautz W H. 1969. Cellular logic-in-memory arrays. IEEE Transactions on Computers, 18(8): 719-727.

Kawanami H. 2001. Heteroepitaxial technologies of III-V on Si. Solar Energy Materials and Solar Cells, 66(1/4): 479-486.

Kawarada H, Makoto A, Masahiro I. 1994. Enhancement mode metal-semiconductor field effect transistors using homoepitaxial diamonds. Applied Physics Letters, 65(12): 1563-1565.

Kawarada H, Yamada T, Xu D C, et al. 2017. Durability-enhanced two-dimensional hole gas of C-H diamond surface for complementary power inverter applications. Scientific Reports, 7: 42368.

Kazior T E, Laroche J R, Lubyshev D, et al. 2009. A high performance differential amplifier through the direct monolithic integration of InP HBTs and Si CMOS on silicon substrate. IEEE/MTT-S International Microwave Symposium (IMS 2009), Boston : 1113-1116.

Keser B, Amrine C, Duong T, et al. 2007. The redistributed chip package: A breakthrough for advanced packaging. 57th Electronic Components & Technology Conference, Sparks: 286-291.

Keyvaninia S, Muneeb M, Stanković S. 2013. Ultra-thin DVS-BCB adhesive bonding of III-V wafers, dies and multiple dies to a patterned silicon on insulator substrate. Optical Materials Express, 3(1): 35-46.

Khilo A, Spector S J, Grein M E, et al. 2012. Photonic ADC: Overcoming the bottleneck of electronic jitter. Optics Express, 20(4): 4454-4469.

Khong C H, Kumar A, Zhang X, et al. 2009. A novel method to predict die shift during compression molding in embedded wafer level package. 2009 Electronic Components and Technology Conference, San Diego : 535-541.

Kitayama K I, Notomi M, Naruse M, et al. 2019. Novel frontier of photonics for data processing-photonic accelerator. APL Photonics, 4(9): 090901.

Ko C T, Chen K N. 2010. Wafer-level bonding/stacking technology for 3D integration. Microelectronics Reliability, 50(4): 481-488.

Ko C T, Chen K N. 2012. Low temperature bonding technology for 3D integration. Microelectronics Reliability, 52(2): 302-311.

Ko C T, Yang H, Lau J H, et al. 2018. Chip-first fan-out panel-level packaging for heterogeneous integration. IEEE Transactions on Components, Packaging and Manufacturing Technology, 8(9): 1561-1572.

Kodama S, Fujimotot K, Kim Y, et al. 2015. Review of wafer-level three-dimensional integration (3DI) using bumpless interconnects for tera-scale generation. IEICE Electronics Express, 12(7): 20152002.

Konstantatos G, Badioli M, Gaudreau L, et al. 2012. Hybrid graphene-quantum dot phototransistors with ultrahigh gain. Nature Nanotechnology, 7(6): 363-368.

Kripesh V, Rao V S, Kumar A, et al. 2008. Design and development of a multi-die embedded micro wafer level package. 58th Electronic Components & Technology Conference, Orlando: 1544-1549.

Kull L, Toifl T, Schmatz M, et al. 2014. A 90 GS/s 8b 667 mW 64 × interleaved SAR ADC in 32 nm digital SOI CMOS. IEEE International Solid-State Circuits Conference, San Francisco: 378-379.

Kum H, Lee D, Wei K, et al. 2019. Epitaxial growth and layer-transfer for heterogeneous integration of materials for electronic and photonic devices. Nature Electronics, 2(10): 439-450.

Kurino H, Lee K W, Nakamura T, et al. 1999. Intelligent image sensor chip with three dimensional structure. International Electron Devices Meeting, Washington: 879-882.

Kurpiers P, Magnard P, Walter T, et al. 2018. Deterministic quantum state transfer and remote entanglement using microwave photons. Nature, 558(7709): 264-267.

Kushimoto M, Tanikawa T, Honda Y, et al. 2015. Optically pumped lasing properties of InGaN/GaN stripe multiquantum wells with ridge cavity structure on patterned (001) Si substrates. Applied Physics Express, 8(2): 022702.

Lai R, Mei X B, Deal W R, et al. 2007. Sub 50 nm InP HEMT device with fmax greater than 1THz. 2007 IEEE International Electron Devices Meeting, Washington, DC: 609-611.

Larkum M E, Nevian T, Sandler M, et al. 2009. Synaptic integration in tuft dendrites of layer 5 pyramidal neurons: A new unifying principle. Science, 325(5941): 756-760.

Lau J H. 2019. Recent advances and trends in fan-out wafer/panel-level packaging. Journal of Electronic Packaging, 141(4): 040801.

Lau J H, Li M, Qingqian M L, et al. 2018. Fan-out wafer-level packaging for heterogeneous integration. IEEE Transactions on Components Packaging and Manufacturing Technology, 8(9): 1544-1560.

Lau J H, Zhang Q L, Li M, et al. 2015. Stencil printing of underfill for flip chips on organic-panel and Si-wafer substrates. IEEE Transactions on Components Packaging and Manufacturing Technology, 5(7): 1027-1035.

Lau K Y, Lutes G F, Tjoelke R L. 2014. Ultra-stable RF-over-fiber transport in NASA antennas, phased arrays and radars. Journal of Lightwave Technology, 32(20): 3440-3451.

Lauhon L J, Gudiksen M S, Wang D, et al. 2002. Epitaxial core-shell and core-multishell nanowire heterostructures. Nature, 420(6911): 57-61.

Lee B C, Zhou P, Yang J, et al. 2010. Phase-change technology and the future of main memory. IEEE Micro, 30(1): 143.

Lee D, Lee B H, Yoon J, et al. 2016. Three-dimensional fin-structured semiconducting carbon nanotube network transistor. ACS Nano, 10(12): 10894-10900.

Lee J C, Kim J, Kim K W, et al. 2016. High bandwidth memory(HBM) with TSV technique. International SoC Design Conference, Jeju Island: 181-182.

Lee M J, Lee C B, Lee D, et al. 2011. A fast, high-endurance and scalable non-volatile memory device made from asymmetric Ta_2O_{5-x}/TaO_{2-x} bilayer structures. Nature Materials, 10(8): 625-630.

Lee Y H D, Lipson M. 2013. Back-end deposited silicon photonics for monolithic integration on CMOS. IEEE Journal of Selected Topics in Quantum Electronics, 19(2): 409-415.

Lega M C. 1988. Mapping properties of multi-level logic synthesis operations. IEEE International

Conference on Computer Design: VLSI, Rye Brook : 257-261.

Lelarasmee E, Ruehli A E, Sangiovanni-Vincentelli A L. 1982. The waveform relaxation method for time-domain analysis of large scale integrated circuits. IEEE Transactions on Computer-Aided Design of Integrated Circuits and Systems, 1(3): 131-145.

Li D W, Hou D, Hu E M, et al. 2014. Phase conjugation frequency dissemination based on harmonics of optical comb at 1017 instability level. Optics Letters, 39(17): 5058-5061.

Li J G, Mengu D, Luo Y, et al. 2019. Class-specific differential detection in diffractive optical neural networks improves inference accuracy. Advanced Photonics, 1(4): 2-14.

Li R M, Li W Z, Ding M L, et al. 2017. Demonstration of a wideband microwave photonic synthetic aperture radar based on photonic-assisted signal generation and stretch processing. Optics Express, 25(13): 14334-14340.

Li W S, Hu Z Y, Nomoto K, et al. 2018. 2.44 kV Ga_2O_3 vertical trench Schottky barrier diodes with very low reverse leakage current. IEEE International Electron Devices Meeting (IEDM), 8(5): 1-4.

Li W, Wang W T, Sun W H, et al. 2014. Stable radio-frequency phase distribution over optical fiber by phase-drift auto-cancellation. Optics Letters, 39(15): 4294-4296.

Li X L, Wang X R, Zhang L, et al. 2008. Chemically derived, ultrasmooth graphene nanoribbon semiconductors. Science, 319(5867): 1229-1232.

Li X Y, Tang J S, Zhang Q T, et al. 2020. Power-efficient neural network with artificial dendrites. Nature Nanotechnology, 15(9): 776-782.

Li Z, Cheng Y A, Xu Y, et al. 2020. High-performance β-Ga_2O_3 solar-blind Schottky barrier photodiode with record detectivity and ultrahigh vain via carrier multiplication process. IEEE Electron Device Letters, 41(12): 1794-1797.

Liao Q W, Qi N, Li M F, et al. 2020. A 50-Gb/s PAM4 Si-photonic transmitter with digital-assisted distributed driver and integrated CDR in 40-nm CMOS. IEEE Journal of Solid-State Circuits, 55(5): 1282-1296.

Lim C, Tian Y, Ranaweera C, et al. 2019. Evolution of radio-over-fiber technology. Journal of Lightwave Technology, 37(6): 1647-1656.

Lin C H, Yuda Y, Wong M H, et al. 2019. Vertical Ga_2O_3 Schottky barrier diodes with guard ring formed by nitrogen-ion implantation. IEEE Electron Device Letters, 40(9): 1487-1490.

Lin H T, Luo Z Q, Gu T, et al. 2018. Mid-infrared integrated photonics on silicon: A perspective.

Nanophotonics, 7(2): 393-420.

Lin H T, Song Y, Huang Y Z, et al. 2017. Chalcogenide glass-on-graphene photonics. Nature Photonics, 11(12): 798-805.

Lin J J, You T G, Jin T T, et al. 2020. Wafer-scale heterogeneous integration InP on trenched Si with a bubble-free interface. APL Materials, 8(5): 051110.

Lin J J, You T G, Wang M, et al. 2018. Efficient ion-slicing of InP thin film for Si-based hetero-integration. Nanotechnology, 29(50): 504002.

Lin X, Rivenson Y, Yardimci N T, et al. 2018. All-optical machine learning using diffractive deep neural networks. Science, 361(6406): 1004-1008.

Lin Y M, Chiu H Y, Jenkins K A, et al. 2010. Dual-gate graphene FETs with f(T) of 50 GHz. IEEE Electron Device Letters, 31(1): 68-70.

Lin Y, Jenkins K A, Valdes-Garcia A, et al. 2009. Operation of graphene transistors at gigahertz frequencies. Nano Letters, 9(1): 422-426.

Lindenmann N, Kaiser I, Balthasar G, et al. 2011. Photonic waveguide bonds–a novel concept for chip-to-chip Interconnects. Optical Fiber Communication Conference and Exposition, Los Angeles: 2942-2944.

Liu A, Jones R, Liao L, et al. 2004. A high-speed silicon optical modulator based on a metal-oxide-semiconductor capacitor. Nature, 427(6975): 615-618.

Liu B, Wang Y, Yu Z P, et al. 2009. Analog circuit optimization system based on hybrid evolutionary algorithms. Integration, 42(2): 137-148.

Liu D P, Park S. 2014. Three-dimensional and 2.5 dimensional interconnection technology: State of the art. Journal of Electronic Packaging, 136(1): 014001.

Liu F, Wang Y P, Chai K, et al. 2001. Characterization of molded underfill material for flip chip ball grid array packages.Electronic Components & Technology Conference, IEEE, Orlando.

Liu J F, Sun X C, Camacho-Aguilera R, et al. 2010. Ge-on-Si laser operating at room temperature. Optics Letters, 35(5): 679-681.

Liu K, Li N, Sadana D K, et al. 2016. Integrated nanocavity plasmon light sources for on-chip optical interconnects. ACS Photonics, 3(2): 233-242.

Liu L J, Han J, Xu L, et al. 2020. Aligned, high-density semiconducting carbon nanotube arrays for high-performance electronics. Science, 368(6493): 850-856.

Liu Q, Gao B, Yao P, et al. 2020. 33.2 A fully integrated analog ReRAM based 78.4TOPS/W compute-in-memory chip with fully parallel MAC computing. IEEE International Solid-State Circuits Conference, San Francisco: 500-502.

Liu R, Evans A, Chen L, et al. 2017. Single event transient and TID study in 28 nm UTBB FDSOI technology. IEEE Transactions on Nuclear Science, 64(1): 113-118.

Liu Y, Isaac B, Kalka Vage J, et al. 2019. 93-GHz signal beam steering with true time delayed integrated optical beamforming network. Optical Fiber Communication Conference and Exhibition, San Diego: 1635-1637.

Liu Y, Wichman A, Isaac B, et al. 2017. Tuning optimization of ring resonator delays for integrated optical beam forming networks. Journal of Lightwave Technology, 35(22): 4954-4960.

Liu Y, Zhang J S, Peng L M. 2018. Three-dimensional integration of plasmonics and nanoelectronics. Nature Electronics, 1(12): 644-651.

Liu Y, Zhou H L, Weiss N O, et al. 2015. High-performance organic vertical thin film transistor using graphene as a tunable contact. ACS Nano, 9(11): 11102-11108.

Lu T M, Tsui D C, Lee C H, et al. 2009. Observation of two-dimensional electron gas in a Si quantum well with mobility of 1.6×10^6 cm^2/Vs. Applied Physics Letters, 94(18): 182102-182103.

Ma M, Chen S, Wu P I, et al. 2016. The development and the integration of the 5 μm to 1 μm half pitches wafer level Cu redistribution layers. 2016 IEEE 66th Electronic Components and Technology Conference, Las Vegas: 1509-1514.

Ma S Y, Wang J, Zhen F X, et al. 2018. Embedded silicon fan-out (eSiFO): A promising wafer level packaging technology for multi-chip and 3D system integration. 2018 IEEE 68th Electronic Components and Technology Conference, San Diego: 1493-1498.

Maegami Y, Takei R, Omoda E, et al. 2015. Spot-size converter with a SiO_2 spacer layer between tapered Si and SiON waveguides for fiber-to-chip coupling. Optic Express, 23(16): 21287-21295.

Marchetti R, Lacava C, Carroll L, et al. 2019.Coupling strategies for silicon photonics integrated chips. Photonics Research, 7(2): 201-239.

Marpaung D, Morrison B, Pagani M, et al. 2015. Low-power, chip-based stimulated Brillouin scattering microwave photonic filter with ultrahigh selectivity. Optica, 2(2): 76-83.

Masoodian S, Rao A, Ma J, et al. 2015. A 2.5 pJ/b binary image sensor as a pathfinder for quanta image sensors. IEEE Transactions on Electron Devices, 63(1): 100-105.

Matsuhisa N, Inoue D, Zalar P, et al. 2017. Printable elastic conductors by in situ formation of silver nanoparticles from silver flakes. Nature Materials, 16(8): 834-840.

Mattson P, Tang H L, Wei G Y, et al. 2020. MLPerF: an industry standard benchmark suite for machine learning performance. IEEE Micro, 40(2): 8-16.

Mei X B, Yoshida W, Lange M, et al.2015. First demonstration of amplification at 1 THz using 25 nm InP high electron mobility transistor process. IEEE Electron Device Letters, 36(4): 327-329.

Merolla P A, Arthur J V, Alvarez-Icaza R, et al. 2014. A million spiking-neuron integrated circuit with a scalable communication network and interface. Science, 345(6197): 668-673.

Mi X, Benito M, Putz S, et al. 2018. A coherent spin-photon interface in silicon. Nature, 555(7698): 599-603.

Mihaila A, Knoll L, Bianda E, et al. 2018. The current status and future prospects of SiC high voltage technology. IEEE International Electron Devices Meeting (IEDM), San Francisco: 1-4.

Mills A R, Zajac D M, Gullans M J, et al. 2019. Shuttling a single charge across a one-dimensional array of silicon quantum dots. Nature Communications, 10(1): 1063.

Mizuno S, Fujita K, Yamamoto H, et al. 2003. A 256 × 256 compact CMOS image sensor with on-chip motion detection function. IEEE Journal of Solid-State Circuits, 38(6): 1072-1075.

Moon H C, Lodge T P, Frisbie C D. 2014. Solution-processable electrochemiluminescent ion gels for flexible, low-voltage, emissive displays on plastic. Journal of the American Chemical Society, 136(9): 3705-3712.

Morales A M, Lieber C M. 1998. A laser ablation method for the synthesis of crystalline semiconductor nanowires. Science, 279(5348): 208-211.

Mu X, Wu S, Cheng L, et al. 2019.High-performance silicon nitride fork-shape edge coupler. Washington: Optical Society of America.

Murai Y, Ayala C L, Takeuchi N, et al. 2017. Development and demonstration of routing and placement EDA tools for large-scale adiabatic quantum-flux-parametron circuits. Transactions on Applied Superconductivity, 27(6): 130229.

Myers E B, Ralph D C, Katine J A, et al. 1999. Current-induced switching of domains in magnetic multilayer devices. Science, 285(5429): 867-870.

Nagatani M, Wakita H, Jyo T, et al. 2018. A 256 Gbps PAM-4 signal generator IC in 0.25 μm InP

DHBT technology. 2018 IEEE BiCMOS and Compound Semiconductor Integrated Circuits and Technology Symposium (BCICTS), San Diego: 28-31.

Nahmias M A, Shastri B J, Tait A N, et al. 2013. A leaky integrate-and-fire laser neuron for ultrafast cognitive computing. IEEE Journal of Selected Topics in Quantum Electronics, 19(5): 1-12.

Naik V B, Lee K, Yamane K, et al. 2019. Manufacturable 22 nm FD-SOI embedded MRAM technology for industrial-grade MCU and IOT applications. 2019 IEEE International Electron Devices Meeting, San Francisco: 2.3.1-2.3.4.

Nakagome Y, Horiguchi M, Kawahara T, et al. 2003. Reviews and future prospects of low-voltage RAM circuits. IBM Journal of Research and Development, 47(5/6): 525-552.

Nakamura T, Yashiki K, Mizutani K, et al. 2019. Fingertip-size optical module, optical I/O core, and its application in FPGA. IEICE Transactions on Electronics, 102(4): 333-339.

Navarro-Urrios D, Melchiorri M, Daldosso N, et al. 2006. Optical losses and gain in silicon-rich silica waveguides containing Er ions. Journal of Luminescence, 121(2): 249-255.

Nayak L, Mohanty S, Nayak S K, et al. 2019. A review on inkjet printing of nanoparticle inks for flexible electronics. Journal of Materials Chemistry C, 7(29): 8771-8795.

Nimura M, Mizuno J, Sakuma K, et al. 2011. Solder/adhesive bonding using simple planarization technique for 3D integration. IEEE Electronic Components and Technology Conference, Lake Buena Vista: 1147-1152.

Nimura M, Mizuno J, Shigetou A, et al. 2013. Hybrid Au-Au bonding technology using planar adhesive structure for 3D Integration. Electronic Components and Technology Conference, Las Vegas, Nevada: 1153-1157.

Ning B, Hou D, Zheng T, et al. 2013. Hybrid analog-digital fiber-based radio-frequency signal distribution. IEEE Photonics Technology Letters, 25(16): 1551-1554.

Ninomiya T, Muraoka S, Wei Z, et al. 2013. Improvement of data retention during long-term use by suppressing conductive filament expansion in TaO_x bipolar-RERAM. IEEE Electron Device Letters, 34(6): 762-764.

O'malley G, Giesler J, Machuga S. 1994. The importance of material selection for flip chip on board assemblies. IEEE Transactions on Components, Packaging, and Manufacturing Technology: Part B, IEEE, 17(3): 248-255.

Ohba T. 2019. Three-dimensional (3D) integration technology. ECS Transactions, 34(1): 1011-

1016.

Owczarek M, Hujsak K A, Ferris D P, et al. 2016. Flexible ferroelectric organic crystals. Nature Communications, 7: 13108.

Ozer E, Kufel J, Myers J, et al. 2020. A hardwired machine learning processing engine fabricated with submicron metal-oxide thin-film transistors on a flexible substrate. Nature Electronics, 3(7): 419-429.

Pan S L, Wei J, Zhang F Z. 2016. Passive phase correction for stable radio frequency transfer via optical fiber. Photonic Network Communication, 31(2): 327-335.

Pan S, Zhu D, Liu S F, et al. 2015. Satellite payloads pay off. IEEE Microwave Magazine, 16(8): 61-73.

Parikh P, Wu Y, Shen L, et al. 2018. Gan power commercialization with highest quality-highest reliability 650 V HEMTs-requirements, successes and challenges. 2018 IEEE International Electron Devices Meeting (IEDM), San Francisco: 1-4.

Park H, Fang A, Kodama S, et al. 2005. Hybrid silicon evanescent laser fabricated with a silicon waveguide and III-V offset quantum wells. Optics Express, 13(23): 9460-9464.

Park J, Jeong B G, Sun I K, et al. 2021. All-solid-state spatial light modulator with independent phase and amplitude control for three-dimensional LiDAR applications. Nature Nanotechnology, 16(1): 69-76.

Patel C K N, Troccoli M, Barron-Jimenez R. 2019. Quantum cascade lasers: 25 years after the first demonstration. Technologies for Optical Countermeasures XVI, Strasbourg: 11161.

Patra B, van Dijk J P G, Corna A, et al. 2020. A scalable cryo-CMOS 2-to-20 GHz digitally intensive controller for 4×32 frequency multiplexed spin qubits/transmons in 22 nm FinFET technology for quantum computers. IEEE International Solid-State Circuits Conference, San Francisco: 304-306.

Pei J, Deng L, Song S, et al. 2019. Towards artificial general intelligence with hybrid Tianjic chip architecture. Nature, 572(7767): 106-111.

Penfield P, Rubinstein J, Horowitz M A. 1981. Signal delay in RC tree networks. IEEE Transactions on Computer-Aided Design of Integrated Circuits and Systems, 2(3): 202-211.

Peng H T, Angelatos G, de Lima T F, et al. 2019. Temporal information processing with an integrated laser neuron. IEEE Journal of Selected Topics in Quantum Electronics, 26(1): 1-9.

Peng H T, Nahmias M A, de Lima T F, et al. 2018. Neuromorphic photonic integrated circuits.

IEEE Journal of Selected Topics in Quantum Electronics, 24(6): 1-15.

Pérez D, Gasulla I, Crudgington L, et al. 2017. Multipurpose silicon photonics signal processor core. Nature Communications, 8(1): 636.

Petta J R, Johnson A C, Taylor J M, et al. 2005. Coherent manipulation of coupled electron spins in semiconductor quantum dots. Science, 309(5744): 2180-2184.

Phare C T, Shin M C, Sharma J, et al. 2018. Silicon optical phased array with grating lobe-free beam formation over 180 degree field of view. Conference on Lasers and Electro-Optics, San Jose: 2926-2927.

Phelps R, Krasnicki M, Rutenbar R A, et al. 2000. Anaconda: simulation-based synthesis of analog circuits via stochastic pattern search. IEEE Transactions on Computer-Aided Design of Integrated Circuits and Systems, 19(6): 703-717.

Picard M J, Latrasse C, Larouche C, et al. 2016. CMOS-compatible spot-size converter for optical fiber to sub-um silicon waveguide coupling with low-loss low-wavelength dependence and high tolerance to misalignment. Silicon Photonics XI. International Society for Optics and Photonics, 9752: 97520 W.

Pinguet T, Analui B, Balmater E, et al. 2008. Monolithically integrated high-speed CMOS photonic transceivers. IEEE International Conference on Group IV Photonics, Sorrento: 362-364.

Pirovano A, Lacaita A L, Benvenuti A, et al. 2004. Phase-change materials for rewriteable data storage. IEEE Trans actions on Electron Devices, 51: 452-459 .

Pitsun D, Sultanov A, Novikov I, et al. 2020. Cross coupling of a solid-state qubit to an input signal due to multiplexed dispersive readout. Physical Review Applied, 14(5): 054059.

Podpod A, Slabbekoorn J, Phommahaxay A, et al. 2018. A novel fan-out concept for ultra-high chip-to-chip interconnect density with 20-μm pitch. IEEE 68th Electronic Components and Technology Conference, San Diego: 370-378.

Poulton C V, Byrd M J, Russo P, et al. 2019. Long-range lidar and free-space data communication with high-performance optical phased arrays. IEEE Journa of Selected Topics in Quantum Electronics, 25(5): 1-8.

Prinz G A. 1999. Magnetoelectronics, applications. Journal of Magnetism and Magnetic Materials, 200(1-3): 57-68.

Prucnal P R, Shastri B J, de Lima T F, et al. 2016. Recent progress in semiconductor excitable lasers for photonic spike processing. Advances in Optics and Photonics, 8(2): 228-299.

Qian C, Zheng B, Shen Y C, et al. 2020. Deep-learning-enabled self-adaptive microwave cloak without human intervention. Nature Photonics, 14(6): 383-390.

Qian X Y, Yu H, Chen S S. 2015. A global-shutter centroiding measurement CMOS image sensor with star region SNR improvement for star trackers. IEEE Transactions on Circuits & Systems for Video Technology, 26(8): 1555-1562.

Qiao N, Mostafa H, Corradi F, et al. 2015. A reconfigurable on-line learning spiking neuromorphic processor comprising 256 neurons and 128K Synapses. Frontiers in Neuroscience, 9: 141.

Qin Y, Dong H, Long S B, et al. 2019. Enhancement-mode β-Ga_2O_3 metal-oxide-semiconductor field-effect solar-blind phototransistor with ultrahigh detectivity and photo-to-dark current ratio. IEEE Electron Device Letters, 40(5): 742-745.

Qiu C G, Liu F, Xu L, et al. 2018. Dirac-source field-effect transistors as energy-efficient, high-performance electronic switches. Science, 361(6400): 387-392.

Qiu C G, Zhang Z Y, Xiao M M, et al. 2017. Scaling carbon nanotube complementary transistors to 5-nm gate lengths. Science, 355(6322): 271-276.

Ramsay E, Serrels K A, Thomson M J, et al. 2007. Three-dimensional nanometric sub-surface imaging of a silicon flip-chip using the two-photon optical beam induced current method. Microelectronics Reliability, 47(9/11): 1534-1538.

Raoux S. 2009. Phase Change Materials: Science and Applications. New York: Springer.

Razeghi M. 2020. High power, high wall-plug efficiency, high reliability, continuous-wave operation quantum cascade lasers at center for quantum devices. International Conference on Optical, Opto-Atomic, and Entanglement-Enhanced Precision Metrology, San Francisco: 112961.

Robertson J, Wade E, Kopp Y, et al. 2020. Toward neuromorphic photonic networks of ultrafast spiking laser neurons. IEEE Journal of Selected Topics in Quantum Electronics, 26(1): 1-15.

Romagnoli M, Sorianello V, Midrio M, et al. 2018. Graphene-based integrated photonics for next-generation datacom and telecom. Nature Reviews Materials, 3(10): 392-414.

Rutherglen C, Kane A A, Marsh P F, et al. 2019. Wafer-scalable, aligned carbon nanotube transistors operating at frequencies of over 100 GHz. Nature Electronics, 2(11): 530-539.

Ryan C A, Johnson B R, Ristè D, et al. 2017. Hardware for dynamic quantum computing. The Review of Scientific Instruments, 88(10): 104703.

Ryong T, Yang L, Hosoda N, et al. 1997. Wafer direct bonding of compound semiconductors and silicon at room temperature by the surface activated bonding method. Applied Surface Science, (117-118): 808-812.

Ryu S W, Lee P, Chou J B, et al. 2015. Extremely elastic wearable carbon nanotube fiber strain sensor for monitoring of human motion. ACS Nano, 9(6): 5929-5936.

Sabry A M M, Gao M, Hills G, et al. 2015. Energy-efficient abundant-data computing: the N3XT 1, 000x. Computer, 48(12): 24-33.

Safaei A, Chandra S, Shabbir M W, et al. 2019. Dirac plasmon-assisted asymmetric hot carrier generation for room-temperature infrared detection. Nature Communications, 10(1): 3498.

Saha N C, Kim S W, Oishi T, et al. 2021. 345-MW/cm^2 2608-V NO_2 p-type doped diamond MOSFETs with an Al_2O_3 passivation overlayer on heteroepitaxial diamond. IEEE Electron Device Letters, 42(6): 903-906.

Sakuma K, Sueoka K, Kohara S, et al. 2010. IMC bonding for 3D interconnection. Electronic Components and Technology Conference, Las Vegas: 864-871.

Samkharadze N, Bruno A, Scarlino P, et al. 2016. High-kinetic-inductance superconducting nanowire resonators for circuit QED in a magnetic field. Physical Review Applied, 5(4): 044004.

Sammak A, Sabbagh D, Hendrickx N W, et al. 2019. Shallow and undoped germanium quantum wells: A playground for spin and hybrid quantum technology. Advanced Functional Materials, 29(14): 1807613.

Samonji K, Yonezu H, Takagi Y, et al. 1996. Reduction of threading dislocation density in InP-on-Si heteroepitaxy with strained short-period superlattices. Applied Physics Letters, 69(1): 100-102.

Sánchez-Pérez J R, Boztug C, Chen F, et al. 2011. Direct-bandgap light-emitting germanium in tensilely strained nanomembranes. Proceedings of the National Academy of Sciences of the Uited States of America, 108(47): 18893-18898.

Sasaki K, Higashiwaki M, Kuramata A, et al. 2013. Ga_2O_3 Schottky barrier diodes fabricated by using single-crystal β-Ga_2O_3 (010) substrates. IEEE Electron Device Letters, 34(4): 493-495.

Sasama Y, Kageura T, Imura M, et al. 2022. High-mobility p-channel wide bandgap transistors based on h-bn/diamond heterostructures. Nature Electronics, 5(1): 37-44.

Schmid H, Borg M, Moselund K, et al. 2015. Template-assisted selective epitaxy of Ⅲ-Ⅴ nanoscale devices for co-planar heterogeneous integration with Si. Applied Physics Letters, 106(23): 233101-233105.

Schreck M, Stefan G, Rosaria B, et al. 2017. Ion bombardment induced buried lateral growth: The key mechanism for the synthesis of single crystal diamond wafers. Scientific Reports, 7: 44462.

Scott J F, Paz de Araujo C A. 1989. Ferroelectric memories. Science, 246(4936): 1400-1405.

Selmi F, Braive R, Beaudoin G, et al. 2014. Relative refractory period in an excitable semiconductor laser. Physical Review Letters, 112(18): 183902.

Selvaraja S K, Vermeulen D, Schaekers M, et al. 2009. Highly efficient grating coupler between optical fiber and silicon photonic circuit. Conference on Lasers and Electro-Optics & Quantum Electronics and Laser Science Conference (CLEO/QELS 2009), Baltimore: 1293-1294.

Shastri B J, Tait A N, de Lima T F, et al. 2021. Photonics for artificial intelligence and neuromorphic computing. Nature Photonics, 15(2): 102-114.

Shen W, Zeng P, Yang Z, et al. 2020. Chalcogenide glass photonic integration for improved 2 μm optical interconnection. Photonics Research, 8(9): 1484-1490.

Shen X S, Xia Z L, Yang T, et al. 2020. Hydrogen source and diffusion path for poly-Si channel passivation in Xtacking 3D NAND flash memory. IEEE Journal of the Electron Devices Society, 8: 1021-1024.

Shen Y C, Harris N C, Skirlo S, et al. 2017. Deep learning with coherent nanophotonic circuits. Nature Photonics, (11): 441-446.

Sherrington D, Kirkpatrick S. 1975. Solvable model of a spin-glass. Physical Review Letters, 35(26): 1792.

Shi T L, Buch C, Smet V, et al. 2017. First demonstration of panel glass fan-out (GFO) packages for high I/O density and high frequency multi-chip integration. 2017 IEEE 67th Electronic Components and Technology Conference, Orlando: 41-46.

Shimaoka T, Junichi H K, Kentaro O, et al. 2016. A diamond 14 MeV neutron energy spectrometer with high energy resolution. The Review of Scientific Instruments, 87(2): 023503.

Shukla S, Domican K, Secanell M. 2014. Effect of electrode patterning on PEM fuel cell performance using ink-jet printing method. ECS Transactions, 64(3): 341-352.

Shulaker M M, Wu T F, Pal A, et al. 2014. Monolithic 3D integration of logic and memory: Carbon nanotube FETs, resistive ram, and silicon FETs. 2015 IEEE International Electron Devices Meeting (IEDM), San Francisco: 1-4.

Si X, Chen J J, Tu Y N, et al. 2019. A twin-8t SRAM computation-in-memory unit-macro for multibit CNN-based AI edge processors. IEEE Journal of Solid-State Circuits, 55(1): 189-202.

Simmons J G. 1963. Generalized formula for the electric tunnel effect between similar electrodes separated by a thin insulating film. Journal of Applied Physics, 34(6): 1793-1803.

Smit M, Tol J V D, Hill M. 2012. Moore's law in photonics. Laser and Photonics Reviews, 6(1): 1-13.

Smit M, Williams K, van der Toi J J G M. 2019. Past, present, and future of InP-based photonic integration. Applied Physics Letters Photonics, 4(5): 050901.

Sobu Y, Huang G X, Tanaka S, et al. 2021. High-speed optical digital-to-analog converter operation of compact two-segment all-silicon Mach–Zehnder modulator. Journal of Lightwave Technology, 39(4): 1148-1154.

Son S, Min J, Jung E, et al. 2020. Characteristics of plasma-activated dielectric film surfaces for direct wafer bonding. IEEE Electronic Components and Technology Conference, Orlando: 2025-2032.

Song E, Li J H, Won S M, et al. 2020. Materials for flexible bioelectronic systems as chronic neural interfaces. Nature Materials, 19(6): 590-603.

Soref R, Kouvetakis J, Tolle J, et al. 2007. Advances in SiGeSn technology. Journal of Materials Research, 22(12): 3281-3291.

Stepikhova M, Andreev B, Krasil'nik Z, et al. 2001. Uniformly and selectively doped silicon: Erbium structures produced by the sublimation MBE method. Materials Science and Engineering: B, 81(1/3): 67-70.

Storm G, Henderson R, Hurwitz J E D, et al. 2006. Extended dynamic range from a combined linear-logarithmic CMOS image sensor. IEEE Journal of Solid-State Circuits, 41(9): 2095-2106.

Strukov D B, Snider G S, Stewart D R, et al. 2008. The missing memristor found. Nature, 453(7191): 80-83.

Su F, Chen W H, Xia L X, et al. 2017. A 462 GOPs/J RRAM-based nonvolatile intelligent processor for energy harvesting IoE system featuring nonvolatile logics and processing-in-memory. 2017 Symposium on VLSI Circuits, Kyoto: 200-201.

Sun C, Wade M T, Lee Y, et al. 2015. Single-chip microprocessor that communicates directly using light. Nature, 528(7583): 534-538.

Sun C, Wade M, Georgas M, et al. 2016. A 45 nm CMOS-SOI monolithic photonics platform with bit-statistics-based resonant microring thermal tuning. IEEE Journal of Solid-State Circuits, 51(4): 893-907.

Sun D M, Timmermans M Y, Kaskela A, et al. 2013. Mouldable all-carbon integrated circuits. Nature Communications, 4: 2302.

Sun D N, Dong Y, Shi H X, et al. 2014. Distribution of high-stability 100.04 GHz millimeter wave signal over 60 km optical fiber with fast phase-error-correcting capability. Optics Letters, 39(10): 2849-2852.

Sun T, Rogers J, Rogers M, et al. 2021. Silicon photonic Mach-Zehnder modulator driver for 800+Gb/s optical links. IEEE BiCMOS and Compound Semiconductor Integrated Circuits and Technology Symposium, Monterey: 1-5.

Sun Y, Wang B W, Hou P X, et al. 2017. A carbon nanotube non-volatile memory device using a photoresist gate dielectric. Carbon: An International Journal Sponsored by the American Carbon Society, 124: 700-707.

Sun Y, Zhou K, Qian S, et al. 2016. Room-temperature continuous-wave electrically injected InGaN-based laser directly grown on Si. Nature Photonics, 10(9): 595-599.

Sun Z, Pedretti G, Ambrosi E, et al. 2019. Solving matrix equations in one step with cross-point resistive arrays. Proceedings of the National Academy of Sciences of the United States of America, 116(10): 4123-4128.

Suzuki T. 2010. Challenges of image-sensor development. IEEE International Solid-State Circuits Conference, San Francisco: 20-25.

Tait A N, de Lima T F, Zhou E, et al. 2017. Neuromorphic photonic networks using silicon photonic weight banks. Scientific Reports, 7(1): 7430.

Takeda K, Noiri A, Nakajima T, et al. 2021. Quantum tomography of an entangled three-qubit state in silicon. Nature Nanotechnology, 16(9): 965-969.

Tang J, Hao T F, Li W, et al. 2018. Integrated optoelectronic oscillator. Optics Express, 26(9): 12257-12265.

Tans S J, Verschueren A R M, Dekker C. 1998. Room-temperature transistor based on a single carbon nanotube. Nature, 393(6680): 49-52.

Tay A, Huang Z M, Wu J H, et al, 1997. Numerical simulation of the flip-chip underfilling process. Electronic Packaging Technology Conference, IEEE, Singapore.

Tee B C K, Ouyang J. 2018. Soft electronically functional polymeric composite materials for a flexible and stretchable digital future. Advanced Materials(Deerfield Beach, Fla.), 30(47): e1802560.

Teng M, Honardoost A, Alahmadi Y, et al. 2020.Miniaturized silicon photonics devices for integrated optical signal processors. Journal of Lightwave Technology, 38(1): 6-17.

Tokuda T, Ng D C, Yamamoto A, et al. 2006. An optical and potential dual-image CMOS sensor for on-chip neural and DNA imaging applications. IEEE International Symposium on Circuits and Systems, Kos: 1-4.

Toole R, Tait A N, de Lima T F, et al. 2016. Photonic implementation of spike-timing-dependent plasticity and learning algorithms of biological neural systems. Journal of Lightwave Technology, 34(2): 470-476.

Tran H, Pham T, Margetis J, et al. 2019. Si-based GeSn photodetectors toward mid-infrared imaging applications. ACS Photonics, 6(11): 2807-2815.

Tseng C F, Liu C S, Wu C H, et al. 2016. InFO (wafer level integrated fan-out) technology. Electronic Components and Technology Conference, Las Vegas: 1-6.

Tuma T, Pantazi A, Le Gallo M, et al. 2016. Stochastic phase-change neurons. Nature Nanotechnol, 11(8): 693-699.

Turner S E, Stuenkel M E, Madison G M, et al. 2019. Direct digital synthesizer with 14 GS/s sampling rate heterogeneously integrated in InP HBT and GaN HEMT on CMOS. IEEE Radio Frequency Integrated Circuits Symposium(RFIC), Boston: 115-118.

Ummethala S, Harter T, Koehnle K, et al. 2019. THz-to-optical conversion in wireless communications using an ultra-broadband plasmonic modulator. Nature Photonics, 13(8): 519-525.

van Campenhout J, Liu L, Romeo P R, et al. 2008. A compact SOI-integrated multiwavelength laser source based on cascaded InP microdisks. IEEE Photonics Technology Letters, 20(16): 1345-1347.

van der Wiel W G, de Franceschi S, Elzerman J M, et al. 2003. Electron transport through double quantum dots. Reviews of Modern Physics, 75(1): 1-22.

van Laere F, Roelkens G, Ayre M, et al. 2007.Compact and highly efficient grating couplers between optical fiber and nanophotonic waveguides. Journal of Lightwave Technology, 25(1): 151-156.

Vecchi M P, Kirkpatrick S. 1983. Global wiring by simulated annealing. IEEE Transactions on Computer-Aided Design of Integrated Circuits and Systems, 2(4): 215-222.

Vereecke B, Soussan P, Zhu J. 2018. Investigation of wafer level packaging schemes for 3D RF interposer multi-chip module. Advancing Microelectronics, 45(3): 12-16.

Vinet M, Batude P, Fenouillet-Beranger C, et al. 2016. Opportunities brought by sequential 3D CoolCube integration. European Solid-State Device Research Conference, Lausanne: 226-229.

Vivet P, Guthmuller E, Thonnart Y, et al. 2020. A 220 GOPS 96-core processor with 6 chiplets 3D-stacked on an active interposer offering 0.6 ns/mm latency, 3Tb/s/mm^2 inter-chiplet interconnects and 156 mW/mm^2@ 82%-peak-efficiency DC-DC converters. IEEE International Solid-State Circuits Conference, San Francisco: 46-48.

Vural R A, Yildirim T. 2012. Analog circuit sizing via swarm intelligence. AEU-International Journal of Electronics and Communications, 66(9): 732-740.

Wade M, Anderson E, Ardalan S, et al. 2019. TeraPHY: A chiplet technology for low-power, high-bandwidth in-package optical I/O. IEEE Micro, 40(2): 63-71.

Wan J W, Zhang W J, Bergstrom D J. 2007. Recent advances in modeling the underfill process in flip-chip packaging. Microelectronics Journal, 38(1): 67-75.

Wang B W, Jiang S, Zhu Q B, et al. 2018. Continuous fabrication of meter-scale single-wall carbon nanotube films and their use in flexible and transparent integrated circuits. Advanced Materials(Deerfield Beach, Fla.), 30(32): e1802057.

Wang B, Gao C, Chen W L, et al. 2012. Precise and continuous time and frequency synchronisation at the 5 × 10-19 accuracy level. Scientific Reports, 2: 556.

Wang C J, Linghu C H, Nie S, et al. 2020. Programmable and scalable transfer printing with high reliability and efficiency for flexible inorganic electronics. Science Advances, 6(25): eabb2393.

Wang C T, Tang T C, Lin C W, et al. 2018. InFO_AiP technology for high performance and compact 5G millimeter wave system integration. IEEE 68th Electronic Components and Technology Conference, San Diego: 202-207.

Wang C, Zhang M, Chen X, et al. 2018. Integrated lithium niobate electro-optic modulators operating at CMOS-compatible voltages. Nature, 562(7725): 101-104.

Wang J W, Paesani S, Ding Y H, et al. 2018. Multidimensional quantum entanglement with large-scale integrated optics. Science, 360(6386): 285-291.

Wang J, Shen H, Fan L, et al. 2015. Reconfigurable radio-frequency arbitrary waveforms synthesized in a silicon photonic chip. Nature Communications, 6: 5957.

Wang J, Xuan Y, Lee C, et al. 2016. Low-loss and misalignment-tolerant fiber-to-chip edge coupler based on double-tip inverse tapers. Optical Fiber Communications Conference and Exhibition, Anaheim: 1-3.

Wang K, Xu G, Gao F, et al. 2022. Ultrafast coherent control of a hole spin qubit in a germanium quantum dot. Nature Communications, 13(1): 206.

Wang L C. 2017. Experience of data analytics in EDA and test—principles, promises, and challenges. Transactions on Computer-Aided Design Of Integrated Circuit and Systems, 36(6): 885-898.

Wang W, Wu J Y, Chen K X, et al. 2020. Graphene electrodes for electric poling of electro-optic polymer films. Optics Letters, 45(8): 2383-2386.

Wang Y B, Xu W H, Han G Q, et al. 2021. Channel properties of GA_2O_3-ON-SIC MOSFETs. IEEE Transactions on Electron Devices, 68(3): 1185-1189.

Wang Y B, Xu W H, You T G, et al. 2020. β-Ga_2O_3 MOSFETs on the Si substrate fabricated by the ion-cutting process. Science China Physics, Mechanics & Astronomy, 63(7): 277311.

Wang Y, Orshansky M, Caramanis C. 2014. Enabling efficient analog synthesis by coupling sparse regression and polynomial optimization. 51st ACM/EDAC/IEEE Design Automation Conference (DAC), San Francisco: 1-6.

Wang Z, Joshi S, Savel'ev S, et al. 2018. Fully memristive neural networks for pattern classification with unsupervised learning. Nature Electronics, 1(2): 137-145.

Watanabe T, Ayata M, Koch U, et al. 2017. Perpendicular grating coupler based on a blazed antiback-reflection structure. Journal of Lightwave Technology, 35(21): 4663-4669.

Watzinger H, Kukučka J, Vukušić L, et al. 2018. A germanium hole spin qubit. Nature Communications, 9(1): 3902.

Webster M, Appel C, Gothoskar P, et al. 2014. Silicon photonic modulator based on a MOS-capacitor and a CMOS driver. IEEE Compound Semiconductor Integrated Circuit Symposium, La Jolla: 1-4.

Wei J, Zhang F Z, Zhou Y G, et al. 2014. Stable fiber delivery of radio-frequency signal based on passive phase correction. Optics Letters, 39(11): 3360-3362.

Winzer P J, Neilson D T. 2017. From scaling disparities to integrated parallelism: A decathlon for a decade. Journal of Lightwave Technology, 35(5): 1099-1115.

Wirths S, Geiger R, von Den Driesch N, et al. 2015. Lasing in direct-bandgap GeSn alloy grown on Si. Nature Photonics, 9(2): 88-92.

Wong C P, Baldwin D, Vincent M B, et al. 1998. Characterization of a no-flow underfill encapsulant during the solder reflow process. Electronic Components & Technology Conference, Seattle: 1253-1259.

Wong C, Shi S, Jefferson G. 1998. High performance no-flow underfills for low-cost flip-chip applications: Material characterization. IEEE Transactions on Components, Packaging, and Manufacturing, Technology, Part A, 21(3): 450-458.

Wong H S P, Lee H Y, Yu S, et al. 2012. Metal-oxide RRAM. Proceedings of the IEEE, 100(6): 1951-1970.

WSTS. 2021. https: //www.wsts.org/76/103/WSTS-Semiconductor-Market-Forecast-Fall-2021 [2021-06-08].

Wu C S, Ding W B, Liu R Y, et al. 2018. Keystroke dynamics enabled authentication and identification using triboelectric nanogenerator array. Materials Today, 21(3): 216-222.

Wu J Y, Bo S H, Liu J L, et al. 2012. Synthesis of novel nonlinear optical chromophore to achieve ultrahigh electro-optic activity. Chemical Communications(Cambridge, England), 48(77): 9637-9639.

Wu J Y, Li Z A, Luo J D, et al. 2020. High performance organic second- and third-order nonlinear optical materials for ultrafast information processing. Journal of Materials Chemistry C, 8(43): 15009-15026.

Wu T F, Li H, Huang P C, et al. 2018. Hyperdimensional computing exploiting carbon nanotube FETs, resistive ram, and their monolithic 3D integration. IEEE Journal of Solid-State Circuits, 53(11): 3183-3196.

Wu Z L, Dai Y T, Yin F F, et al. 2013. Stable radio frequency phase delivery by rapid and endless post error cancellation. Optics Letters, 38(7): 1098-1100.

Wuttig M, Yamada N. 2007. Phase-change materials for rewriteable data storage. Nature Materials, 6(11): 824-832.

Xiang L, Zhang H, Dong G D, et al. 2018. Low-power carbon nanotube-based integrated circuits that can be transferred to biological surfaces. Nature Electronics, 1(4): 237-245.

Xiang S Y, Ren Z X, Song Z W, et al. 2021. Computing primitive of fully VCSEL-based all-optical spiking neural network for supervised learning and pattern classification. IEEE

Transactions on Neural Networks and Learning Systems, 32(6): 2494-2505.

Xiang S Y, Zhang Y H, Gong J K, et al. 2019. STDP-based unsupervised spike pattern learning in a photonic spiking neural network with VCSELs and VCSOAs. IEEE Journal of Selected Topics in Quantum Electronics, 25(6): 1-9.

Xie Y H, Wang K L, Kao Y C. 1985. An investigation on surface conditions for Si molecular beam epitaxial (MBE) growth. Journal of Vacuum Science & Technology A Vacuum Surfaces and Films, 3(3): 1035-1039.

Xu M Y, He M B, Zhang H G, et al. 2020. High-performance coherent optical modulators based on thin-film lithium niobate platform. Nature Communications, 11(1): 3911.

Xue C X, Chen W H, Liu J S, et al. 2019. 24.1 A 1Mb multibit ReRAM computing-in-memory macro with 14.6 ns parallel MAC computing time for CNN based AI edge processors. 2019 IEEE International Solid- State Circuits Conference, San Francisco: 388-389.

Xue X, Patra B, van Dijk J P G, et al. 2021. CMOS-based cryogenic control of silicon quantum circuits. Nature, 593(7858): 205-210.

Yamada H, Chayahara A, Mokuno Y, et al. 2014. A 2-in mosaic wafer made of a single-crystal diamond. Applied Physics Letters, 104(10): 102110.

Yamaguchi M, Sugo M, Itoh Y. 1989. Misfit stress dependence of dislocation density reduction in GaAs films on Si substrates grown by strained - layer superlattices. Applied Physics Letters, 54(25): 2568-2570.

Yang C H, Leon R C C, Hwang J C C, et al. 2020. Operation of a silicon quantum processor unit cell above one kelvin. Nature, 580(7803): 350-354.

Yang J C, Mun J, Kwon S Y, et al. 2019. Electronic skin: Recent progress and future prospects for skin-attachable devices for health monitoring, robotics, and prosthetics. Advanced Materials(Deerfield Beach, Fla.), 31(48): e1904765.

Yang L, Zhang L, Ji R Q. 2013. On-chip optical matrix-vector multiplier. Conference on Optics and Photonics for Information Processing, San Diego: 88550F.

Yang M K, Park J W, Lee J K. 2009. Bipolar resistive switching behavior in Ti/MnO_2 /PtTi/MnO_2/ Pt structure for nonvolatile memory devices. Applied Physics Letters, 95(4): 042105.

Yang Y J, Ding L, Han J, et al. 2017. High-performance complementary transistors and medium-scale integrated circuits based on carbon nanotube thin films. ACS Nano, 11(4): 4124-4132.

Yang Y, Gao P, Li L Z, et al. 2014. Electrochemical dynamics of nanoscale metallic inclusions in dielectrics. Nature Communications, 5(1): 1-9.

Yao J. 2009. Microwave photonics. Journal of Lightwave Technology, 27(3): 314-335.

Ye K H, Zhang W G, Oehme M, et al. 2015. Absorption coefficients of GeSn extracted from pin photodetector response. Solid-State Electronics, 110: 71-75.

Yin F F, Zhang A X, Dai Y T, et al. 2014. Phase-conjugation-based fast RF phase stabilization for fiber delivery. Optics Express, 22(1): 878-884.

Yole Développement. 2020a. Status of CMOS Image Sensor Industry 2020.

Yole Développement. 2020b. CMOS Camera Module Industry for Consumer & Automotive 2020.

Yole Dévloppement. 2020c. Silicon photonics: datacom, yes, but not only. https: //www.yolegroup.com/press-release/silicon-photonics-datacom-yes-but-not-only.

Yoneda J, Takeda K, Otsuka T, et al. 2018. A quantum-dot spin qubit with coherence limited by charge noise and fidelity higher than 99.9%. Nature Nanotechnology, 13(2): 102-106.

Yoshida C, Kinoshita K, Yamasaki T, et al. 2008. Direct observation of oxygen movement during resistance switching in NiO/Pt film. Applied Physics Letters, 93(4): 042106.

Yoshida T, Nishi T, Tajima S, et al. 2013.Vertically-curved silicon waveguide fabricated by ion-induced bending method for vertical light coupling. IEEE 10th International Conference on Group IV Photonics, Seoul: 89-90.

You S H, Jeon S, Oh D, et al. 2018. Advanced fan-out package Si/PI/thermal performance analysis of novel RDL packages. IEEE 68th Electronic Components and Technology Conference, San Diego: 1295-1301.

Yu C X, Zihlmann S, Troncoso Fernández-Bada G, et al. 2021. Magnetic field resilient high kinetic inductance superconducting niobium nitride coplanar waveguide resonators. Applied Physics Letters, 118(5): 054001.

Yu H C, Chen M H, Guo Q, et al. 2016. All-optical full-band rf receiver based on an integrated ultra-high-q bandpass filter. Journal of Lightwave Technology, 34(2): 701-706.

Yu H J, Doylend J, Lin W H, et al. 2019. 100 Gbps CWDM4 silicon photonics transmitter for 5G applications. Optical Fiber Communication Conference and Exhibion, San Diego: 1358-1387.

Yu L Q, Wang R, Lu L, et al. 2014. Stable radio frequency dissemination by simple hybrid frequency modulation scheme. Optics Letters, 39(18): 5255-5258.

Yu W J, Chae S H, Lee S Y, et al. 2011. Ultra-transparent, flexible single-walled carbon nanotube non-volatile memory device with an oxygen-decorated graphene electrode. Advanced

Materials(Deerfield Beach, Fla.), 23(16): 1889-1893.

Yu W J, Li Z, Zhou H L, et al. 2013. Vertically stacked multi-heterostructures of layered materials for logic transistors and complementary inverters. Nature Materials, 12(3): 246-252.

Yuasa S, Nagahama T, Fukushima A, et al. 2004. Giant room-temperature magnetoresistance in single-crystal Fe/MgO/Fe magnetic tunnel junctions. Nature Materials, 3(12): 868-871.

Zeng Q B, Chen S, Lu R. 2016. Fano effect in an AB interferometer with a quantum dot side-coupled to a single Majorana bound state. Physics Letters A, 380(7-8): 951-957.

Zhang A X, Dai Y T, Yin F F, et al. 2014. Phase stabilized downlink transmission for wideband radio frequency signal via optical fiber link. Optics Express, 22(18): 21560-21566.

Zhang F Z, Wei J, Pan S L. 2014. Stable radio transfer via an optic cable with multiple fibers based on passive phase error correction. IEEE International Topical Meeting on Microwave Photonics, Sapporo: 196-199.

Zhang H, Xiang L, Yang Y J, et al. 2018. High-performance carbon nanotube complementary electronics and integrated sensor systems on ultrathin plastic foil. ACS Nano, 12(3): 2773-2779.

Zhang J J, Katsaros G, Montalenti F, et al. 2012. Monolithic growth of ultrathin Ge nanowires on Si (001). Physical Review Letters, 109(8): 085502.

Zhang L S, Lin S P, Hua T, et al. 2018. Fiber-based thermoelectric generators: Materials, device structures, fabrication, characterization, and applications. Advanced Energy Materials, 8(5): 1700524.

Zhang M, Chien P Y, Woo J C S. 2015. Comparative simulation study on MoS_2 FET and FinFET. TENCON 2015 - 2015 IEEE Region 10 Conference, Macao: 1-2.

Zhang M, Liu H, Wang B, et al. 2018.Efficient grating couplers for space division multiplexing applications. IEEE Journal of Selected Topics in Quantum Electronics, 24(6): 1-5.

Zhang P P, Qiu C G, Zhang Z Y, et al. 2016. Performance projections for ballistic carbon nanotube FinFET at circuit level. Nano Research, 9(6): 1785-1794.

Zhang S D, Liu H, Yang S Y, et al. 2019. Ultrasensitive and highly compressible piezoresistive sensor based on polyurethane sponge coated with a cracked cellulose nanofibril/silver nanowire layer. ACS Applied Materials & Interfaces, 11(11): 10922-10932.

Zhang S G, Zhang J L, Gao J D, et al. 2020. Efficient emission of InGaN-based light-emitting diodes: Toward orange and red. Photonics Research, 8(11): 1671-1675.

Zhang W F, Yao J P. 2016. Corrections to “silicon-based on-chip electrically-tunable spectral shaper for continuously tunable linearly chirped microwave waveform generation". Journal of Lightwave Technology, 35(1): 125.

Zhang W F, Yao J P. 2017. A silicon photonic integrated frequency-tunable microwave photonic bandpass filter. 2017 International Topical Meeting on Microwave Photonics (MWP), Beijing: 17398281.

Zhang W F, Yao J P. 2018. Silicon photonic integrated optoelectronic oscillator for frequency tunable microwave generation. Journal of Lightwave Technology, 36(19): 4655-4663.

Zhang W F, Yao J P. 2020. Photonic integrated field-programmable disk array signal processor. Nature Communications, 11(1): 406.

Zhang W W, Debnath K, Chen B, et al. 2021. High bandwidth capacitance efficient silicon MOS modulator. Journal of Lightwave Technology, 39(1): 201-207.

Zhang X, Hu R Z, Li H O, et al. 2020. Giant anisotropy of spin relaxation and spin-valley mixing in a silicon quantum dot. Physical Review Letters, 124(25): 257701.

Zhang Y G, Xu M Y, Zhang H G, et al. 2019. 220 Gbit/s optical PAM4 modulation based on lithium niobate on insulator modulator. European Conference on Optical Communication, Dublin: 1-4.

Zhang Y, Samanta A, Shang K, et al. 2020. Scalable 3D silicon photonic electronic integrated circuits and their applications. IEEE Journal of Selected Topics in Quantum Electronics, 26(2): 8201510.

Zhang Z Q, Wong C P. 2004. Recent advances in flip-chip underfill: Materials, process, and reliability. IEEE Transactions on Advanced Packaging, 27(3): 515-524.

Zhang Z Y, Liang X L, Wang S, et al. 2007. Doping-free fabrication of carbon nanotube based ballistic CMOS devices and circuits. Nano Letters, 7(12): 3603-3607.

Zhao Y D, Li Q Q, Xiao X Y, et al. 2016. Three-dimensional flexible complementary metal-oxide-semiconductor logic circuits based on two-layer stacks of single-walled carbon nanotube networks. ACS Nano, 10(2): 2193-2202.

Zhong D L, Zhang Z Y, Ding L, et al. 2018. Gigahertz integrated circuits based on carbon nanotube films. Nature Electronics, 1(1): 40-45.

Zhou J Y, Wang J, Zhang Q. 2021. Silicon photonics for 100Gbaud. Journal of Lightwave Technology, 39(4): 857-867.

Zhou Q T, Park J G, Kim K N, et al. 2018. Transparent-flexible-multimodal triboelectric nanogenerators for mechanical energy harvesting and self-powered sensor applications. Nano Energy, 48: 471-480.

Zhou Y Y, Dou W, Du W, et al. 2019. Optically pumped GeSn lasers operating at 270K with broad waveguide structures on Si. American Chemical Society Photonics, 6(6): 1434-1441.

Zhu C, Lu L J, Shan W S, et al. 2020. A silicon integrated microwave photonic beamformer. Optica, 7(9): 1162-1170.

Zhu H F, Wei Q, Qiao F, et al. 2018. CMOS image sensor data-readout method for convolutional operations with processing near sensor architecture. IEEE Asia Pacific Conference on Circuits and Systems, Chengdu: 528-531.

Zhu J C, Ming X F, Yao X. 2018. Research on key process technology of RDL-first fan-out wafer level packaging. 19th International Conference on Electronic Packaging Technology, Shanghai: 309-313.

Zhu M G, Xiao H S, Yan G P, et al. 2020. Radiation-hardened and repairable integrated circuits based on carbon nanotube transistors with ion gel gates. Nature Electronics, 3(10): 622-629.

Zou J, Yu Y, Zhang X. 2016.Two-dimensional grating coupler with a low polarization dependent loss of 0.25 dB covering the C-band. Optics Letters, 41(18): 4206-4209.

Zou W W, Ma B, Xu S F, et al. 2020. Towards an intelligent photonic system. Science China Information Sciences, 63(6): 76-92.

Zou X H, Bai W L, Chen W, et al. 2018. Microwave photonics for featured applications in high-speed railways: Communications, detection, and sensing. Journal of Lightwave Technology, 36(19): 4337-4346.

Zuo Y, Li B H, Zhao Y J, et al. 2019. All-optical neural network with nonlinear activation functions. Optica, 6(9): 1132-1137.

关键词索引

F

G

H

J

K

L

M

N

O

Q

R

S

T

W

X

Y

Z

其他